21 世纪全国高职高专机电系列实用规划教材

机械制造技术

主　编　宁广庆　尹玉珍
副主编　冯　湘　夏粉玲
　　　　迟彩芬

北京大学出版社
PEKING UNIVERSITY PRESS

内 容 简 介

本书是根据教育部关于进一步加强高职高专教育教学质量的要求,在专业教学改革的基础上,通过对课程内容的深入研究,结合高职院校的特点编写的。全书共 13 章,主要内容包括:金属切削加工基本定义、金属切削加工基本原理、机床的基础知识(包括车床、铣床、磨床、齿轮加工机床及其他类型通用机床)、机械加工工艺基本知识及机械加工质量分析、典型零件(轴类零件、套筒类、箱体类、圆柱齿轮)加工工艺及工艺装备、现代加工技术、机械装配工艺基础等。全书内容经过整合,结构完整合理,书后附有机械加工工艺规程课程设计指导书和设计样例,方便自学,全部课程计划学时为 110～120 学时。

本书主要供高职高专院校机械设计与制造、模具设计与制造、数控技术应用、机电一体化、机械电子工程专业学生作为教材使用,对于从事机械设计与制造、机电一体化、机械电子工程等专业的技术管理人员也是很有价值的参考书。

图书在版编目(CIP)数据

机械制造技术/宁广庆,尹玉珍主编.—北京:北京大学出版社,2008.8
(21 世纪全国高职高专机电系列实用规划教材)
ISBN 978-7-301-13662-1

Ⅰ.机…　Ⅱ.①宁…②尹…　Ⅲ.机械制造工艺—高等学校—教材　Ⅳ.TH16

中国版本图书馆 CIP 数据核字(2008)第 052316 号

书　　　　名:	机械制造技术
著作责任者:	宁广庆　尹玉珍　主编
策 划 编 辑:	赖　青
责 任 编 辑:	孙哲伟
标 准 书 号:	ISBN 978-7-301-13662-1/TH · 0108
出　版　者:	北京大学出版社
地　　　址:	北京市海淀区成府路 205 号　100871
网　　　址:	http://www.pup.cn　http://www.pup6.com
电　　　话:	邮购部 62752015　发行部 62750672　编辑部 62750667　出版部 62754962
电 子 邮 箱:	pup_6@163.com
印　刷　者:	北京汇林印务有限公司
发　行　者:	北京大学出版社
经　销　者:	新华书店
	787 毫米×1092 毫米　16 开本　26.25 印张　615 千字
	2008 年 8 月第 1 版　2010 年 11 月第 2 次印刷
定　　　价:	42.00 元

《21世纪全国高职高专机电系列实用规划教材》
专家编审委员会

丛书总序

高等职业技术教育是我国高等教育的重要组成部分。从 20 世纪 90 年代末开始，伴随我国高等教育的快速发展，高等职业技术教育也进入了快速发展时期。在短短的几年时间内，我国高等职业技术教育的规模，无论是在校生数量还是院校的数量，都已接近高等教育总规模的半壁江山。因此，高等职业技术教育承担着为我国走新型工业化道路、调整经济结构和转变增长方式提供高素质技能型人才的重任。随着我国经济建设步伐的加快，特别是随着我国由制造大国向制造强国的转变，现代制造业急需高素质高技能的专业人才。

为了使高职高专机电类专业毕业生满足市场需求，具备企业所需的知识能力和专业素质，高职高专院校的机电类专业根据市场和社会需要，努力建立培养企业生产第一线所需的高等职业技术应用型人才的教学体系和教材资源环境，不断更新教学内容，改进教学方法，积极探讨机电类专业创新人才的培养模式，大力推进精品专业、精品课程和教材建设。因此，组织编写符合高等职业教育特色的机电类专业规划教材是高等职业技术教育发展的需要。

教材建设是高等学校建设的一项基本内容，高质量的教材是培养合格人才的基本保证。大力发展高等职业教育，培养和造就适应生产、建设、管理、服务第一线需要的高素质技能型人才，要求我们必须重视高等职业教育教材改革与建设，编写和出版具有高等职业教育自身特色的教材。近年来，高职教材建设取得了一定成绩，出版的教材种类有所增加，但与高职发展需求相比，还存在较大的差距。其中部分教材还没有真正过渡到以培养技术应用能力为主的体系中来，高职特色反映也不够，极少数教材内容过于浅显，这些都对高职人才培养十分不利。因此，做好高职教材改革与建设工作刻不容缓。

北京大学出版社抓住这一时机，组织全国长期从事高职高专教学工作并具有丰富实践经验的骨干教师，编写了高职高专机电系列实用规划教材，对传统的课程体系进行了有效的整合，注意了课程体系结构的调整，反映系列教材各门课程之间的渗透与衔接，内容合理分配；努力拓宽知识面，在培养学生的创新能力方面进行了初步的探索，加强理论联系实际，突出技能培养和理论知识的应用能力培养，精简了理论内容，既满足机械大类专业对理论、技能及其基础素质的要求，同时提供选择和创新的空间，以满足学有余力的学生进修或探究学习的需求；对专业技术内容进行了及时的更新，反映了技术的最新发展，同时结合行业的特色，缩短了学生专业技术技能与生产一线要求的距离，具有鲜明的高等职业技术人才培养特色。

最后，我们感谢参加本系列教材编著和审稿的各位老师所付出的大量卓有成效的辛勤劳动，也感谢北京大学出版社的领导和编辑们对本系列教材的支持和编审工作。由于编写的时间紧、相互协调难度大等原因，本系列教材还存在一些不足和错漏。我们相信，在使用本系列教材的教师和学生的关心和帮助下，不断改进和完善这套教材，使之成为我国高等职业技术教育的教学改革、课程体系建设和教材建设中的优秀教材。

《21 世纪全国高职高专机电系列实用规划教材》
专家编审委员会
2007 年 7 月

前　言

为贯彻高职高专教育由"重视规模发展"转向"注重质量提高"的工作思路,适应我国当前高职高专教育教学改革和教材建设的需要,培养以就业为导向的具备职业化特征的高等技术应用型人才,北京大学出版社于 2007 年组织编辑出版了《21 世纪全国高职高专机电类系列实用规划教材》。

本系列教材根据教育部高等职业教育的指导思想编写,融入国内著名学校先进的教学成果,系统、全面地研究和借鉴国外高职高专教育思想以及教材建设思路,使教材建设具有实用性和前瞻性,与就业市场结合得更加紧密。

本书适用于全国高职高专机电类专业课程。教材系统、全面地体现高职高专教学改革和教材建设的需求,以学生就业所需的专业知识和操作技能作为着眼点,在适度的基础知识与理论体系覆盖下,突出高职教学的实用性和可操作性,同时强化实训和案例教学,通过实际训练加深对理论知识的理解。教材注重实践性、基础性、科学性和先进性。本书突破传统课程模式体系,尝试多方面知识的融会贯通;注重知识层次的递进,同时在具体内容上突出生产实际中的知识运用能力。使教材做到"教师易教,学生乐学,技能实用"。

机械产品的制造是在机床、刀具、夹具和工件本身相互共同作用下完成的,因此机械制造技术涉及机床、刀具、夹具方面的知识,即传统的机械类课程《金属切削机床》、《金属切削原理与刀具》、《机床夹具设计》和《机械制造工艺学》这四大支柱。机械制造技术通过对这四门课程的有机综合,突出了机械制造以应用能力为主的职业技术特点,综合考虑上述四门课程的知识内容,以机械制造的基本理论为基础,以加工方法为主线,介绍各种加工方法及相应的工艺装备;以质量控制为出发点,介绍工艺规程设计理论、加工质量控制方法;以典型零件加工的综合分析为落脚点,增强知识与技术的综合运用。

本书在介绍金属切削知识和常用机床的基本结构与基本工艺知识的基础上,使学生学习到常用加工方法,机床、刀具和夹具的合理选用,机械加工工艺规程的制订,夹具的结构与工件的定位及安装方法等基本知识。突出机械加工应用能力和操作技能培养,为学习后续课程及从事生产技术工作,奠定必要的基础。实践性、综合性强,灵活性大是本课程的一大特点,要重视实践环节的学习,金工实习、课程实验和课程设计都可以很好地帮助学习本课程,而且有利于将理论知识转化为技术应用能力。

通过本课程的学习,要求掌握机械制造常用的加工方法、加工原理和制造工艺,熟悉各种加工设备及装备,初步具有分析和解决机械加工质量问题的能力、制订机械加工工艺规程和设计简单工艺装备的能力。

本书由郑州铁路职业技术学院宁广庆、江苏财经职业技术学院尹玉珍任主编,郑州铁路职业技术学院冯湘、陕西工业职业技术学院夏粉玲、辽宁工程技术大学职业技术学院迟彩芬任副主编。其中第 1、7 章由江苏财经职业技术学院尹玉珍编写;第 2、3 章由郑州铁路职业技术学院张念淮编写;4.1、4.2、4.3 节由陕西工业职业技术学院夏粉玲编写;4.4 节由江苏食品职业技术学院刘奎武编写;4.5 节由丽水职业技术学院朱凌宏编写;第 5 章由辽宁工程技术大学职业技术学院迟彩芬编写;第6、10章由郑州铁路职业技术学院宁广庆编写;第8、9章由甘肃省畜牧工程职业技术学院金红基编写;第11章由江苏财经职业技术学院边巍编写;第12、13章由郑州铁路职业技术学院冯湘编写;机械加工工艺规程课程设计指导书与设计样例由郑州铁路职业技术学院冯娜娜编写。

在本书的编写过程中,得到了许多专家和同行的热情支持,并参阅了许多国内外公开出版与发表的文献,在此一并表示感谢。

由于时间仓促、编者水平有限,书中不妥或疏漏之处恳请广大读者批评指正。

编　者
2008 年 4 月

目　　录

绪 论

0.1 机械制造技术的定义

机械制造是各种机械产品制造过程的总称。机械制造技术是研究制造机械产品所采用的加工原理、制造工艺和相应工艺装备的一门工程技术,最终达到制造出高质量、低成本、低消耗、高生产率的机械产品的目的。

0.2 机械制造技术的发展现状

机械制造业是国民经济的基础产业和支柱,为人们的生产、生活提供各种装备,其他产业的发展均有赖于制造业提供高水平的设备,从一定意义上讲,机械制造技术的发展水平决定着其他产业的发展水平。"经济的竞争归根结底是制造技术和制造能力的竞争",同时制造业对科学技术的发展,尤其是现代高新技术的发展起着重要的推动作用。制造技术是当代科学技术发展最为重要的领域之一,经济发达国家纷纷把先进制造技术列为国家的高新关键技术和优先发展项目,给予了极大的关注。美国于1994年提出了《21世纪制造企业战略》报告,其核心就是要使美国的制造业在2006年以前处于世界领先地位。而日本自20世纪50年代以来经济的高速发展,在很大程度上也是得益于制造技术领域研究成果的支持。

建国50多年来,我国的机械制造业也取得了很大的成就。"八五"计划以来,我国机械工业努力追赶世界制造技术的先进水平,积极开发新产品、研究推广先进制造技术,在引进、消化和吸收国外先进制造技术的基础上有了快速的发展。我国制造业从传统的普通机床到航空航天技术装备,从国计民生日常用具的生产到国防尖端产品的制造;特别是最近几年,伴随着神州5号第一艘载人宇宙飞船到嫦娥一号探月工程,机械制造技术都提供了重要的技术装备方面的保障。目前,高性能的数控机床和柔性制造系统、计算机集成制造、人工智能制造系统、虚拟制造、敏捷制造和网络制造工程等先进制造技术日新月异,为机械制造技术的发展提供了无限的开阔空间,从此宣告了机械制造业永远不会成为夕阳产业。

中国是制造业大国,但制造产品附加值和技术含量还较低,真正在全球市场上处于领先水平的制造业企业则更少。从制造业的人均劳动生产率看,中国远远落后于发达国家。据统计,目前我国优质低耗工艺的普及率不足10%,数控机床、精密设备不足5%,90%以上的高档数控机床、100%的光纤制造装备、85%的集成电路制造设备、80%的石化设备、70%的轿车工业装备依赖进口。我国制造业"大而不强"的现状令人忧虑。"走自主创新的道路,建设创新型国家"是高屋建瓴的规划,更是残酷的国际竞争环境的产物。

0.3　现代制造技术的特点

现代制造业是以吸收信息技术、新材料技术、自动化技术和现代管理技术等高新技术，并与现代服务业互动为特征的新型产业。

先进制造技术与传统制造技术相比，其显著特点是：以实现优质、高效、低耗、清洁、灵活生产，提高产品对动态多变市场的适应能力和竞争力为目标；不仅包括制造工艺，而且覆盖了市场分析、产品设计、加工和装配、销售、维修、服务，以及回收再生的全过程；强调技术、人员、管理和信息的四维集成，不仅涉及物质流和能量流，还涉及信息流和知识流。四维集成和四流交汇是先进制造技术的重要特点，同时更加重视制造过程组织和管理的合理化，它是硬件、软件、脑件（人）与组织的系统集成。先进制造技术其实就是"制造技术"加"信息技术"加"管理技术"，再加上相关的科学技术交融而成的制造技术。

随着电子、信息等高新技术的不断发展及市场个性化与多样化的需求，世界各国都把机械制造技术的研究和开发作为国家的关键技术进行优先发展，并将其他学科的高技术成果引入机械制造业中。因此机械制造业的内涵与水平已不同于传统制造。归纳起来，有以下特征。

（1）现代机械制造技术集机械、计算机、信息、材料、自动化等技术于一体，具有柔性、集成、并行工作的特征，能够制造生产成本与批量无关的产品，能够按订单制造，满足产品的个性要求。

（2）制造智能化。智能制造系统能发挥人的创造能力和具有人的智能和技能，能够代替熟练工人的技艺，具有学习工程技术人员多年实践经验和知识的能力，并用以解决生产实际问题。

（3）设计与工艺一体化。传统的制造工程设计和工艺分步实施，造成了工艺从属于设计、工艺与设计脱离等现象，影响了制造技术的发展。产品设计往往受到工艺条件的制约，受到制造可靠性、加工精度、表面粗糙度、尺寸等的限制。因此，设计与工艺必须密切结合，以工艺为突破口，形成设计与工艺的一体化。

（4）精密加工技术是关键。精密和超精密加工技术是衡量先进制造技术水平的重要指标之一。纳米加工技术代表了制造技术的最高精度水平。

（5）产品生命周期的全过程。现代制造技术是一个从产品概念开始，到产品形成、使用，一直到处理报废的集成活动和系统。在产品的设计中，不仅要进行结构设计、零件设计、装配设计，而且特别强调拆卸设计。使产品报废处理时，能够进行材料的再循环。节约能源，保护环境。

（6）人、组织、技术三结合。现代制造技术强调人的创造性和作用的永恒性；提出了由技术支撑转变为人、组织、技术的集成，以加强企业新产品开发时间（T）、质量（Q）、成本（C）、服务（S）、环境（E）；强调了经营管理、战略决策的作用。在制造工业战略决策中，提出了市场驱动、需求牵引的概念，强调用户是核心，用户的需求是企业成功的关键，并且强调快速响应市场需求的重要性。提高企业的市场应变能力和竞争能力。

因此，现代制造技术不仅是要求精密加工、高速加工、自动化加工，更主要是体现在观念上的革新，现在比较统一的认识有绿色制造、计算机集成制造、柔性制造、虚拟制造、智能制造、并行工程、敏捷制造和网络制造等。

0.4　本课程的特点和任务

机械产品的制造包括零件的加工和装配,零件加工是在机床、刀具、夹具和工件(被加工好之前的零件称为工件)本身相互共同作用下完成的,因此机械制造技术涉及机床、刀具、夹具方面的知识,即传统的机械类课程《金属切削机床》、《金属切削原理与刀具》、《机床夹具设计》和《机械制造工艺学》这四大支柱。本课程综合考虑上述四门课程的知识内容,以机械制造的基本理论为基础,以加工方法为主线,介绍各种加工方法及相应的工艺装备;以质量控制为出发点,介绍工艺规程设计理论、加工质量控制方法;以典型零件加工的综合分析为落脚点,增强知识与技术的综合运用。

实践性、综合性、应用性强是本课程的一大特点,学习中要重视理论联系实际,金工实习、机械装配图课程和机械基础课程设计都可以很好地帮助学习本课程,而且有利于将理论知识转化为技术应用能力。

通过学习本课程,要求掌握机械制造常用的加工方法、加工原理和制造工艺,熟悉各种加工设备及装备,初步具有分析、解决机械加工质量问题的能力、制定机械加工工艺规程和设计简单工艺装备的能力。

第1章 金属切削加工基本定义

教学提示：金属切削加工中的运动、切削用量及切削刀具是进行金属切削加工的基本要素，了解和掌握加工运动、切削刀具几何结构既是建立金属切削加工概念的需要，也是学习后续章节的基础。

教学要求：要求学生了解零件表面的形成方法，掌握切削用量的定义，掌握车刀的组成及其几何角度。

1.1 金属切削加工的基本知识

机器设备上所使用的机械零件都是有一定的形状、尺寸和表面质量的，要获得这样的机械零件一般需要进行金属切削加工。所谓金属切削加工是指在金属切削机床上，通过切削刀具与被加工零件间特定的相对运动，使切削刀具从毛坯(如铸件、锻件、焊接结构件或型材等坯料)上切去多余金属，从而获得符合图样设计要求的零件的加工过程。

1.1.1 零件表面的形成

切削刀具与被加工零件(称为工件)间的相对运动有一定的规律，这个规律与零件表面形状的形成有关系。零件的表面通常由平面、圆柱面、圆锥面、成形面等几种简单表面组合而成。这些简单表面可以一条线为母线，以另一条线为轨迹运动而形成，如图1.1所示。

(1) 圆柱面：如图1.1(a)所示，以直线为母线，以圆为轨迹，母线垂直于轨迹所在平面，作旋转运动形成。

(2) 圆锥面：如图1.1(b)所示，以直线为母线，以圆为轨迹，母线与轨迹所在平面相交成一定角度，作旋转运动形成。

(3) 平面：如图1.1(c)所示，以直线为母线，以另一直线为轨迹，作平移运动形成。

(4) 成形面：如图1.1(d)、图1.1(e)所示，以曲线为母线，以圆为轨迹作旋转运动或以直线为轨迹作平移运动形成。

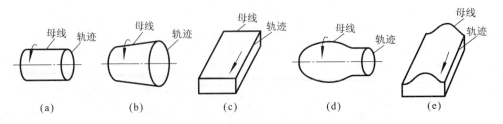

图 1.1 表面的形成

图 1.2 所示为常见各类零件,可以看出都是由上述各类表面构成的。

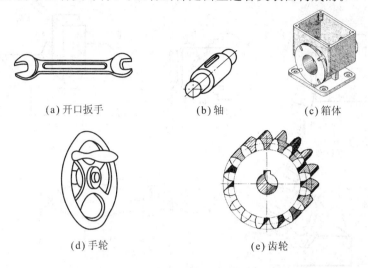

(a) 开口扳手　　　　　(b) 轴　　　　　(c) 箱体

(d) 手轮　　　　　　(e) 齿轮

图 1.2　常见零件类型

形成各种表面其母线和轨迹线统称为发生线。由图可以看出,圆柱面、平面和轨迹为直线的表面,其母线和轨迹线的作用可以互换,但圆锥面和图 1.1(d) 所示曲面的母线和轨迹线则不能互换,此外还有球面、螺纹面、圆环面等。

1.1.2　切削运动

为获得零件表面的形状,刀具与工件之间必须有一定的相对运动,这种相对运动称为切削运动。零件表面形状不同,所需要的运动数目不一样,相同的表面也可以有不同的运动,这与选择的加工方法有关。根据运动作用的不同,可将切削运动分为主运动和进给运动两类,如图 1.3 所示。

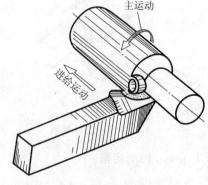

（1）主运动:主运动是切除多余材料使之成为切屑所需要的最基本运动。通常主运动速度最高,消耗功率最多。机床的主运动一般只有一个,可以由刀具完成,也可以由工件完成,其形式有旋转运动和直线往复运动两种,如图 1.4 所示。

图 1.3　切削运动

（2）进给运动:进给运动是使刀具连续切下金属层所需要的运动。通常进给运动速度较低,消耗动率较少,可有一个或多个进给运动。根据刀具相对于工件被加工表面运动方向的不同,可分为纵向进给运动、横向进给运动、径向进给运动、切向进给运动、轴向进给运动和圆周进给运动等。其形式有旋转运动和直线运动两种,既可以连续运动,又可以断续运动。

图 1.4 所示为各种切削加工的切削运动。

为完成工件的加工,还需要一些辅助运动,如刀具的切入、退出运动,工件的夹紧与松开,开车、停车、变速和换向动作。

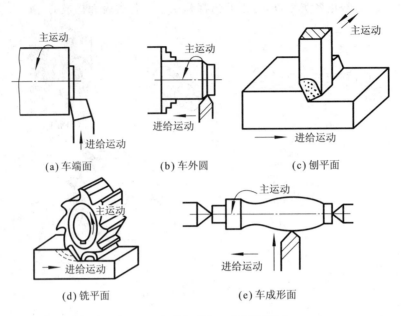

图 1.4　各种切削加工的切削运动

1.1.3　切削表面

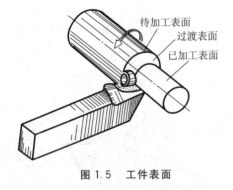

图 1.5　工件表面

在切削过程中,被加工的工件上有 3 个依次变化着的表面,如图 1.5 所示。

(1)待加工表面:工件上有待切除的表面。

(2)过渡表面:刀具切削刃正在切除的表面。该表面在切削加工过程中不断变化,并且始终处于待加工表面和已加工表面之间。

(3)已加工表面:工件上经刀具切削后产生的表面。

1.1.4　切削用量

切削用量包括切削速度、进给量和背吃刀量。也称为切削用量三要素,它是机床调整、切削力或切削功率计算、工时定额确定及工序成本核算等所必需的数据,其数值大小取决于工件材料和结构、加工精度、刀具材料、刀具形状及其他技术要求。

(1)切削速度 v_c:切削速度为主运动的线速度。主运动为旋转运动时,切削刃上选定点相对于工件的瞬时线速度即为切削速度,单位为 m/min。其计算公式为

$$v_c = \frac{\pi d n}{1000} \tag{1-1}$$

式中　　n —— 主运动的转速,r/min;

　　　　d —— 工件待加工表面直径或刀具最大直径,mm。

若主运动为直线运动,则切削速度为刀具相对工件的直线运动速度。

（2）进给量 f、进给速度 v_f 和每齿进给量 f_z：

进给运动更多时候用进给量表示。进给量为在主运动的一个循环内，刀具在进给运动方向上相对工件的位移量，可用刀具或工件每转或每行程的位移量来表述和度量。如主运动为旋转运动时，进给量 f 为工件或刀具旋转一周，两者沿进给方向移动的相对距离（mm/r）；主运动为直线往复旋转运动时，进给量 f 为每一往复行程，刀具相对工件沿进给方向移动的距离（mm/ 行程）；对于铣刀、铰刀、拉刀等多齿刀具，在每转或每往复行程中每个刀齿相对于工件在进给运动方向上的移动距离，称为每齿进给量 f_z（mm/z）。进给速度 v_f 为切削刃上选定点相对于工件进给运动的瞬时速度，单位为 m/min。进给速度、进给量、每齿进给量三者关系如下

$$v_f = fn = nzf_z \tag{1-2}$$

（3）背吃刀量 a_p：工件上待加工表面和已加工表面之间的垂直距离，单位为 mm。

主运动为旋转运动时，$a_p = \dfrac{d_w - d_m}{2}$ $\tag{1-3}$

主运动为直线运动时，$a_p = H_w - H_m$ $\tag{1-4}$

在实体材料上钻孔时，$a_p = \dfrac{1}{2}d_m$ $\tag{1-5}$

式中　d_w—— 工件待加工表面直径；

　　　d_m—— 工件已加工表面直径；

　　　H_w—— 工件待加工表面厚度；

　　　H_m—— 工件已加工表面厚度。

各种切削加工的切削用量如图 1.6 所示。

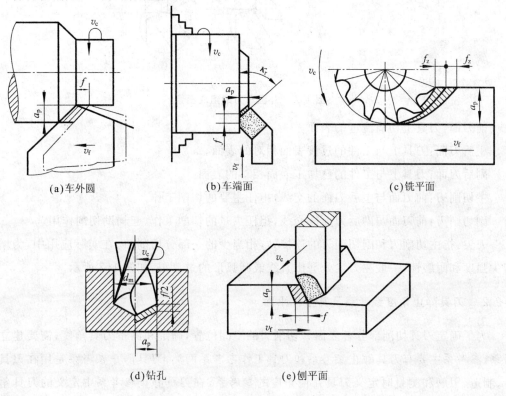

(a)车外圆　　　　　　(b)车端面　　　　　　(c)铣平面

(d)钻孔　　　　　　　(e)刨平面

图 1.6　各种切削加工的切削用量

1.2　刀具静止角度参考系和刀具静止角度的标注

在金属切削加工中刀具用于切除工件上的多余金属,是完成切削加工的重要工具,因此刀具是保证加工质量、提高加工生产率、影响产品成本的一个重要因素。根据工件和机床的不同,所选用的刀具类型、结构、材料和几何参数也不相同。本节主要介绍刀具的几何角度。

1.2.1　车刀的组成

切削刀具的种类很多,形状各异,但其切削部分所起的作用都是相同的,都能简化成外圆车刀的基本形态,故下面以普通外圆车刀为例说明刀具切削部分的几何参数。

图 1.7 所示为外圆车刀,其切削部分由三个刀面、两个切削刃、一个刀尖组成。

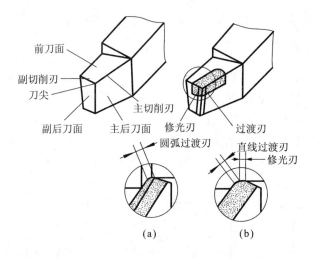

图 1.7　外圆车刀的组成要素

前刀面:刀具上切屑流过的表面。

主后刀面:刀具上与工件的过渡表面相对的表面。

副后刀面:刀具上与工件的已加工表面相对的表面。

主切削刃:前刀面与主后刀面的交线,担任主要的切削工作。

副切削刃:前刀面与副后刀面的交线,担任少量的切削工作,起辅助切削作用。

刀尖:指主切削刃和副切削刃的连接处,相当少的一部分切削刃。在实际应用中,为增加刀尖强度和耐磨性,一般在刀尖处磨出直线或圆弧形的过渡刃,如图 1.7 所示。

1.2.2　刀具静止角度参考系及其坐标平面

为了确定刀具切削部分各表面和切削刃的空间位置,确定和测量刀具角度,需要建立参考系。参考系主要有刀具静止参考系和刀具工作参考系两类,刀具静止参考系是用在刀具设计、制造、刃磨和测量时定义刀具几何角度的参考系,在刀具静止参考系中定义的刀具角度称为刀具的标注角度。

刀具静止参考系主要由以下基准坐标平面组成,如图1.8、图1.9所示。

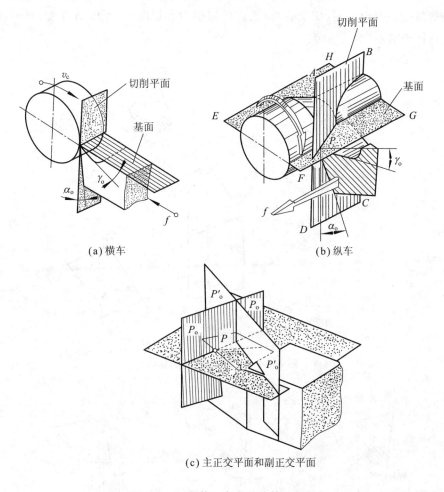

(a) 横车　　　　　　　　　　　　　　　(b) 纵车

(c) 主正交平面和副正交平面

图 1.8　刀具静止参考系的基准平面

(1) 基面 P_r:通过主切削刃上选定点 P,并垂直于该点切削速度方向的平面。如图1.8(b) 中的 $EFGH$ 平面即为 P 点的基面。

(2) 切削平面 P_s:通过主切削刃选定点 P,切于工件过渡表面的平面。对应于主切削刃和副切削刃的切削平面分别称为主切削平面 P_s 和副切削平面 P_s'。图1.8(b) 中的 $ABCD$ 平面即为 P 点的切削平面。

(3) 正交平面 P_o:通过主切削刃选定点 P 并同时垂直于基面和切削平面的平面。图1.8(c) 和图1.9中过 P 点的 $P_o - P_o$ 截面为主正交平面,$P_o' - P_o'$ 截面为副正交平面。

1.2.3　刀具静止角度的标注

车刀的标注角度是绘制刀具图样和车刀刃磨必须要掌握的角度,有5个主要角度,即前角、后角、主偏角、副偏角及刃倾角。外圆车刀角度的标注如图1.9所示。

(1) 前角 γ_o:在正交平面内测量,是前刀面与基面之间的夹角。根据前刀面与基面相对位置的不同,前角又可分为正前角、零前角和负前角。当前刀面与切削平面夹角小于90°时,前角为正,大于90°时,前角为负,如图1.10所示。前角主要影响主切削刃的锋利程度和刃口强度。增大前角能使刀刃锋利,切削容易,能降低切削力和切削热;但前角过大,刀刃部分强度下降,导热体积减小,寿命缩短。

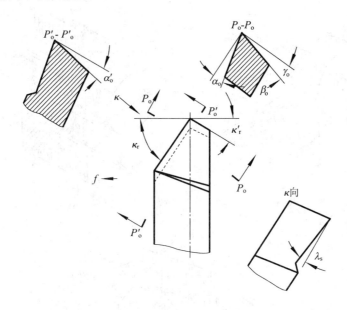

图 1.9　　外圆车刀角度的标注

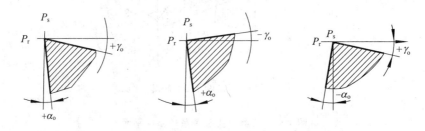

图 1.10　　前角和后角正、负的规定

(2)后角α_o:在正交平面内测量,是主后面与切削平面之间的夹角。在主正交平面内测量的是主后角(α_o)、在副正交平面内测量的是副后角(α'_o)。当后刀面与基面间的夹角小于90°时,后角为正值,大于90°时,后角为负值,如图1.10所示。后角的作用是减小后刀面与工件之间的摩擦,以减少后刀面的磨损,并配合前角改变切削刃的锋利程度与刃口强度。精加工时取较大后角;粗加工时取较小后角。

楔角(β_o)是前刀面与主后刀面之间的夹角,其值为$\beta_o = 90° - (\gamma_o + \alpha_o)$,是派生角度。

(3)主偏角κ_r:在基面内测量,是主切削刃在基面上的投影与进给运动方向之间的夹角。主偏角主要影响切削刃工作长度、背向力的大小和刀具寿命。当切削力一定时,增大主偏角可减小径向抗力,所以,加工刚性较弱的细长轴时,可适当选用较大的主偏角。

在进给量和背吃刀量一定时,减小主偏角可使主切削刃相对长度上的切削力减小,从而使刀具寿命提高。车刀常用的主偏角有45°,60°,75°和90°4种。

(4)副偏角κ'_r:在基面内测量,是副切削刃在基面上的投影与背离进给运动方向之间的夹角。副偏角主要影响已加工表面的粗糙度。粗加工时副偏角取得大些,精加工时取小些。

刀尖角(ε_r)是主切削平面与副切削平面之间的夹角。$\varepsilon_r = 180° - (\kappa_r + \kappa_r')$,是派生角度。

(5)刃倾角 λ_s:在切削平面内测量,是主切削刃与基面之间的夹角。刃倾角也有正、负和零值之分,如图 1.11 所示。当刀尖相对车刀刀柄安装面处于最高点时,刃倾角为正值;刀尖处于最低点时,刃倾角为负值;当切削刃平行于刀柄安装面时,刃倾角为零度,此时切削刃在基面内。

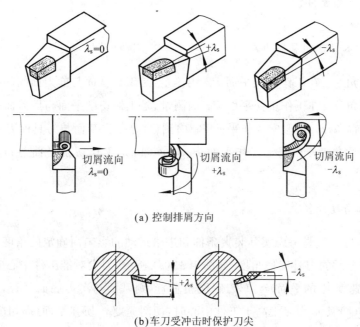

(a) 控制排屑方向

(b)车刀受冲击时保护刀尖

图 1.11　刃倾角的作用

刃倾角 λ_s 主要影响刀头的强度和切屑流动的方向。粗加工时为了增加刀头强度,λ_s 常取负值;精加工时为了防止切屑划伤已加工表面,λ_s 常取正值或零值。负的刃倾角还可在车刀受冲击时起到保护刀尖的作用,如图 1.11(b) 所示。

1.3　刀具工作角度参考系和刀具工作角度

1.3.1　刀具工作角度参考系

切削加工中,刀具相对工件的运动是主运动和进给运动的合成,为合理地表达切削过程中的刀具角度,按合成切削运动方向和实际安装情况来定义刀具的参考系,即刀具工作参考系。在该参考系中定义和测量的刀具角度称为刀具的工作角度,其符号应加注下标"e"。

(1)工作基面 P_{re}:过切削刃上选定点并与合成切削速度 v_c 垂直的平面,如图 1.12 所示。

(2)工作切削平面 P_{se}:过切削刃上选定点与切削刃相切,并垂直于工作基面的平面,如图 1.12 所示。

（3）工作正交平面 P_{oc}：过切削刃上选定点并同时与工作基面和工作切削平面相垂直的平面。

（4）假定工作平面 P_{fe}：过切削刃上选定点，垂直于该点基面，且同时包含主运动和进给运动方向的平面。它垂直于工作基面。

（5）背平面 P_p：过切削刃上选定点，垂直于该点基面和假定工作平面的平面。

1.3.2 刀具工作角度计算

1. 刀具工作参考系测量的角度

（1）工作前角 γ_{oc}：在工作正交平面 P_{oc} 内测量，是工作基面与前刀面间的夹角。

（2）工作后角 α_{oc}：在工作正交平面 P_{oc} 内测量，是工作切削平面与后刀面间的夹角。

（3）工作侧前角 γ_{fc}：在假定工作平面 P_{fe} 内测量，是工作基面与刀具前刀面间的夹角。

（4）工作侧后角 α_{fc}：在假定工作平面 P_{fe} 内测量，是工作切削平面与刀具后刀面间的夹角。

2. 刀具工作角度计算

刀具工作角度一般是考虑实际装夹条件和进给运动的影响而确定的角度。

（1）装夹误差时的刀具工作角度：如图 1.12（a）所示，刀尖对准工件中心安装时，设切削平面（包含切削速度 v_c 的平面）与车刀底面相垂直，则基面与车刀底面平行，刀具切削角度无变化；图 1.12（b）所示为刀尖高于工件中心时，切削速度 v_c 所在平面（即切削平面）倾斜一个角度 θ_p，则基面也随之倾斜一个角度 θ_p，从而使前角 γ_o 增大了一个角度 θ_p，后角 α_o 减小了一个角度 θ_p。反之，当刀尖低于工件中心时，如图 1.12（c）所示，则前角 γ_o 减小 θ_p，后角 α_o 增大 θ_p。

所以，当刀尖高于工件中心时，则

$$\gamma_{pc} = \gamma_p + \theta_p \tag{1-6}$$

$$\alpha_{pc} = \alpha_p - \theta_p \tag{1-7}$$

当刀尖低于工件中心时，则

$$\gamma_{pc} = \gamma_p - \theta_p \tag{1-8}$$

$$\alpha_{pc} = \alpha_p + \theta_p \tag{1-9}$$

车内孔时，当车刀刀尖安装高于工件中心时，如图 1.13（a）所示，工作前角比标注前角减小 θ_p 角，工作后角增大 θ_p 角。当车刀刀尖安装低于工件中心时，如图 1.13（b）所示，工作前角和工作后角的变化与上述情况相反。

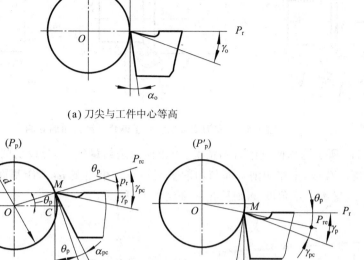

(a) 刀尖与工件中心等高

(b) 刀尖高于工件中心　　　　　　　　(c) 刀尖低于工件中心

图 1.12　刀尖位置对工作角度的影响

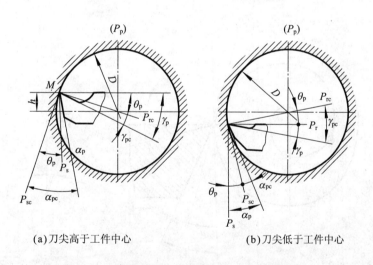

(a) 刀尖高于工件中心　　　　　　　　(b) 刀尖低于工件中心

图 1.13　车孔时刀尖安装高低对工作角度的影响

　　此外,当刀柄中心线与进给方向不垂直时,工作主、副偏角也将较主、副偏角发生变化,如图 1.14 所示。

　　(2) 有进给运动时的刀具工作角度:切削时若考虑进给运动,包含合成切削速度 v_c 的切削平面(称为工作切削平面)倾斜一个角度,垂直于工作切削平面的基面(称为工作基面)则随之倾斜,从而导致刀具工作角度变化。

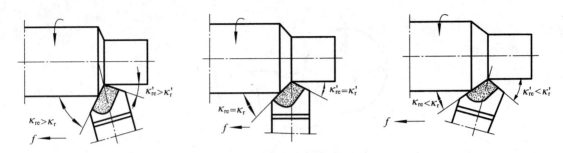

图 1.14　车刀安装偏斜对主偏角和副偏角的影响

图 1.15 所示为横向进给时的情况。由于横向进给量较大,合成切削速度 v_e 为切削速度和进给速度的合成,工作切削平面与切削平面倾斜一个角度 μ,工作基面相应倾斜同样角度 μ,使前角 γ_o 增大一个角度 μ,则后角 α_o 减小一个角度 μ。

即

$$\gamma_{oc} = \gamma_o + \mu \tag{1-10}$$

$$\alpha_{oc} = \alpha_o - \mu \tag{1-11}$$

$$\tan\mu = \frac{v_f}{v_c} = \frac{f}{\pi d_w} \tag{1-12}$$

由公式可知,刀具越接近工件中心,d_w 越小,μ 值增加,工作后角减小;进给量增大,工作后角也减小,而工作后角过小会使后刀面与工件表面摩擦加剧,所以,横车时进给量不宜取大。

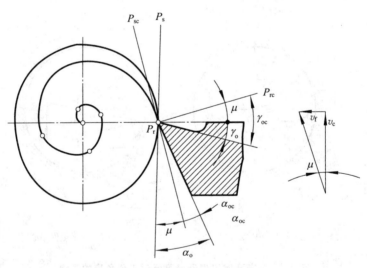

图 1.15　横向进给时的工作角度

图 1.16 为纵向进给时的情况。考虑进给运动,工作基面 P_{rc} 和工作切削平面 P_{sc} 相对基面和切削平面倾斜了一个角度 μ_f,在工作侧平面内测量的角度为

$$\gamma_{fc} = \gamma_f + \mu_f \tag{1-13}$$

$$\alpha_{fc} = \alpha_f - \mu_f \tag{1-14}$$

$$\tan\mu_f = \frac{f}{\pi d_w} \tag{1-15}$$

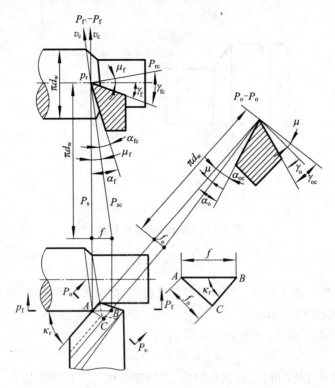

图 1.16　纵向进给时的工作角度

　　一般车削时,由于进给量比工件直径小得多,由上式可知,μ_f 值很小,所以对车刀工作前、后角的影响可忽略不计,但车削导程较大的螺纹时,如梯形螺纹、矩形螺纹和多线螺纹,则必须考虑螺纹升角 μ_f 对加工的影响。刀具工作参考系和工作角度的其他内容在此就不详述了,用到时可查阅有关资料。

1.4　切削层公称横截面要素和切削方式

1.4.1　切削层横截面要素

　　切削时,刀具沿进给运动方向移动一个进给量所切除的金属层称为切削层。切削层参数规定在垂直于选定点主运动方向的平面内度量切削层截面尺寸。如图 1.17 所示,当刀具的主、副切削刃为直线,刀具的刃倾角 $\lambda_s = 0$、副偏角 $\kappa'_r = 0$ 时,切削层公称横截面积为一平行四边形。

　　(1) 切削层公称厚度 h_D:过切削刃上选定点,在与该点主运动方向垂直的平面内,垂直于过渡表面度量的切削层尺寸,单位为 mm。由图 1.17 可以看出,切削层公称厚度为刀具或工件每移动一个进给量 f 以后,主切削刃相邻两位置间的垂直距离。

$$h_D = f\sin\kappa_r \tag{1-16}$$

　　(2) 切削层公称宽度 b_D:过切削刃上选定点,在与该点主运动方向垂直的平面内,平行于过渡表面度量的切削层尺寸,单位为 mm。同样由图 1.17 可以看出,切削层公称宽度为沿刀具主切削刃量得的待加工表面至已加工表面之间的距离,即主切削刃与工件的接触长度。

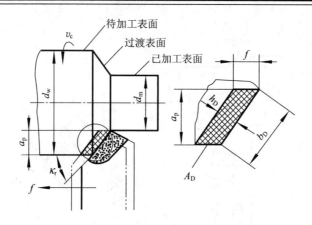

图 1.17　切削层横截面要素

$$b_D = \frac{a_P}{\sin \kappa_r} \tag{1-17}$$

（3）切削层公称横截面积 A_D：过切削刃上选定点，在与该点主运动方向垂直的平面内度量的实际横截面积，单位为 mm^2。

切削层公称横截面积 A_D 可按式（1-18）计算

$$A_D \approx a_P f \approx b_D h_D \tag{1-18}$$

由上述公式和图 1.17 可知，切削层厚度、切削层宽度与刀具的主偏角、刀具刀尖圆弧半径有关。

1.4.2　金属切除率 Z_w

单位时间（s）切下金属的体积，称为金属切除率。用 Z_w 表示，它是衡量切削效率高低的一种指标。Z_w 可用下式来计算

$$Z_w = A_D v_c = f a_P v_c$$

Z_w 的单位是 mm^3/s；而 v_c 的单位是 m/s，如果换算成 mm/s，则

$$Z_w = 1000 f a_P v_c$$

1.4.3　切削方式

由前面分析可知，工件表面形状是由母线沿轨迹线运动而成的。在机械加工中，可通过刀具和工件作相对运动来获得，由于所用刀具刀刃形状和采取的加工方法不同，其方法可归纳为如下 4 种。

（1）轨迹法：利用刀具与工件的相对运动轨迹来加工的方法。这时刀具的切削刃与被加工表面为点接触。当该点按给定的规律运动时，便形成了所需的发生线，如图 1.18（a）所示。采用轨迹法形成发生线需要一个成形运动。成形运动的精度决定工件的形状精度。

（2）成形法：利用成形刀具加工工件的方法。这时刀刃与工件表面之间为线接触，刀刃的形状与形成工件表面的一条发生线完全相同，另一条发生线则由刀具与工件的相对运动来实现，如图 1.18（b）所示。此时工件的形状精度取决于刀刃的形状精度和成形运动精度。

（3）展成法：利用刀具与工件作展成运动所形成的包络面进行加工的方法。主要用于齿轮的加工，此时刀刃与工件表面之间为线接触，但刀刃形状不同于齿形表面形状，如

图 1.18(c) 所示。

　　(4) 相切法:利用刀具边旋转边作轨迹运动对工件进行加工的方法。刀具的各个刀刃的运动轨迹共同形成了曲面的发生线,如图 1.18(d) 所示。

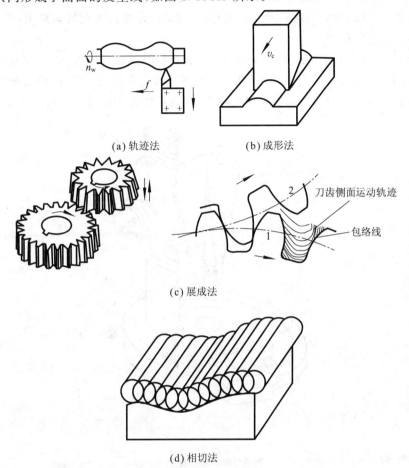

(a) 轨迹法　　　　　　　　(b) 成形法

(c) 展成法

(d) 相切法

图 1.18　获得工件表面的切削方式

1.5　车刀角度测量

　　车刀标注角度可以采用角度样板、万能角度尺和专用量具测量。下面介绍一种常用的车刀角度测量仪。

1.5.1　车刀量角仪结构

　　图 1.19 所示为车刀量角仪。在圆形底盘 2 的周边,刻有从 0°起向左、右各 100°的刻度。工作台 5 可绕小轴 7 转动,测量时刀具放在工作台上,靠紧定位块,随测量台绕小轴作顺时针或逆时针转动,转动的角度由固定在工作台上的指针 6 读出。定位块 4 和导条 3 固定在一起,可在工作台的滑槽内平行移动,同时刀具在工作台上可沿定位块前后移动和随定位块左右移动。

　　立柱 20 固定在底盘上,其上有矩形螺纹。旋转螺母 19,可使滑体 13 沿立柱的键槽上下移动。小刻度盘15由小螺钉16固定在滑体上,用旋钮17可将弯板18锁紧在滑体上。松开旋钮,弯板以旋钮为轴,可向顺、逆时针两个方向转动,转动的角度由固定在弯板18上的小指针14在小刻度盘15上示出。大刻度盘12由螺钉11固定在弯板上,用螺钉轴8装在大刻度盘上的大指针9可绕螺钉轴向顺、逆时针两个方向转动,转动的角度由大刻度盘读出,销轴10限制大指针9转动的极限位置。

当指针6、大指针9、小指针14都处于0°时,大指针的前面a和侧面b分别垂直于工作台的平面,而底面c平行于工作台的平面。使用时通过旋转工作台或大指针,使大指针的底面c、侧面b和前面a分别与刀具被测要素紧密贴合,从而可以在刻度盘上读出被测角度数值。

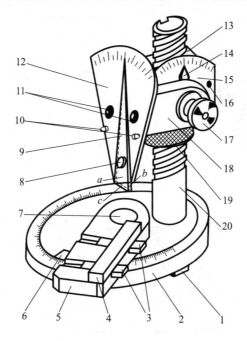

图 1.19　车刀量角仪

1— 支脚;2— 圆形底盘;3— 导条;4— 定位块;5— 工作台;6— 指针;7— 小轴
8— 螺钉轴;9— 大指针;10— 销轴;11— 螺钉;12— 大刻度盘;13— 滑体;14— 小指针
15— 小刻度盘;16— 小螺钉;17— 旋钮;18— 弯板;19— 螺母;20— 立柱

1.5.2　车刀标注角度测量方法与步骤

(1)测量前准备:测量前应将车刀量角仪校准,即将量角台的大、小指针全部调整到零位,再将车刀平放在工作台上,车刀紧贴定位块,刀尖紧贴大指针的前面。此时,大指针底面与工作台平面平行,工作台平面相当于基面P_r,此为测量车刀角度的起始位置。

(2)测量主偏角κ_r:从起始位置,按顺时针方向转动工作台,使主切削刃与大指针前面a紧密贴合。此时,工作台指针在底盘上所指示的刻度值,就是主偏角的数值。

(3)测量刃倾角λ_s:测完主偏角后,使大指针底面c和主切削刃紧密贴合(大指针前面a相当于切削平面P_s)。此时,大指针在大刻度盘上所指示的刻度值,就是刃倾角的数值。大指针在零位左边为$+\lambda_s$,在右边为$-\lambda_s$。

(4)测量副偏角κ_r':参照测量主偏角的方法,按逆时针方向转动工作台,使副切削刃和大

指针前面 a 紧密贴合。此时,工作台指针在底盘上所指示的刻度值,就是副偏角的数值。

(5)测量前角 γ_o:从测完车刀主偏角的位置起,按逆时针方向使工作台转动 90°,这时主切削刃在基面上的投影垂直于大指针前面 a(相当于正交平面),然后让大指针底面 c 落在通过主切削刃上选定点的前面上。此时,在大刻度板上读出前角 γ_o。若指针在零位右边为 $+\gamma_o$,左边为 $-\gamma_o$。

(6)测量后角 α_o:测完前角后,向右平行移动车刀使大指针侧面与后刀面贴紧,从大刻度盘上读出后角 α_o。若指针在零位左边为 $+\alpha_o$,右边为 $-\alpha_o$。

需要指出的是,如果被测量的车刀底部不平整,刃磨质量很差,或对测量方法、技巧未完全掌握,就会出现测量误差。例如测量出的前角数值超过 $\pm 30°$ 或后角数值超过 $\pm 12°$ 都是不正常现象。应该注意选用较好的车刀,检查车刀量角仪的测量平面是否正常,测量刀口与被测部位是否紧贴,读数方向是否有误差。

1.6　车刀的刃磨

刃磨车刀的方法有机械刃磨与手工刃磨两种。目前在中小型工厂中,还是以手工刃磨为主。手工刃磨车刀是车工的基本功之一。

1.6.1　砂轮的选用

(1)磨料的选择:磨料选择的主要依据是刀具的材料和热处理方法。刃磨硬质合金刀具通常选用绿色碳化硅磨料 GC,刃磨淬火高速钢刀具选用白刚玉 WA 或铬刚玉 PA 磨料。对于要求较高的硬质合金刀具(如铰刀等),可用人造金刚石 D 磨料。对于高钒高速钢工具,选用单晶刚玉 SA 磨料。

(2)粒度的选择:粒度选择的主要依据是刀具的精度和表面粗糙度要求,还要考虑磨削效率。一般刀具的表面粗糙度值为 $Ra\ 0.4 \sim 0.1\mu m$ 时,若分粗、精磨,则从磨削效率考虑,粗磨时应选小粒度号(46# ～ 60#)的砂轮,精磨时应选大粒度号(80# ～ 120#)的砂轮。

(3)硬度的选择:刃磨刀具时,砂轮的硬度应选得软些。一般刃磨硬质合金刀具,硬度选用 H、J;刃磨高速钢刀具,硬度选用 H、K。

1.6.2　车刀刃磨的基本方法

(1)磨刀时,两肘夹紧腰部,以减小磨刀时手的抖动,从而保证磨刀精度。

(2)两手分别握住刀杆前端与后端,以控制角度,稳定刀身;用力不能太猛,否则砂轮会被刮伤,造成砂轮表面跳动或者因刀具打滑而磨伤手指。

(3)车刀高低必须控制在砂轮水平中心,刀头略向上翘;否则会出现后角过大或负后角等弊端。

(4)刃磨顺序:粗磨后刀面和副后刀面,粗磨前刀面,磨断屑槽,磨负倒棱,精磨前刀面,精磨后刀面和副后刀面,磨过渡刃,磨修光刃。具体操作如图 1.20 所示。

磨主后刀面时,刀柄尾部向左偏,大小为主偏角的数值,如图 1.20(a)所示。同样磨副后刀面时,刀柄尾部向右偏一副偏角的数值,如图 1.20(b)所示。修磨刀尖圆弧时,左手握车刀前端作为支点,右手转动车刀尾部,如图 1.20(d)所示。

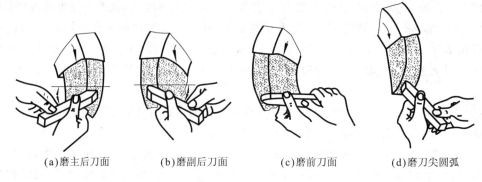

(a)磨主后刀面   (b)磨副后刀面   (c)磨前刀面   (d)磨刀尖圆弧

图 1.20　车刀的刃磨

1.6.3　车刀刃磨时的注意事项

（1）磨刀时，不应站立在砂轮旋转平面内，以免磨屑和砂粒飞入眼中，或砂轮破裂伤人。刃磨刀具最好戴防护眼镜。如果有异物飞入眼中，不能用手去擦，应立即请医生处理。

（2）砂轮必须装有防护罩。砂轮托架或角度导板与砂轮之间的间隙要随时调整，不能太大（一般为 1～2mm），否则容易使车刀嵌入而打碎砂轮，造成重大事故。

（3）刃磨时，砂轮回转方向必须从刀刃到刀面，否则刀刃不光，会形成锯齿形缺口。磨后刀面时应先使车刀后刀面下部轻轻接触砂轮，然后再全面靠平；磨完后，应先使刀刃离开砂轮，以避免刀刃被碰坏。

（4）磨刀时，车刀要在砂轮上左右移动，不可停留在一个地方刃磨，以免砂轮表面出现凹坑。在平形砂轮上磨刀时，不能用力在两侧面上粗磨；在杯形砂轮上磨刀时，不要使用砂轮的外圆或内圆面。砂轮表面必须经常修整。

（5）磨高速钢车刀时，要经常将车刀放入水中冷却，以免高速钢受热退火而降低硬度。磨硬质合金车刀时，不可把刀头放入水中冷却，以防刀片碎裂。

（6）磨刀用的砂轮，不准磨其他物件。

（7）刃磨结束后，应随手关闭砂轮机电源。

小　　结

形成零件表面的几何形状面有圆柱面、圆锥面、平面、成形面。形成零件表面的方法有轨迹法、相切法、成形法和展成法。

切削速度、进给量和背吃刀量是切削三要素。切削过程中形成 3 个面：已加工表面、待加工表面和过渡表面。

被切部分切削层三要素：切削层公称厚度、切削层公称宽度、切削层公称横截面积。

外圆车刀切削部分由三个刀面（前面、后面、副后面）、两个切削刃（主、副切削刃）、一个刀尖组成。

衡量车刀几何结构的角度：前角、后角、主偏角、副偏角和刃倾角。

车刀在切削加工中由于安装、进给运动等原因造成角度变化，从而影响加工质量。

刀具切削刃和工件间的运动可形成 3 种切削方式：直角切削、斜角切削、普通切削。

思考与练习题

1-1　主运动、进给运动如何定义？各有何特点？

1-2　画图说明车外圆时的切削用量。

1-3　图 1.21 所示为切槽和车内孔时刀具的切削状态，要求在图上标注：

(1)工件上的几种加工表面。

(2)刀具的三面、两刃和刀尖。

(3)刀具几何角度。

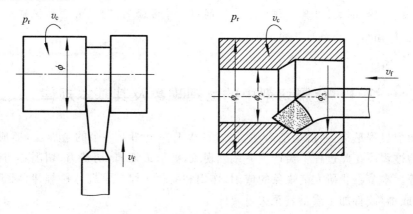

图 1.21　题 1-3 图

1-4　用主偏角为 60°的车刀车外圆，工件加工前直径为 100mm，加工后直径为 95mm，工件转速为 320r/min，车刀移动速度为 64mm/min。试求切削速度、进给量、背吃刀量、切削厚度、切削宽度和切削面积。

1-5　在老师指导下磨一把车刀，再测量车刀的主偏角、副偏角、刃倾角、前角和后角。

第2章 金属切削加工基本原理

教学提示：了解和掌握金属切削中物理现象的成因、作用和变化规律，对于提高切削效率，降低成本，改善加工质量是至关重要的。

教学要求：了解和掌握金属切削过程中的基本理论，从解决控制切屑、改善材料切削加工性能、合理选用切削液、刀具几何参数和切削用量等方面的问题，来达到保证加工质量、降低生产成本、提高生产效率的目的。

2.1 金属切削中的物理现象及其基本规律

金属切削过程是指：通过切削运动，使刀具从工件上切下多余的金属层，形成切屑和已加工表面的过程。在此过程中会产生一系列现象，如形成切屑、切削力、切削热与切削温度、刀具磨损等。本节主要研究诸现象的成因、作用和变化规律。掌握这些规律，对于提高切削效率，降低成本，改善加工质量是至关重要的。

2.1.1 金属切削中的变形及主要影响因素

1. 金属切削中的变形及主要影响因素

实验研究表明，金属切削过程是工件切削层在受到刀具前刀面的挤压后而产生的以滑移为主的变形过程。

这一现象与挤压试验有些类似。图 2.1(a)是普通挤压的示意图，试件受压时，内部产生剪切应力和应变，滑移面 DA、CB 与作用力 F 的方向大致成 $45°$，图 2.1(b)是切削过程示意图，与挤压试验比较，差别在于工件仅切削层受挤压，DB 以下有工件母体的阻碍，所以金属只沿 DA 方向滑移，这就是切削过程中的剪切面。

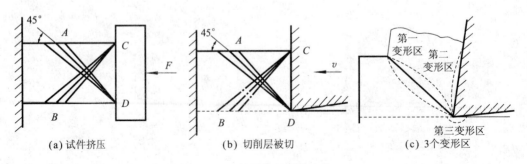

(a) 试件挤压   (b) 切削层被切   (c) 3个变形区

图 2.1 挤压与切削的比较

实际切削情况还要复杂些(图 2.1(c))。这是因为切削层在受到刀具前刀面挤压而产生剪切(称第一变形区)后的切屑,沿前刀面流出,其底面将受到前刀面的挤压与摩擦,继续变形(称第二变形区);再者,刀具刃口并非绝对锋利,而是存在着钝圆半径 r_ε,在整个切削层的厚度中,将有很小一部分被 r_ε 挤压下去,经变形成为已加工表面(称第三变形区)。

2. 第一变形区的变形

1) 变形区内金属的剪切变形

第一变形区内的金属的剪切滑移可以这样来理解(图 2.2):在 AM 外表面上,由于只受到单向应力,所以滑移线与外表面成 $45°$;但切削层内部,由于切屑与前刀面上有摩擦,所以滑移线略有扭曲。现在追踪切削层上的任一点 P,来观察切屑的变形过程:当 P 点向切削刃逼近到达点 1 时,其剪应力达到材料的屈服强度 τ_s,点 1 在向前移动的同时,也沿 OA 滑移,其合成运动将使点 1 流动到点 2,$2'$—2 就是它的滑移量,随着不断地移动和滑移量的增加,剪应力也将逐渐增加,直到点 4 位置,此时其流动方向与前刀面平行,不再沿 OM 线滑移。所以 OM 称终滑移线,OA 称始滑移线。在一般切削速度范围内,$OA\sim OM$ 间即第一变形区,其宽度约在 $0.02\sim0.2\text{mm}$,速度低宽度大,速度高宽度小,常以一个面来代替,称剪切面(图 2.3)。剪切面与切削速度之间的夹角称剪切角,以 φ 表示。

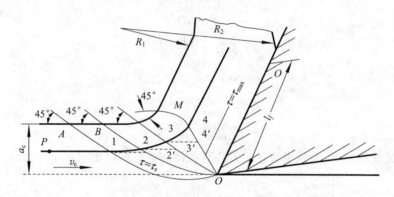

图 2.2　第一变形区金属的滑移

根据上述变形过程,可以把塑性金属的切削过程模拟为如图 2.4 所示的示意图。被切材料好比一叠卡片 $1'$,$2'$,$3'$,…等,当切具切入时,这叠卡片受力被托到 1,2,3,…等位置,卡片之间发生滑移,滑移方向就是剪切面的方向。

2) 变形程度的表示方法

实验证明,剪切角 φ 与切削力有关。在同样条件下(工件材料、刀具、切削层大小),切削速度 v_c 高时,φ 角大、剪切面积小,如图 2.5 所示,切削比较省力,说明 φ 可作为衡量切削过程的参数。

既然切削中金属变形的主要形式是剪切滑移,因此可以进一步考察剪切角 φ 与剪切滑移 ε 的关系。

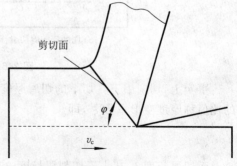

图 2.3　剪切面与剪切角

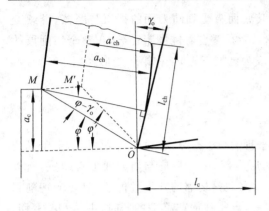

图 2.4　金属的切削过程示意图

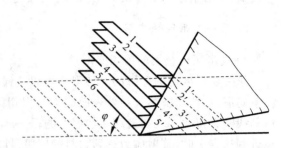

图 2.5　φ 角与剪切面积的关系

如图 2.6 所示，平行四边形 $OHNM$ 发生剪切变形后，变为 $OGPM$，其相对滑移 ε 为

$$\varepsilon = \frac{\Delta S}{\Delta Y}$$

此时剪切面 NH 被推到 PG 位置，即

$$\Delta S = NP$$

$$\Delta Y = MK$$

$$\varepsilon = \frac{NP}{MK} = \frac{NK + KP}{MK}$$

$$\varepsilon = \cot\varphi + \tan(\varphi - \gamma_o) \tag{2-1}$$

或

$$\varepsilon = \frac{\cos\gamma_o}{\sin\varphi\cos(\varphi - \gamma_o)} \tag{2-2}$$

用 φ 衡量变形大小，必须用快速落刀装置获得切屑根部金相图片才能量出，比较麻烦。

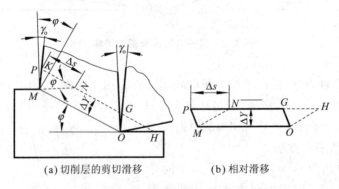

(a) 切削层的剪切滑移　　　　　(b) 相对滑移

图 2.6　剪切变形示意图

事实上，切削中刀具切下的切屑厚度 a_{ch} 通常大于工件切削层的厚度 a_c，(图 2.6)，它们的比值称厚度变形系数 ξ_a，即

$$\xi_a = \frac{a_{ch}}{a_c} \tag{2-3}$$

而切屑长度 l_{ch} 却小于切削层长度 l_c，它们的比值称长度变形系数 ξ_l，即

$$\xi_l = \frac{l_c}{l_{ch}} \tag{2-4}$$

因工件上切削层的宽度与切屑平均宽度的差异很小，切削前、后的体积可视为不变，故有

$$\xi_a = \xi_l = \xi \tag{2-5}$$

ξ 称变形系数，直观地反映了切屑变形程度，且 l_c、l_{ch} 容易测量。

ξ 越大，变形越大。

从图 2.6 中还可推导出 ξ 与 ϕ 的关系如下

$$\xi = \frac{a_{ch}}{a_c} = \frac{OM\sin(90° - \phi + \gamma_o)}{OM\sin\phi} = \frac{\cos(\phi - \gamma_o)}{\sin\phi} \tag{2-6}$$

经变换也可写为

$$\tan\phi = \frac{\cos\gamma_o}{\xi - \sin\gamma_o} \tag{2-7}$$

将式(2-7)代入式(2-6)，可得 ξ 与 ε 的关系如下

$$\varepsilon = \frac{\xi^2 - 2\xi\sin\gamma_o + 1}{\xi\cos\gamma_o} \tag{2-8}$$

ϕ、ε、ξ 均可表示变形程度，但应指出，它们是根据纯剪切的观点提出的。实际切削过程是复杂的，既有剪切，又有前刀面对切屑的挤压和摩擦。所以，这些公式不能反映全部变形实质。例如 $\xi = l$ 时，$a_{ch} = a_c$，似乎没有变形，但实际有相对滑移存在。式(2-8)表示了 ξ 与 ε 的关系，也只当 $\xi > 1.5$ 时，ξ 与 ε 才基本成正比。

3. 切屑与前刀面间的摩擦和积屑瘤

1) 切屑与前刀面的摩擦特点

切屑在经第一变形区剪切滑移后，沿前刀面排出，其底层还要继续受到前刀面的挤压与摩擦，使切屑底层产生严重的塑性变形。

切屑与前刀面间的摩擦与一般金属接触面间的摩擦不同。其摩擦区域划分为两个摩擦区域，如图 2.7 所示，有粘结区和滑动区。

(1) 粘结区：切削刃长度 l_{f1} 内，由于高温(可达 900℃)、高压(可达 3.5GPa)的作用使切屑底层材料产生软化，切屑底层的金属材料粘嵌在前刀面上高低不平的凹坑中而形成粘结区。粘结面间相对滑移产生的摩擦称为内摩擦，内摩擦力等于剪切其中较软材料金属层所需的力。

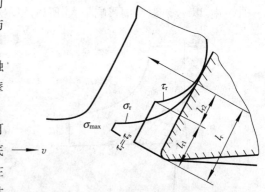

图 2.7　切屑与前刀面摩擦情况

(2) 滑动区：切屑即将脱离前刀面时在 l_{f2} 长度内的接触区。在该区内切屑与前刀面间只是凸出的金属点接触，因此实际的接触面积远小于名义接触面积。滑动区的摩擦称为外摩擦，其外摩擦力可应用库仑定律计算。

经光弹性实验测定，前刀面正应力 σ_r、剪应力 τ_r 分布情况如图 2.7 所示。粘结部分单位切向应力 τ_r 等于材料的屈服强度 τ_s；滑动部分单位切向应力 τ_r 由 τ_s 逐渐减小到零。整个接触区的正应力 σ_r 以刀尖处最大，逐渐减小到零。

由此可见，如以 τ_r/σ_r 表示摩擦系数，则该系数沿前刀面是变化的。沿用 $\mu = \tan\beta$ 描述

前刀面摩擦情况是过于简化了,显然,金属内内摩擦力要比外摩擦力大得多,在这里的分析中应着重考虑内摩擦。

以 μ 代表前刀面上的平均摩擦系数,有

$$\mu=\frac{F_{\mathrm{f}}}{F_{\mathrm{n}}}\approx\frac{\tau_{\mathrm{s}}A_{\mathrm{fl}}}{\sigma_{\mathrm{av}}A_{\mathrm{fl}}}=\frac{\tau_{\mathrm{s}}}{\sigma_{\mathrm{av}}} \tag{2-9}$$

式中　A_{fl}——内摩擦部分接触面积;

　　　σ_{av}——该部分的平均正应力,随材料硬度、a_{c}、v_{c}、γ_{o} 而变;

　　　τ_{s}——工件材料的剪切屈服强度,随温升而下降。

从式(2-9)可看出 μ 是个变值,与外摩擦不同。

2) 积屑瘤

(1)现象:加工一般钢料或其他塑性金属材料,在切削速度不高而又能形成连续切屑时,常在前刀面切削刃处粘着一块剖面呈三角状的硬块,如图 2.8 所示,称积屑瘤。其硬度很高,为工件材料的 2～3 倍,处于稳定状态时可代替刀尖进行切削。

(2)产生:切屑对前刀面接触处的摩擦,使前刀面十分洁净,当接触面达到一定温度,压力又较高时,会产生粘结现象。这时切屑从粘在前刀面的底层金属上流过,形成内摩擦。如果温度和压力适当,底层上面的金属因内摩擦而变形,也会发生加工硬化而被阻滞在底层,粘结成一体。这样,粘结层逐渐增大,直到该处的温度与压力不足以造成粘附为止。

所以积屑瘤的产生及其高度与被加工材料的硬化性质、切削区的温度、压力分布等有关。一般来说,塑性金属材料的加工硬化倾向愈强,愈易产生积屑瘤;温度低、压力低时,不易产生积屑瘤;反之,温度太高,使金属软化,也不易产生积屑瘤。对碳钢,以 $300\sim350℃$ 时为最高,$500℃$ 以上时积屑瘤趋于消失。在 a_{p}、f 一定时,v_{c} 与积屑瘤高度 H_{b} 的关系如图 2.9 所示。因 a_{p}、f、v_{c} 中,以 v_{c} 对温度的影响最大,所以此图实际上也反映了积屑瘤高度与温度的关系。

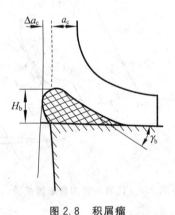

图 2.8　积屑瘤

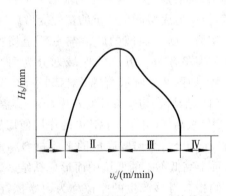

图 2.9　积屑瘤高度 H_{b} 与 v_{c} 的关系

(3)影响:①使实际前角增大,减小切削力,对切削过程起积极作用。②使切削深度增加了 Δa_{c}。因积屑瘤的产生、成长、脱落是一个带有一定周期性的动态过程,所以 Δa_{c} 是变化的,可能引起振动。③增大了加工表面粗糙度。积屑瘤的顶部很不稳定,容易破裂,或部分粘附于切屑底部而排除;或部分留在已加工表面而影响粗糙度。④影响刀具耐用度。积屑瘤稳定时代替刀刃切削,能减少刀具磨损,提高刀具耐用度;但破裂时可能使硬质合金颗粒剥落,反而加剧刀具磨损。

(4)控制:精加工时,防止积屑瘤产生的措施有:①用低速切削,使切削温度较低,粘结现

象不易发生；或用高速切削，使切削温度高于积屑瘤消失的相应温度。②采用润滑性能好的切削液，减小摩擦。③增大 γ_o，减小切屑接触区压力。④提高工件材料硬度（如热处理），减小加工硬化倾向。

　　4. 切屑的类型及其变化

　　1）切屑的类型

　　根据切削层变形特点和变形后形成切屑的外形不同，通常将切屑分为以下 4 类，如图 2.10 所示。

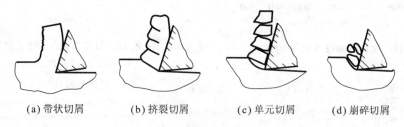

　　(a) 带状切屑　　　(b) 挤裂切屑　　　(c) 单元切屑　　　(d) 崩碎切屑

图 2.10　切屑的类型

　　（1）带状切屑（图 2.10(a)）：切削塑性金属材料时，若切屑在滑移后尚未达到破裂程度，则形成连绵不断、底面光滑的带状切屑。

　　（2）挤裂切屑（图 2.10(b)）：若切屑的滑移变形比较充分，以至达到破裂程度，产生一节节裂纹，但裂纹上下尚未贯穿，仅背面裂开，底面仍较光滑，称为挤裂切屑。

　　（3）单元切屑（图 2.10(c)）：产生的裂纹上下贯穿时则称单元切屑。

　　（4）崩碎切屑（图 2.10(d)）：切削脆性金属材料时，被切层在发生弹性变形后即突然崩裂，形成崩碎切屑。它的形状不规则，加工表面凹凸不平，切削过程很不平稳，易损刀具，于机床也不利，生产中应力求避免。加工铸铁时，如采用较大的刀具前角、较大的切削深度、较高的切削速度通常可将崩碎切屑转化为节状切屑。

　　在生产中，最常见的是带状切屑，切削过程最平稳；有时是挤裂切屑；切削力波动最大的单元切屑很少见。当改变挤裂切屑的条件时，如增大刀具前角、提高切削速度、减小切削厚度（即减小进给量），就可以得到带状切屑；反之，则可以得到单元切屑。这说明，切屑的形态可以随切削条件而转化。掌握了它的变化规律，就可以控制切屑的变形、形态和尺寸，以达到卷屑、断屑的目的。

　　2）切屑变形的变化规律

　　要获得较理想的切削过程，关键在于减小变形和摩擦。影响它们的因素有以下几点。

　　（1）工件材料：强度愈高，则 μ 愈小，可使 φ 增大，从而使 ξ 减小，如图 2.11 所示。

　　（2）刀具前角 γ_o：γ_o 愈大，切屑变形愈小（图 2.12）。γ_o 增大，ω 减小，φ 增大；虽然 β 也随 γ_o 增大而增大，但不如 γ_o 增大的多，结果 ω 还是减小，总的是使 φ 增大，从而使切屑变形减小。

　　（3）切削速度 v_c：如图 2.13 所示，在无积屑瘤的速度范围内，v_c 愈大，ξ 愈小。这是因为塑性变形的传播速度较弹性变形慢。如图 2.13 所示，低速时，始剪切面为 OA，速度增高时，金属流动速度大于塑性变形速度，即 OA 线尚未显著变形就已流到 OA' 线上，使第一变形区后移，φ 增大；再者，v_c 对 μ 有影响，除低速外，v_c 愈大，μ 愈小，所以 ξ 愈小。

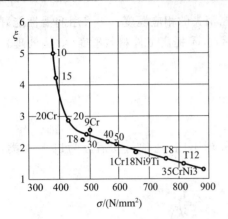

图 2.11　工件材料强度对 ξ 的影响

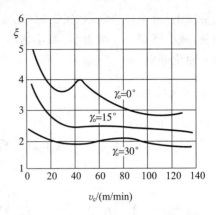

图 2.12　刀具前角 γ。对 ξ 的影响

工件材料：5120

刀具材料：高速钢

切削用量：$a_c = 0.31 \sim 0.36$mm；$a_w = 0.8 \sim 0.9$mm

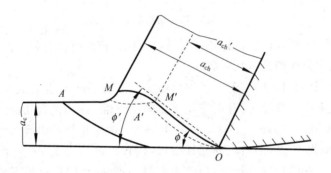

图 2.13　v_c 对 Φ 的影响

（4）切削厚度 a_c：图 2.14 表示了 v_c、f 对 ξ 的影响。可见在无积屑瘤的情况下，f 愈大（a_c 愈大），ξ 愈小；在有积屑瘤的情况下，v_c 主要通过积屑瘤所形成的实际前角来影响切屑变形。积屑瘤增长期，积屑瘤随 v_c 的增加而增大，积屑瘤愈高，其实际前角愈大，ξ 随 v_c 的增加而减小；积屑瘤消退期，积屑瘤随 v_c 的增加而减小，积屑瘤愈低，其实际前角愈小，其变形随之增大，ξ 随 v_c 的增加而增大。

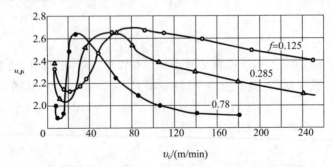

图 2.14　v_c、f 对 ξ 的影响

工件材料：30 钢

切削深度：$a_p = 4$mm

据以上分析可知,减小切屑变形、改善切屑与刀具的摩擦情况是革新刀具、提高切削水平的重要方法。

5. 已加工表面的形成过程(第三变形区)

无论怎样仔细刃磨刀具,前、后刀面形成的切削刃不可能绝对锋利,钝圆半径 $r_ε$ 总是存在的。其值经测定为:高速钢刀具 $3～10\mu m$;硬质合金刀具 $18～32\mu m$。另外,刀具开始切削不久,后刀面就会发生磨损,形成一段 $α_{oe}=0°$ 的棱带 VB。在研究已加工表面形成时,应考虑 $r_ε$、VB 的影响。

图 2.15 是已加工表面形成过程。当切削层金属以 v 逐渐接近切削刃时,被切层便发生挤压与剪切变形,最终沿剪切面 OM 方向滑移成为切屑。由于 $r_ε$ 的关系,a_c 中将有 $Δa$ 无法沿 OM 方向滑移,而是从切削刃钝圆部分 O 点下面挤压过去,继而又受到 VB 的挤压和摩擦,使工件表层金属受到剪切应力,随后弹性恢复,设其高度为 $Δh$,则已加工表面在 CD 长度上继续与后刀面摩擦。切削刃钝圆部分、VB、CD 构成了后刀面的总接触长度。通过这一剧烈的变形过程形成的已加工表面,其表层的金属具有和基体组织不同的性质,称为加工变质层。

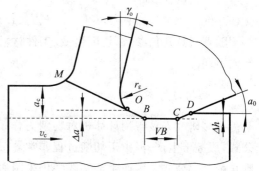

图 2.15　已加工表面形成过程

2.1.2　切削力及主要影响因素

切削过程中作用在刀具与工件上的力称为切削力。这里主要研究切削力的计算及变化规律。

1. 切削力的来源、合力、分解

切削时作用在刀具上的力,由以下两方面组成。

(1) 三个变形区内产生的弹性变形抗力和塑性变形抗力。

(2) 切屑、工件与刀具间的摩擦力。

这些力的总和形成作用在刀具上的合力 F_r(图 2.16(a))。F_r 又可分解为相互垂直的 F_z、F_y、F_x 3 个分力(图 2.16(b))。

F_z——主切削力(或称切向力)。它作用于加工表面并与基面垂直,是计算刀具强度、设计机床零件、确定机床功率所必需的;

F_y——切深抗力(或称径向力、吃刀力)。它是基面内与工件轴线垂直的力,用来确定与加工精度有关的工件变形、计算机床零件和刀具的强度与刚度。该力使工件在切削过程中产生振动;

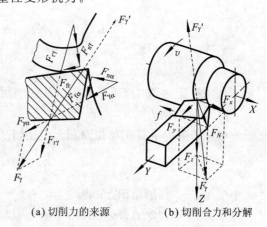

(a) 切削力的来源　　　(b) 切削合力和分解

图 2.16　切削力的来源、合力、分解

F_x——进给抗力(或称轴向力、进给力)。它是基面内与工件轴线平行、与进给方向相反的力,是设计进给机构、计算刀具进给功率所必需的。

由图 2.16(b)有

$$F_r = \sqrt{F_z^2 + F_N^2} = \sqrt{F_z^2 + F_y^2 + F_x^2} \tag{2-10}$$

据实验,当 $\kappa_r = 45°$、$\lambda_s = 0°$、$\gamma_0 = 15°$ 时,F_z、F_y、F_x 之间有以下近似关系:

$$F_y = (0.4 \sim 0.5)F_z$$

$$F_x = (0.3 \sim 0.4)F_z$$

代入式(2-10)得

$$F_r = (1.12 \sim 1.18)F_z$$

随着刀具几何参数、切削用量、工件材料和刀具磨损等情况的不同,F_z、F_y、F_x 之间的比例也不同。

2. 切削力的实验公式

很多研究人员曾用计算机对切削力作了大量的理论分析,以期获得计算切削力的理论公式,服务于生产;但由于切削过程非常复杂,影响因素很多,迄今还未能得出与实测结果相吻合的理论公式。因而生产实践中仍采用通过实验方法所建立的切削力实验公式。它是通过大量实验,由测力仪测得切削力后,将所得数据用数学方法进行处理而得出的。

现有的切削力实验公式有以下两类。

1) 指数公式

$$F_z = C_{F_z} a_p^{x_{F_z}} f^{y_{F_z}} v_c^{n_{F_z}} K_{F_z}$$

$$F_y = C_{F_y} a_p^{x_{F_y}} f^{y_{F_y}} v_c^{n_{F_y}} K_{F_y} \tag{2-11}$$

$$F_x = C_{F_x} a_p^{x_{F_x}} f^{y_{F_x}} v_c^{n_{F_y}} K_{F_x}$$

式中　　　　　　　 F_z、F_y、F_x——分别为主切削力、切深抗力(背向力)、进给抗力;

　　　　　　 C_{F_z}、C_{F_y}、C_{F_x}——分别为上述 3 个分力的系数,其大小决定于被加工材料和切削条件;可查表 2-1;

x_{F_z}、y_{F_z}、n_{F_z}、x_{F_y}、y_{F_y}、n_{F_y}、x_{F_x}、y_{F_x}、n_{F_x}——分别为 3 个分力公式中,背吃刀量 a_p、进给量 f 和切削速度 v_c 的指数;可查表 2-1;

　　　　　　 K_{F_z}、K_{F_y}、K_{F_x}——分别为 3 个分力计算中,当实际加工条件与所求得的实验公式的条件不符时,各种因素对切削力的修正系数的乘积。可查表 2-2,表 2-3;

这些系数、指数、修正系数均可从切削用量手册中查到。

2) 单位切削力

单位切削力 p 是指单位面积上的主切削力,见表 2-4。

$$p = \frac{F_z}{A_c} = \frac{F_z}{a_p f} = \frac{F_z}{b_D h_D} \tag{2-12}$$

式中　 A_c——切削面积,mm^2;

　　 a_p——背吃刀量,mm;

　　 f——进给量,mm/r;

　　 b_D——切削宽度,mm;

h_D ——切削厚度,mm。

通过实验求得 p 后,则可通过上式求得主切削力 F_z。式(2-12)中的 p 是指 $f=$ 0.3mm/r时的单位切削力,当实际进给量 f 大于或小于 0.3mm/r 时,需乘以修正系数 K_{fkc},见表 2-5。

3. 切削功率

1) 由切削力计算

消耗在切削过程中的功率称为切削功率 P_m,是 F_z、F_x 所消耗功率之和。F_y 方向没有位移,不消耗功率。所以

$$P_m = \left(F_z v_c + \frac{F_x n_w f}{1000} \right) \times 10^{-3} \qquad (2\text{-}13a)$$

式中　n_w——工件转速,r/s。

因 F_x 相对于 F_z 所消耗的功率来说一般很小,可略去不计。因而

$$P_m = F_z v_c \times 10^{-3} \qquad (2\text{-}13b)$$

2) 由单位切削力计算

单位时间内切除单位体积的金属所消耗的功率称为单位切削功率 P_s。

$$P_s = \frac{P_m}{Z_w} \qquad (2\text{-}14)$$

式中　Z_w——单位时间内的金属切除量,$mm^3 \cdot s^{-1}$。

$$Z_w \approx 1000 v_c f a_p \qquad (2\text{-}15)$$

将式(2-12)代入式(2-13b)得 P_m,并与式(2-14)一起代入式(2-15),整理后得

$$P_s = p \times 10^{-6} \qquad (2\text{-}16)$$

3) 机床电动机功率

在设计机床选择电动机功率 P_E 时,应按式(2-17)计算

$$P_E \geqslant \frac{P_m}{\eta_m} \qquad (2\text{-}17)$$

4. 影响切削力的因素

由 $F_r = \dfrac{\tau A_c}{\sin \varphi \cos (\varphi + \beta - \gamma_o)} = \dfrac{\tau a_c a_w}{\sin \varphi \cos (\varphi + \beta - \gamma_o)}$ 可知,被加工材料的抗剪变形、切削面积愈大,剪切角、前角愈小,则切削力愈大。具体分析如下。

1) 工件材料

工件材料是通过材料的剪切屈服强度 τ_s、塑性变形、切屑与前刀面间摩擦系数 μ 等条件影响切削力的。

工件材料强度、硬度愈高,材料的剪切屈服强度 τ_s 越高,切削力越大。材料的制造和热处理状态不同,得到的硬度也不同,切削力随着硬度的提高而增大。

工件材料的塑性或韧性越高,切屑越不易折断,这使切屑与前刀面间的摩擦增加,故切削力增大。例如不锈钢 1Cr18Ni9Ti 的硬度接近 45 钢,但延伸率是 45 钢的 4 倍,所以同样条件下产生的切削力较 45 钢增大了 25%。

在切削铸铁等脆性材料时,由于塑性变形很小,崩碎切屑与前刀面的摩擦小,故切削

力小。

2）切削用量

（1）背吃刀量 a_p、进给量 f：a_p、f 增大，分别使切削宽度 a_w、切削厚度 a_c 增大，切削面积 A_c 增大，抗力和摩擦力增加，则切削力增大，但影响程度不一。因刀刃钝圆半径 r_ξ 的关系，刃口处的变形大，a_p 增大时（图 2.17(a)），该处变形成比例增大；f 增大时（图 2.17(b)），该处变形比例基本不变，而 a_c 变大，变形减小。所以增加 a_p 时切削力的增大较增大 f 时的影响明显。一般切削力实验公式中 a_p 的指数接近于 1；f 的指数接近于 0.75 也可说明这一点。可见在同样切削面积下，采用大的 f 较采用大的 a_p 省力。

（2）切削速度 v_c：切削塑性金属时，v_c 对切削力的影响如同对切削变形影响的规律，是由积屑瘤与摩擦的作用所造成的（图 2.18）。当 $v_c < 30\text{m/min}$ 时，由于积屑瘤的产生和消失，使 γ_{oc} 增大或减小，导致切削力变化；当 $v_c > 30\text{m/min}$ 时，v_c 大，切削温度高，μ 减小，φ 增大，则 ξ 减小，致使切削力减小。切削脆性金属时，因变形、摩擦均较小，所以 v_c 对切削力的影响不大。

3）几何参数

（1）前角 γ_o 及倒棱：加工钢料时，由式 $\varphi = \dfrac{\pi}{4} - (\beta - \gamma_o)$ 可知，γ_o 增大，ξ 减小，则切削力减小；加工铸铁等脆性材料时，因变形和加工硬化小，γ_o 对切削力的影响不显著。

前刀面上的负倒棱 b_{r1}（图 2.19）有利于增强刀刃强度，但也增加了切屑变形程度，所以使切削力增大。

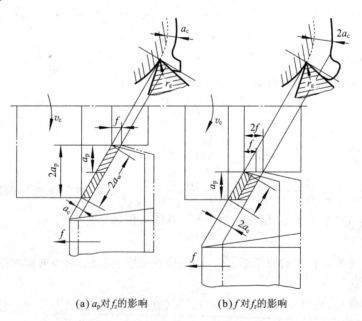

(a) a_p 对 f_z 的影响   (b) f 对 f_z 的影响

图 2.17 a_p、f 对 f_z 的影响

（2）主偏角 κ_r 及刀尖圆弧半径 r_ε：κ_r 的变化将改变切削层的形状（图 2.20(a)）和分力 F_x、F_y 的比值（图 2.20(b)）。

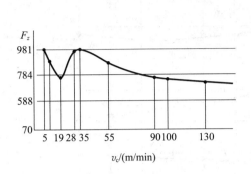

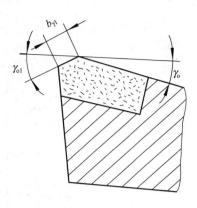

图 2.18 v_c 对 F_z 的影响

图 2.19 前刀面上的负倒棱

工件材料：45 钢

刀具：YT15，$\gamma_o = 15°$，$\kappa_r = 45°$，$\kappa_r' = 15°$，$\alpha_0 = 8°$，$\lambda_s = 0°$

切削用量：$a_p = 2mm$；$f = 0.2mm/r$

κ_r 对切削层形状和分力的影响规律如图 2.20 所示。在 a_p、f 相同的情况下，κ_r 增大，则 a_c 增大，变形减小，F_z 减小；但当 κ_r 增至 $60° \sim 75°$ 之间时，曲线上出现了转折，F_z 逐渐增大。这是因为 κ_r 增大使刀尖圆弧部分成比例增大，如图 2.20(a) 所示，切屑向圆弧中心的排挤量增加，加剧了变形；圆弧部分的 a_c 是变化的，且比直线刃的小。故变形力大一些。

κ_r 与 F_x、F_y 的关系，由图 2.20(b) 可得，即

$$F_x = F_N \sin \kappa_r$$

$$F_y = F_N \cos \kappa_r$$

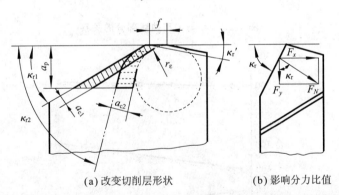

(a) 改变切削层形状   (b) 影响分力比值

图 2.20 κ_r 对切削形状和分力的影响

κ_r 对切削力的影响规律如图 2.21 所示。F_x 随 κ_r 增大而增大，F_y 则随 κ_r 增大而减小。长径比超过 10 的细长轴，刚性差，加工时为避免振动，提高其加工精度，宜用大 κ_r，如常用的 $\kappa_r = 93°$ 的偏刀。

刀尖圆弧半径 r_ε 对切削力的影响如图 2.23 所示。显然，r_ε 的增大对 F_x、F_y 要比对 F_z 的影响大。这是因为当 a_p、f、κ_r 不变时，r_ε 增大将使曲线部分各点的 a_c、κ_r 减小所致（比较图 2.22(a)、(b) 可见）。所以当工艺系统的刚性较差时，宜用小 r_ε。

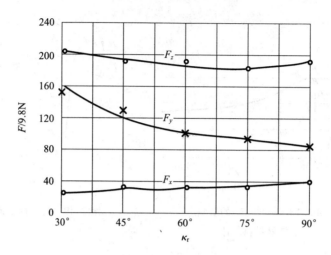

图 2.21 κ_r 对切削力的影响

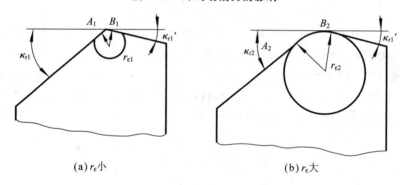

(a) r_ε 小 (b) r_ε 大

图 2.22 r_ε 与刀刃曲线部分的关系

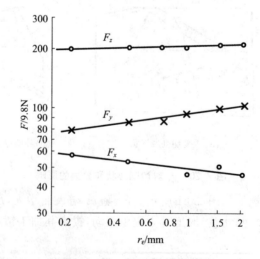

图 2.23 r_ε 对切削力的影响

工件材料：45 钢，正火 HBS＝187

刀具：YT15，$\gamma_o＝18°$，$\kappa_\gamma＝75°$，$\kappa'_r＝10°$，$\alpha_0＝18°$，$\lambda_s＝0°$

切削用量：$a_p＝3mm$；$f＝0.35mm/r$，$v＝93m/min$

（3）刃倾角 λ_s：实验证明，λ_s 对 F_z 的影响不大，但对 F_x、F_y 的影响较大（图 2.24）。由式（2-10）、式（2-11）可知：λ_s 增大，吃刀力 F_y 方向的前角 γ_P 增大，F_y 减小；而进给力 F_x 方向的前角 γ_f 减小，F_x 增大。

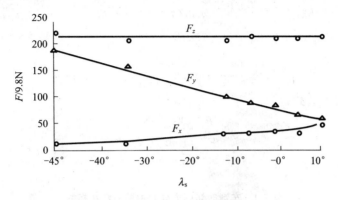

图 2.24　λ_s 对切削力的影响

工件材料：45 钢，正火 HBS＝187

刀具：YT15，$\gamma_o=18°$，$k_\gamma=75°$，$k'_r=10°$，$\alpha_0=8°$

切削用量：$a_p=3$mm；$f=0.35$mm/r，$v=100$m/min

4）其他

刀具材料通过其摩擦系数来影响切削力。如硬质合金的 μ 值随钴含量的增多和碳化钛含量的减少而提高，故使用含钴量多的硬质合金刀片，切削力将增大；YT 类硬质合金的摩擦系数较高速钢小，可使 F_z 下降 5%～10%，而 YG 类硬质合金则基本与高速钢相同，陶瓷刀片导热性小，在较高的温度下工作时因摩擦减小，所以切削力减小。

切削中采用切削液可减小摩擦，减小切削力。

刀具的磨损量加大时，切削力增大。

【例 2-1】　用 YT15 硬质合金车刀纵车 $\sigma_b=0.588$GPa 的热轧钢外圆，切削速度 $v_c=160$m/min，背吃刀量 $a_p=4$mm，进给量 $f=0.3$mm/r。车刀几何参数 $\gamma_0=10°$、$\kappa_r=75°$、$\lambda_s=-10°$、$r_\epsilon=0.5$mm，求切削分力 F_z、F_y、F_x。

解：根据式（2-11）及表 2-1 得切削力公式

$$F_z=9.81C_{F_z}\cdot a_p{}^{x_{F_z}}\cdot f^{y_{F_z}}\cdot v_c{}^{n_{F_z}}\cdot K_{F_z}$$

$$F_y=9.81C_{F_y}\cdot a_p{}^{x_{F_y}}\cdot f^{y_{F_y}}\cdot v_c{}^{n_{F_y}}\cdot K_{F_y}$$

$$F_x=9.81C_{F_x}\cdot a_p{}^{x_{F_x}}\cdot f^{y_{F_x}}\cdot v_c{}^{n_{F_x}}\cdot K_{F_x}$$

$$F_z=9.81\times270\times4\times0.3^{0.75}\times100^{-0.15}K_{F_z}$$

$$F_y=9.81\times199\times4^{0.9}\times0.3^{0.6}\times100^{-0.3}K_{F_y}$$

$$F_x=9.81\times294\times4\times0.3^{0.5}\times10^{-0.4}K_{F_x}$$

切削力修正系数 K_{F_z}、K_{F_y}、K_{F_z} 是各种因素对切削力的修正系数的乘积。如 $K_{F_z}=K_{mF_z}\cdot K_{\kappa_r F_z}\cdot K_{\gamma_o F_z}\cdot K_{\lambda_s F_z}\cdot K_{r_\epsilon F_z}$，由表 2-2、表 2-3 查得

$$K_{mF_z}=\left(0.588\big/0.637\right)^{n_{F_z}}=\left(0.588\big/0.637\right)^{0.75}=0.941$$

$$K_{\kappa_r F_z}=0.92,K_{\gamma_o F_z}=1.0,K_{\lambda_s F_y}=1.5,K_{r_\epsilon F_z}=0.87（查高速钢代入）$$

$$K_{mF_p} = \left(0.588\big/0.637\right)^{n_{F_p}} = \left(0.588\big/0.637\right)^{1.35} = 0.8975$$

$$K_{\kappa_r F_y} = 0.62, K_{\gamma_o F_y} = 1.0, K_{\lambda_s F_z} = 1.0, K_{r_\varepsilon F_y} = 0.66$$

$$K_{mF_x} = \left(0.588\big/0.637\right)^{n_{F_x}} = \left(0.588\big/0.637\right)^{1.0} = 0.923$$

$$K_{\kappa_r F_x} = 1.13, K_{\gamma_o F_x} = 1.0, K_{\lambda_s F_x} = 0.75, K_{r_\varepsilon F_x} = 1.0$$

于是得

$$K_{F_z} = 0.7537; K_{F_y} = 0.5509; K_{F_x} = 0.7822$$

代入上面切削力计算公式得

$$F_z = 1820(\mathrm{N})$$

$$F_y = 496.7(\mathrm{N})$$

$$F_x = 883.32(\mathrm{N})$$

表 2-1　车削时切削力公式中的系数和指数

加工材料	刀具材料	加工方法	主切削力 F_z				背向力 F_y				进给力 F			
			C_{F_z}	X_{F_z}	y_{F_z}	n_{F_z}	C_{F_y}	X_{F_y}	y_{F_y}	n_{F_y}	C_{F_x}	X_{F_x}	y_{F_x}	n_{F_x}
结构钢及铸钢 σ_b = 0.637 GPa	硬质合金	外圆纵车、横车及镗孔	270	1.0	0.75	−0.15	199	0.9	0.6	−0.3	294	1.0	0.5	−0.4
		切断及切槽	367	0.72	0.8	0	142	0.73	0.67	0				
		切螺纹	133	—	1.7	0.71								
	高速钢	外圆纵车、横车及镗孔	180	1.0	0.75	0	94	0.9	0.75	0	54	1.2	0.65	0
		切断及切槽	222	1.0	1.0	0								
		成形车削	191	1.0	0.75	00								
灰铸铁 HBS190	硬质合金	外圆纵车、横车及镗孔	92	1.0	0.75	0	54	0.9	0.75	0	46	1.0	0.4	0
		切螺纹	103	—	1.8	0.82								
	高速钢	外圆纵车、横车及镗孔	114	1.0	0.75	0	119	0.9	0.75	0	51	1.2	0.65	0
		切断及切槽	158	1.0	1.0	0								

表 2-2　钢和铸铁的强度改变时切削力的修正系数 K_{mF}

加工材料	结构钢及铸钢	灰　铸　铁	可锻铸铁
系数 K_{mF}	$K_{mF} = \left(\dfrac{\sigma_b}{0.637}\right)^{n_F}$	$K_{mF} = \left(\dfrac{HBS}{190}\right)^{n_F}$	$K_{mF} = \left(\dfrac{HBS}{150}\right)^{n_F}$
上　列　公　式　中　的　指　数 n_F			

（续）

加工材料	结构钢及铸钢				灰 铸 铁		可 锻 铸 铁	
加工材料	车削时的切削力						钻 削	
	F_z		F_y		F_x		M 及 F	
	刀 具 材 料							
	硬质合金	高速钢	硬质合金	高速钢	硬质合金	高速钢	硬质合金	高速钢
结构钢及铸钢 $\sigma_b \leqslant 0.588$GPa $\sigma_b > 0.588$GPa	0.75	0.35 0.75	1.35	2.0	1.0	1.5	0.75	
灰铸铁及可锻铸铁	0.4	0.55	1.0	1.3	0.8	1.1	0.6	

表 2-3 加工钢及铸铁时刀具几何参数改变时切削力的修正系数

参 数		刀 具 材 料	修 正 系 数			
名 称	数 值		名 称	切 削 力		
				F_z	F_y	F_x
主偏角 κ_r (°)	30	硬质合金	$K_{\kappa_r F}$	1.08	1.30	0.78
	45			1.0	1.0	1.0
	60			0.94	0.77	1.11
	75			0.92	0.62	1.13
	90			0.89	0.50	1.17
	30	高速钢		1.08	1.63	0.7
	45			1.0	1.0	1.0
	60			0.98	0.71	1.27
	73			1.03	0.54	1.51
	90			1.08	0.44	1.82
前角 γ_o (°)	−15	硬质合金	$K_{\gamma_o F}$	1.25	2.0	2.0
	−10			1.2	1.8	1.8
	0			1.1	1.4	1.4
	10			1.0	1.0	1.0
	20			0.9	0.7	0.7
	12～15	高速钢		1.15	1.6	1.7
	20～25			1.0	1.0	1.0

（续）

参数			修正系数			
名称	数值	刀具材料	名称	切削力		
				F_z	F_y	F_x
刃倾角 λ_s(°)	+5	硬质合金	$K_{\lambda_s F}$	1.0	0.75	1.07
	0				1.0	1.0
	−5				1.25	0.85
	−10				1.5	0.75
	−15				1.7	0.65
刀尖圆弧半径 r_ε/mm	0.5	高速钢	$K_{r_\varepsilon F}$	0.87	0.66	1.0
	1.0			0.93	0.82	
	2.0			1.0	1.0	
	3.0			1.04	1.14	
	5.0			1.1	1.33	

【例 2-2】 用硬质合金 YT15 车刀车削调质 40Cr 工件外圆，车刀的主要几何角度为 $\gamma_o=15°$、$\kappa_r=60°$、$\lambda_s=0°$；切削用量为 $a_p=3\text{mm}$，$f=0.30\text{mm/r}$，$v_c=75/\text{min}$，求主切削力 F_z。

解：用单位切削力法求主切削力 F_z

$$F_z=p\cdot a_p\cdot f\cdot K_{fp}$$

查表 2-4　得 $p=1962(\text{N/mm}^2)$

查表 2-5　得 $K_{fp}=0.97$

$$F_z=1962\times3\times0.3\times0.97=1998.3(\text{N})$$

表 2-4　硬质合金外圆车刀切削常用金属的单位切削力和单位切削功率（$f=0.3\text{mm/r}$）

加工材料				实验条件		单位切削力 $p/(\text{N/mm}^2)$	单位切削功率 $P_s/(\text{kW/mm}^3\cdot\text{s}^{-1})$
名称	牌号	制造热处理状态	硬度(HBS)	车到几何参数	切削用量范围		
碳素结构钢	Q235	热轧或正火	134～137	$\gamma_o=15°$ $\kappa_r=75°$ $\lambda_s=0$　$b_\gamma=0$ 前面带卷屑槽	$a_p=1$～5mm $f=0.1$～0.5mm/r $v_c=90$～105m/min	1884	1884×10^{-6}
	45		187			1962	1962×10^{-6}
合金结构钢	40Cr		212			1962	1962×10^{-6}
	45	调质	229	$b_\gamma=0.2\text{mm}$ $\gamma_o=-20°$ 其余同第一项		2305	2305×10^{-6}
	40Cr		285			2305	2305×10^{-6}
不锈钢	1Cr18Ni9Ti	淬火回火	170～179	$\gamma_o=20°$ 其余同第一项		2453	2453×10^{-6}

（续）

加工材料				实验条件		单位切削力 $p/(\text{N/mm}^2)$	单位切削功率 $P_s/(\text{kW/mm}^3 \cdot \text{s}^{-1})$
名称	牌号	制造热处理状态	硬度（HBS）	车刀几何参数	切削用量范围		
灰铸铁	HT200	退火	170	前面无卷屑槽其余同第一项	$\alpha_p = 2 \sim 10\text{mm}$ $f = 0.1 \sim$	1118	1118×10^{-6}
可锻铸铁	KT300	退火	170	前面带卷屑槽其余同第一项	0.5mm/r $v_c = 70 \sim 80\text{m/min}$	1344	1344×10^{-6}

表 2-5　进给量 f 对单位切削力或单位切削功率的修正系数 K_{fp}，K_{fps}

$f/(\text{mm/r})$	0.1	0.15	0.2	0.25	0.3	0.35	0.4	0.45	0.5	0.6
K_{fp}，K_{fps}	1.18	1.11	1.06	1.03	1	0.97	0.96	0.94	0.925	0.9

2.1.3　切削温度及主要影响因素

切削热是切削过程的重要物理现象之一。切削温度能改变前刀面上的摩擦系数和工件材料的性能，并且影响积屑瘤的大小、已加工表面的质量、刀具的磨损和耐用度及生产率等。

1. 切削热的产生和传出

切削中所消耗的能量几乎能全部转换为热量。3 个变形区就是 3 个发热区（图 2.25），即切削热来自工件材料的弹、塑性变形和前、后刀面的摩擦。当产生的热和传出的热相等，即达到动态热平衡时有

$$q_s + q_r = q_c + q_t + q_w + q_m$$

式中　q_s——工件材料的弹、塑性变形所产生的热量；

　　　q_r——切屑与前刀面、加工表面和后刀面摩擦所产生的热量；

　　　q_c——切屑带走的热量；

　　　q_t——刀具传出的热量；

　　　q_w——工件传出的热量；

　　　q_m——辐射及周围介质（如空气、切削液等）带走的热量。

实验得出车削时，热量的传出比例大致为：切屑占 $50\% \sim 86\%$，刀具占 $10\% \sim 40\%$，工件占 $3\% \sim 9\%$，周围介质占 1%。具体值与工件、刀具材料的导热系数、切削用量、刀具几何参数等有关。

2. 影响切削温度的主要因素

切削温度一般是指前刀面与切屑接触区域的平均温度。用自然热电偶法所建立的切削温度的实验公式为

$$\theta = C_\theta v_c{}^{z_\theta} f^{y_\theta} a_p{}^{x_\theta} \tag{2-18}$$

式中　　θ——实验测出的切屑接触区的平均温度，℃；

　　　　C_θ——切削温度系数；

　　　　v_c——切削速度，m/min；

　　　　f——进给量，mm/r；

　　　　a_p——切削深度，mm；

z_θ、y_θ、x_θ——分别为切削速度、进给量、背吃刀量的指数。

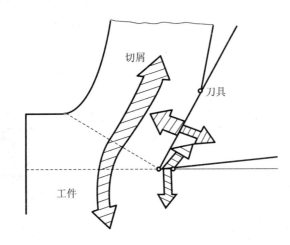

图 2.25　切削热的产生和传出

实验得出，用高速钢或硬质合金刀具切削中碳钢时 C_θ、z_θ、y_θ、x_θ 值见表 2-6。

表 2-6　切削温度公式中的 C_θ、z_θ、y_θ、x_θ 值

刀具材料	加工方法	C_θ	z_θ	y_θ	x_θ
高速钢	车削	140～170	0.35～0.45	0.2～0.3	0.08～0.10
	铣削	80			
	钻削	150			
硬质合金	车削	320	0.41(当 $f=0.1$mm/r)	0.15	0.05
			0.31(当 $f=0.2$mm/r)		
			0.26(当 $f=0.3$mm/r)		

分析各因素对切削温度的影响，主要应从这些因素对单位时间内产生的热量和传出的热量的影响入手。如果有些因素使产生的热量大于传出的热量，则这些因素将使切削温度升高；如果有些因素使传出的热量增大，则这些因素将使切削温度降低。

1) 切削用量

由式(2-18)及表 2-1 知：v_c、f、a_p 增大时，变形和摩擦加剧，切削功耗增大，切削温度升高；但影响程度不一，v_c 最为显著，f 次之，a_p 最小。这是因为：v_c 增加，变形功与摩擦转变的热量急剧增多，切屑带走的热量也相应增多，刀具传热的能力没有什么变化，所以切削温度

显著提高。进给量 f 对切削温度的影响比 a_p 大，f 增加时，产生的热量增加，切屑能带走较多的热量，刀具散热能力没有改变，所以温度会升高。a_p 对切削温度影响很小，a_p 增加时，产生的热量按比例增加，刀具传热面积也增加，改善了刀头散热条件，所以切削温度只是略有提高。

由此可见，在金属切除率相同的条件下，为降低切削温度，防止刀具迅速磨损，提高刀具耐用度，增加 a_p 或 f 远比增加 v_c 更为有利。

2）几何参数

（1）刀具前角 γ_o：实验结果表明（图 2.26）γ_o 增大时，变形、摩擦减小，产生的热量少，故温度下降；但 γ_o 增大到 $18°\sim20°$ 后，因楔角 β_o 减小，散热条件差，因此对温度的影响程度减小。

（2）刀具主偏角 κ_r：κ_r 减小，使 a_p 减小，b_D 增大，刀具散热条件得到改善，故温度下降，如图 2.27 所示。

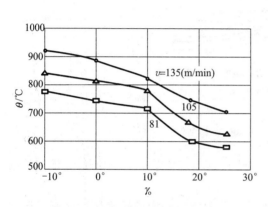

图 2.26　γ_o 与 θ 的关系

切削用量：$a_p=3\text{mm}$；$f=0.1\text{mm/r}$

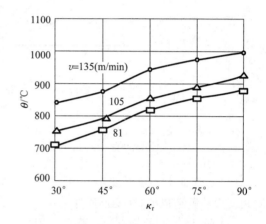

图 2.27　κ_r 与 θ 的关系

切削用量：$a_p=2\text{mm}$；$f=0.2\text{mm/r}$

（3）倒棱 b_r、r_ε：它们既使变形增大，同时又改善散热条件，因此对温度的影响不大。

3）工件材料

主要通过本身的强度、硬度、导热系数等对切削温度产生影响。如低碳钢，强度、硬度较低，变形小，产生的热量少，且导热系数大，热量传出快，所以切削温度很低；40Cr 硬度接近中碳钢，强度略高，但导热系数小，所以切削温度高；脆性材料变形小，摩擦小，切削温度比 45 钢低 40%。

4）其他

刀具磨损量增大，切削温度增高；切削液可显著降低切削温度。

3. 切削温度的分布

为探讨刀具的磨损部位、工件材料性能的变化情况、已加工表面层材质变化等，应进一步研究工件、切屑和刀具上各点的温度分布，即温度场。

温度场可用人工热电偶法或其他方法（如红外线胶片法）测出。图 2.28、图 2.29 分别是切削钢料时主剖面内切屑、工件、刀具的温度场和切削不同工件材料时，主剖面内前、后刀面的温度场。

通过对温度场进行分析得知以下几点。

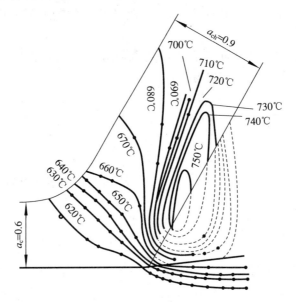

图 2.28　直角自由切削中的温度场

工件材料:低碳钢

刀具:YT15,$\gamma_o=30°$,$\alpha_o=7°$

切削用量:$a_c=0.6$mm;　　$v=22.8$m/min,干切削(预热 611℃)

(1)剪切面上各点温度几乎相等。可见剪切面上的应力应变基本上是相等的;该处的温度是变形功所造成的,在变形后才升高。

(2)前、后刀面的最高温度都不在刀刃上,而是在离刀刃有一定的距离处。之所以形成这样的分布,是由于前刀面靠近刀刃的部分,因内摩擦所造成的摩擦热沿刀面不断增加,而在后边一段,内摩擦转化为外摩擦,摩擦热逐渐减少,而热量又在不断传出,所以温度逐渐下降。

(3)在切屑厚度方向上切削温度梯度很大,靠近前刀面的一层(即底层)上温度很高,而在离前刀面 0.1～0.2mm 处,温度就可能下降一半,这说明前刀面上的摩擦热是集中在切屑的底层的。因此摩擦热对切屑底层金属的剪切强度及其与前刀面的摩擦系数有很大的影响,而切屑上层金属强度则不会有显著的改变。

(4)在剪切区中,垂直剪切面方向上的温度梯度也很大,这是由切削速度增高时,热量来不及传出所致。

(5)后刀面与工件的接触长度较短,温度的升、降是在极短时间内完成的,因此加工表面受到的只是一次热冲击。

(6)工件材料塑性愈大,前刀面上的接触长度愈长,切削温度的分布也就愈均匀;反之工件材料的脆性愈大,则最高温度所在的点离刀刃愈近。

(7)工件材料的导热系数愈小,刀具前、后刀面的温度愈高,这是一些高温合金和钛合金切削加工性差的主要原因之一。

2.1.4 刀具的磨损与耐用度

切削过程中,刀具在切除工件上的金属层的同时工件与切屑也对刀具起作用,使刀具磨损。刀具严重磨损会缩短刀具使用时间、恶化加工表面质量、增加刀具材料损耗。因此,刀具磨损是影响生产率、加工质量和成本的一个重要因素。

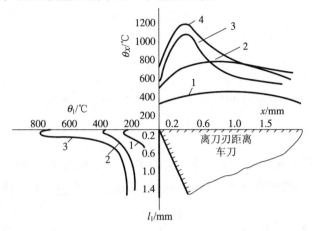

图 2.29 切削不同材料时的温度场

1—45 钢—YT15;2—GCr15—YT14;3—钛合金 BT2—YG8;4—钛合金 BT3—YT15

1. 刀具磨损的形式

刀具磨损分为正常磨损和非正常磨损两大类。这里只介绍正常磨损。

1) 前刀面磨损

切削塑性材料,当 $a_c > 0.5mm$ 时,切屑与前刀面在高温、高压下相互接触,产生剧烈摩擦,以形成月牙洼磨损为主,其值用最大深度 KT 表示,如图 2.30 所示。

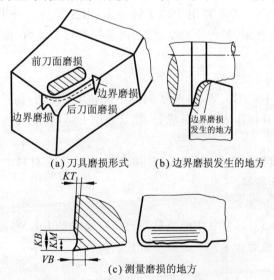

(a) 刀具磨损形式   (b) 边界磨损发生的地方

(c) 测量磨损的地方

图 2.30 刀具的磨损形态及其测量位置

　　2）后刀面磨损

　　切削脆性材料或 $a_c > 0.1$mm 的塑性材料时，切屑与前刀面的接触长度较短，其上的压力与摩擦均不大，而相对的刀刃钝圆却使后刀面与工件表面的接触压力较大，磨损主要发生在后刀面。其值用磨损带宽度 VB 表示，如图 2.30(c)。

　　3）前、后刀面磨损或边界磨损

　　切削塑性材料，当 $a_c = 0.1 \sim 0.5$mm 时，兼有前两种磨损的形式；加工铸、锻件，主切削刃靠近外皮处及副切削刃靠近刀尖处，因为 a_c 减小、切削刃打滑，所以磨出较深的沟纹（图 2.30(a)、图 2.30(b)）。

　　磨损形式随切削条件的改变，可以互相转化。在大多数情况下，后刀面都有磨损，且 VB 直接影响加工精度，加之其便于测量，所以常用 VB 表示刀具磨损程度。

　　2. 刀具磨损的原因

　　刀具磨损与一般机械零件不同，与前刀面接触的切屑底面是化学活性很高的新鲜表面，不存在氧化膜等污染；磨损在高温、高压下进行，存在着机械、热、化学作用以及摩擦、粘结、扩散等现象。

　　刀具磨损的原因有以下几种。

　　1）磨粒磨损

　　磨粒磨损是指工件上具有一定擦伤能力的硬质点，如碳化物、积屑瘤碎片、已加工表面的硬化层等，在刀具表面上划出一条条沟纹而造成的磨损。

　　2）粘结磨损

　　切削塑性材料时，在一定压力和温度下，切屑与前刀面、已加工表面与后刀面之间的氧化膜或其他粘结物被清除，形成新鲜而紧密的接触，发生粘结现象，刀具表面上局部强度较低的微粒被切屑或工件带走而使刀具磨损。

　　硬质合金 YT 类比 YG 类更适于加工钢料是因为 YT 类中的碳化钛在高温下会形成 TiO_2，从而减轻了粘结；YT 类不宜用于加工钛合金，因为工件材料中的钛与刀具材料中的钛在高温作用下的亲合作用，易产生粘结磨损；高速钢有较大抗剪、抗拉强度，因而有较大的抗粘结磨损能力。

　　3）扩散磨损

　　高温下，刀具材料中 C、Co、W、Ti 易扩散到工件和切屑中去；而工件中的 Fe 也会扩散到刀具中来，从而改变刀具材料中的化学成分，使其硬度下降，加速刀具磨损。

　　4）相变磨损

　　相变磨损是指工具钢在切削温度超过其相变温度时，刀具材料中的金相组织发生变化，硬度显著下降而造成的磨损。

　　5）化学磨损（氧化磨损）

　　在高温下（700～800℃），空气中的氧易与硬质合金中的 Co、WC 发生氧化作用，产生脆弱的氧化物，氧化物被切屑和工件带走而使刀具磨损。

　　6）热电磨损

　　切削时，刀具与工件构成一对自然热电偶，产生热电势，工艺系统自成回路，热电流在刀具和工件中通过，使碳离子发生迁移，或从刀具移至工件，或从工件移至刀具，使刀具表面层的组织变得脆弱而加剧刀具磨损。

应该指出,对于不同的刀具材料,在不同的切削条件下,加工不同的工件材料时,其主要磨损原因可能属于上述磨损原因中的一二种。如硬质合金刀具高速切削钢料时,主要是扩散磨损,并伴随有粘结磨损和化学磨损等;对一定的刀具和工件材料,起主导作用的是切削温度,低温时以机械磨损为主,高温时以热、化学、粘结、扩散磨损为主;合理地选择刀具材料、几何参数、切削用量、切削液,控制切削温度,有利于减少刀具磨损。

3. 刀具磨损的过程及其磨钝标准

1) 磨损过程

图 2.31 是通过切削实验得到的刀具磨损过程。分以下 3 个阶段。

(1) 初期磨损阶段:新刃磨的刀具,由于表面粗糙不平,在切削时很快被磨去,故磨损较快。经研磨过的刀具,初期磨损量较小。

(2) 正常磨损阶段:经初期磨损后,刀具表面已经被磨平,压强减小,磨损速度较为缓慢。磨损量随切削时间延长而近似地成比例增加。

(3) 急剧磨损阶段:当磨损量增加到一定限度后,机械摩擦加剧,切削力增大,切削温度升高,磨损原因也发生变化(如转化为相变磨损、扩散磨损等),磨损加快,已加工表面质量明显恶化,出现振动、噪声等,以致刀具崩刃,失去切削能力。

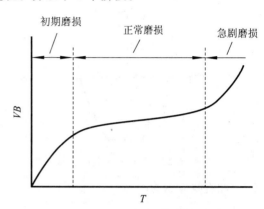

图 2.31　刀具磨损的过程

由此可知,刀具不能无休止地使用下去,而应规定一个合理的磨损限度,刀具磨损到此限度(VB 值),即应换刀或重新刃磨。

2) 磨钝标准

刀具磨损到一定限度就不能继续使用,这个磨损限度就称为磨钝标准。

ISO 统一规定,以 $a_p/2$ 处后刀面上测定的磨损带宽度 VB 作为刀具磨钝标准。

自动化生产中使用的精加工刀具,常以沿工件径向的刀具磨损量作为衡量刀具的磨钝标准,称为刀具的径向磨损量 NB(图 2.32)。

磨钝标准可因加工条件不同而异。精加工较粗加工为小;加工系统刚性较低时,应考虑在磨钝标准内是否发生振动;工件材料的可加工性、刀具制造、刃磨的难易程度也是确定磨钝标准应考虑的因素。

VB 值可从切削用量手册中查得。一般为 0.3～0.6mm。

4. 刀具耐用度及其与切削用量的关系

实际生产中,不可能经常停机去测量 VB 值,而改用与其相应的切削时间,即刀具耐用度来表示。

刀具耐用度的定义为:刀具由刃磨后开始切削,一直到磨损量达到刀具磨钝标准所经过的总切削时间,称为刀具耐用度,以 T 表示,单位为分钟。精加工也可以用加工零件数表示。

对某一材料的加工,若刀具材料、几何参数已定,则对刀具耐用度产生影响的就是切削用量。用理论分析方法导出它们之间的数学关系,其结果与实际情况不尽符合,所以目前仍是以实验的方法来建立它们之间的关系。

1) 切削速度与刀具耐用度的关系

稳定其他切削条件,在常用的切削速度范围内,取不同的切削速度 v_{c1},v_{c2},v_{c3},…,进行刀具磨损实验,可得一组磨损曲线(图 2.33),根据规定的 VB 值,对应于不同的 v_c,就有相应的 T,在双对数坐标纸上,定出(v_{c1},T_1),(v_{c2},T_2),(v_{c3},T_3),…各点,如图 2.34 所示。可发现,在一定的切削速度范围内,这些点基本上在一条直线上。

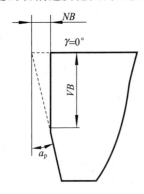

图 2.32　刀具的径向磨损量

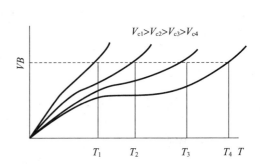

图 2.33　不同 v_c 时的刀具磨损曲线

此直线方程为

$$\lg v_c = -m \tan T + \lg C$$
$$v_c T^m = C \tag{2-19}$$

式中　v_c——切削速度,m/min;

　　　　T——刀具耐用度,min;

　　　　C——系数,与刀具、工件材料、切削条件有关;

　　　　m——指数,表示 v_c 对 T 的影响程度,见表 2-7。

表 2-7　刀具耐用度指数 m

刀 具 材 料	高速钢刀具	硬质合金刀具	陶 瓷 刀 具
m	0.1~0.125	0.2~0.3	0.4

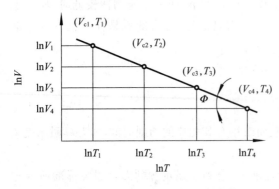

图 2.34　双对数坐标上的 v_c-T 曲线

式(2-19)是重要的刀具耐用度公式。指数 m 为 v_c、T 双对数坐标系中直线的斜率,m 愈小,表示 v_c 对 T 的影响愈大。一般高速钢刀具 $m=0.1\sim0.125$,硬质合金刀具 $m=0.2\sim0.3$,陶瓷刀具 $m=0.4$。表明耐热性高的刀具材料,在高速时仍然有较高的耐用度。

2) 进给量 f、背吃刀量 a_p 与刀具耐用度 T 的关系

用同样的方法可求出

$$fT^{m_1} = C_1 \tag{2-20}$$

$$a_p T^{m_2} = C_2 \tag{2-21}$$

综合式(2-38)、式(2-39)、式(2-40)可得

$$T = \frac{C_T}{v_c^{1/m} f^{1/m_1} a_p^{1/m_2}}$$

令 $X = \dfrac{1}{m}$、$Y = \dfrac{1}{m_1}$、$Z = \dfrac{1}{m_2}$，则

$$T = \frac{C_T}{v_c^{X} f^{Y} a_p^{Z}} \tag{2-22}$$

式中　C_T——耐用度系数，与刀具、工件材料、切削条件有关；

　　X、Y、Z——指数，分别表示 v_c、f、a_p 对 T 的影响程度。

用 YT15 硬质合金车刀切削 $\sigma_b = 0.637\text{GPa}$ 的碳钢时（$f > 0.70\text{mm/r}$），切削用量与 T 的关系为

$$T = \frac{53 \times 10^5}{v_c^5 f^{225} a_p^{0.75}} \tag{2-23}$$

由此可看出，v_c 对 T 的影响最大，f 次之，a_p 最小。与三者对温度的影响顺序完全一致，反映了切削温度对刀具耐用度有着重要的影响。

应注意的是，上述关系是在一定条件下通过实验得出的。如果切削条件改变，各因素对刀具耐用度的影响就不同，各指数、系数也会相应地发生变化。

5. 刀具的破损

刀具的破损也是刀具损坏的主要形式之一。用由脆性大的刀具材料制成的刀具进行断续切削，或加工高硬度的工件材料时，刀具的破损最为严重。

1）破损的形式

脆性破损：用硬质合金和陶瓷刀具切削时，在机械和热冲击作用下，前、后刀面尚未发生明显的磨损前，就在切削刃处出现崩刃、碎断、剥落、裂纹等。

塑性破损：切削时，由于高温、高压的作用，有时在前、后刀面和切屑、工件的接触层上，刀具表层材料会发生塑性流动而使刀具失去切削能力。

2）破损的原因

在实际生产中，工件的表面层无论其几何形状，还是材料的物理、机械性能，都远不是规则和均匀的。例如毛坯几何形状不规则，加工余量不均匀，表面硬度不均匀，以及工件表面有沟、槽、孔等，都使切削或多或少带有断续切削的性质；至于铣、刨更属断续切削之列。在断续切削条件下，伴随着强烈的机械和热冲击，加以硬质合金和陶瓷刀具等硬度高、脆性大的特点，粉末烧结材料的组织可能不均匀，且存在着空隙等缺陷，很容易使刀具由于冲击，机械疲劳、热疲劳而破损。

3）破损的防止

防止或减小刀具破损的措施：提高刀具材料的强度和抗热振性能；选用抗破损能力大的刀具几何形状；采用合理的切削条件。

【例 2-3】 用硬质合金刀具 YT15 切削 45 钢，当 $v_c = 100\text{m/min}$ 时，刀具耐用度 $T_1 = 160\text{min}$；若其他条件不变，将切削速度提高到 $v_c = 300\text{m/min}$，试求此时刀具耐用度 T_2。

解：T_2 的数值可用下列方法求出

$$v_{c1} \cdot T_1^m = v_{c2} \cdot T_2^m$$

故 $$v_{c1}/v_{c2} = (T_2/T_1)^m$$

由表 2-7 取 $m=0.25$，则

$$100/300 = (T_2/160)^{0.25}$$

$$T_2 = 1.975(\text{min})$$

可见当 v_c 提高 2 倍时，刀具耐用度下降了 80 倍。从此例可看出切削速度对刀具耐用度的影响之大。

2.2　金属切削基本规律的应用

运用切削过程的基本规律的理论，从解决控制切屑，改善材料切削加工性能，合理选用切削液、刀具几何参数和切削用量等方面的问题，来达到保证加工质量、降低生产成本、提高生产效率的目的。

2.2.1　工件材料切削加工性的改善

1. 切削加工性的概念和标志方法

1）概念

切削加工性是指工件材料切削加工的难易程度。如难加工材料，加工性差。

2）标志方法

（1）考虑生产率和刀具耐用度的标志方法：①在保证生产率的条件下，以刀具耐用度的高低来衡量；②在保证耐用度的条件下，以允许的切削速度的高低来衡量；③在同样条件下，以达到 VB 规定值所能切除的金属体积来衡量。

（2）考虑已加工表面质量的标志方法：在一定条件下，以是否易达到所要求的表面质量的各项指标来衡量。

（3）考虑工作的稳定性和安全生产的标志方法：①在自动化生产中，以是否易断屑来衡量；②在重型机床上以考虑人身和设备安全，在相同切削条件下，以切削力的大小来衡量。由此可知，同一材料很难在各项指标中同时获得良好的评价，但总的可以说，某材料被切削时，刀具的耐用度高，所允许的切削速度高，质量易保证，易断屑，切削力小，则加工性好，反之加工性差。

3）常用衡量加工性的标志

V_T 是最常用的切削加工性标志，其含义是：当刀具耐用度为 T（min 或 s）时，切削某种材料所允许的切削速度。V_T 愈高，加工性愈好。一般情况下，可取 $T=60$min，V_T 写作 V_{60}。

常以 $\sigma_b=0.637$GPa（60kgf/m²）的 45 钢的 V_{60} 作为基准，写作（V_{60}）；其他被切材料的 V_{60} 与之相比，则得相对加工性 K_v 为

$$K_v = V_{60}/(V_{60})_j$$

当 $K_v > 1$ 时，表明该材料比 45 钢易切；

当 $K_v<1$ 时,表明该材料比 45 钢难切。

各种材料的相对加工性 K_v 乘以 45 钢的切削速度,即可得出切削各种材料的可用切削速度。

2. 改善材料切削加工性的措施

1)调整化学成分

如钢中加入少量的硫、硒、铅、铋、磷等。虽略降低了钢的强度,但也同时降低了钢的塑性,对加工性有利。硫能引起钢的红脆性,但若适当提高锰的含量,则可避免;硫与锰形成的硫化锰,与铁形成的硫化铁等,质地很软,可成为切削时塑性变形区中的应力集中源,能降低切削力,使切屑易折断,能减小积屑瘤的形成,减少刀具磨损;硒、铅、铋也有类似作用;磷能降低铁素体的塑性,使切屑易于折断。

2)加工前进行合适的热处理

同样成分的材料,金相组织不同,则加工性也不同。低碳钢通过正火处理后,晶粒细化,硬度提高,塑性降低,有利于减小刀具的粘结磨损,减小积屑瘤,改善工件表面粗糙度;高碳钢球化退火后,硬度下降,可减小刀具磨损;不锈钢以调质到 HRC28 为宜,硬度过低,塑性大,工件表面粗糙度差,硬度高则刀具易磨损;白口铸铁可在 950～1000℃长时间退火而形成可锻铸铁,使切削较容易。

3)选择加工性好的材料状态

低碳钢经冷拉后,塑性大为下降,加工性好;锻造的坯件余量不均匀,且有硬皮,加工性很差,改以热轧后其加工性得到改善。

4)其他

如采用合适的刀具材料,选择合理的刀具几何参数,制订合理的切削用量,选用恰当的切削液等。

2.2.2 刀具材料的合理选择

1. 刀具材料应具备的性能

切削时,由于变形与摩擦,刀具承受了很大的压力、很高的温度。作为刀具材料应满足以下要求。

1)高的硬度和耐磨性

比工件材料硬并且具有良好的抗磨损能力。

2)足够的强度和韧性

可以承受切削中的压力、冲击和振动。

3)高的耐热性

在高温下保持硬度、耐磨性、强度和韧性的能力。

4)良好的工艺性

如锻造性、热处理性、磨加工性等,以便于刀具的制造。

5)良好的经济性

2. 常用的刀具材料

目前,生产中所用的刀具材料以高速钢和硬质合金居多。碳素工具钢(如 T10A,T12A)、合金工具钢(如9SiCr、CrWMn)因耐热性差,仅用于一些手工或切削速度较低的刀具。

1) 高速钢

高速钢是一种加入了较多的钨、钼、铬、钒等合金元素的高合金工具钢。有较高的热稳定性,切削温度达500~650℃时仍能进行切削;有较高的强度、韧性、硬度和耐磨性;其制造工艺简单,容易磨成锋利的切削刃,可锻造,这对于一些形状复杂的刀具,如钻头、成形刀具、拉刀、齿轮刀具等尤为重要,是制造这些刀具的主要材料。

高速钢按用途分为通用型高速钢和高性能高速钢;按制造工艺不同分为熔炼高速钢和粉末冶金高速钢。

(1) 通用型高速钢:①W18Cr4V。含W18%、Cr4%、V1%。有较好的综合性能,在600℃时其高温硬度为HRC48.5,刃磨和热处理工艺控制较方便,可以制造各种复杂刀具。②W6Mo5Cr4V2。含W6%、Mo5%、Cr4%、V2%。碳化物分布细小、均匀,具有良好的机械性能,抗弯强度比W18Cr4V高10%~15%,韧性高50%~60%。可做尺寸较大、承受冲击力较大的刀具;热塑性特别好,更适用于制造热轧钻头等;磨加工性也好。目前各国广泛应用。

(2) 高性能高速钢:是在通用型高速钢的基础上再增加一些含碳量、含钒量及添加钴、铝等合金元素。因其耐热性,又称高热稳定性高速钢。在630~650℃时仍可保持HRC60的硬度,具有更好的切削性能,耐用度较通用型高速钢高1.3~3倍。适合于加工高温合金、钛合金、超高强度钢等难加工材料。典型牌号有高碳高速钢9W18Cr4V、高钒高速钢W6Mo5Cr4V3、钴高速钢W6MoCr4V2Co8、超硬高速钢W2Mo9Cr4VCo8等。

(3) 粉末冶金高速钢:用高压氩气或纯氮气雾化熔融的高速钢钢水,直接得到细小的高速钢粉末,高温下压制成致密的钢坯,而后锻轧成材或刀具形状。有效地解决了一般熔炼高速钢时铸锭产生粗大碳化物共晶偏析的问题,从而得到细小均匀的结晶组织,使之具有良好的机械性能。其强度和韧性分别是熔炼高速钢的2倍和2.5~3倍;磨加工性好;物理、机械性能高度各向同性;淬火变形小;耐磨性提高了20%~30%,适合于制造切削难加工材料的刀具、大尺寸刀具、精密刀具、磨加工量大的复杂刀具、高压动载荷下使用的刀具等。

2) 硬质合金

由难熔金属碳化物(如WC、TiC)和金属粘结剂(如Co)经粉末冶金法制成。

因含有大量熔点高、硬度高、化学稳定性好、热稳定性好的金属碳化物,硬质合金的硬度、耐磨性、耐热性都很高。硬度可达HRA89~93,在800~1000℃还能承担切削,耐用度较高速钢高几十倍。当耐用度相同时,切削速度可提高4~10倍。唯有抗弯强度较高速钢低,仅为0.9~1.5GPa(90~150kgf/mm^2)、冲击韧性差,切削时不能承受大的振动和冲击负荷。

ISO将切削用的硬质合金分为以下3类。

(1) WC-Co类硬质合金(YG):由WC和Co组成。牌号有YG6、YG8、YG3X、YG6X,含钴量分别为6%、8%、3%、6%,硬度为HRA89~91.5,抗弯强度为1.1~1.5GPa(110~150kgf/mm^2)。组织有粗晶粒、中晶粒、细晶粒、超细晶粒之分。一般为中晶粒组织,细晶粒硬质合金(如YG3X、YG6X)在含钴量相同时比中晶粒的硬度、耐磨性要高些,但抗弯强度、韧性则低些。此类合金韧性、磨削性、导热性较好,较适于加工易产生崩碎切屑、有冲击切削力作用在刃口附近的脆性材料。

(2) WC-TiC-Co类硬质合金(YT):除WC外,还含5%~30%的TiC。牌号有YT5、YT14、YT15、YT30等,TiC的含量分别为5%、14%、15%、30%,其相应的钴含量为10%、

8%、6%、4%，其硬度为 HRA89.15～92.5，其抗弯强度则为 0.9～1.4GPa（90～140kgf/mm²）。若 TiC 含量提高，Co 含量降低，则合金的硬度和耐磨性提高，但抗弯强度，特别是冲击韧性显著降低。

此类合金有较高的硬度和耐磨性，抗粘结扩散能力和抗氧化能力好；但抗弯强度、磨削性和导热系数下降，低温脆性大、韧性差。适于高速切削钢料。

应注意，此类合金不宜用于加工不锈钢和钛合金。因 YT 中的钛元素和工件中的钛元素之间的亲合力会造成严重粘刀现象，在高温切削及摩擦系数大的情况下还会加剧刀具磨损。

（3）WC-TiC-TaC 类硬质合金（YW）：在 YT 类中加入 TaC（NbC）可提高其抗弯强度、疲劳强度、冲击韧性、高温硬度和抗氧化能力、耐磨性等。既可用于加工铸铁，也可加工钢。因而又有通用硬质合金之称。常用的牌号有 YW1 和 YW2。

表 2-8 列出了各种硬质合金牌号的应用范围。

表 2-8　常用硬质合金牌号的选用

牌　号	用　途
YG3	铸铁、有色金属及其合金的精加工、半精加工，要求无冲击
YG6X	铸铁、冷硬铸铁、高温合金的精加工、半精加工
YG6	铸铁、有色金属及其合金的半精加工与粗加工
YG8	铸铁、有色金属及其合金的粗加工，也可用于断续切削
YT30	碳素钢、合金钢的精加工
YT15 YT14	碳素钢、合金钢连续切削时粗加工、半精加工及精加工，也可用于断续切削时的精加工
YT5	碳素钢、合金钢的粗加工，可用于断续切削
YA6	冷硬铸铁、有色金属及其合金的半精加工，也可用于合金钢的半精加工
YW1	不锈钢、高强度钢与铸铁的半精加工与精加工
YW2	不锈钢、高强度钢与铸铁的粗加工与半精加工
YN05	低碳钢、中碳钢、合金钢的高速精车，系统刚性较好的细长轴的精加工
YN10	碳钢、合金钢、工具钢、淬硬钢连续表面的精加工

3）其他刀具材料

（1）涂层刀具：它是通过在韧性较好的硬质合金基体上，或在高速钢刀具基体上，涂覆一薄层耐磨性高的难熔金属化合物而获得的。涂层硬质合金一般采用化学气相沉积法，沉积温度 1000℃左右；涂层高速钢刀具一般采用物理气相沉积法，沉积温度 500℃左右。

常用的涂层材料有 TiC、TiN、A1₂O₃ 等。涂层厚度：硬质合金为 4～5μm，表层硬度可达 HV2500～4200；高速钢的为 2μm、表层硬度可达 HRC80。

涂层刀具有较高的抗氧化性能和粘结性能，因而有高的耐磨性和抗月牙洼磨损能力；有低的摩擦系数，可降低切削时的切削力及切削温度，可提高刀具耐用度（提高硬质合金刀具耐用度 1～3 倍，高速钢刀具耐用度 2～10 倍）；但也存在着锋利性、韧性、抗剥落性、抗崩刃性差及成本昂贵的问题。

（2）陶瓷：有纯 Al_2O_3 陶瓷及 Al_2O_3-TiC 混合陶瓷两种，以其微粉在高温下烧结而成。有很高的硬度（HRA91～95）和耐磨性；有很高的耐热性，在 1200℃以上仍能进行切削；切削速度比硬质合金高 2～5 倍；有很高的化学稳定性、与金属的亲合力小、抗粘结和抗扩散的能力好。

可用于加工钢、铸铁，车、铣加工也都适用。

但其脆性大、抗弯强度低，冲击韧性差，易崩刃，使其使用范围受到限制；但作为连续切削用的刀具材料，还是很有发展前途的。

（3）金刚石：目前最硬的物质，是在高温、高压和其他条件配合下由石墨转化而成的。其硬度高达 HV10000，耐磨性好，可用于加工硬质合金、陶瓷、高硅铝合金及耐磨塑料等高硬度、高耐磨性的材料，刀具耐用度比硬质合金可提高几倍到几百倍。其切削刃锋利，能切下极薄的切屑，加工冷硬现象较少；有较低的摩擦系数，切屑与刀具不易产生粘结，不产生积屑瘤，很适于精密加工。

但其热稳定性差，切削温度不宜超过 700～800℃；强度低、脆性大，对振动敏感，只宜微量切削；与铁有强的化学亲合力，不适于加工黑色金属。

目前主要用于磨具及磨料，对有色金属及非金属材料进行高速精细车削及镗削；加工铝合金、铜合金时，切速可达 800～3800m/min。

（4）立方氮化硼：由软的立方氮化硼在高温、高压下加入催化剂转变而成。有很高的硬度（HV8000～9000）及耐磨性；有比金刚石高的多的热稳定性（达 1400℃），可用来加工高温合金；化学惰性很大，与铁族金属直至 1200～1300℃时也不易起化学反应，可用于加工淬硬钢及冷硬铸铁；有良好的导热性、较低的摩擦系数。

它目前不仅用于磨具，也逐渐用于车、镗、铣、铰等。

2.2.3　切削液的合理选择

1. 切削液的作用

1）冷却

切削液可带走大量的切削热，降低切削温度，提高刀具耐用度，并减小工件与刀具的热膨胀，提高加工精度。

2）润滑

切削液渗入到切屑、刀具、工件的接触面间，粘附在金属表面上形成润滑膜，可减小它们之间的摩擦系数、减轻粘结现象、抑制积屑瘤，并改善已加工表面的粗糙度，提高刀具耐用度。

其他还有洗涤、排屑、防锈的作用。如冲走切削中产生的细屑、砂轮脱下来的微粒等，起到清洗作用，防止加工表面、机床导轨面受损；有利于精加工、深孔加工、自动线加工中的排屑；加入防锈添加剂的切削液，还能在金属表面上形成保护膜，使机床、工件、刀具免受周围介质的腐蚀。

切削液的使用效果决定于切削液的类型、形态、用量、使用方法等。

2. 切削液添加剂

切削液中加入添加剂，对改善它的冷却润滑作用和性能有很大的影响。

1）油性添加剂

油性添加剂含有极性分子，能与金属表面形成牢固的吸附薄膜，在较低的速度下起到较好的润滑作用,主要用于低速精加工。油性添加剂有动、植物油(如豆油、菜籽油、猪油等)、脂肪酸、胺类、醇类、脂类等。

2) 极压添加剂

极压添加剂是含硫、磷、氯、碘等的有机化合物。它们在高温下与金属表面起化学反应,形成化学润滑膜,与物理吸附膜相比能耐较高的温度,能防止金属界面的直接接触,减小摩擦,保持润滑作用。

用硫可直接配制成硫化切削油,它与金属化合形成硫化铁,熔点高达 1193℃。硫化膜在高温下不易被破坏,切钢料时在 1000℃仍保持其润滑性能。唯有摩擦系数较氯化铁大。

含氯的添加剂有氯化石蜡、氯化脂肪酸等,它与金属表面起化学作用,形成氯化亚铁、氯化铁等,形成像石墨那样的层状结构,剪切强度和摩擦系数小,但在 300~400℃时易被破坏,遇水易分解成氢氧化铁和盐酸,失去润滑作用,易腐蚀金属,应与防锈添加剂一起使用。

含磷的添加剂与金属发生化学反应生成磷酸铁膜,它具有比硫、氯更好的降低摩擦系数、减少磨损的效果。

为了得到较好的使用效果,也可根据要求在一种切削液中同时加入上述几种极压添加剂,以形成更为牢固的化学润滑膜。

3) 表面活性剂

表面活性剂即乳化剂,是将矿物油和水乳化形成稳定乳化液的一种添加剂。它是一种有机化合物,由可溶于水的极性基团和可溶于油的非极性基团分子组成,将其搅拌在本不相溶的油、水之中,它们便定向地排列并吸附在油、水两极界面上,前者向水,后者向油,降低油水的界面张力,油以微小的颗粒稳定地分散在水中,形成稳定的水包油乳化液。

表面活性剂还能吸附在金属表面上,形成润滑膜,起油性添加剂的润滑作用。

常用的表面活性剂有石油磺酸钠、油酸钠皂等,它们的乳化性能好,且具有一定的清洗、润滑、防锈性能。

4) 防锈添加剂

防锈添加剂是一种极性很强的化合物,与金属表面有很强的附着力,能吸附在金属表面形成保护膜,或与金属表面化合成钝化膜,起到防锈作用。

常用的防锈添加剂有:水溶性的,如碳酸钠,三乙醇胺等;油溶性的,如石油磺酸钡等。

3. 常用的切削液及其选用

1) 切削液的类型

(1) 非水溶性切削液:主要是切削油。有各种矿物油,如机械油、轻柴油、煤油等;还有动、植物油,如豆油、猪油等;以及加入油性、极压添加剂配制的混合油。它主要起润滑作用。

(2) 水溶性切削液:主要成分为水,并加入防锈剂,也可加入适量的表面活性剂和油性添加剂,使其具有一定的润滑性能。

(3) 乳化液:由矿物油、乳化剂及其他添加剂配制的乳化油加 95%~98%的水稀释而成的乳白色切削液,有良好的冷却性能和清洗作用。

2) 切削液的选用

切削液的使用效果除取决于切削液的性能外,还与刀具材料、加工要求、工件材料、加工方法等因素有关,应综合考虑,合理选用。

（1）依据刀具材料、加工要求：高速钢刀具耐热性差，粗加工时，切削用量大，切削热多，容易导致刀具磨损，应选用以冷却为主的切削液，如3％～5％的乳化液或水溶液；精加工时，主要是获得较好的表面质量，可选用润滑性好的极压切削油或高浓度极压乳化液。

硬质合金刀具耐热性好，一般不用切削液，如有必要，也可用低浓度乳化液或水溶液，但应连续、充分地浇注，以免高温下刀片冷热不均，产生热应力而导致裂纹、损坏等。

（2）依据工件材料：加工钢等塑性材料时，需用切削液；而加工铸铁等脆性材料时，一般则不用，原因是作用不如钢明显，又易污染机床、工作地；对于高强度钢、高温合金等，加工时均处于极压润滑摩擦状态，应选用极压切削油或极压乳化液；对于铜、铝及铝合金，为了得到较好的表面质量和精度，可采用10％～20％乳化液、煤油或煤油与矿物油的混合液；切削铜时不宜用含硫的切削液，因硫会腐蚀铜；有的切削液与金属能形成超过金属本身强度的化合物，这将给切削带来相反的效果，如铝的强度低，切铝时就不宜用硫化切削油。

（3）依据加工工种：钻孔、攻丝、铰孔、拉削等，排屑方式为半封闭、封闭状态，导向部、校正部与已加工表面的摩擦也严重，对硬度高、强度大、韧性大、冷硬严重的难切削材料尤为突出，宜用乳化液、极压乳化液和极压切削油；成形刀具、齿轮刀具等，要求保持形状、尺寸精度等，也应采用润滑性好的极压切削油或高浓度极压切削液；磨削加工温度很高，且细小的磨屑会破坏工件表面质量，要求切削液具有较好的冷却性能和清洗性能，常用半透明的水溶液和普通乳化液；磨削不锈钢、高温合金宜用润滑性能较好的水溶液和极压乳化液。

4．切削液的使用方法

切削液不仅要选择得合理，而且要正确地使用，才能取得更好的效果。

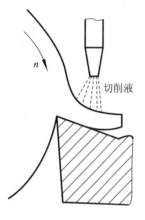

图2.35　浇注冷却法

1）浇注冷却法（图2.35）

这是最普通的使用方法。虽使用方便，但流量小、压力低，难以直接渗透到切削刃最高温度处，效果较差。切削时，应尽量浇注到切削区。车、铣时，切削液流量约为10～20L/min。车削时，从后刀面喷射比在前刀面浇注好，刀具耐用度可提高一倍以上。

2）高压冷却法

适于深孔加工，将工作压力约1～10MPa，流量约50～150L/min的切削液直接喷射到切削区，可将碎断的切屑驱出。此法也可用于高速钢车刀切削难加工材料，以改善其渗透性，显著提高刀具耐用度，但飞溅严重，需加护罩。

3）喷雾冷却法

以0.3～0.6MPa的压缩空气及喷雾装置使切削液雾化，从直径1.5～3mm的喷嘴中高速喷射到切削区。高速气流带着雾化成微小液滴的切削液渗透到切削区，在高温下迅速汽化，吸收大量热量，达到较好的冷却效果。这综合了气体的速度高和渗透性好，以及液体的汽化热高、可加入各类添加剂的优点，用于难切削材料加工及超高速切削时，可显著提高刀具耐用度。

2.2.4　刀具几何参数的合理选择

刀具几何参数包括：角度、刀面形式、切削刃形状等。它们对切削时金属的变形、切削力、切削温度、刀具磨损、已加工表面质量等都有明显的影响。

所谓合理几何参数,是指在保证加工质量的前提下,能够获得最高刀具耐用度,从而达到提高切削效率,降低生产成本的目的。

确定参数时的一般原则应是以下几点。

(1) 考虑刀具材料和结构:材料如高速钢、硬质合金;而刀具结构有整体、焊接、机夹、可转位等。

(2) 考虑工件的实际情况:如材料的物理机械性能、毛坯情况(铸、锻等)、形状、材质等。

(3) 了解具体加工条件:如机床、夹具情况,系统刚性、粗或精加工、自动线等。

(4) 注意几何参数之间的关系:如选择前角,应同时考虑卷屑槽的形状、是否倒棱、刃倾角的正、负等。

(5) 处理好刀具锋锐性与强度、耐磨性的关系:即在保证刀具足够强度和耐磨性的前提下,力求刀具锋锐;在提高锋锐性的同时,设法强化刀尖和刃区等。

1. 前角和前刀面形状的选择

1) 前角 γ_o

(1) 作用:①影响切削区的变形、力、温度、功率消耗等。②与切削刃强度、散热条件等有关。③改变切削刃受力性质。如 $+\gamma_o$(图 2.36(a))受弯; $-\gamma_o$(图 2.36(b))受压。④涉及到切屑形态、断屑效果,如小的 γ_o,切屑变形大,易折断。⑤关系到已加工表面的质量,主要是通过积屑瘤、鳞刺、振动等因素产生影响。

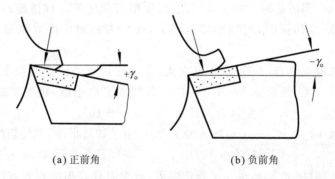

(a) 正前角　　　　　　　　　　(b) 负前角

图 2.36　γ_o 正或负时的受力情况

(2) 选择:显然 γ_o 大或小,各有利弊。如 γ_o 大,切削变形小,可降低温度;但刀具散热条件差,温度却可能上升。 γ_o 小,甚至负值,如切削硬材料时,虽可改善散热条件,使温度下降,但因变形严重、热量多,却使温度上升。可见在一定条件下, γ_o 必有一个合理值 γ_{oPt}。刀具材料不同时如图 2.37(a)所示;工件材料不同时,如图 2.37(b)所示。应注意的是:这里所说的 γ_{oPt} 是指保证最大耐用度的 γ_o,在某些情况下未必是最适宜的。如出现振动时,为减振或消振,有时仍需增大 γ_o;在精加工时,考虑到加工精度和表面粗糙度,也可能重新选择适宜的 γ_o。

依据刀具材料:抗弯强度低、韧性差、脆性大忌冲击、易崩刃的,取小的 γ_o。

依据工件材料:钢料,塑性大,切屑变形大,与刀面接触长度长,刀屑间压力、摩擦力均大,为减小变形与摩擦,宜取较大的 γ_o;铸铁,脆性大,切屑是崩碎的,集中于切削刃处,为保证有较好的切削刃强度, γ_o 宜取的比钢小。

用硬质合金刀加工钢,常取 $\gamma_o \approx 10° \sim 20°$;加工铸铁,常取 $\gamma_o \approx 5° \sim 15°$。

材料的强度、硬度高时,宜取小 γ_o;特硬的,如淬硬钢, γ_o 应更小,甚至取 $-\gamma_o$,以使刀片处在受压的工作状态(图 2.37(b)),这是因为硬质合金的抗压强度比抗弯强度高 3～4 倍。

考虑具体的加工条件:粗加工,特别是断续切削,或有硬皮时,如铸、锻件, γ_o 可小些;但在需强化切削刃或刀尖时, γ_o 可适当加大;工艺系统刚性差、机床功率不足时, γ_o 应大些;成形刀具,如成形车刀、铣刀,为防止刃形畸变,可取 $\gamma_o = 0°$;数控机床、自动机或自动线上用的刀具,考虑应有较长的刀具耐用度及工作稳定性,常取较小的 γ_o。

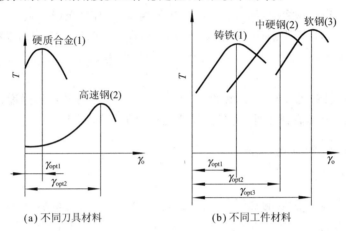

(a) 不同刀具材料　　　　　　　(b) 不同工件材料

图 2.37　γ_o 的合理值 γ_{opt}

2) 倒棱

如图 2.38 所示,倒棱是防止因 γ_o 增大削弱切削刃强度的一种措施。在用脆性大的刀具材料,粗加工或断续切削时,对减小刀具崩刃,提高刀具耐用度效果显著(可提高 1～5 倍)。

其参数值的选取应恰当,宽度 b_{r1} 不可太大,应保证切屑仍沿正前角 γ_o 的前刀面流出。b_{r1} 的取值与进给量有关,常取 $b_{r1} \approx (0.3\sim0.8)f$,精加工取小值,粗加工取大值;倒棱前角 γ_{o1}:高速钢刀具 $\gamma_{o1} = 0°\sim5°$,硬质合金刀具 $\gamma_{o1} = -5°\sim-10°$。

对于进给量很小($f \leqslant 0.2\text{mm/r}$)的精加工刀具,由于切屑很薄,为使切削刃锋利,不宜磨出倒棱。

采用切削刃钝圆(图 2.39),也是增强切削刃、减少刀具破损的有效方法,可使刀具耐用度提高约 200%;断续切削时,适当加大 r_ε 值,可增加刀具崩刃前所承受的冲击次数;钝圆刃还有一定的切挤熨压及消振作用,可减小已加工表面粗糙度。

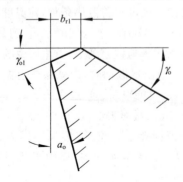

图 2.38　前刀面上的倒棱

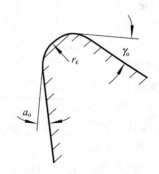

图 2.39　切削刃钝圆

一般情况下,常取 $r_\varepsilon < f/3$。轻型钝圆 $r_\varepsilon = 0.02 \sim 0.03$mm;中型钝圆 $r_\varepsilon = 0.05 \sim 0.1$mm;用于重切削的重型钝圆 $r_\varepsilon = 0.15$mm。

3)带卷屑槽的前刀面形状

加工韧性材料时,为使切屑卷成螺旋形或折断成 C 形,使之易于排出和清理,常在前刀面磨出卷屑槽,其槽形有直线圆弧形、直线形、全圆弧形(图 2.40(a)、(b)、(c))等不同形式。直线圆弧形的槽底圆弧半径 R_n 和直线形的槽底角对切屑的卷曲变形有直接的影响,较小时,切屑卷曲半径较小、切屑变形大、易折断;但过小时又易使切屑堵塞在槽内,增大切削力,甚至崩刃。一般条件下,常取 $R_n = (0.4 \sim 0.7)W_n$;槽底角取 $110° \sim 130°$。这两种槽形较适于加工碳素钢、合金结构钢、工具钢等,一般 γ_o 为 $5° \sim 15°$。全圆弧形可获得较大的前角,且不致使刃部过于削弱,较适于加工紫铜、不锈钢等高塑性材料,γ_o 可增至 $25° \sim 30°$。

卷屑槽宽 W_n 愈小,切屑卷曲半径愈小,切屑愈易折断;但太小,切屑变形很大,易产生小块的飞溅切屑,也不好;过大的 W_n 也不能保证有效的卷屑或折断。一般根据工件材料和切削用量来决定,常取 $W_n = (1 \sim 10)f$。

2. 主后角、副后角的选择

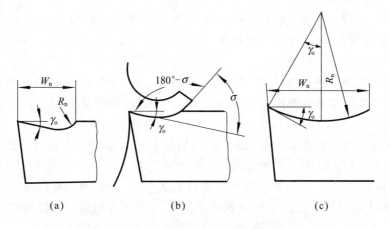

(a)　　　　　　　　(b)　　　　　　　　(c)

图 2.40　前刀面上卷屑槽的形状

1)主后角 α_o

(1)作用:VB 不变,α_o 大,允许磨去的金属多,如图 2.41 所示,表明刀具耐用;但 NB 加大,影响工件尺寸精度。α_o 大,β_o 减小,r_ε 也减小,切削刃锋锐,易切入,工件表面的弹性恢复减小,从而减小了后刀面与已加工表面的摩擦,减小了后刀面的磨损,有利于提高表面质量和刀具耐用度;但太大的 α_o 将显著削弱刀头强度,使散热条件恶化而降低刀具耐用度;并使重磨量和时间增加,提高了磨刀费用。

(2)选择:切削时同样存在着一个合理的 α_{oPt}。α_{oPt} 随 γ_o 的减小而增大(图 2.42(a));也因刀具材料的不同而改变,硬质合金的 γ_o 小于高速钢,r_ε 大于高速钢,所以 α_{oPt} 大于高速钢(图 2.42(b))。

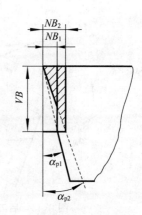

图 2.41　α_o 对刀具磨损量的影响

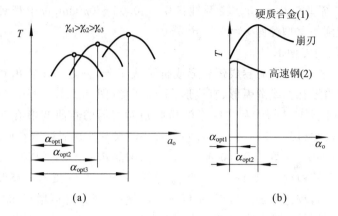

图 2.42 α_o 的合理值 α_{oPt}

根据切削厚度 a_c（进给量 f）进行选择：粗加工、强力切削及承受冲击的刀具，要求切削刃强固，宜取较小的 α_o；精加工时，a_c 小，磨损主要发生在后刀面，加以 r_ε 的影响，为减小后刀面磨损和增加切削刃的锋锐性，应取较大的 α_o。通常，$f > 0.25 \mathrm{mm/r}$ 时，取 $\alpha_o = 5° \sim 8°$；$f \leqslant 0.25 \mathrm{mm/r}$ 时，取 $\alpha_o = 10° \sim 12°$。

根据工件材料进行选择：强度、硬度高时，为加强切削刃强度，应取较小的 α_o；材质软，塑性大，易产生加工硬化时，为减小后刀面摩擦，宜取较大的 α_o；脆性材料，力集中在刀尖处，可取小的 α_o；特硬材料在 γ_o 为负值时，为造成较好的切入条件，应加大 α_o。

根据具体加工条件进行选择：工艺系统刚性差时，易出现振动，所以应适当减小 α_o；为减振或消振，还可在后刀面上磨出 $b_{a1} = 0.1 \sim 0.2 \mathrm{mm}$、$\alpha_{o1} = 0°$ 的刃带；或 $b_{a1} = 0.1 \sim 0.3 \mathrm{mm}$，$\alpha_{o1} = -5° \sim 10°$ 的消振棱（图 2.43）。

对于尺寸精度要求较高的刀具，如拉刀，宜取较小的 α_o，因为当 NB 为定值时（图 2.44），α_o 小，所允许磨去金属量多，刀具可连续使用的时间较长。

切断刀，因进给量关系，使近中心处工作后角减小，α_o 应取的比外圆车刀大，常取 $\alpha_o = 10° \sim 12°$；车削大螺距的右旋螺纹时，也因走刀关系，务必使左切削刃的后角磨的比右切削刃的后角大。

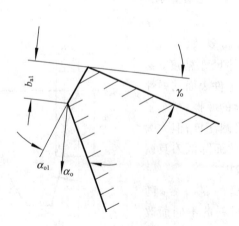

图 2.43   后刀面的消振棱

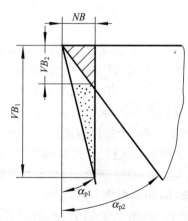

图 2.44 α_o 对磨去量的影响

2）副后角 α'_{o}。

一般取 $\alpha'_{\text{o}}=\alpha_{\text{o}}$。唯有切断刀、切槽刀、锯片等的 α'_{o}，因受其结构、强度限制，只允许取小的 α'_{o}，如 $1°\sim2°$。

3. 主偏角、副偏角及刀尖形状的选择

1）主偏角 κ_{r}

（1）作用：如图 2.45 所示，κ_{r} 值影响残留面积高度、切屑形状、单位长度切削刃上的负荷、刀尖角 ε_{r}、F_x、F_y 的比值等。κ_{r} 小于 $90°$ 时，切削刃最先与工件接触的是在远离刀尖处，可减小因切入冲击而造成的刀尖损坏。

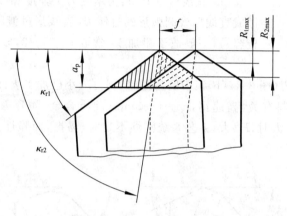

图 2.45　κ_{r} 对一些参数的影响

（2）选择：根据加工性质，κ_{r} 大，a_{c} 大，切削变形小，切削力小，可减振，但散热条件差，影响刀具耐用度。综合结果：用硬质合金刀粗加工或半精加工时，常取 $\kappa_{\text{r}}=75°$；精加工时，为减小残留面积高度，提高工件表面质量，κ_{r} 应尽量小。

根据工件材料：硬度、强度大的，如冷硬铸铁、淬火钢等，为减轻单位切削刃上的负荷，改善刀头散热条件，提高刀具耐用度，在工艺系统刚性较好时，宜取小的 κ_{r}。

根据加工情况：工艺系统刚性差时，如工件长度与直径之比大于 12 的细长轴的加工，应选大的 κ_{r}，甚至取 $\kappa_{\text{r}}=90°\sim93°$，以使 F_y 下降并消振；需中间切入的、仿形车等，可取 $\kappa_{\text{r}}=45°\sim60°$；阶梯轴的加工 $\kappa_{\text{r}}\geqslant90°$；单件、小批生产时，考虑到一刀多用（车外圆、端面、倒角），宜取 $\kappa_{\text{r}}=45°$ 或 $90°$。

2）副偏角 κ'_{r}

（1）作用：工件已加工表面靠副切削刃最终形成，κ'_{r} 值影响刀尖强度、散热条件、刀具耐用度、振动和已加工表面的质量等。

（2）选择：粗加工时，考虑到刀尖强度、散热条件等，κ'_{r} 不宜太大，可取 $10°\sim15°$。

精加工时，在工艺系统刚性较好、不产生振动的条件下，考虑到残留面积高度等，κ'_{r} 应尽量的小，可取 $5°\sim10°$。

切断刀、锯片等，因受其结构、强度限制，并考虑到重磨后刃口宽度变化尽量小，宜选用较小的 κ'_{r}，一般仅 $1°\sim2°$。

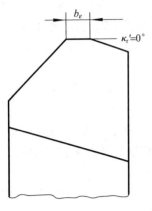

图 2.46 修光刃

有时，为了提高已加工表面质量，生产中还使用 $\kappa'_r = 0°$ 的带有修光刃的刀具（图 2.46），其宽度 b_ε 应大于进给量 f：车刃 $b_\varepsilon = (1.2\sim1.3)f$；硬质合金端铣刀 $b_\varepsilon = (4\sim6)f$。此时，工件上的理论残留高度已不存在。对于车刀，使用时应注意：修光刃必须确保在水平线上与工件轴线平行，否则将得不到预期的效果。实践表明：这种车刀在 $f = 3\sim3.5$ mm/r 时还能得到粗糙度为 $R_a = 10\sim5$ μm 的表面；而用 $\kappa'_r > 0°$ 的普通车刀，要得到同样的粗糙度，f 几乎要减小到十分之一。

3）刀尖形状

（1）直线形过渡刃：为增强刀尖强度和改善散热条件，常将其做成直线形或圆弧形的过渡刃，直线形过渡刃（图 2.47(a)），刃磨较容易，一般适于粗加工，常取 $\kappa_{r\varepsilon} = \kappa_r/2$，$b_\varepsilon = 0.5\sim2$ mm 或 $b_\varepsilon = (1/4\sim1/5)a_p$，$\alpha_\varepsilon = \alpha_o$。

（2）圆弧形过渡刃（图 2.47(b)）：刃磨较困难，但可减小已加工表面粗糙度，较适用于精加工。r_ε 值与刀具材料有关：高速钢，$r_\varepsilon = 1\sim3$ mm；硬质合金、陶瓷刀 r_ε 略小，常取 $0.5\sim1.5$ mm。这是因为 r_ε 大时，F_y 大，工艺系统刚性不足时，易振，而脆性刀具材料对此反应较敏感。

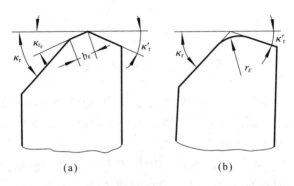

(a)　　　　　　　　　　(b)

图 2.47 刀尖形状

4. 刃倾角的选择

1）作用

（1）控制切屑流出方向。$\lambda_s = 0°$ 时（图 2.48(a)），即直角非自由切削，主切削刃与基面重叠，切屑在前刀面上近似沿垂直于主切削刃的方向流出；$\lambda_s \neq 0°$ 时，即斜角非自由切削，主切削刃不在基面上。λ_s 为负值时（图 2.48(b)），切屑流向与 v_f 方向相反，可能缠绕、擦伤已加工表面，但刀尖强度较好，常用于粗加工；λ_s 为正值时（图 2.48(c)），切屑流向与 v_f 方向一致，保护了已加工表面，但刀尖强度较差，常用于精加工。

（2）影响刀尖强度及继续切削时切削刃上受冲击的位置。如图 2.49 所示，λ_s 为正值时（双点划线部分），首先接触工件，受冲击的是刀尖，容易崩刃；λ_s 为负值时（实线部分），首先接触工件的是离刀尖较远的切削刃，保护了刀尖，较适于粗加工，特别是冲击较大的加工。

（3）影响切削刃参加工作的长度和切削时的平稳性。如图 2.50 所示，$\lambda_s = 0°$ 时 $a_w = a_p$，切削刃切入、切出时与切削力有关的切削面积的增加、减小是瞬时的，波动大；$\lambda_s \neq 0°$ 时，$a_w >$

a_p,单位切削刃上的切削负荷小,切削面积是从切入时由小到大到切出时由大到小逐渐变化的,切削比较平稳。

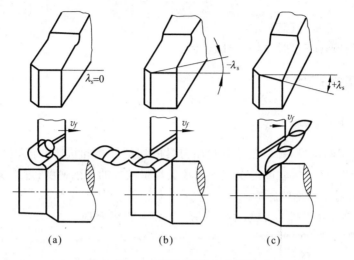

图 2.48　λ_s 对切屑流出方向的影响

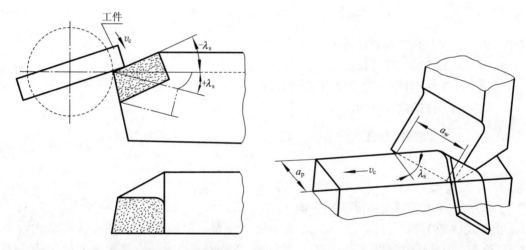

图 2.49　λ_s 值对切削刃受冲击位置的影响　　　　图 2.50　λ_s 对 a_w 的影响

(4)改变 F_x、F_y 的比值。参见图 2.24 可知,当$-\lambda_s$ 的绝对值增大时,F_y 增加得很快,将导致工件变形和引起振动。显然,非自由切削时不宜选用绝对值过大的$-\lambda_s$。

(5)增加切削刃的锋锐性。因 λ_s 改变了流屑方向,切削时起作用的前角应是流屑剖面内的工作前角 γ_{oe},它与 λ_s、γ_n 的关系为

$$\sin\gamma_o \approx \sin\gamma_n \cos^2\lambda_s + \sin^2\lambda_s \tag{2-24}$$

计算表明:当 $\lambda_s = 15°$,$\gamma_n = 10°$,$\gamma_o = 21°$ 时,γ_{oe} 达 27°;γ_n 不变,λ_s 增至 60° 时,γ_{oe} 可增至 55°,这对改善切削过程是极为有利的。

2)选择

(1)加工一般钢料、灰铸铁,无冲击的粗车取 $\lambda_s = 0°\sim -5°$,精车取 $\lambda_s = 0°\sim +5°$;有冲击时,取 $\lambda_s = -5°\sim -15°$;冲击特大时,$\lambda_s = -30°\sim -45°$;加工淬硬钢、高强度钢、高锰钢,取

$\lambda_s = -20° \sim -30°$。

（2）强力刨刀，取 $\lambda_s = -10° \sim -20°$。微量精车外圆、精刨平面的精刨刀，取 $\lambda_s = 45° \sim 75°$。

（3）金刚石、立方氮化硼刀，取 $\lambda_s = -5°$。

（4）工艺系统刚性不足时，λ_s 不应取负值。

2.2.5　切削用量的合理选择

1. 制订切削用量的原则

所谓合理的切削用量，就是在充分利用刀具的切削性能和机床性能（功率、扭矩等）、保证加工质量的前提下，获得较高的生产率和较低加工成本的切削速度、进给量和切削深度。

1）切削用量对生产率的影响

不计辅助工时，以切削工时（机动工时）t_m 计算生产率 P 时

$$P = \frac{1}{t_m} \tag{2-25}$$

而对于车削，有

$$t_m = \frac{l_w \Delta}{n_w a_p f} = \frac{\pi d_w l_w \Delta}{10^3 v_c a_p f} \tag{2-26}$$

式中　d_w——工件加工前直径，mm；

　　　l_w——工件加工部分长度，mm；

　　　Δ——工件半径方向上的加工余量，mm；

　　　n_w——工件转数，r/min。

d_w、l_w、Δ 均为常数，令 $A_0 = \dfrac{10^3}{\pi d_w l_w \Delta}$，则

$$P = A_0 v_c f a_p$$

即 v_c、a_p、f 之一增加一倍，P 增加一倍。

2）切削用量对刀具耐用度 T 的影响

由公式（2-26）知，v_c、f、a_p 之一增大，都会使 T 下降。但影响程度不一，以 v_c 最大，f 次之，a_p 最小。因此从耐用度 T 出发选择用量时，首先是选大的 a_p，其次选大的 f，最后确定 v_c。

3）切削用量对加工质量的影响

a_p 增大，F_z 增大，工艺系统变形增大，振动加剧，工件加工精度下降，粗糙度增大；f 增大，力也增大，粗糙度的增大更为显著；v_c 增大，切屑变形、力、粗糙度均有所减小。

由此可认为：精加工宜用小的 a_p、小的 f；为避免积屑瘤、鳞刺对已加工表面质量的影响，可用硬质合金刀高速切削（$v_c = 80 \sim 100 m/min$），或者用高速钢刀低速切削（$v_c = 3 \sim 8 m/min$）。

2. 切削用量的确定

1）背吃刀量 a_p

粗加工：尽量一次走刀切除全部余量。在中等功率机床上，a_p 可达 $8 \sim 10 mm$。下列情

况时,可分几次走刀。

(1) 加工余量太大,一次走刀会使切削力太大,机床功率或刀具强度所不允许时。

(2) 工艺系统刚性不足,或加工余量极不均匀,以致引起很大振动,如加工细长轴或薄壁工件时。

(3) 断续切削,刀具受到很大的冲击而破损。

如分两次走刀,应使 $a_{p1} > a_{p2}$,a_{p2} 取加工余量的 $1/3 \sim 1/4$。

半精加工:a_p 取 $0.5 \sim 2$mm。

精加工:a_p 取 $0.1 \sim 0.4$mm。

2) 进给量 f

粗加工:对加工质量没有太高的要求,而切削力往往较大。合理的 f 应为机床进给机构的强度、刀杆的强度和刚度、硬质合金或陶瓷刀片的强度、工件的装夹刚度所能承受。

实际生产中 f 常根据工件材料、直径,刀杆横截面尺寸,已定的 a_p,从切削用量手册中查得。

3) 切削速度 v_c

根据已定的 a_p、f 及 T,可计算 v_c

$$v_c = \frac{C_v K_v}{T^m a_p^{x_v} f^{y_v}}$$

式中　C_v、x_v、y_v——根据工件材料、刀具材料、加工方法等在切削用量手册中查得;

　　　　K_v——切削速度修正系数。

v_c 确定后,计算机床转速

$$n = \frac{1000 v_c}{\pi d_w} (\text{r/min})$$

4) 校验机床功率

机床功率应满足

$$P_E > \frac{P_m}{\eta_m}$$

上式表明所选切削用量可在指定的机床上使用。

【例 2-4】　选择切削用量。已知工件为经调质的 45 钢,$\sigma_b = 0.735$Gpa。毛坯尺寸 $\phi 68$mm$\times 350$mm,如图 2.51 所示。要求加工后达到 h11 级精度和表面粗糙度 $R_a 3.2 \mu$m,精车直径余量为 1.5mm,使用 CA6140 卧式车床。

解:1. 选择刀具几何参数

(1) 确定粗加工刀具类型:

选择 YT15 硬质合金焊接式车刀;刀具耐用度 $T = 60$min;刀杆尺寸查表选择 16×25mm;刀片厚度 6mm;$\gamma_o = 10°$,$\gamma_{o1} = -5°$,$\kappa_r = 75°$,$\kappa_r' = 15°$,$\lambda_s = 0°$,$\alpha_o = \alpha_o' = 6°$,$r_\varepsilon = 1.0$mm。

(2) 确定精加工刀具类型:

选择 YT15 硬质合金刀片;刀杆尺寸 16mm$\times 25$mm;刀具耐用度 $T = 60$min;$\gamma_o = 2°$,$\gamma_{o1} = -3°$,$\kappa_r = 60°$,$\kappa_r' = 10°$,$\lambda_s = +3°$,$\alpha_o = \alpha_o' = 6°$。

2. 确定粗车时的切削用量

(1) 背吃刀量 a_p:单边余量 $A = (68 - 61.5)/2 = 3.25$(mm)。所以 $a_p = 3.25$(mm)。

(2) 进给量 f:由表 2-8 查得 $f = 0.4 \sim 0.6$mm/r;查表得刀片强度允许的进给量 $f =$

$2.6K_{M_f} \cdot K_{\kappa_r f} = 2.6 \times 1 \times 0.4 = 1.04 (\text{mm/r})$。根据数据可取 $f = 0.51 \text{mm/r}$。

（3）切削速度 v_c（机床主轴转速 n）：

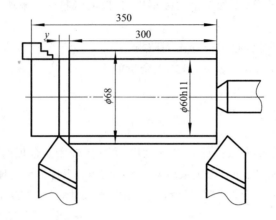

图 2.51　例 2-4 题图

由表 2-9 查得 $c_v = 242$。$x_v = 0.15, y_v = 0.35, m = 0.20$。

由表 2-9～表 2-13 查得

$K_{mv} = 0.637/0.735 = 0.866, k_{sv} = 0.9, k_{tv} = 1.0, k_{\kappa_r v} = 0.86$

$K_v = K_{mv} \cdot k_{sv} \cdot k_{tv} \cdot k_{\kappa_r v}$

$\quad = 0.866 \times 0.9 \times 1.0 \times 0.86 = 0.67$

$v_c = [c_v/(T^m \cdot a_p{}^{x_v} \cdot f^{y_v})] \cdot K_v$

$\quad = [242/(60^{0.2} \times 3.25^{0.15} \times 0.51^{0.35})] \times 0.67$

$\quad = 75.83 (\text{m/min})$

$n = 1000 v_c/\pi d_w$

$\quad = (1000 \times 75.83)/(3.14 \times 68)$

$\quad = 355 (\text{r/min})$

由机床说明书得：$n = 320 \text{r/min}$

求得实际切削速度

$$v_c = \pi d_w n/1000 = 3.14 \times 68 \times 320/1000 = 68.3 (\text{m/min})$$

（4）校验机床功率：

由切削力计算公式及有关表格，求得主切削力 F_z

$$F_z = 9.81 \times C_{F_z} \cdot a_p{}^{x_{F_z}} \cdot f^{y_{F_z}} \cdot v_c{}^{n_{F_z}} \cdot K_{F_z}$$

$$= 9.81 \times 270 \times 3.25^{1.0} \times 0.51^{0.75} \times 68.3^{-0.15} \times 0.92$$

$$\times 1.0 \times 1.0 \times 0.93 = 2625.1 (\text{N})$$

计算理论切削功率

$$P_E = Fz \cdot v_c \times 10^{-3}/60$$

$$= 2.98 (\text{kW})$$

验算机床功率，CA6140 车床额定功率 $P_{Ee} = 7.5 \text{kw}$（取机床效率 $\eta_m = 0.8$）

$$P_{Ee} \cdot \eta_m = 7.5 \times 0.8 = 6.0 (\text{kW})$$

$\therefore P_E < P_{Ee} \cdot \eta_m$

机床功率足够。

3. 确定精车时的切削用量

(1) 背吃刀量 a_p：$a_p=(61.5-60)/2=0.75(mm)$。

(2) 进给量 f：按表 2-9 预先估计 $v_c>80m/min$ 查得 $f=0.3-0.35mm/r$，按说明书选 $f=0.3mm/r$。

(3) 切削速度 v_c（机床主轴转速 n）：

查表 2-9 得 $c_v=291,x_v=0.15,y_v=0.2,m=0.2,K_v$ 同粗加工（$K_v=0.67$）。

$$v_c=\left[c_v/(T^m\cdot a_p^{x_v}\cdot f^{y_v})\right]\cdot K_v$$
$$=\left[291/(60^{0.2}\times0.75^{0.15}\times0.3^{0.2})\right]\times0.67$$
$$=114.8(m/min)$$

查机床说明书得：$n=560r/min$

$$v_c=\pi d_w n/1000$$
$$=3.14\times61.5\times560/1000$$
$$=108(m/min)$$

符合预先估计的 $v_c>80m/min$ 的设定。

表 2-9　切削速度公式中的系数及指数

加工材料	加工方法	刀 具 材 料	进给量/mm	系数及指数			
				C_v	x_v	y_v	m
碳素结构钢 $\sigma_b=0.637$ GPa	外圆纵车	YT15（不用切削液）	$f\leqslant0.30$	291		0.20	
			$f\leqslant0.70$	242	0.15	0.35	0.20
			$f>0.70$	235		0.45	
		W18Cr4V（用切削液）	$f\leqslant0.25$	67.2	0.25	0.33	0.125
			$f>0.25$	43		0.66	
	切断及切槽	YT5（不用切削液）	—	38	—	0.80	0.20
		W18Cr4V（用切削液）		21		0.66	0.25
	成形车削	W18Cr4V（用切削液）	—	20.3	—	0.50	0.30
灰铸铁 HBS190	外圆纵车	YG6（不用切削液）	$f\leqslant0.40$	189.8	0.15	0.20	0.20
			$f>0.40$	158		0.40	
		W18Cr4V（不用切削液）	$f\leqslant0.25$	24	0.15	0.30	0.10
			$f>0.25$	22.7		0.40	

表 2-10　钢和铸铁的强度和硬度改变时切削速度的修正系数 K_{mv}

加工材料	刀具材料	
	硬质合金	高速钢
	计算公式	
碳素结构钢、合金结构钢和铸钢	$K_{mv}=\dfrac{0.637}{\sigma b}$	$K_{mv}=\left(\dfrac{0.637}{\sigma b}\right)^{1.75}$
灰铸铁	$K_{mv}=\left(\dfrac{190}{HBS}\right)^{1.25}$	$K_{mv}=\left(\dfrac{190}{HBS}\right)^{1.7}$

表 2-11　毛坯表面状态改变时切削速度的修正系数 K_{sv}

毛坯表面状态	无外皮	有 外 皮				
		棒料	锻件	铸钢及铸铁		钢及铝合金
				一般	带砂	
修正系数 K_{sv}	1.0	0.9	0.8	0.8~0.85	0.5~0.6	0.9

表 2-12　刀具材料改变时切削速度的修正系数 K_{tv}

加工材料	不同刀具牌号切削速度的修正系数 K_{tv}					
结构钢及铸钢	YT15	YT14	YT15	YT30	YG8	—
	0.65	0.8	1.0	1.4	0.4	
灰铸铁及可锻铸铁	YG8	YG6	—	YG3		
	0.83	1.0		1.15		

表 2-13　车刀主偏角 K_r 改变时切削速度的修正系数 $K_{K_{rv}}$

主偏角 K_r	30°	45°	60°	75°	90°
结构钢、可锻铸铁	1.13	1.0	0.92	0.86	0.81
耐热钢	—	1.0	0.87	0.78	0.70
灰铁钢及铜合金	1.20	1.0	0.88	0.83	0.73

小　结

金属变形的实质及衡量方法；积屑瘤的形成原因，对加工的影响及控制方法。

切削过程中，切削力的计算和变化规律。

切削过程中，切削热的产生和传出，切削用量、刀具几何参数、工件材料等是影响切削温度的主要因素。

切削过程中，磨粒磨损、粘结磨损、扩散磨损、相变磨损、化学磨损、热电磨损是刀具磨损的主要原因；切削用量与刀具耐用度的关系及刀具破损的原因。

切削时，刀具材料的合理选择和常用刀具材料的性能特点。

切削时，切削液的合理选择及正确使用方法。

切削时，刀具几何参数的合理选择。

切削时,切削用量的合理选择。

思考与练习题

2-1　阐明切屑形成过程的实质。哪些指标用来衡量切削层金属的变形程度? 它们之间的相互关系如何? 它们是否真实反映了切屑形成过程的物理本质? 为什么?

2-2　切屑变形与哪些参数有关?

2-3　切削力是怎样产生的? 为什么要把切削力分解为 3 个在空间相互垂直的分力?

2-4　何谓单位切削力? 它有什么用处?

2-5　为什么要研究切削热和切削温度?

2-6　试比较 a_p、f 对切削力、切削温度的影响。

2-7　用什么方法判断刀具磨损最为恰当?

2-8　刀具磨钝标准确定后,刀具耐用度值是否也就确定了? 为什么?

2-9　工件已加工表面质量的含义应包括哪些内容?

2-10　综合性地提出改善已加工表面质量的措施。

2-11　工件材料加工性 v_T 的含义是什么? 什么叫相对加工性?

2-12　如何改善现有工件材料的加工性?

2-13　什么叫刀具的合理几何参数? 选择时应考虑哪些因素?

2-14　说明 γ_o、α_o 的作用及其选择。

2-15　说明 κ_r、κ'_r 的作用及其选择。

2-16　斜角切削有哪些特点?

2-17　切削液具有冷却、润滑作用,是否意味着凡是切削加工都应使用切削液? 为什么?

2-18　切削用量选得愈大,机动时间愈短,是否意味着生产率愈高? 为什么?

2-19　制订切削用量的一般原则是什么?

2-20　阐明 a_p、f、v_c 的确定。

第 3 章　机床的基础知识

教学提示：金属切削机床是将毛坯加工成零件的重要机械装备。工件表面成形方法与机床的运动类型、传动系统和精度构成了机床在机械加工中的基础知识。

教学要求：了解机床的分类和型号、工件表面成形方法、机床的运动类型、传动原理、传动系统和精度，掌握机床传动系统的运动计算。

3.1　机床的分类和型号

金属切削机床是用切削的方法将金属毛坯加工成机器零件的机器。它是制造机器的机器，所以又称"工作母机"，习惯上简称为机床。

金属切削机床的品种和规格繁多，为了便于区别、使用和管理，须对机床加以分类和编制型号。

3.1.1　金属切削机床分类

金属切削机床的传统分类方法，主要是按加工性质进行分类。根据国家制订的机床型号编制方法，目前将机床共分为 12 大类：车床、钻床、镗床、磨床、齿轮加工机床、螺纹加工机床、铣床、刨插床、拉床、特种加工机床、锯床、其他机床。在每一类机床中，又按工艺范围、布局型式和结构性能分为若干个组，每一组又分为若干个系（系列）。

除了上述基本分类方法外，还可按机床其他特征进行分类。

同类型机床按应用范围（通用性程度），可分为通用机床、专门化机床和专用机床三类。通用机床的工艺范围很宽，可以加工多种工件、完成多种多样的加工，如卧式车床、万能外圆磨床、摇臂钻床等。专门化机床的工艺范围较窄，只能用于加工尺寸不同而形状相似的工件，如凸轮轴车床、轧辊车床等。专用机床的工艺范围最窄，通常只能用于加工特定对象，如加工机床主轴箱体孔的专用镗床以及各种组合机床等。

机床还可按自动化程度分为：手动、机动、半自动和自动机床。

机床还可按重量和尺寸分为：仪表机床、中型机床（一般机床）、大型机床（重量达 10t）、重型机床（重量在 30t 以上）、超重型机床（重量在 100t 以上）。

机床还可按控制方式与控制系统分为：仿形机床、程序控制机床、数控机床等。

此外，机床还可按照加工精度、主要零部件（如主轴等）的数目等进行分类。随着机床的不断发展，其分类方法也将不断发展。

3.1.2　金属切削机床型号与规格

机床型号是机床产品的代号，用以简明地表示机床的类型、通用和机构特性、主要技术参数等。我国的机床型号现在是按照 1994 年颁布的标准 GB/T 15375—94《金属切削机床型号编制方法》编制的。此标准规定,机床型号由汉语拼音字母和阿拉伯数字按一定的规律组合而成,它适用于新设计的各类通用机床、专用机床和回转体加工自动线(不包括组合机床、特种加工机床)。

通用机床的型号由基本部分和辅助部分组成,中间用"/"隔开,读作"之"。基本部分需统一管理,辅助部分纳入型号与否由生产厂家自定。

1. 型号的构成

型号的构成如下:

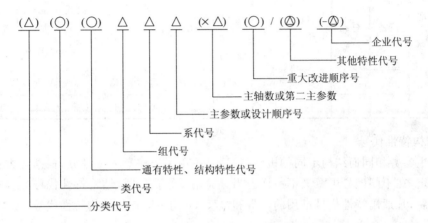

其中:① 有"( )"的代号或数字,当无内容时则不表示,若有内容则不带括号;
② 有"○"符号者,为大写的汉语拼音字母;
③ 有"△"符号者,为阿拉伯数字;
④ 有"⊿"符号者,为大写的汉语拼音字母,或阿拉伯数字,或两者兼有之。

2. 机床类别

机床的类别代号用大写的汉语拼音字母表示。若每类有分类,在类别代号前用数字表示,作为型号的首位,但第一分类不予表示。例如,磨床具有 M、2M、3M 这 3 个分类。机床类别的代号见表 3-1。

表 3-1 普通机床的类别代号

类别	车床	钻床	镗床	磨床			齿轮加工机床	螺纹加工机床	铣床	刨插床	拉床	特种加工机床	锯床	其他机床
代号	C	Z	T	M	2M	3M	Y	S	X	B	L	D	G	Q
读音	车	钻	镗	磨	二磨	三磨	牙	丝	铣	刨	拉	电	割	其

3. 机床特性

机床的特性代号也用汉语拼音表示,代表机床具有的特别性能,包括通用特性和结构特性两种,书写于类别代号之后。

1) 通用特性代号

当某型号机床除普通形式外,还具有其他各种通用特性,则在类别代号后加相应的特性代号。常用的特性代号见表 3-2。

如某型号机床仅有某种通用特性,而无普通形式,则通用特性不予表达。如 C1312 型单轴自动车床型号中,没有普通型也就不表示"Z(自动)"的通用特性。一般在一个型号中只表示最主要的一个通用特性,通用特性在各机床中代表的意义相同。

表 3-2　通用特性代号

通用特性	高精度	精密	自动	半自动	数控	加工中心(自动换刀)	仿形	轻型	加重型	简式或经济型	柔性加工单元	数显	高速
代号	G	M	Z	B	K	H	F	Q	C	J	R	X	S
读音	高	密	自	半	控	换	仿	轻	重	简	柔	显	速

2) 结构特性代号

对于主参数相同而结构不同的机床,在型号中用汉语拼音字母区分,根据各类机床的情况分别规定,在不同型号中意义不一样。当有通用特性代号时,结构特性代号应排在通用特性代号之后,凡通用特性代号已用的字母和"I"、"O"均不能作为结构特性代号。

4. 组、系别代号

机床的组别和系别代号分别用一个数字表示。每类机床分为 10 个组,用数字 0~9 表示。每组又分为若干个系。在同类机床中主要布局或使用范围基本相同的机床,即为同一组;在同一组机床中,其主要结构及布局型式相同的机床,即为同一系。

各类机床组的代号及划分见表 3-3。

表 3-3　通用机床的类、组划分表

类别＼组别	0	1	2	3	4	5	6	7	8	9
车床 C	仪表车床	单轴自动车床	多轴自动、半自动车床	回轮、转塔车床	曲轴及凸轮轴车床	立式车床	落地及卧式车床	仿形及多刀车床	轮、轴、辊、锭及铲齿	其他车床
钻床 Z		坐标镗床	深孔钻床	摇臂钻床	台式钻床	立式钻床	卧式钻床	铣钻床	中心孔钻床	其他钻床
镗床 T			深孔镗床		坐标镗床	立式镗床	卧式镗床	精镗床	汽车、拖拉机维修用镗床	其他镗床

（续）

类别＼组别		0	1	2	3	4	5	6	7	8	9
磨床	M	仪表磨床	外圆磨床	内圆磨床	砂轮机	坐标磨床	导轨磨床	刀具刃磨床	平面及端面磨床	曲轴、凸轮轴、花键轴及轧轨磨床	工具磨床
	2M		超精机	内圆珩磨机	外圆及其他珩磨机	抛光机	砂带抛光及磨削机床	刀具刃磨及研磨机床	可转位刀片磨削机床	研磨机	其他磨床
	3M		球轴承	滚子轴承套圈滚道磨床	轴承套圈超精机		叶片磨削机床	滚子加工机床	钢球加工机床	气门、活塞及活塞环磨床	汽车、拖拉机修磨机床
齿轮加工机床 Y		仪表齿轮加工机		锥齿轮加工机	滚齿机及铣齿机	剃齿及珩齿机	插齿机	花键轴铣床	齿轮磨齿机	其他齿轮加工机	齿轮倒角及检查机
螺纹加工机床 S				套丝机	攻丝机			螺纹铣床	螺纹磨床	螺纹车床	
铣床 X		仪表铣床	悬臂及滑枕铣床	龙门铣床	平面铣床	仿形铣床	立式升降台铣床	卧式升降台铣床	床身铣床	工具铣床	其他铣床
刨插床 B			悬臂刨床	龙门刨床			插床	牛头刨床		边缘及模具刨床	其他刨床
拉床 L				侧拉床	卧式外拉床	连续拉床	立式内拉床	卧式内拉床	立式外拉床	键槽、轴瓦及螺纹拉床	其他拉床
特种加工机床 D				超声波加工机	电解磨床	电解加工机		电火花磨床	电火花加工机		
锯床 G				砂轮片锯床		卧式带锯床	立式带锯床	圆锯床	弓锯床	锉锯床	
其他机床 Q		其他仪表机床	管子加工机床	木螺钉加工机		刻线机	切断机	多功能机床			

5. 主参数、主轴数和第二主参数

机床主参数代表机床规格大小，用折算值（一般为主参数实际数值的 1/10 或 1/100）表示,位于系别代号之后。

第二主参数一般指主轴数、最大跨距、最大工件长度、工作台工作面长度等。第二主参数一般折算成两位数为宜。

6. 通用机床的设计顺序号

某些通用机床,当无法用一个主参数表示时,则在型号中用设计顺序号表示。设计顺序号由 1 起始,当设计顺序号小于 10 时,加"0"表示。

7. 机床的重大改进顺序号

当机床的结构、性能有更高的要求,需按新产品重新设计、试制和鉴定时,按改进的先后顺序选用 A、B、C……等汉语拼音字母加在基本部分的尾部,以区别于原机床型号。

8. 其他特性代号

其他特性代号,置于辅助部分之首。其中同一型号机床的变型代号,一般应放在其他特性代号之首位。

其他特性代号主要用以反映各类机床的特性。如对数控机床,可用它来反映不同控制系统。对于一般机床,可以反映同一型号机床的变型等。

其他特性代号可用汉语拼音字母表示,也可用阿拉伯数字表示,还可用两者组合表示。

9. 企业代号及其表示方法

企业代号包括机床生产厂及机床研究所单位代号,置于辅助部分尾部,用"－"分开,若辅助部分仅有企业代号,则可不加"－"。

应该指出:对于我国以前定型并已授予型号的机床,按原第一机械工业部第二机器工业管理局 1959 年 11 月的规定,其型号可以暂不改变。现在已定型并授予型号的普通机床"C620－1"等,准备在以后机床改进时逐步改为新型号。旧的机床型号编制方法可参考有关手册。

通用机床的型号编制举例:

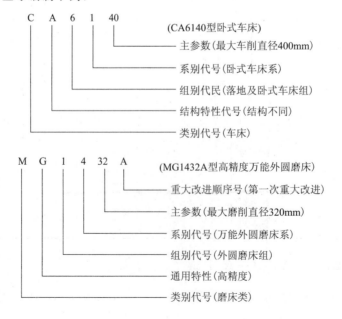

3.1.3　机床的一般要求

机床为机械制造的工作母机,它的性能与技术水平直接关系到机械制造产品的质量与成本,关系到机械制造的劳动生产率。因此,机床首先应满足使用方面的要求,其次应考虑机床制造方面的要求。现将这两方面的基本要求简述如下。

1. 工作精度要良好

机床的工作精度是指加工零件的尺寸精度、形状精度和表面粗糙度。根据机床的用途和使用场合,各种机床的精度标准都有相应的规定。尽管各种机床的精度标准不同,但是评价一台机床的质量都以机床工作精度作为最基本的要求。机床的工作精度不仅取决于机床的几何精度与传动精度,还受机床弹性变形、热变形、振动、磨损以及使用条件等许多因素的影响,这些因素涉及机床的设计、制造和使用等方面的问题。

对机床的工作精度不但要求具有良好的初始精度,而且要求具有良好的精度保持性,即要求机床的零部件具有较高的可靠性和耐磨性,使机床有较长的使用期限。

2. 生产率和自动化程度要高

生产率常用单位时间内加工工件的数量来表示。机床生产率是反映机械加工经济效益的一个重要指标,在保证机床工作精度的前提下,应尽可能提高机床生产率。要提高机床生产率,必须减少切削加工时间和辅助时间。前者在于增大切削用量或采用多刀切削,并相应地增加机床的功率,提高机床的刚度和抗振性;后者在于提高机床自动化程度。

提高机床自动化程度的另一目的就是,改善劳动条件以及加工过程不受操作者的影响,使加工精度保持稳定。因此,机床自动化是机床发展趋势之一,特别是对大批量生产的机床和精度要求高的机床,提高机床自动化程度更为重要。

3. 噪声要小、传动效率要高

机床噪声是危害人们身心健康、影响正常工作的一种环境污染。机床传动机构的运转、某些结构的不合理以及切削过程都将产生噪声,尤其是速度高、功率大和自动化的机床更为严重。所以,对现代机床噪声的控制应予以重视。

机床的传动效率反映了输入功率的利用程度,也反映了空转功率的消耗和机构运转的摩擦损失。摩擦功变为热会引起热变形,这对提高机床工作精度很不利。高速运转的零件和机构越多,空转功率也越大,同时产生的噪声也越大。为了节省能源、保证机床工作精度和降低机床噪声,应当设法提高机床的传动效率。

4. 操作要安全方便

机床的操作应当方便省力且安全可靠,操纵机床的动作应符合习惯以避免发生误操作,以减轻工人的紧张程度,保证工人与机床的安全。

5. 制造和维修要方便

在满足使用方面要求的前提下,应力求机床结构简单、零部件数量少、结构的工艺性好、便于制造和维修。机床结构的复杂程度和工艺性决定了机床的制造成本,在保证机床工作精度和生产率的前提下,应设法降低成本、提高经济效益。此外,还应力求机床的造型新颖、外形与色彩美观大方。

3.2　工件表面成形方法与机床运动类型

3.2.1　零件加工表面及成形方法

各种类型机床的具体用途和加工方法虽然各不相同,但工作原理基本上相同,即所有机床都必须通过刀具和工件之间的相对运动,切除工件上多余金属,形成具有一定形状、尺寸和表面质量的工件表面,从而获得所需的机械零件。因此机床加工机械零件的过程,其实质就是形成零件上各个工作表面的过程。

1. 工件的表面形状

机械零件的形状多种多样,但构成其内、外轮廓表面的不外乎几种基本形状的表面:平面、圆柱面、圆锥面以及各种成形面(图 3.1)。

这些基本形状的表面都属于线性表面,既可经济地在机床上进行加工,又较易获得所需精度。

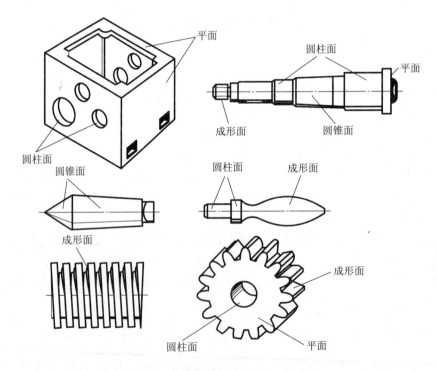

图 3.1　机器零件上常用的各种表面

2. 工件表面的成形方法

从几何学观点来看,机器零件上每一个表面都可看作是一条线(母线)沿着另一条线(导线)运动的轨迹。母线和导线统称为形成表面的生线(生成线、成形线)。在切削加工过程中,这两根生线是通过刀具的切削刃与毛坯的相对运动而展现的,并把零件的表面切削成形。

【例 3-1】　轴的外圆柱表面成形(图 3.2)

外圆柱面是由直线 1(母线)沿圆 2(导线)运动而形成的。外圆柱面就是成形表面,直线 1 和圆 2 就是它的两根生线。

【例 3-2】　普通螺纹表面成形(图 3.3)

普通螺纹表面是由"∧"形线 1(母线)沿螺纹线 2(导线)运动而形成的。螺纹的螺旋表面就是成形表面,它的两根生线就是"∧"形线 1 和空间螺旋线 2。

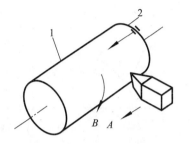
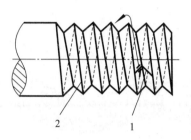

图 3.2　轴的外圆柱表面的成形　　　　图 3.3　普通螺纹表面的成形

【例 3-3】　直齿圆柱齿轮齿面成形(图 3.4)

渐开线齿廓的直齿圆柱齿轮齿面是由渐开线 1 沿直线 2 运动而形成的。渐开线 1 和直线 2 就是成形表面(齿轮齿面)的两根生线——母线和导线。

在上述举例中不难发现,有些表面,其母线和导线可以互换,如圆柱面和直齿圆柱齿轮的渐开线齿廓表面等,称为可逆表面。而有些表面,其母线和导线不可互换,如圆锥面、螺纹面等,称为不可逆表面。一般来说,可逆表面可采用的加工方法要多于不可逆表面。

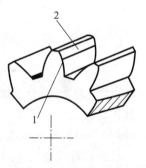

图 3.4　直齿圆柱齿轮齿面的成形

3. 生线的形成方法

机床上加工零件时,零件所需形状的表面是通过刀具和工件的相对运动,用刀具的切削刃切削出来的,其实质就是借助于一定形状的切削刃以及切削刃与被加工表面之间按一定规律的相对运动,形成所需的母线和导线。由于加工方法和使用的刀具结构及其切削刃形状的不同,机床上形成生线的方法与所需运动也不同,概括起来有以下 4 种。

(1) 轨迹法:轨迹法(图 3.5(a))是利用刀具作一定规律的轨迹运动 3 来对工件进行加工的方法。切削刃与被加工表面为点接触(实际是在很短一段长度上的弧线接触),因此切削刃可看作是一个点 1。为了获得所需生线 2,切削刃必须沿着生线做轨迹运动。因此采用轨迹法形成生线需要一个独立的成形运动。

(2) 成形法:采用各种成形刀具加工时,切削刃是一条与所需形成的生线完全吻合的切削线 1,它的形状与尺寸和生线 2 一致(图 3.5(b))。用成形法形成生线,不需要专门的成形运动。

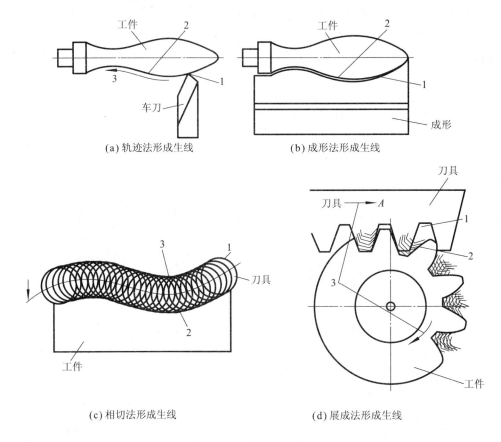

(a) 轨迹法形成生线   (b) 成形法形成生线

(c) 相切法形成生线   (d) 展成法形成生线

图 3.5　生线的形成方法

（3）相切法：由于加工方法的需要，切削刃是旋转刀具（铣刀或砂轮）上的切削点 1。刀具作旋转运动，刀具中心按一定规律作轨迹运动 3，切削点的运动轨迹与工件相切（图 3.5(c)），形成生线 2。因此，采用相切法形成生线，需要两个独立的成形运动（其中包括刀具的旋转运动）。

（4）展成法：展成法是利用工件和刀具作展成切削运动来对工件进行加工的方法（图 3.5(d)）。切削刃是一条与需要形成的生线共轭的切削线 1，它与生线 2 不相吻合。在形成生线的过程中，展成运动 3 使切削刃与生线相切并逐点接触而形成与它共轭的生线。

用展成法形成生线时，刀具和工件之间的相对运动通常由两个运动（旋转＋旋转或旋转＋移动）组合而成，这两个运动之间必须保持严格的运动关系，彼此不能独立，它们共同组成一个复合的运动，这个运动称为展成运动。如（图 3.5(d)）所示，工件旋转运动 B 和刀具直线移动 A 是形成渐开线的展成运动，它们必须保持的严格的运动关系为：B 转过一个齿时，A 移动一个齿距，即相当于齿轮在齿条上滚动时其自身转动和移动的运动关系。

3.2.2　机床的运动

各种类型的机床，为了进行切削加工以获得所需的具有一定几何形状、一定尺寸精度和表面质量的工件，必须使刀具和工件完成一系列的运动，其中包括刀具和工件间的相对运动。

机床在加工过程中完成的各种运动，按其功用可分为表面成形运动和辅助运动两类。

1. 表面成形运动

在机床上,为了获得所需的工件表面形状,必须使刀具和工件按上述 4 种方法之一完成一定的运动,这种运动称为表面成形运动。

表面成形运动(简称成形运动)是保证得到工件要求的表面形状的运动。例如,图 3.2 是用车刀车削外圆柱面。其形成母线和导线的方法,都属于轨迹法。工件的旋转运动 B 产生母线(圆);刀具的纵向直线运动 A 产生导线(直线),B、A 运动就是两个表面的成形运动。

1) 成形运动的种类

成形运动按其组成情况不同,可分为简单的和复杂的两种。以上所提到的成形运动都是旋转运动和直线运动,这两种运动最简单,也最容易得到,因而统称为简单成形运动;即如果一个独立的成形运动,是由单独的旋转运动或直线运动构成的,则称此成形运动为简单成形运动。例如,用普通车刀车削外圆柱面时(图 3.2),工件的旋转运动 B 和刀具的直线移动 A 就是两个简单运动。在机床上,简单成形运动一般是主轴的旋转,刀架和工作台的直线移动。通常用符号 A 表示直线运动,用符号 B 表示旋转运动。

如果一个独立的成形运动,是由两个或两个以上的旋转运动或直线运动,按照某种确定的运动关系组合而成,则称此成形运动为复合成形运动。例如,车削螺纹时,形成螺旋形生线所需的刀具和工件之间的相对螺旋轨迹运动,通常将其分解为工件的等速旋转运动 B 和刀具的等速直线移动 A。B 和 A 彼此不能独立,它们之间必须保持严格的运动关系,即工件每转 1 转时,刀具直线移动的距离应等于螺纹的一个导程,从而 B 和 A 这两个单元运动组成一个复合运动。

由复合成形运动分解的各个部分,虽然都是直线运动或旋转运动,与简单运动相像,但本质是不同的。前者是复合运动的一部分,各个部分必然保持严格的相对运动关系,是互相依存的,而不是独立的。而简单运动之间是互相独立的,没有严格的相对运动关系。

2) 成形运动在切削过程中的作用

根据切削过程中所起的作用不同,表面成形运动又可分为主运动和进给运动。主运动是切除工件上的被切削层,使之转变为切屑的主要运动;进给运动是不断的把切削层投入切削,以逐渐切出整个工件表面的运动。主运动的速度高、消耗的功率大,进给运动的速度低、消耗的功率也较小。任何一种机床,必定有且通常只有一个主运动,但进给运动可能有一个或几个,也可能没有。一般情况,主运动用 v 表示,进给运动用 f 表示。

表面成形运动是机床上最基本的运动,其轨迹、数目、行程和方向等,在很大程度上决定着机床的传动和结构形式。显然,采用不同工艺方法加工不同形状的表面,所需要的表面成形运动是不同的,从而产生了各种类型的机床。然而即使是用同一种工艺方法和刀具结构加工相同表面,由于具体加工条件不同,表面成形运动在刀具和工件之间的分配也往往不同。例如,车削圆柱面,绝大多数情况下表面成形运动是工件旋转和刀具直线移动;但根据工件形状、尺寸和坯料形式等具体条件不同,表面成形运动也可以是工件旋转并直线移动,或刀具旋转和工件直线移动,或者刀具旋转并直线移动,如图 3.6 所示。表面成形运动在刀具和工件之间的分配情况不同,机床结构也不一样,这就决定了机床结构形式的多样化。

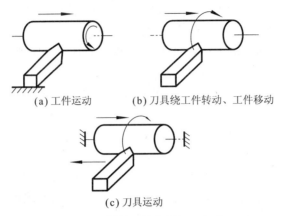

(a) 工件运动　　　　(b) 刀具绕工件转动、工件移动

(c) 刀具运动

图 3.6　圆柱面的车削加工方式

2. 辅助运动

机床在加工过程中除完成成形运动外,还需完成其他一系列运动,这些与表面成形过程没有直接关系的运动,统称为辅助运动。辅助运动的作用是实现机床加工过程中所需的各种辅助动作,为表面成形创造条件,它的种类很多,一般包括如下几种。

(1) 切入运动:刀具相对工件切入一定深度,以保证工件获得一定的加工尺寸。

(2) 分度运动:加工若干个完全相同的均匀分布的表面时,为使表面成形运动得以周期性地继续进行的运动称为分度运动。例如,多工位工作台、刀架等的周期性转位或移位,以便依次加工工件上的各有关表面,或依次使用不同刀具对工件进行顺序加工。

(3) 操纵和控制运动:操纵和控制运动包括起动、停止、变速、换向、部件与工件的夹紧、松开、转位以及自动换刀、自动检测等。

(4) 调位运动:加工开始前机床有关部件的移动,以调整刀具和工件之间的正确相对位置。

(5) 各种空行程运动:空行程运动是指进给前后的快速运动。例如,在装卸工件时为避免碰伤操作者或划伤已加工表面,刀具与工件应相对退离。在进给开始之前刀具快速引进,使刀具与工件接近。进给结束后刀具应快速退回。

辅助运动虽然并不参与表面成形过程,但对机床整个加工过程是不可缺少的,同时对机床的生产率和加工精度往往也有重大影响。

3.2.3　金属切削机床传动原理

1. 机床的基本组成

机械加工中的运动多由机床来实现,机床的功能决定了所需的运动,反过来一台机床所具有的运动决定它的功能范围。运动部分是一台机床的核心部分。

机床的运动部分必须包括 3 个基本部分:执行件、动力源和传动装置。

1) 执行件

执行件是执行机床运动的部件。其作用是带动工件和刀具,使之完成一定成形运动并保持正确的轨迹,如主轴、刀架、工作台等。

2）动力源

动力源是为执行件提供运动和动力的装置。它是机床的动力部分,如交流异步电动机、直流电动机、步进电动机等。可以几个运动共用一个动力源,也可每个运动单独使用一个动力源。

3）传动装置

传动装置是传递运动和动力的装置。它把动力源的运动和动力传递给执行件或把一个执行件的运动传递给另一个执行件,使执行件获得运动和动力,并使有关执行件之间保持某种确定的运动关系。传动装置还可以变换运动性质、方向和速度。

机床的传动装置有机械、液压、电气、气压等多种形式,机械传动装置由带传动、齿轮传动、链传动、蜗轮蜗杆传动、丝杠螺母传动等机械传动副组成。它包括两类传动机构:一类是定比传动机构,其传动比和传动方向固定不变,如定比齿轮副、蜗杆蜗轮副、丝杠螺纹副等;另一类是换置机构,可根据加工要求变换传动比和传动方向,如滑移齿轮变速机构、挂轮变速机构、离合器换向机构等。

2. 机床的传动原理

1）机床传动系统的组成

机床的传动系统是实现机床加工过程全部成形运动和辅助运动的传动装置的总和,其两端是执行件和动力源。执行件和动力源与传动装置按一定的规律排列组成传动链,即传动链是使动力源与执行件以及两个有关的执行件保持运动联系的一系列顺序排列的传动件。这些传动件相结合形成了一定的传动联系。联系动力源和执行件的传动链,称为外联系传动链;联系两个执行件间的传动链,称为内联系传动链。机床的传动系统就是由各种传动链组成的。传动链则是按一定的功能要求依据传动原理构成的。

2）机床的传动原理

刀具和工件的运动是由执行件带动的,执行件的运动是由传动链实现的。各类所需的运动不同,其传动系统中的传动链也不相同。在不同的机床上所使用的传动机构更是多种多样的,但成形运动有简单运动和复合运动两种。从原理上讲,在不同的机床中实现这两种成形运动的传动原理是完全相同的,所谓机床的传动原理也就是实现上述两种成形运动的原理。

简单成形运动是单一执行件的直线或圆周运动。运动轨迹的准确性由机床的定位部分(如导轮、轴承等)来保证。运动的量值由传动链来保证。这时只需要一条传动链把动力源与执行件联系起来,便可以得到所需的运动。在这一传动链中,两端件(动力源与执行件)之间没有严格的传动比关系。所以,在这种传动链中允许使用诸如带传动、摩擦传动等传动比不是很准确的传动机构,称这类传动链为外联系传动链。

复合成形运动是由保持严格运动关系的两执行件的单元运动合成的运动,这时不仅要求两个单元运动各自的运动轨迹准确,更要求两执行件单元运动之间的准确定量关系。因此,需要有传动链把两个执行件联系起来,以保持确定的运动关系。运动的动力源则由另一条外联系传动链提供。这种联系复合运动内部各个单元运动的执行件的传动链称为内联系传动链。其特征是传动链两端件均为具有严格相对运动关系的执行件。在内联系传动链中,为保证运动关系的准确性,不允许有普通带传动、摩擦传动等传动比不准确的传动机构。

为便于研究机床的传动系统,常用一些简明的符号把传动原理和传动路线表示出来,这

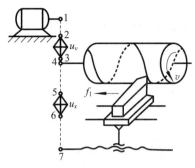

图 3.7　车圆柱螺纹的传动原理图

就是传动原理图。如图 3.7 所示,其中点划线代表传动链中所有的定比传动机构,菱形块代表所有的换置机构,车螺纹中工件的转速和车刀的移动为复合运动,有两条传动链:外联系传动链"1—2—u_v—3—4"将动力源和主轴联系起来,使主轴获得一定速度和方向的运动;内联系传动链"4—5—u_x—6—7"将主轴和刀架联系起来,使工件和车刀保持严格的运动关系,使工件每转 1 转,车刀准确地移动工件螺纹一个导程的距离,利用换置机构 u_x 实现不同导程的要求。

　　注意,在内联系传动链中除不能有传动比不确定或瞬时传动比变化的传动机构(如带传动、链传动和摩擦传动等)外,在调整换置机构时其传动比也必须有足够的精度。外联系传动链无此要求。

3.3　机床的传动系统与运动计算

3.3.1　机床的传动系统

　　为便于了解和分析机床的传动结构及运动传递情况,把传动原理图所表示的传动关系采用一种简单的示意图形式,即传动系统图体现出来,如图 3.8 所示。在传动系统中,各种传动元件用简单的规定符号表示,各齿轮所标数字表示该齿轮的齿数。规定符号详见国家标准 GB 4460—1984《机械制图—机动示意图中的规定符号》。

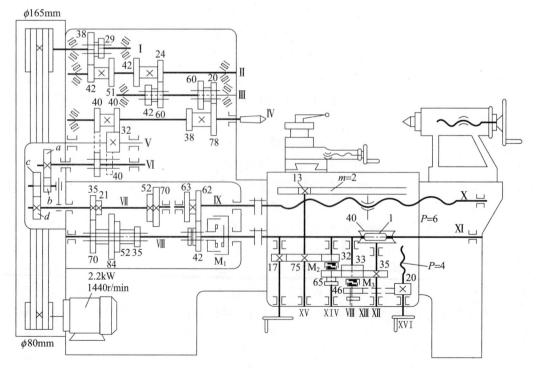

图 3.8　卧式车床传动系统图

　　机床的传动系统图画在一个能反映机床基本外形和各主要部件相互位置的平面上,并尽可能绘制在机床外形的轮廓线内。各传动元件应尽可能按运动传递的顺序安排。该图只表示传动关系,不代表各传动元件的实际尺寸和空间位置。

3.3.2　机床的运动计算

　　在分析传动系统图时,应与传动原理图联系起来,一般方法是:首先找到传动链所联系的两个末端件(动力源和某一执行件,或者一个执行件到另一个执行件),然后按照运动传递或联系顺序,从一个末端件向另一末端件,依次分析各传动轴之间的传动结构和运动传递关系,以查明该传动链的传动路线以及变速、换向、接通和断开的工作原理。下面分析图 3.8 所示卧式车床传动系统。该车床有两个执行件,即主轴和刀架,工作时主轴作旋转运动,刀架作纵向和横行进给运动。两个执行件的运动由一个电动机(2.2kW,1440r/min)驱动,刀架的运动与主轴应保持传动联系。

　　1. 主运动传动链

　　运动由电动机经 V 带轮传动副 $\phi80/\phi165$ 传至主轴的轴 I,然后再经轴 I—II、II—III、III—IV 间的 3 个滑移齿轮(双联)变速组,传动主轴 IV,使其旋转并获得 $2\times2\times2=8$ 级转速。其传动路线表达式如下:

$$电动机-\frac{\phi80}{\phi165}-I-\begin{bmatrix}\dfrac{29}{51}\\[2mm]\dfrac{38}{42}\end{bmatrix}-II-\begin{bmatrix}\dfrac{24}{60}\\[2mm]\dfrac{42}{42}\end{bmatrix}-III-\begin{bmatrix}\dfrac{70}{78}\\[2mm]\dfrac{60}{38}\end{bmatrix}-IV（主轴）$$

　　2. 进给运动传动链

　　主轴 IV 的后端装有两个固联在一起,齿数相同的齿轮 Z40,由它们把运动传至刀架。主轴的运动通过轴 IV—VI 之间的滑移齿轮变速机构传至轴 VIII。当轴 VIII 上的滑移齿轮 Z42 与轴 IX 上的齿轮 Z62 或 Z63 啮合时运动传至轴 IX,然后经联轴节传动丝杠 X 旋转,通过开合螺母机构使刀架纵向移动,这就是车削螺纹时刀架的转动路线。

　　当滑移齿轮 Z42 右移,与轴 XI 上的内齿离合器 M1 接合时,运动由轴 XIII 传至光杠 XI,然后经蜗轮蜗杆副 1/40、轴 XII 和齿轮 Z35,传动轴 XIII 上的空套齿轮 Z33 旋转。当离合器 M2 接合时,运动经齿轮副 33/65、离合器 M2、齿轮副 32/75 传至 XV 轴上的齿轮 Z13。该齿轮与固定在床身上的齿条(m=2)啮合,当 Z13 在齿条上滚转时,便驱动刀架作纵向进给运动,这是普通车削时的纵向进给传动路线。当离合器 M3 接合时,运动由齿轮 Z33 经离合器 M3、齿轮副 46/20 传至横向进给丝杠 XVI(P=4),通过丝杠螺母机构使刀架获得横向进给运动。

　　由上述可知,传动系统图能简明地表示出机床传动系统中各传动件的结构类型和连接方式,实现机床全部运动的传动路线,机床运动的变速、变向、接通和断开方法等,但是它不表示传动件的具体结构、尺寸大小及其空间位置。另外,由于传动系统图是用平面图形来表示机床的立体传动结构的,有时不得不采取某些特殊的表示方法。例如,把一根轴画成折断线或弯曲成一定角度的折线,把相互啮合的齿轮画成失去联系,而用虚线或大括号连接以表示它们的传动联系(图 3.8 中轴 XIII 与 XVI 上的齿轮 Z46 和 Z20),这在阅读传动系统图时应予以注意。

　　在说明和分析机床的传动系统时,为简便起见,常用传动路线表达式(或称传动结构式)

来表示机床运动的传动路线以及有关执行件之间的传动联系。图 3.8 所示车床传动系统的进给运动传动路线表达式如下。

1）螺纹车削时

$$\text{IV（主轴）}-\begin{bmatrix}\dfrac{40}{32}\times\dfrac{32}{40}\\[2mm]\dfrac{40}{40}\end{bmatrix}-\text{VI}-\dfrac{a}{b}\times\dfrac{c}{d}-\text{VII}-\begin{bmatrix}\dfrac{21}{84}\\[1mm]\dfrac{35}{70}\\[1mm]\dfrac{70}{35}\end{bmatrix}-\text{VIII}-\begin{bmatrix}\dfrac{42}{62}\\[1mm]\dfrac{42}{63}\end{bmatrix}-\text{IX}-\text{X（丝杠）}$$

2）普通车削时

$$\text{同螺纹传动路线}-\text{VIII}-M_1-\text{XI}-\dfrac{1}{40}-\text{XII}-\dfrac{35}{35}-\begin{bmatrix}\dfrac{33}{65}-M_2-\dfrac{32}{75}-\text{XV}-Z_{13}-\text{齿条（纵）}\\[2mm]M_3-\dfrac{46}{20}-\text{XVI}-\text{丝杠（横向）}\end{bmatrix}$$

3.3.3 机床的精度

1. 机床精度的概念

机床的加工精度是衡量机床性能的一项重要指标。影响机床加工精度的因素很多，有机床本身的精度影响，还有机床及工艺系统变形、加工中产生振动、机床的磨损以及刀具磨损等因素的影响。在上述各因素中，机床本身的精度是一个重要的因素。例如在车床上车削圆柱面时，其圆柱度主要决定于工件旋转轴线的稳定性、车刀刀尖移动轨迹的直线度以及刀尖运动轨迹与工件旋转轴线之间的平行度，即主要决定于车床主轴与刀架的运动精度以及刀架运动轨迹相对于主轴的位置精度。

机床的精度包括几何精度、传动精度、定位精度以及工作精度等，不同类型的机床对这些方面的要求是不一样的。

1）几何精度

机床的几何精度是指机床某些基础零件工作面的几何精度，它指的是机床在不运动（如主轴不转，工作台不移动）或运动速度较低时的精度。它规定了决定加工精度的各主要零、部件间以及这些零、部件的运动轨迹之间的相对位置允差。例如，床身导轨的直线度、工作台面的平面度、主轴的回转精度、刀架溜板移动方向与主轴轴线的平行度等。在机床上加工的工件表面形状，是由刀具和工件之间的相对运动轨迹决定的。而刀具和工件是由机床的执行件直接带动的，所以机床的几何精度是保证加工精度最基本的条件。

2）传动精度

机床的传动精度是指机床内联系传动链两末端件之间的相对运动精度。这方面的误差就称为该传动链的传动误差。例如车床在车削螺纹时，主轴每转一转，刀架的移动量应等于螺纹的导程；但是，实际上，由于主轴与刀架之间的传动链中齿轮、丝杠及轴承等存在着误差，使得刀架的实际移距与要求的移距之间有了误差。这个误差将直接造成工件的螺距误差。为了保证工件的加工精度，不仅要求机床有必要的几何精度，而且还要求内联系传动链有较高的传动精度。

3）定位精度

机床定位精度是指机床主要部件在运动终点所达到的实际位置的精度。实际位置与预期位置之间的误差称为定位误差。对于主要通过试切和测量工件尺寸来确定运动部件定位位置的机床,如卧式车床、万能升降台铣床等普通机床,对定位精度的要求并不太高;但对于依靠机床本身的测量装置、定位装置或自动控制系统来确定运动部件定位位置的机床,如各种自动化机床、数控机床、坐标测量机床等,对定位精度必须有很高的要求。

机床的几何精度、传动精度和定位精度通常是在没有切削载荷以及机床不运动或运动速度较低的情况下检测的,故一般称为机床的静态精度。静态精度主要决定于机床上主要零、部件,如主轴及其轴承、丝杠螺母、齿轮以及床身等的制造精度以及它们的装配精度。

4）工作精度

静态精度只能在一定程度上反映机床的加工精度,因为机床在实际工作状态下,还有一系列因素会影响加工精度。例如,由于切削力、夹紧力的作用,机床的零、部件会产生弹性变形;在机床内部热源(如电动机、液压传动装置的发热,轴承、齿轮等零件的摩擦发热等)以及环境温度变化的影响下,机床零、部件将产生热变形;由于切削力和运动速度的影响,机床会产生振动;机床运动部件以工作速度运动时,由于相对滑动面之间的油膜以及其他因素的影响,其运动精度也与低速下测得的精度不同;所有这些都将引起机床静态精度的变化,从而影响工件的加工精度。机床在外载荷、温升及振动等工作状态作用下的精度,称为机床的动态精度。动态精度除与静态精度有密切关系外,还在很大程度上决定于机床的刚度、抗振性和热稳定性等。目前,生产中一般是通过切削加工出的工件精度来考核机床的综合动态精度,称为机床的工作精度。工作精度是各种因素对加工精度影响的综合反映。

小　结

机床的分类、型号和对机床的一般要求是学习的主要内容。

机器零件上每一个表面都可看作是一条线(母线)沿着另一条线(导线)运动的轨迹。母线和导线统称为形成表面的生线(生成线、成形线)。生线的形成方法有:轨迹法、成形法、相切法和展成法。

机床在加工过程中完成的各种运动,按其功用可分为表面成形运动和辅助运动两类。

机床的传动原理包括简单成形运动和复合成形运动原理。

机床的传动系统和运动计算。

机床的精度包括几何精度、传动精度、定位精度以及工作精度等,不同类型的机床对这些方面的要求是不一样的。

思考与练习题

3-1　指出下列机床型号中各位字母和数字代号的具体含义:

CM6132　　CG6125B　　B2316　　MG1432　　XK5040　　Y3150E

3-2　什么是机床传动系统的外联系传动链?什么是内联系传动链?

3-3　如图 3.9(a)所示,要求:(1)写出传动路线表达式;(2)分析主轴的转速级数;(3)计算主轴的最高、最低转速(图中 M_1 为齿式离合器)。如图 3.9(b)所示,要求计算:(4)轴 4 的转速(r/min);(5)轴 A 转 1 转时,轴 B 转过的转速;(6)轴 B 转 1 转时,螺母 C 移动的距离。

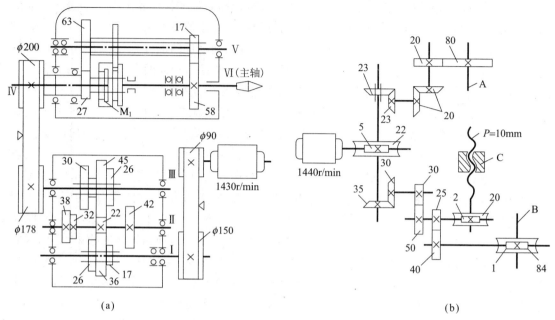

(a)

(b)

图 3.9　题 3-3 图

第4章 金属切削机床概述

教学提示：按照结构简介、工艺原理和范围、使用简介这样的顺序车床中的 CA6140 型卧式车床的结构比较复杂，其运动形式、使用刀具也多种多样，该车床的传动系统也是各种机床中较为复杂的，学生应该充分理解和重点掌握各种传动链的分析方法、运动平衡方程式等。

教学要求：了解 CA6140 型卧式车床的工艺范围、掌握其传动系统及主要零部件的结构。

4.1 车 床

4.1.1 卧式车床的工艺范围及其组成

1. 工艺范围

车床是用途非常广泛的一种通用机床，约占金属切削机床总台数的 20％～35％，其中卧式车床总台数约占车床类的 60％。车床上可以加工内外圆柱面、圆锥面、成形回转表面、端面、环槽、螺纹，还可以进行镗削、研磨、抛光等，如图 4.1 所示。

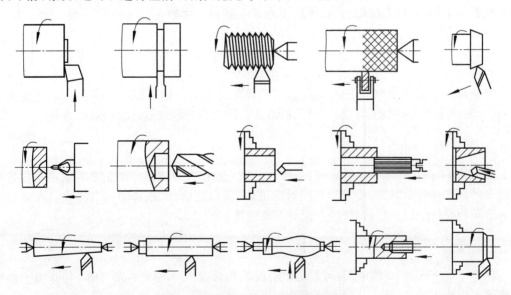

图 4.1 卧式车床所能加工的典型表面

2. 车床的运动

1）表面成形运动

（1）主运动：车床的主运动是主轴的旋转运动，其运动速度的大小常用转速 $n(r/min)$ 来表示。主运动的速度较高，所消耗的功率也较多。

（2）进给运动：车床的进给运动分为纵向、横向及车螺纹进给运动。①刀具平行于工件旋转轴线的运动为纵向进给运动，以实现圆柱表面的车削。②刀具垂直于工件旋转轴线的运动为横向进给运动，以实现端面的车削。③刀具也可作与工件旋转轴线成一定角度方向的斜向运动或作曲线运动，以实现圆锥表面或成形回转表面的车削。进给运动的大小常以进给量 $f(mm/r)$ 表示。④刀具平行于工件旋转轴线运动，并与工件旋转保持严格的运动关系，此运动为车螺纹进给运动。进给运动的速度较低，所消耗的功率也较少。

2）辅助运动

车床的辅助运动有刀具的切入运动，工件的分度、调位及其他各种空行程运动（如装卸、开车、停车、快速趋近、退回）等。切入运动通常与进给运动方向相垂直，在卧式车床上由工人移动刀架来完成。

4.1.2　CA6140 型卧式车床的组成部件

CA6140 型卧式车床的加工对象主要是轴类零件和直径不大的盘类零件。为了适应工人用右手操纵的习惯和便于观察、测量，主轴箱布置在左端。如图 4.2 所示，机床的主要组成部件如下。

1. 主轴箱

主轴箱 3 固定在床身 10 的左端。其内装有主轴和变速、换向机构，由电动机经变速机构带动主轴旋转，实现主运动，并获得所需转速及转向。主轴前端可安装三爪自定心卡盘、四爪单动卡盘等通用夹具和专用夹具，用以装夹工件。

2. 进给箱

进给箱 2 固定在床身 10 的左前侧。进给箱是进给运动传动链中主要的传动比变换装置，它的功用是调节被加工螺纹的导程、机动进给的进给量和改变进给运动的方向。

3. 溜板箱

溜板箱 14 固定在床鞍 4 的底部，可带动刀架一起作纵向运动。溜板箱的功用是将进给箱传来的运动传递给刀架，使刀架实现纵向进给、横向进给、快速移动或车螺纹。在溜板箱上装有各种操纵手柄及按钮，可以方便地操作机床。

4. 床鞍

床鞍 4 位于床身 10 的中部，可带动中滑板 5、回转盘 7、小滑板 8 和刀架 6 沿床身上的导轨作纵向进给运动。

5. 尾座

尾座 9 安装于床身 10 的尾部导轨上。其上的套筒可安装顶尖，以便支承较长工件的一端;也可装夹钻头、铰刀等孔加工刀具,对工件进行加工,此时可摇动手轮使套筒轴向移动,以实现纵向进给。尾座可沿床身顶面的一组导轨(尾座导轨)作纵向调整移动,然后夹紧在所需要的位置上,以适应加工不同长度工件的需要。尾座还可以相对其底座沿横向调整位置,以车削较长且锥度较小的外圆锥面。

6. 床身

床身 10 固定在左床腿 1 和右床腿 11 上。床身是车床的基本支承件,车床的各个主要部件均安装于床身上,并保持各部件间准确的相对位置。

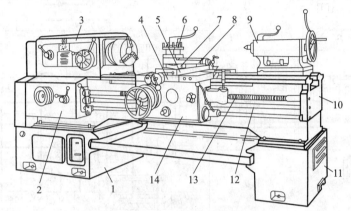

图 4.2　CA6140 型卧式车床的外形

1、11—床腿;2—进给箱;3—主轴箱;4—床鞍;5—中滑板;6—刀架;7—回转盘
8—小滑板;9—尾座;10—床身;12—光杠;13—丝杠;14—溜板箱

7. 卧式车床的主要参数

卧式车床的主要参数是床身上最大工件回转直径,第二主参数是最大工件长度。除主参数和第二主参数外,表 4-1 还列出了其他技术参数。

表 4-1　CA6140 型卧式车床的主要技术规格

最大加工 直径/mm	在床身上	400	主轴内孔锥度		6 号
	在刀架上	210	主轴转速范围/(r/mm)		10～1400(24 级)
	棒料	46	进给量范围/ (mm/r)	纵向	0.28～6.33(64 级)
最大加工长度/mm		650、900、1400、1900		横向	0.014～3.16(64 级)
中心高/mm		205	加工螺 纹范围	公制/(mm)	11～92(44 种)
顶尖高/mm		750、1000、1500、2000		英制/(牙/in)	2～24(20 种)
刀架最大 行程/mm	纵向	650、900、1400、1900		模数/mm	0.25～48(39 种)
	横向	320		径节/(牙/in)	1～97(37 级)
	刀具溜板	140	主电动机功率/kW		7.5

4.1.3　卧式车床的传动系统

CA6140 型卧式车床的传动系统由主运动传动链、车螺纹运动传动链、纵向进给运动传动链、横向进给运动传动链和刀架的快速空行程传动链组成,传动系统图如图 4.3 所示。

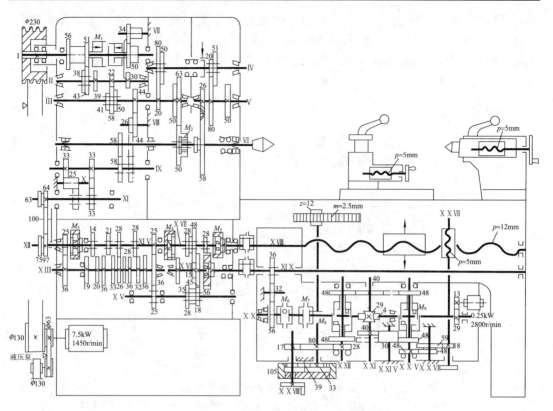

图 4.3　CA6140 型卧式车床的传动系统图

1. 主运动传动链

1) 主运动传动链

主运动由电动机传出,经过带传动 $\phi 130/\phi 230$ 使轴 I 获得旋转运动。为控制主轴的启动、停止及旋转方向的变换,在轴 I 上装有双向多片式摩擦离合器 M_1。且轴 I 上装有齿数为 56、51 的双联空套齿轮和齿数为 50 的空套齿轮,当 M_1 左边的摩擦片被压紧工作时,运动由轴 I 上的双联齿轮传出,实现主轴正转;当 M_1 右边的摩擦片被压紧工作时,运动由轴 I 上齿数为 50 的齿轮传出,实现主轴反转;两边摩擦片均不压紧时,轴 I 空转,主轴停止转动。轴 I 的运动经 M_1 和双联滑移齿轮变速组传至轴 II,使轴 II 获得两种正转转速;经 M_1 和 (50/34)×(34/30)传至轴 II,使轴 II 获得 1 种反转转速,由此可知,反转转速级数为正转转速级数的一半。轴 II 的运动经三联滑移齿轮变速组,即齿轮副 39/41、22/58、30/50 传到轴 III 使轴 III 获得 6 种正转转速。运动传到轴 III 后,经过两条不同的传动路线传递,一条是高速传动路线,即主轴上带内齿的 $z=50$ 的滑移齿轮处于图示位置时,轴 III 的运动经齿轮副 63/50 直接传给主轴使主轴获得 6 级高转速;当 $z=50$ 的齿轮处于右边位置(右移)使 M_2 接合工作时,轴 III 的运动经齿轮副 20/80 或 50/50 传到轴 IV,再经齿轮副 20/80 或 51/50 传到轴 V,然后经齿轮副 26/58 传给主轴 VI,使主轴获得中、低挡转速。

为便于分析机床的传动路线,常用传动路线表达式来表示机床的传动路线。主运动传动路线表达式为

$$
\text{电动机}\atop{(1450\text{r/min})}\atop{7.5\text{kW}}\quad-\frac{\phi130}{\phi230}-\text{I}-
\begin{vmatrix}
M_1(\text{左})\\
(\text{正转})\\
\\
M_1(\text{右})\\
(\text{反转})
\end{vmatrix}
\begin{vmatrix}
\dfrac{56}{38}\\
\\
\dfrac{51}{43}\\
\end{vmatrix}
\;-\;\cdots\cdots\;-
\quad-\text{II}-
\begin{vmatrix}
\dfrac{22}{58}\\
\dfrac{30}{50}\\
\dfrac{39}{41}
\end{vmatrix}
-\text{III}-
$$

其中 $M_1(\text{右})-\left|\dfrac{50}{34}\right|-\text{Ⅶ}-\left|\dfrac{34}{30}\right|$

$$
\begin{vmatrix}
& & & & (\text{中、低速传动路线}) & & \\
\begin{vmatrix}\dfrac{20}{80}\\ \dfrac{50}{50}\end{vmatrix} -\text{Ⅳ}-
\begin{vmatrix}\dfrac{51}{50}\\ \\ \dfrac{20}{80}\end{vmatrix}
-\text{Ⅴ}-\dfrac{26}{58}-M_2(\text{右}) \\
\cdots\cdots\cdots\cdots\cdots\;-\left|\dfrac{63}{50}\right|-M_2(\text{左})\;-\cdots\cdots\cdots \\
(\text{高速传动路线})
\end{vmatrix}
-\text{Ⅵ}(\text{主轴})
$$

由于轴Ⅲ至轴Ⅴ间的两组双联滑移齿轮变速组的 4 种传动比分别为

$$u_1=\frac{20}{80}\times\frac{20}{80}=\frac{1}{16}\qquad\qquad u_2=\frac{20}{80}\times\frac{51}{50}\approx\frac{1}{4}$$

$$u_3=\frac{50}{50}\times\frac{20}{80}=\frac{1}{4}\qquad\qquad u_4=\frac{50}{50}\times\frac{50}{50}=1$$

其中 $u_2\approx u_3$，所以经轴Ⅲ至轴Ⅴ的中、低速传动路线，主轴实际只获得 $2\times3\times3=18$ 级正转转速，因而主轴正转的实际转速级数为 24 级。同理，主轴反转转速级数为 12 级。

2）主运动平衡式

主运动的转速可应用下列运动平衡式来计算

$$n_{主}=1450\times(1-\varepsilon)\times\frac{130}{230}\times\frac{z_{\text{I}-\text{Ⅱ}}}{z'_{\text{I}-\text{Ⅱ}}}\times\frac{z_{\text{Ⅱ}-\text{Ⅲ}}}{z'_{\text{Ⅱ}-\text{Ⅲ}}}\times\frac{z_{\text{Ⅲ}-\text{Ⅳ}}}{z'_{\text{Ⅲ}-\text{Ⅳ}}}\times\frac{z_{\text{Ⅳ}-\text{Ⅴ}}}{z'_{\text{Ⅳ}-\text{Ⅴ}}}\times\frac{26}{58}(\text{中、低挡转速})\qquad(4\text{-}1)$$

$$\text{及 } n_{主}=1450\times(1-\varepsilon)\times\frac{130}{230}\times\frac{z_{\text{I}-\text{Ⅱ}}}{z'_{\text{I}-\text{Ⅱ}}}\times\frac{z_{\text{Ⅱ}-\text{Ⅲ}}}{z'_{\text{Ⅱ}-\text{Ⅲ}}}\times\frac{63}{50}(\text{高速挡转速})\qquad(4\text{-}2)$$

式中　　$n_{主}$——主轴转速，r/min；

　　　　z、z'——主动和从动齿轮的齿数，齿数下标表示主动和从动传动轴的轴号；

　　　　ε——V 带的滑动系数，$\varepsilon=0.02$。

CA6140 型卧式车床的最高、最低转速分别为

$$n_{max}=1450\times0.98\times\frac{130}{230}\times\frac{56}{38}\times\frac{39}{41}\times\frac{63}{50}\approx1400(\text{r/min})$$

$$n_{min}=1450\times0.98\times\frac{130}{230}\times\frac{51}{43}\times\frac{22}{58}\times\frac{20}{80}\times\frac{20}{80}\times\frac{26}{58}\approx10(\text{r/min})$$

3）主轴转速数列和转速图

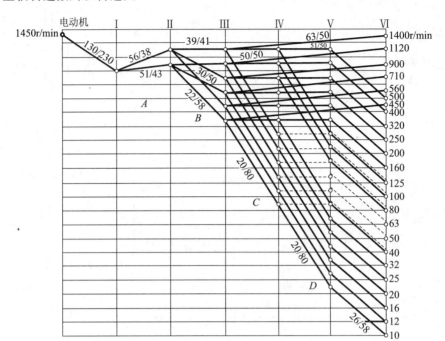

图 4.4　CA6140 型卧式车床主传动系统的转速分布图

CA6140 型卧式车床的主轴最高转速 $n_{max} \approx 1400(\text{r}/\text{min})$，最低转速 $n_{min} \approx 10(\text{r}/\text{min})$。在主轴最高及最低转速范围内，各级转速按等比级数排列，等比级数的公比 $\phi = 1.25$。

主运动的传动路线也可用图 4.4 所示的转速分布图来表示，从转速分布图可看出以下 3 点。

（1）整个变速系统有 6 根传动轴，4（A、B、C、D）个变速组。

（2）可以读出各齿轮副的传动比及各传动轴的各级转速。如图 4.4 所示，在纵平行线上，绘有一些圆点，它表示该轴有几级转速。如：Ⅲ轴上有 6 个小圆点，表示有 6 级转速。在Ⅵ轴的右边标有主轴的各级转速，共有 24 级转速。

（3）可以清楚地看出从电动机到主轴Ⅵ的各级转速的传动情况。例如主轴转速为 63r/min，是由电动机轴传出的，经带传动 $\dfrac{\phi 130}{\phi 230}$ —轴 Ⅰ —$\dfrac{51}{43}$ —轴 Ⅱ —$\dfrac{30}{50}$ —轴 Ⅲ —$\dfrac{50}{50}$ —轴 Ⅳ — $\dfrac{20}{80}$ —轴 Ⅴ —$\dfrac{26}{58}$ —Ⅵ（主轴）。

2. 进给运动传动链

进给运动传动链是实现刀架纵向或横向运动的传动链。进给运动的动力源也是电动机。运动由电动机经主运动传动链、主轴、进给运动传动链至刀架，使刀架实现机动的纵向进给、横向进给或车螺纹运动。由于进给量及螺纹的导程是以主轴每转过一转时刀架的移动量来表示的，因此，该传动链的两个末端元件分别是主轴和刀架。

1) 车螺纹时的传动路线表达式

车螺纹传动路线中，运动从主轴Ⅵ传出，可经过两条路线传至轴Ⅸ，一条是经齿轮副 58/58 传至轴Ⅸ，车削正常螺距螺纹，即主轴转一转，轴Ⅸ也转一转；另一条是扩大螺距路线，即主轴转一转，轴Ⅸ可转 4 转或 16 转，其传动比为 4 或 16，这时所车削螺纹的导程被加大。轴Ⅸ的运动经 33/33 或 (33/25)×(25/33) 的变向机构传至轴Ⅺ，其用途是车削右螺纹或左螺纹。轴Ⅺ、轴Ⅻ之间的挂轮是用于车削米制、英制、模数制或径节制螺纹时的配换挂轮，一组为 (63/100)×(100/75)，用于车削米制和英制螺纹；一组为 (64/100)×(100/97)，用于车削模数制和径节制螺纹；一组为 (a/b)×(c/d) 挂轮，根据需要进行配换，用于车削非标准的和较精密的螺纹。轴Ⅻ的运动可经两条路线传至轴ⅩⅤ，第一条传动路线(用于车削米制和模数制螺纹)：即轴Ⅻ上 25 齿的齿轮向左与轴ⅩⅢ上 36 齿的齿轮啮合，轴ⅩⅤ上 25 齿的齿轮向右与轴ⅩⅢ上 36 齿的空套齿轮啮合，则轴Ⅻ的运动经齿轮副 25/36 传到轴ⅩⅢ，再经 8 种传动比的基本变速组传至轴ⅩⅣ，最后经齿轮副 (25/36)×(36/25) 传至轴ⅩⅤ；第二条传动路线(用于车削英制和径节制螺纹)：即轴Ⅻ上 25 齿的齿轮向右与轴ⅩⅣ左端的内齿轮离合器 M_3 啮合，轴ⅩⅤ上 25 齿的齿轮向左与轴ⅩⅢ上 36 齿的固定齿轮啮合，则轴Ⅻ的运动经离合器 M_3 直传至轴ⅩⅣ，再经 8 种传动比的基本变速组传至轴ⅩⅢ，最后经齿轮副 36/25 传至轴ⅩⅤ。轴ⅩⅤ、ⅩⅥ、ⅩⅦ间的传动是由两组双联滑移齿轮变速组组成的倍增机构实现的。轴ⅩⅤ的运动经倍增机构传至轴ⅩⅦ，经内齿离合器 M_5 传给丝杠，实现车螺纹运动。其传动路线表达式为

$$
主轴Ⅵ-
\begin{bmatrix}
\dfrac{58}{58}\ (正常螺距) \\[4mm]
(扩大螺距) \\ \dfrac{58}{26}-Ⅴ-\dfrac{80}{20}-Ⅳ-
\begin{bmatrix}\dfrac{80}{20}\\[3mm]\dfrac{50}{50}\end{bmatrix}
-Ⅲ-\dfrac{44}{44}-Ⅷ-\dfrac{26}{58}
\end{bmatrix}
-Ⅸ-
\begin{bmatrix}
(右螺纹)\ \dfrac{33}{33} \\[4mm]
(左螺纹)\ \dfrac{33}{25}\times\dfrac{25}{33}
\end{bmatrix}
$$

$$
-Ⅺ-
\begin{bmatrix}
(车米制、英制螺纹)\ \dfrac{63}{100}-\dfrac{100}{75} \\[4mm]
(车模数制、径节制螺纹)\ \dfrac{64}{100}-\dfrac{100}{97}
\end{bmatrix}
-Ⅻ-
\begin{bmatrix}
(米制、模数制螺纹)\ \dfrac{25}{36}-ⅩⅢ-u_基-ⅩⅣ-\dfrac{25}{36}\times\dfrac{36}{25} \\[4mm]
(英制、径节制螺纹)\ M_3(右)-ⅩⅣ-\dfrac{1}{u_基}-ⅩⅢ-\dfrac{36}{25}
\end{bmatrix}
-ⅩⅤ-
$$

$$
u_倍-ⅩⅦ-M_5(右)-丝杠ⅩⅧ(刀架)
$$

$$
u_基=\frac{26}{28},\frac{28}{28},\frac{32}{28},\frac{36}{28},\frac{19}{14},\frac{20}{14},\frac{33}{21},\frac{36}{21}\left(即\ \frac{6.5}{7},\frac{7}{7},\frac{8}{7},\frac{9}{7},\frac{9.5}{7},\frac{10}{7},\frac{11}{7},\frac{12}{7}\right);
$$

$$
\frac{1}{u_基}=\frac{28}{26},\frac{28}{28},\frac{28}{32},\frac{28}{36},\frac{14}{19},\frac{14}{20},\frac{21}{33},\frac{21}{36};
$$

$$u_倍=\frac{18}{45}\times\frac{15}{48}=\frac{1}{8},\frac{28}{35}\times\frac{18}{45}\approx\frac{1}{4},\frac{18}{45}\times\frac{35}{28}=\frac{1}{2},\frac{28}{35}\times\frac{35}{28}=1。$$

2) 车螺纹时的运动平衡式

车削各种不同螺距的螺纹时，主轴与刀具之间必须保持严格的运动关系，即主轴每转一转，刀具应严格地移动 1 个导程 $L_工$（被加工螺纹的导程）的距离。由此可列出其运动平衡式为

$$L_工=1_{(主轴)}\times u_固\times u_x\times L_丝 \tag{4-3}$$

式中　$u_固$——主轴至丝杠之间的固定传动比；

　　　u_x——主轴至丝杠之间换置机构的可变传动比；

　　　$1_{(主轴)}$——主轴为 1 转时；

　　　$L_丝$——机床丝杠的导程，CA6140 型车床的 $L_丝=P=12\text{mm}$；

　　　$L_工$——被加工螺纹的导程，mm。

CA6140 型卧式车床可以加工米制、英制、模数制及径节制螺纹。由于机床的纵向丝杠是米制螺纹，其 $L_丝=P=12\text{mm}$，因此，必须根据被加工螺纹的导程（或螺距），通过其运动平衡式来调整传动链中的 u_x，才能车出所需的螺纹。

4 种螺纹的螺距参数及其与螺距、导程的换算关系见表 4-2。

表 4-2　螺距参数及其与螺距、导程的换算关系

螺纹种类	螺 距 参 数	螺距/mm	导程/mm
米制	螺距 P/mm	P	$L=kP$
模数制	模数 m/mm	$P_m=\pi m$	$L_m=kP_m=k\pi m$
英制	每英寸牙数 $a/(牙\cdot\text{in}^{-1})$	$P_a=\dfrac{25.4}{a}$	$L_a=kP_a=\dfrac{25.4k}{a}$
径节制	径节 $DP/(牙\cdot\text{in}^{-1})$	$P_{DP}=\dfrac{25.4}{DP}\pi$	$L_{DP}=kP_{DP}=\dfrac{25.4k}{DP}\pi$

注：表中 k 为螺纹线数。

（1）车削米制螺纹的运动平衡式。

根据传动系统图或传动链的传动路线表达式，可列出车米制螺纹时的运动平衡式为

$$L=kP=7u_基\,u_倍\quad L=kP=1\times\frac{58}{58}\times\frac{33}{33}\times\frac{63}{100}\times\frac{100}{75}\times\frac{25}{36}\times u_基\times\frac{25}{36}\times\frac{36}{25}\times u_倍\times12$$

$$化简后得\ L=kP=7u_基\,u_倍 \tag{4-4}$$

式中　$u_基$——基本螺距变换机构的可变传动比；

　　　$u_倍$——倍增机构的可变传动比。

将 $u_基$、$u_倍$ 的不同值分别代入上式，可得 32 种米制螺纹导程值，但其中符合标准的只有 20 种，见表 4-3。

从表 4-3 可看出，各纵行螺距（或导程）按等比数列排列（其公比为 2），各横行螺距按等差数列排列。因此，在进给箱中应该有一个能得到等差数列的变速组，这个变速组称为基本变速组（轴 XⅢ 至轴 XⅣ 间）；另外还应有一个能得到公比为 2 的等比数列的变速组，这个变速组称为倍增组，其值如前所述。

表 4-3　CA6140 型卧式车床的米制螺纹表

L/mm ＼ $u_基$ ／ $U_倍$	$\dfrac{26}{28}$	$\dfrac{28}{28}$	$\dfrac{32}{28}$	$\dfrac{36}{28}$	$\dfrac{19}{14}$	$\dfrac{20}{14}$	$\dfrac{33}{21}$	$\dfrac{36}{21}$
$\dfrac{1}{8}$			1			1.25		1.5
$\dfrac{1}{4}$		1.75	2	2.25		2.5		3
$\dfrac{1}{2}$		3.5	4	4.5		5	5.5	6
1		7	8	9		10	11	12

（2）车削模数制螺纹时的运动平衡式。

模数制螺纹用模数 m 表示螺距的大小，其螺纹的导程为 $L_m = kP_m = k\pi m$。国家标准中已规定了模数 m 的标准值，它们也是分段的等差数列。

模数制标准螺纹的螺距与米制螺纹的螺距排列规律相同，所不同的是螺距及导程值，在导程 $L_m = kP_m = k\pi m$ 中包含有特殊因子 π，因此，要求在运动平衡式 $L_工 = 1_{(主轴)} \times u_固 \times u_x \times L_丝$ 的传动链传动比 u_x 值中也包含有特殊因子 π。所以，车削模数制螺纹时所用的挂轮与车削米制螺纹时不同，需用 $(64/100) \times (100/97)$ 的挂轮以包含特殊因子 π，其余与车削米制螺纹时的传动路线相同。这时的运动平衡式为

$$L_m = k\pi m = 1 \times \frac{58}{58} \times \frac{33}{33} \times \frac{64}{100} \times \frac{100}{97} \times \frac{25}{36} \times u_基 \times \frac{25}{36} \times \frac{36}{25} \times u_倍 \times 12$$

其中，$\dfrac{64}{100} \times \dfrac{100}{97} \times \dfrac{25}{36} \approx \dfrac{7\pi}{48}$，则包含特殊因子 π。

将上式化简得

$$m = \frac{7}{4k} u_基\ u_倍 \tag{4-5}$$

将 $u_基$、$u_倍$ 的不同值分别代入上式，可得标准模数制螺纹，见表 4-4$(k=1)$。

表 4-4　CA6140 型卧式车床的模数制螺纹表

m/mm ＼ $u_基$ ／ $u_倍$	$\dfrac{26}{28}$	$\dfrac{28}{28}$	$\dfrac{32}{28}$	$\dfrac{36}{28}$	$\dfrac{19}{14}$	$\dfrac{20}{14}$	$\dfrac{33}{21}$	$\dfrac{36}{21}$
$\dfrac{1}{8}$			0.25					
$\dfrac{1}{4}$			0.5					
$\dfrac{1}{2}$			1			1.25		1.5
1		1.75	2	2.25		2.5	2.75	3

（3）车削英制螺纹时的运动平衡式。

英制螺纹又称英寸制螺纹，是英国、美国和少数英寸制国家广泛应用的螺纹。我国部分管螺纹也采用英制螺纹。

英制螺纹以每英寸长度上的螺纹牙数 a 表示，标准的 a 值也是按分段等差数列规律排列的。由螺距换算公式 $P_a=25.4/a$（mm）可以看出，英制螺纹的螺距与米制螺纹有两点不同。

①因 P_a 公式中分母 a 是分段等差数列，故英制螺纹的螺距 P_a 和导程 $L_a(kP_a)$ 是分段调和数列。为此，切削时需将基本变速组的主动和从动传动关系加以对换，使其传动比为 $1/u_基$，即与车削米制螺纹时相反，轴 XIV 为主动，轴 XIII 为从动。具体可在传动路线上利用移换机构来实现。

轴 XII 与轴 XIII 间的齿轮副 25/36、齿式离合器 M_3 及轴 XIV、XIII、XV 上的齿轮副(25/36)×(36/25)及 36/25 称为移换机构。移换机构的功用是通过变更经过两轴滑移机构（基本组）的传动路线（对换主、从动轴的位置），实现车削米、英制螺纹传动路线的变换。

②英制螺纹的螺距 P_a 中含特殊因子 25.4，因此，需利用挂轮和改变部分传动副的传动比，使其中包含特殊因子 25.4，以便与平衡式右边由英制螺距所带来的因子 25.4 相抵消。

因此，车英制螺纹时的运动平衡式为

$$L_a=kP_a=\frac{25.4k}{a}=1\times\frac{58}{58}\times\frac{33}{33}\times\frac{63}{100}\times\frac{100}{75}\times\frac{1}{u_基}\times\frac{36}{25}\times u_倍\times12$$

其中，$\frac{63}{100}\times\frac{100}{75}\times\frac{36}{25}\approx\frac{25.4}{21}$，则传动路线中包含了特殊因子 25.4。

将上式化简得

$$a=\frac{7ku_基}{4u_倍}\tag{4-6}$$

变换 $u_基$、$u_倍$ 可得英制螺纹的标准 a 值，列于表 4-5 中（$k=1$）。

表 4-5　CA6140 型卧式车床的英制螺纹表

$a/(牙\cdot in^{-1})$　　$u_基$　 $u_倍$	$\frac{26}{28}$	$\frac{28}{28}$	$\frac{32}{28}$	$\frac{36}{28}$	$\frac{19}{14}$	$\frac{20}{14}$	$\frac{33}{21}$	$\frac{36}{21}$
$\frac{1}{8}$		14	16	18	19	20		24
$\frac{1}{4}$		7	8	9		10	11	12
$\frac{1}{2}$	3.25	3.5	4	4.5		5		6
1			2					3

（4）车削径节制螺纹时的运动平衡式。

径节制螺纹主要用于英制螺杆，它是用径节 DP 来表示的。径节代表齿轮或蜗轮折算到每一英寸分度圆直径上的齿数，故英制螺杆的轴向齿距（相当于径节制螺纹的螺距）为

$$P_{DP}=\frac{\pi}{DP}(in)=\frac{25.4\pi}{DP}(mm)$$

由以上分析可知,齿距公式中包含的特殊因子 π,可用齿轮副(挂轮)$(64/100)\times(100/97)$来实现,即与车削模数制螺纹时的挂轮相同;由于螺距和导程中还有一个特殊因子 25.4,这与英制螺纹相似,故可采用车削英制螺纹的传动路线。其运动平衡式为

$$L_{DP}=\frac{25.4k\pi}{DP}=1\times\frac{58}{58}\times\frac{33}{33}\times\frac{64}{100}\times\frac{100}{97}\times\frac{1}{u_\text{基}}\times\frac{36}{25}\times u_\text{倍}\times12$$

其中,$\frac{64}{100}\times\frac{100}{97}\times\frac{36}{25}\approx\frac{25.4\pi}{84}$,则传动路线中包含了特殊因子 25.4 及 π。

将上式化简得

$$DP=7k\frac{u_\text{基}}{u_\text{倍}} \tag{4-7}$$

变换 $u_\text{基}$、$u_\text{倍}$ 可得径节 DP 的标准值,列于表 4-6 中($k=1$)。

表 4-6　CA6140 型卧式车床的径节制螺纹表

$DP/(\text{牙}\cdot\text{in}^{-1})$　　$u_\text{基}$ $u_\text{倍}$	$\dfrac{26}{28}$	$\dfrac{28}{28}$	$\dfrac{32}{28}$	$\dfrac{36}{28}$	$\dfrac{19}{14}$	$\dfrac{20}{14}$	$\dfrac{33}{21}$	$\dfrac{36}{21}$
$\dfrac{1}{8}$		56	64	72		80	88	96
$\dfrac{1}{4}$		28	32	36		40	44	48
$\dfrac{1}{2}$		14	16	18		20	22	24
1		7	8	9		10	11	12

4.1.4　卧式车床的结构

1. 主轴箱

主轴箱的功用是支承主轴和传动其旋转,使其实现启动、停止、变速和换向等,并把进给运动从主轴传往进给系统,使进给系统实现换向和扩大螺距等。因此,主轴箱中通常包含有主轴及其轴承,传动机构,启动、停止以及换向装置,制动装置,操纵机构和润滑装置等。

图 4.5 为 CA6140 型卧式车床主轴箱各轴空间位置示意图,若按轴Ⅳ－Ⅰ－Ⅱ－Ⅲ(Ⅴ)－Ⅵ－Ⅹ－Ⅸ－Ⅺ的顺序,沿其轴线剖切(沿 A－A 剖面剖切),并将其展开而绘制成平面装配图,如图 4.6 所示,它称为主轴箱的展开图。图中轴Ⅶ和轴Ⅷ是单独取剖切面展开的。由于展开图是把立体的传动结构展开在一个平面上绘制成的,为避免视图重叠,其中有些轴之间的距离不按比例绘制,如轴Ⅶ和轴Ⅰ、轴Ⅳ和轴Ⅲ、轴Ⅸ和轴Ⅵ等,从而使某些原来相互啮合的齿轮副失去啮合。因此,在利用展开图分析传动件的传动关系时,应特别注意。

1) 卸荷带轮装置

由电动机经 V 带传动使主轴箱的轴Ⅰ获得运动,为提高轴Ⅰ的运动平稳性,其上的带轮 1 采用了卸荷结构。如图 4.6 所示,箱体 4 上通过螺钉固定一法兰 3,带轮 1 用螺钉和定位销与花键套筒 2 连接并支承在法兰 3 内的两个深沟球轴承上,花键套筒 2 以它的内花键与

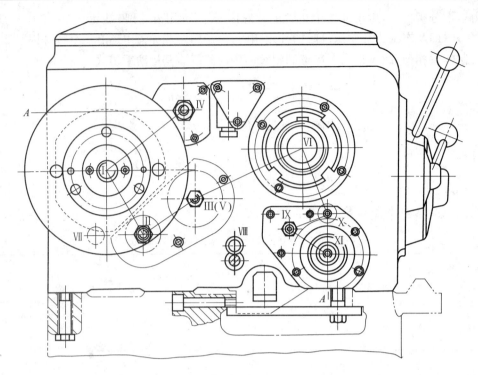

图 4.5　CA6140 型车床主轴箱各轴空间位置示意图

轴Ⅰ相连。因此,带轮的运动可通过花键套筒 2 带动轴Ⅰ旋转,但带传动所产生的拉力经法兰 3 直接传给箱体,使轴Ⅰ不受 V 带拉力的作用,减少弯曲变形,提高传动的平稳性。卸荷带轮装置特别适用于要求传动平稳的精密机床主轴。

　　2）主轴部件的结构及轴承的调整

　　主轴具有较高的回转精度(主轴端部径向跳动和轴向窜动不得大于 0.01mm)及足够的刚度和良好的抗振性能。主轴前端可安装卡盘或过渡盘,用于装夹工件或安装夹具,并由其带动旋转。

　　CA6140 型车床的主轴组件采用了三支承结构,如图 4.7 所示,以提高其静刚度和抗振性。其前后支承处各装有一个双列圆柱滚子轴承 4(D3182121)和 1(E3182115),中间支承处则装有 E 级精度的 32216 型圆柱滚子轴承,它用作辅助支承,其配合较松,且间隙不能调整。由于双列圆柱滚子轴承的刚度和承载能力大,旋转精度高,且内圈较薄,内孔是锥度为 1:12 的锥孔,可通过相对主轴轴颈轴向移动来调整轴承间隙,因而,可保证主轴有较高的旋转精度和刚度。前支承处还有一个 60°角接触的双向推力角接触球轴承 3,用于承受左右两个方向的轴向力。向左的轴向力由主轴Ⅵ经螺母 5、轴承 4 的内圈、轴承 3 传至箱体;向右的轴向力由主轴Ⅵ经螺母 2、轴承 3、隔套 7、轴承 4 的外圈和轴承端盖 6 传至箱体。轴承的间隙直接影响主轴的旋转精度和刚度,因此,使用中如发现因轴承磨损使间隙增大时,需及时进行调整。前轴承 4 可用螺母 5 和 2 调整。调整时先拧松螺母 5,然后拧紧带锁紧螺钉的螺母 2,使轴承 4 的内圈相对主轴锥形轴颈向右移动,由于锥面的作用,薄壁的轴承内圈产生径向弹性变形,将滚子与内、外圈滚道之间的间隙消除。调整妥当后,再将螺母 5 拧紧。后轴承 1 的间隙可用螺母 11 调整,调整原理同前轴承。一般情况下,只调整前轴承即可,只有

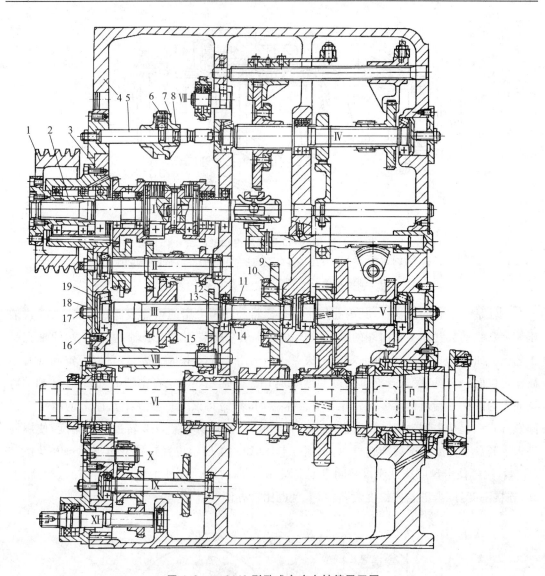

图 4.6　CA6140 型卧式车床主轴箱展开图

1—带轮；2—花键套筒；3—法兰；4—箱体；5—导向轴；6—调节螺钉

7—螺母；8—拨叉；9、10、11、12—齿轮；13—弹簧卡圈；14—垫圈；15—三联滑移齿轮

16—轴承盖；17—螺钉；18—锁紧螺母；19—压盖

当调整前轴承后仍不能达到要求的旋转精度时，才需要调整后轴承。双向推力角接触球轴承 3 事先已调好，如工作以后由于间隙增大需调整时，可磨削两内圈间的调整垫圈 8，减小其厚度，以达到消除间隙的目的。主轴的轴承由油泵供给润滑油进行充分的润滑，为防止润滑油外漏，前后支承处都有油沟式密封装置。在螺母 5 和套筒 10 的外圆上有锯齿形环槽，主轴旋转时，依靠离心力的作用，把经过轴承向外流出的润滑油甩到轴承端盖 6 和 9 的接油槽里，然后经回油孔 a、b 流回主轴箱。

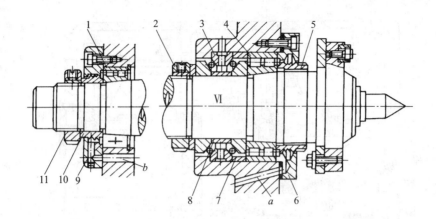

图 4.7　CA6140 型车床主轴剖面图

1、4—双列圆柱滚子轴承;2、5、11—螺母;3—双向推力角接触球轴承

6、9—轴承端盖;7—隔套;8—调整垫圈;10—套筒

　　主轴是一空心的阶梯轴,其内孔用来通过棒料和卸顶尖用的铁棒或通过气动、电动或液压等夹紧驱动装置。主轴前端的 6 号模氏锥度孔用来安装顶尖或心轴;主轴后端的锥孔是工艺孔。如图 4.8 所示,主轴前端的短法兰式结构用于安装卡盘或拨盘,它以短锥和轴肩端面作定位面。卡盘、拨盘等夹具通过卡盘座 4,用 4 个螺柱 5 固定在主轴上,由装在主轴轴肩端面上的圆柱形端面键 3 传递转矩。安装卡盘时,只需将预先拧紧在卡盘座上的螺柱 5 连同螺母 6 一起从主轴轴肩和锁紧盘 2 上的孔中穿过,然后将锁紧盘 2 转过一个角度,使螺柱进入锁紧盘上宽度较窄的圆弧槽内,把螺母卡住(如图中所示位置),接着再把螺母 6 及螺钉 7 拧紧,就可使卡盘或拨盘座准确可靠地固定在主轴前端。这种主轴轴端结构的定心精度高,连接刚度好,卡盘悬伸长度短,装卸卡盘也比较方便。

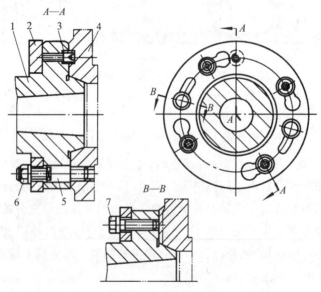

图 4.8　主轴前端结构形式

1—主轴;2—锁紧盘;3—端面键;4—卡盘座;5—螺柱;6—螺母;7—螺钉

3) 摩擦离合器

双向摩擦离合器 M_1 装在轴 I 上,其作用是控制主轴 VI 正转、反转或停止。制动器安装在轴 IV 上,当摩擦离合器脱开时,用制动器进行制动,使主轴迅速停止运动,以便缩短辅助时间。

摩擦离合器的结构如图 4.9 所示,分左离合器和右离合器两部分,左右两部分的结构相似、工作原理相同。左离合器控制主轴正转,由于正转需传递的扭矩较大,所以摩擦片的片数较多。右离合器控制主轴反转,主要用于退刀,传递的扭矩较小,摩擦片的片数较少。图 4.9(a)是左离合器的立体图,左离合器由外摩擦片 2、内摩擦片 3、压套 8、螺母 9、止推片 10 和 11 及双联空套齿轮 1 等组成。内摩擦片 3 装在轴 I 的花键上,与轴 I 一起旋转。外摩擦片 2 以其 4 个凸齿装入空套双联齿轮 1(用两个深沟球轴承支承在轴 I 上)的缺口中,多个

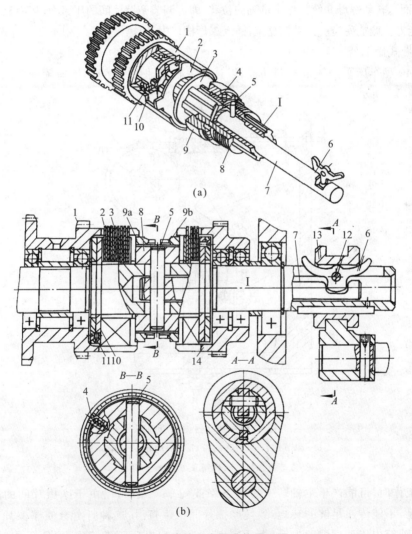

(a)

(b)

图 4.9　摩擦离合器结构原理图

1—双联空套齿轮;2—外摩擦片;3—内摩擦片;4—弹簧销;5—圆销
6—羊角形摆块;7—拉杆;8—压套;9—螺母;10、11—止推片
12—销轴;13—滑套;14—空套齿轮

外摩擦片 2 和内摩擦片 3 相间安装。当用操纵机构拨动滑套 13 移至右边位置时,滑套将羊角形摆块 6 的右角压下,由于羊角形摆块是用销轴 12 装在轴 I 上的,故羊角绕销轴作顺时针摆动,其弧形尾部推动拉杆 7 向左通过固定在拉杆左端的圆销 5,带动压套 8 和螺母 9 左移,将左离合器内外摩擦片压紧在止推片 10 和 11 上,通过摩擦片间的摩擦力,使轴 I 和双联齿轮连接,于是经多级齿轮副带动主轴正转。当用操纵机构拨动滑套 13 移至左边位置时,压套 8 右移,将右离合器的内外摩擦片压紧,空套齿轮 14 与轴 I 连接,主轴实现反转。滑套处于中间位置时,左右离合器的摩擦片均松开,主轴停止转动。

摩擦离合器还可起过载保护作用。当机床超载时,摩擦片打滑,于是主轴停止转动,从而避免损坏机床零部件。摩擦片之间的压紧力是根据离合器应传递的额定扭矩来确定的。当摩擦片磨损后压紧力减小时可通过压套 8 上的螺母 9 来调整。压下弹簧销 4(如图 4.9 所示 B-B 剖面),转动螺母 9 使其作小量轴向位移,即可调节摩擦片间的压紧力,从而改变离合器传递扭矩的能力。调整妥当后弹簧销复位,插入螺母槽口中,使螺母在运转中不会自行松开。

4) 闸带式制动器

CA6140 型车床采用闸带式制动器,以达到主轴快速停止运动、缩短辅助时间的目的,其结构如图 4.10 所示。

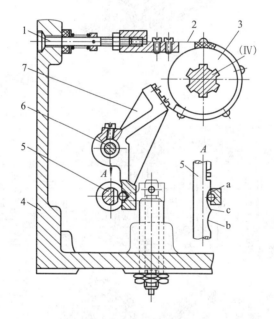

图 4.10　制动器结构原理图

1—调节螺钉;2—制动带;3—制动轮;4—箱体;

5—齿条轴 6—杠杆支承轴;7—杠杆

机床工作时,可能产生主轴转速缓慢下降或闷车现象,这是由于摩擦片间的间隙过大、压紧力不足,不能传递足够的转矩,致使摩擦片间产生打滑,这种打滑会使摩擦片发热、急剧磨损,使主轴箱内传动件温度上升,严重时甚至会影响机床正常工作;机床工作时也可能产生主轴制动不灵现象,这是由于摩擦片间的间隙过小,不能完全脱开,或是由于制动带太松,不起制动作用,主轴由于惯性作用仍继续转动。

2. 进给箱

进给箱的功用是变换被加工螺纹的种类和导程,以及获得所需的各种机动进给量。图 4.11 是 CA6140 型卧式车床进给箱结构图。其中轴 XII、XIV、XVII 和 XVIII 四轴同心,轴 XIII、XVI 和 XIX 三轴同心。

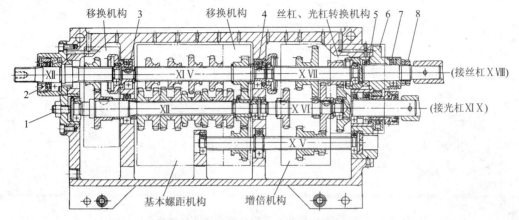

图 4.11　CA6140 型卧式车床进给箱结构图
1—调节螺钉;2—调整螺母;3、4—深沟球轴承;5、7—推力球轴承
6—支承套;8—双螺母

3. 溜板箱

溜板箱的作用是将丝杠或光杠传来的旋转运动转变为直线运动并带动刀架进给,控制刀架运动的接通、断开和换向,手动操纵刀架移动和实现快速移动,机床过载时控制刀架自动停止进给等。CA6140 型卧式车床的溜板箱由以下几部分机构组成:接通、断开和转换纵、横向进给运动的操纵机构;接通丝杠传动的开合螺母机构;保证机床工作安全的互锁机构;保证机床工作安全的过载保护机构;实现刀架快慢速自动转换的超越离合器等。下面将介绍主要机构的结构、工作原理及有关调整。

1) 安全离合器的结构

安全离合器是防止进给机构过载或发生偶然事故时损坏机床部件的保护装置。它是当刀架机动进给过程中,如进给抗力过大或刀架移动受到阻碍时,安全离合器能自动断开轴 XX 的运动,从而使自动进给停止。

2) 超越离合器的结构

超越离合器的作用是实现同一轴运动的快、慢速自动转换。如图 4.12A - A 剖面所示,超越离合器由齿轮 6(它作为离合器的外壳)、星形体 5、3 个滚柱 8、顶销 13 和弹簧 14 组成。当刀架机动工作进给时,空套齿轮 6 为主动逆时针方向旋转,在弹簧 14 及顶销 13 的作用下,使滚柱 8 挤向楔缝,并依靠滚柱 8 与齿轮 6 内孔孔壁间的摩擦力带动星形体 5 随同齿轮 6 一起转动,再经安全离合器 M_7 带动轴 XX 转动,实现机动进给。当快速电动机启动时,运动由齿轮副 13/29 传至轴 XX,则星形体 5 由轴 XX 带动作逆时针方向的快速旋转。此时,在滚柱 8 与齿轮 6 及星形体 5 之间的摩擦力和惯性力的作用下,滚柱 8 压缩顶销并且移向楔缝的大端,从而脱开齿轮 6 与星形体 5(即轴 XX)间的传动联系,齿轮 6 已不再为轴 XX 传递运动,轴 XX 由快速电动机带动作快速转动,刀架实现快速运动。当快速电动机停止转动时,在弹簧及顶销和摩擦力的作用下,滚柱 8 又瞬间嵌入楔缝,并楔紧于齿轮 6 和星形体 5 之间,刀架立即恢复正常的工作进给运动。由此可见,超越离合器 M_6 可实现轴 XX 快、慢速运动的自动转换。

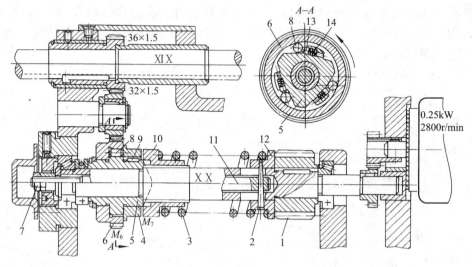

图 4.12　CA6140 型卧式车床安全离合器及超越离合器结构

1—蜗杆;2—圆柱销;3、14—弹簧;4—M_7 左半部;5—星形体;6—齿轮(M_6 外壳)

7—调整螺母;8—滚柱;9—平键;10—M_7 右半部;11—拉杆;12—弹簧座;13—顶销

3) 纵、横向机动进给操纵机构

图 4.13 所示为 CA6140 型卧式车床的机动进给操纵机构。刀架的纵向和横向机动进给运动的接通、断开,运动方向的改变和刀架快速移动的接通和断开,均集中由手柄 1 来操纵,且手柄扳动方向与刀架运动方向一致。

手柄 1 的顶端装有按钮 S,用以点动快速电动机。当需要刀架快速移动时,先将手柄 1 扳至左、右、前、后任一位置,然后按下按钮 S,则快速电动机启动,刀架即在相应方向作快速移动。

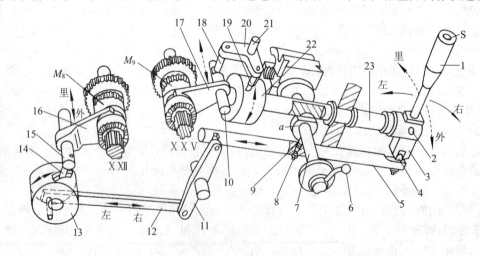

图 4.13　CA6140 型车床纵、横向机动进给操纵机构

1—手柄;2—销轴;3—手柄座;4—球头销;5、7、23—轴;6—手柄

8—弹簧销;9—球头销;10、15—拨叉轴;11、20—杠杆;12—连杆;13、22—凸轮

14、18、19—圆销;16、17—拨叉;21—销轴

4）开合螺母的结构与调整

如图 4.14(a)所示,开合螺母由上、下两个半螺母 26 和 25 组成,它们分别装在溜板箱箱体后壁的燕尾导轨中。上、下半螺母的背面各装有一圆柱销 27,其伸出一端分别插在圆盘 28 的两条曲线槽中(图 4.14(b))。扳动手柄 6 经轴 7 使圆盘 28 逆时针转动,曲线槽迫使两圆柱销 27 互相靠近,带动上、下半螺母合拢,与丝杠啮合,刀架便由丝杠螺母经溜板箱传动进给;扳动手柄 6 使圆盘 28 顺时针转动,曲线槽通过圆销使两个半螺母相互分离,与丝杠脱开啮合,刀架停止进给。

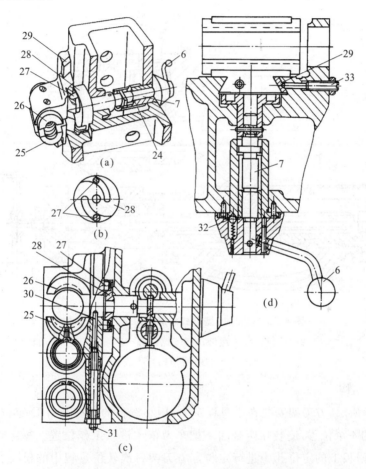

图 4.14　CA6140 型车床开合螺母的结构

6—手柄;7—轴;24—支承套;25—下半螺母;26—上半螺母

27—圆柱销;28—圆盘;29—平镶条;30—销钉;31、33—螺钉;32—定位钢球

利用螺钉 31 可调整开合螺母的开合量,即调整开合螺母合上后与丝杠之间的间隙。拧动螺钉 31(图 4.14(c)),可调整销钉 30 相对下螺母的伸出长度,从而限定上、下两个半螺母合上时的位置,以调整丝杠与螺母间的间隙。用螺钉 33 经平镶条 29 可调整开合螺母与燕尾导轨间的间隙(图 4.14(d))。

5）横向进给丝杠结构

如图 4.15 所示,横向进给丝杠 1 的作用是将机动或手动传至其上的运动,经螺母传动使刀架获得横向进给运动。横向进给丝杠 1 的右端支承在滑动轴承 12 和 8 上,实现径向和轴向定位。利用螺母 10 可调整轴承轴向间隙的大小。

横向进给丝杠采用可调的双螺母结构。螺母固定在横向滑板 2 的底面上,它由分开的两部分 3 和 7 组成,中间用楔块 5 隔开。当由于磨损致使丝杠螺母之间的间隙过大时,可将螺母 3 的紧固螺钉 4 松开,然后拧动楔块 5 上的螺钉 6,将楔块 5 向上拉紧,依靠斜楔的作用将螺母 3 向左挤,使螺母 3 与丝杠之间产生相对位移,减小螺母与丝杠的间隙。间隙调妥后,拧紧螺钉 4 将螺母 3 固定。

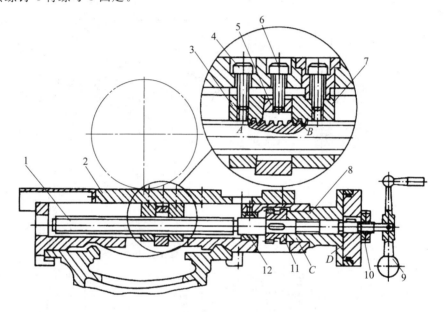

图 4.15　CA6140 型卧式车床横向进给丝杠结构

1—丝杠;2—滑板;3、7—螺母;4、6—螺钉;5—楔块;8、12—滑动轴承

9—手柄;10—螺母;11—齿轮

6) 方刀架结构

如图 4.16 所示,方刀架安装在小滑板 1 上,用小滑板的圆柱凸台 D 定位。方刀架可转动间隔为 90°的 4 个位置,使装在四侧的 4 把车刀依次进入工作位置。每次转位后,将定位销 8 插入刀架滑板上的定位孔中进行定位。方刀架每次转位过程中的松夹、拨销、转位、定位以及夹紧等动作,都由手柄 16 操纵。逆时针转动手柄 16,使其从轴 6 顶端的螺纹向上退松,方刀架体 10 便被松开。同时,手柄通过内花键套筒 13(用骑缝螺钉与手柄连接)带动花键套筒 15 转动,花键套筒 15 的下端面齿与凸轮 5 上的端面齿啮合,因而凸轮也被带动着逆时针转动。

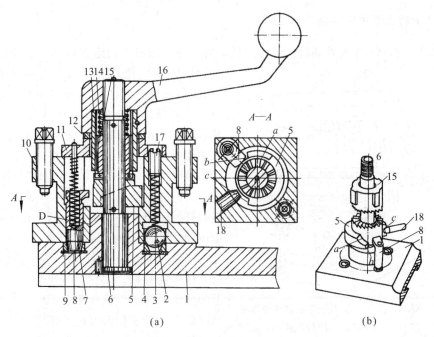

(a) (b)

图 4.16　CA6140 型卧式车床方刀架结构

1—小滑板；2—弹簧；3—定位钢球；4—定位套；5—凸轮；6—轴；7—弹簧
8—定位销；9—定位套；10—方刀架体；11—刀架上盖；12—垫片；13—内花键套筒
14—弹簧；15—花键套筒；16—手柄；17—调节螺钉；18—固定销

4.2　铣　　床

4.2.1　铣床的工艺范围及其组成

　　铣床是一种用途十分广泛的机床。它可使用圆柱铣刀、盘铣刀、角度铣刀、成形铣刀及端铣刀、模数铣刀等刀具加工平面、斜面、沟槽、螺旋槽、齿槽等，如图 4.17 所示。

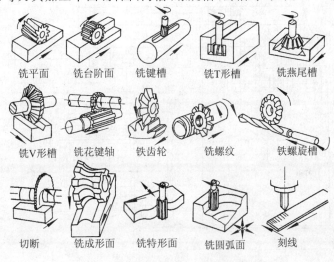

铣平面	铣台阶面	铣键槽	铣T形槽	铣燕尾槽
铣V形槽	铣花键轴	铣齿轮	铣螺纹	铣螺旋槽
切断	铣成形面	铣特形面	铣圆弧面	刻线

图 4.17　铣削加工范围

1. 铣床的主要组成部件

图 4.18 为 X6132 型万能卧式升降台铣床外形图。床身 1 固定在底座 2 上,用于安装和

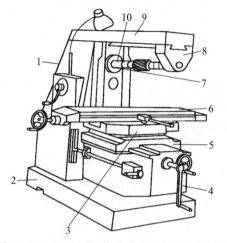

图 4.18　X6132 型万能卧式升降台铣床外形图
1—床身;2—底座;3—回转刻度盘
4—升降台;5—床鞍;6—工作台;7—主轴
8—刀杆托架;9—悬梁;10—刀杆

支承铣床的其他部件。床身 1 内装有主轴部件、主传动装置和主变速操纵机构等。床身顶部的燕尾形导轨上装有悬梁 9,悬梁 9 通过齿轮、齿条传动调整其前后位置,由装在床身顶斜面的镶条夹紧。悬梁前端装有刀杆托架 8,当铣刀主轴伸出端较长时,为提高刀杆的刚度,用于支承刀杆的悬伸端,托架内装有滑动轴承,轴套与刀杆的间隙可手动调整。升降台 4 内装有进给运动装置、快速移动装置及进给变速操纵机构等。床鞍 5 可沿升降台 4 的水平导轨带动工作台 6 作横向移动。工作台 6 可沿回转刻度盘 3 上的燕尾形导轨作纵向移动。床鞍上装有回转刻度盘 3,带动工作台可在 ±45° 范围内转一定的角度,用于铣削斜沟槽及螺旋表面。底座 2 内部是冷却液箱。

2. X6132 型铣床的传动系统

1) 主运动传动链

主运动传动链位于铣床床身内部,用于主轴变速、变向以及停止转动时的制动等。主电动机与主轴是主运动传动链的两个末端件。主运动由主电动机(7.5kW、1450r/min)驱动,经 V 带传至轴 II,再经轴 II—III 间和轴 III—IV 间两组三联滑移齿轮变速组、轴 IV—V 间双联滑移齿轮变速组,使主轴具有 18 级转速(30～1500r/min),见图 4.19。

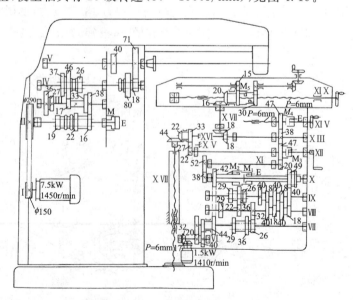

图 4.19　X6132 型铣床的传动系统

主运动的传动路线表达式为

$$\text{电动机}\ 7.5\text{kW}\ (Ⅰ轴)-\frac{\phi150}{\phi290}-Ⅱ-\begin{bmatrix}\dfrac{19}{36}\\[2mm]\dfrac{22}{33}\\[2mm]\dfrac{16}{38}\end{bmatrix}-Ⅲ-\begin{bmatrix}\dfrac{27}{37}\\[2mm]\dfrac{17}{46}\\[2mm]\dfrac{38}{26}\end{bmatrix}-Ⅳ-\begin{bmatrix}\dfrac{80}{40}\\[2mm]\dfrac{18}{71}\end{bmatrix}-Ⅴ(主轴)$$

1450r/min

主轴旋转方向的改变是由电动机的变向实现的。主轴的制动由安装在轴Ⅱ上的多片式电磁制动器 M 进行控制。

2) 进给运动传动链及工作台快速移动

铣床工作台可实现纵向、横向和垂直 3 个方向的进给运动以及 3 个方向的快速移动。进给运动传动链的两个末端件是进给电动机和工作台。进给运动由安装在升降台内部的进给电动机(1.5kW、1410r/min)驱动。电磁摩擦离合器 M_1、M_2 用于控制工作台的进给运动和快速移动，M_3、M_4、M_5 用于控制工作台的垂直、横向、纵向移动。3 个方向的运动用电气方法实现互锁，保证工作时只接通其中一个方向的运动，防止因错误操作而发生事故。

进给运动的传动路线表达式为

$$\text{电动机}\ 1.5\text{kW}\ 1410\text{r/min}\ -\frac{17}{32}-Ⅵ-\begin{bmatrix}\dfrac{20}{44}\end{bmatrix}-Ⅶ-\begin{bmatrix}\dfrac{29}{29}\\[1mm]\dfrac{36}{22}\\[1mm]\dfrac{26}{32}\end{bmatrix}-Ⅷ-\begin{bmatrix}\dfrac{32}{26}\\[1mm]\dfrac{29}{29}\\[1mm]\dfrac{22}{36}\end{bmatrix}-Ⅸ-\begin{bmatrix}-\dfrac{40}{49}(左)-\\[1mm]\dfrac{18}{40}-\dfrac{18}{40}-\dfrac{40}{49}(中)\\[1mm]\dfrac{18}{40}-\dfrac{18}{40}-\dfrac{18}{40}-\dfrac{18}{40}-\dfrac{40}{49}(右)\end{bmatrix}\begin{matrix}M_1\ 合\\ 工作进给\\[4mm]\dfrac{40}{26}-\dfrac{44}{42}\ \begin{matrix}M_2\ 合\\(快速移动)\end{matrix}\end{matrix}-$$

$$X-\frac{38}{52}-Ⅺ-\frac{20}{47}-\begin{bmatrix}\dfrac{47}{38}-Ⅷ-\begin{bmatrix}\dfrac{18}{18}-ⅩⅧ-\dfrac{16}{20}-M_5\ 合-ⅩⅨ(纵向进给)\\[3mm]\dfrac{38}{47}-M_4\ 合-ⅩⅣ(横向进给)\end{bmatrix}\\[6mm]M_3\ 合-Ⅻ-\dfrac{22}{27}-\dfrac{27}{33}-\dfrac{22}{44}-ⅩⅦ(垂直进给)\end{bmatrix}$$

理论上，铣床在相互垂直的 3 个方向上均可得到 3×3×3＝27 种不同的进给量，但因轴Ⅶ—Ⅸ间的两组三联滑移齿轮变速组的 3×3＝9 种传动比中，有 3 种是相同的，即 $\dfrac{26}{32}×\dfrac{32}{26}＝$

$\frac{29}{29} \times \frac{29}{29} = \frac{36}{22} \times \frac{22}{36} = 1$，所以，轴Ⅶ—Ⅸ间的两个变速组只有 7 种不同的传动比。轴Ⅹ上只有 $7 \times 3 = 21$ 种不同转速，也就是 3 个进给方向上的进给量各有 21 级。其中，纵向及横向的进给量范围为 $10 \sim 1000\mathrm{mm/min}$，垂直进给量范围为 $3.3 \sim 333\mathrm{mm/min}$。

进给运动的方向变换也是由进给电动机的正、反转来实现的。

工作台的快速移动可用于调整工作台纵向、横向和垂直 3 个方向的位置。实现快速移动的方法是：脱开电磁离合器 M_1，接通电磁离合器 M_2，即可获得快速移动。电磁离合器 M_3、M_4、M_5 分别可接通垂直、横向和纵向的快速移动。

4.2.2　X6132 型铣床的主要部件结构

1. 主轴部件

铣床主轴用于安装铣刀旋转作主运动。由于是断续切削，铣削力周期变化，易引起振动，所以要求主轴部件应有较高的刚性和抗振性。图 4.20 为主轴部件的结构图。主轴 2 是一空心轴，内有 7：24 精密锥孔。精密锥孔用于刀具或刀杆的锥柄与锥孔配合定心，安装铣刀刀杆的柄部或端铣刀，从主轴尾部穿过中心孔的拉杆可将刀杆拉紧。主轴前端有精密定心外圆柱面，端面镶有两个端面键 8，用于嵌入铣刀柄部的缺口中以传递扭矩。

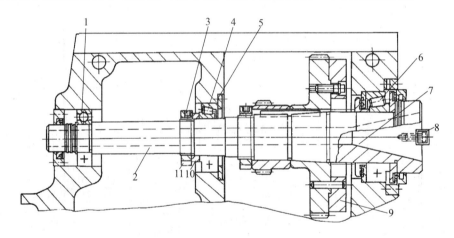

图 4.20　主轴部件结构图
1—后支承；2—主轴；3—紧定螺钉；4—中间支承；5—轴承端盖
6—前支承；7—主轴锥孔；8—端面键；9—飞轮；10—轴套；11—调整螺母

为提高刚性，主轴采用三支承结构。前支承 6 采用 $P5$ 级精度的圆锥滚子轴承，用于承受径向力和向左的轴向力；中间支承 4 采用 $P6$ 级精度的圆锥滚子轴承，以承受径向力和向右的轴向力；后支承 1 采用 $P5$ 级单列深沟球轴承，只承受径向力。主轴的回转精度主要是由前支承和中间支承保证的，后支承只起辅助作用。轴承出现间隙时，应及时调整，以保证主轴的回转精度。调整间隙的步骤是：先移开悬梁，拆下盖板，松开紧定螺钉 3，用专用勾头扳手勾住螺母 11，再用一短铁棍通过主轴前端的端面键 8 扳动主轴顺时针转动，通过螺母 11 使中间支承 4 的内圈向右移动，消除中间支承的间隙。继续转动主轴，可使主轴向左移动，通过轴肩带动前支承 6 的内圈左移，消除前支承的间隙。调整后，拧紧紧定螺钉 3，盖上盖板,恢复悬梁位置,并使主轴以最高速运转 1h,轴承温升不应超过 60℃。

主轴前端的大齿轮上用螺钉和定位销紧固一飞轮 9,切削中可通过飞轮的惯性使主轴运转平稳,减少断续切削引起的冲击和振动,保证主轴的回转精度。

2. 孔盘操纵机构

X6132 型铣床的主运动和进给运动变速操纵机构都采用集中式孔盘变速操纵机构。图 4.21 为孔盘变速操纵机构的工作原理图。拨叉 1 固定在齿条轴 2 上,齿条轴 2 和 2′ 与齿轮 4 啮合。齿条轴 2 和 2′ 的右端是具有不同直径的圆柱 m 和 n 形成的阶梯轴,孔盘 3 的不同圆周上分布着大、小孔或无孔与之相对应,共同构成操纵滑移齿轮的变速机构。操作时,先将孔盘 3 向右拉离齿条轴,转动一定的角度后,再将孔盘向左推入,根据孔盘中大、小孔或无孔面对齿条轴的定位状态,决定了齿条轴 2 轴向位置的变化,从而拨动滑移齿轮改变啮合位置。

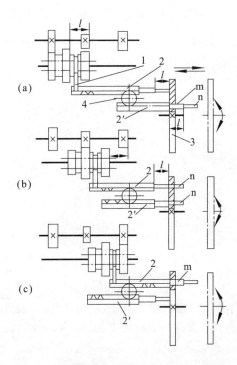

图 4.21　孔盘变速操纵机构工作原理图

1—拨叉;2、2′—齿条轴;3—孔盘;4—齿轮

下面以一个变速操纵组的变速为例说明其工作原理。如图 4.21(a)所示,孔盘上相对齿条轴 2 处没有孔,而相对 2′ 处有与台肩 m 相配的大孔。当孔盘左移时,可推动齿条轴 2 左移,带动齿轮 4 逆时针转动时,推动 2′ 的台肩 m 插入孔盘的大孔中,此时拨叉 1 拨动三联滑移齿轮移至左位啮合。如图 4.21(b)所示,孔盘上与齿条轴 2 和 2′ 相对处都有和台肩 n 相配的小孔,当孔盘左移时,推动齿条轴 2′ 左移,带动齿轮 4 顺时针转动,推动齿条轴 2 右移,使 2 和 2′ 分别插入孔盘的小孔中,拨叉 1 拨动三联滑移齿轮移至中位啮合。如图 4.21(c)所示,孔盘上相对齿条轴 2 处有与台肩 m 相配的大孔,而相对 2′ 处没有孔,当孔盘左移时,可推动齿条轴 2′ 左移,齿轮 4 顺时针转动,2 的台肩 m 插入孔盘的大孔中,拨叉 1 拨动三联滑移齿

轮移至右位啮合。双联滑移齿轮变速操纵组的工作原理与此类似,但因只需左、右两个啮合位置,故齿条轴 2 和 2′右端只有一段台肩,孔盘上只需在对应的位置上有孔或无孔,由齿条轴带动拨叉使双联滑移齿轮改变啮合位置,从而达到变速的目的。

图 4.22 为变速操纵图。变速由手柄 1 和速度盘 4 联合操纵。变速时,将手柄 1 向外拉出,手柄 1 绕销子 3 摆动而脱开定位销 2;然后逆时针转动手柄 1 约 250°,经操纵盘 5、平键带动齿轮套筒 6 转动,再经齿轮 9 使齿条轴 10 向右移动,其上拨叉 11 拨动孔盘 12 右移并脱离各组齿条轴;接着转动速度盘 4,经心轴、一对锥齿轮使孔盘 12 转过相应的角度(由速度盘 4 的速度标记确定);最后反向转动手柄 1,通过齿条轴 10,由拨叉 11 将孔盘 12 向左推入,推动各组变速齿条轴作相应的移位,改变 3 个滑移齿轮的位置,实现变速,当手柄 1 转回原位并由定位销 2 定位时,各滑移齿轮达到正确的啮合位置。

变速时,为了使滑移齿轮在移动过程中易于啮合,变速机构中设有主电动机瞬时点动控制。变速操纵过程中,齿轮 9 上的凸块 8 压动微动开关 7(SQ6),瞬时接通主电动机,使之产生瞬时点动,带动传动齿轮慢速转动,使滑移齿轮容易进入啮合状态。

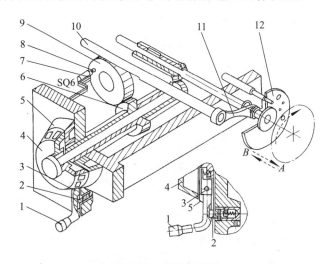

图 4.22　变速操纵图

1—手柄;2—定位销;3—销子;4—速度盘;5—操纵盘
6—齿轮套筒;7—微动开关;8—凸块;9—齿轮;10—齿条轴;11—拨叉;12—孔盘

3.铣床辅件

分度头是铣床的主要辅件之一。许多零件的加工,如铣削六角螺钉头、花键、齿轮、多头螺旋槽等都需要利用分度头进行分度。

1)分度头的用途和传动系统

分度头的作用:①可作等分或不等分的圆周分度;②可将工件轴线相对于铣床工作台台面倾斜一定的角度,加工各种位置的沟槽、平面;③通过挂轮,分度头主轴可带动工件作连续旋转,以加工螺旋沟槽,如油槽、阿基米德螺旋线凸轮等。

图 4.23 是 F1125 型万能分度头的外形图。主轴 2 是空心的,两端均为模式 4 号锥孔,前锥孔用来装带有拨盘的顶尖,后锥孔可装入心轴,作为差动或作直线移动分度以及加工小导程螺旋面时安装挂轮用。主轴前端外部有一段定位锥体,用于与三爪自定心卡盘的过渡

盘(法兰盘)配合。壳体 4 通过轴承支承在底座 10 上,主轴可随壳体 4 在底座 10 的环形导轨内转动。因此,主轴除安装成水平位置外,还可在−6°～95°范围内调整其角度。

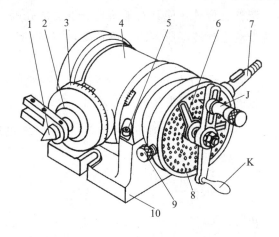

图 4.23　F1125 型万能分度头外形图

1—顶尖;2—主轴;3—刻度盘;4—壳体;5—螺母;6—分度叉

7—交换齿轮轴;8—分度盘;9—分度盘锁紧螺钉;10—底座;J—分度定位销;K—分度手柄

转动手柄 K,可使分度头主轴转动到所需位置。分度盘 8 上均布着不同孔数的几圈孔,插销 J 可在分度手柄 K 的径向槽中移动,以便插销插入不同孔数的孔圈中。F1125 型万能分度头带有三块分度盘,每块分度盘有 8 圈孔,孔数如下:

第一块:16、24、30、36、41、47、57、59;

第二块:22、27、29、31、37、49、53、63;

第三块:23、25、28、33、39、43、51、61。

分度头的传动系统如图 4.24 所示。转动分度手柄 K,通过一对传动比为 1∶1 的直齿圆柱齿轮和一对传动比为 1∶40 的蜗杆带动主轴转动。安装挂轮用的交换齿轮轴 5,通过 1∶1 的螺旋齿轮和空套在分度手柄轴上的孔盘相联系。

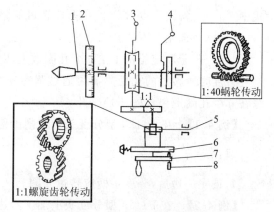

图 4.24　分度头的传动系统

1—顶尖;2—刻度盘;3—脱落蜗杆手柄

4—主轴锁紧手柄;5—交换齿轮轴;6—分度盘

7—分度手柄;8—定位销

2) 分度方法

(1) 直接分度法。

当分度数较少(如 2、3、6 等份)或分度精度要求不高时,可采用直接分度法进行分度。如图 4.24 所示,分度时,将脱落蜗杆手柄 3 脱开,松开主轴锁紧手柄 4,直接转动主轴进行分度。分度主轴转过的角度,可由刻度盘 2 和固定在壳体上的游标直接读出。分度完毕后,应将脱落蜗杆手柄 3 接合,并将主轴锁紧手柄 4 锁紧,以防主轴在加工中转动,影响分度精度。

（2）简单分度法。

这是一种常用的分度方法，用于分度数较多的场合。分度前，应使蜗杆蜗轮啮合，并用锁紧螺钉将分度盘锁紧。调整定位销 8 使其对准所选分度盘的孔圈。分度时，先拔出定位销，转动手柄，经传动系统带动主轴转至所需的分度位置，然后将定位销对准销孔重新插入分度盘孔中。

由分度头的传动系统可知，分度手柄转 40 转，主轴转 1 转，即传动比为 1：40。"40"称为分度头的定数。各种型号的万能分度头基本上都采用这个定数。

设工件的等分数为 z，则每次分度时主轴需转 $\frac{1}{z}$ 转。由图 4.23 可知，分度手柄每次分度应转的转数为

$$n_k = \frac{1}{z} \times \frac{40}{1} \times \frac{1}{1} = \frac{40}{z} (\text{r})$$

式中　n_k——分度手柄的转数；

　　　z——工件的等分数。

上式还可写成

$$n_k = \frac{40}{z} = a + \frac{p}{q}$$

式中　a——每次分度时分度手柄 K 转过的整圈数（当 $z>40$ 时，$a=0$）；

　　　q——选用孔圈的孔数；

　　　p——分度定位销 J 在 q 个孔圈数上转过的孔距数。

分度时所转过的孔距数 p 可通过调整分度叉 6（图 4.23）的夹角大小来确定。分度叉内缘在 q 个孔圈上包含 $(p+1)$ 个孔。

【例 4-1】　在 F1125 型分度头上铣削十边形工件，试确定每铣一边后分度手柄的转数。

解：$n_k = \frac{40}{z} = \frac{40}{10} = 4 (\text{r})$

每铣完一边后，分度手柄应转 4 圈。

【例 4-2】　在 F1125 型分度头上加工六边形螺母，试确定每铣一面时分度手柄的转数。

解：$n_k = \frac{40}{6} = 6 + \frac{4}{6} = 6 + \frac{2}{3} (\text{r})$

应选用 6 的倍数的孔圈，故选有 36 孔的孔盘，则

$$n_k = 6 + \frac{2}{3} = 6 + \frac{24}{36} (\text{r})$$

即分度手柄转过 6 整圈及 36 孔圈中的 24 个孔距（25 孔）时，工件转过 $\frac{1}{6}$ 转。

分度叉由于有弹簧的压力，可以紧贴在孔盘上不松动。每次分度时定位销 J 从分度叉的一边拔出转过一定角度插入另一边缘的孔中进行定位。再顺时针转动分度叉，使左叉靠紧定位销 J，为下一次分度作好准备。

简单分度法亦可在常用机械加工手册中直接从简单分度表中查找计算结果。

简单分度法还可派生出另一种分度形式——角度分度法。简单分度法以工件的等分数作为计算依据，而角度分度法以工件所需转过的角度 θ 作为计算依据。由分度头传动系统

可知,分度手柄转 40 转,分度头主轴带动工件转 1 转,也就是转 360°,即分度头手柄转 1 转,工件转 360°/40＝9°,根据这一关系,可得出

$$n_k = \frac{\theta}{9°}(r)$$

式中　θ——工件等分的角度。

【例 4-3】　在轴上铣两键槽,其夹角为 77°,应如何分度?

解:$n_k = \frac{\theta}{9°} = \frac{77}{9} = 8\frac{5}{9} = 8\frac{35}{63}(r)$

即分度头手柄转 8 圈后再在 63 孔圈上转过 35 个孔距。

(3) 差动分度法。

由于孔盘的孔圈有限,有些分度数(尤其是质数分度)常常因找不到合适的孔圈而不能使用简单分度法分度,如分度数为 67、79、97、107 等,这时应采用差动分度法。

差动分度时,应松开分度盘上的紧定螺钉 9(图 4.25),使分度盘可随螺旋齿轮转动,并在分度头主轴与交换齿轮轴之间安装挂轮 z_1、z_2、z_3、z_4(图 4.25)。图 4.26 为挂轮安装示意图。当手柄 K 转动时,通过齿轮、蜗杆副和挂轮驱动,分度盘随主轴的转动而慢速转动。此时,手柄 K 的实际转数是手柄相对于分度盘的转数和分度盘本身转数的代数和。这种利用手柄和分度盘同时转动进行分度的方法称为差动分度法。

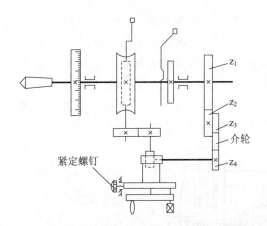

图 4.25　差动分度时的传动系统图

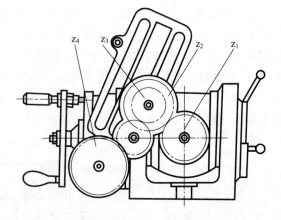

图 4.26　差动分度时挂轮的安装示意图

4.2.3　立式升降台铣床

立式升降台铣床与卧式升降台铣床的区别仅在于主轴采用立式布局,如图 4.27 所示。主轴 2 安装在立铣头 1 内,可沿其轴线方向进给或手动调整位置。立铣头在垂直平面内可向左或向右回转 45°,使主轴相对于工作台面倾斜成所需角度,以扩大加工范围。立式铣床的其他部件,如工作台、床鞍、升降台等的结构与卧式升降台铣床相同。

立式铣床可安装面铣刀或立铣刀,以加工平面、沟槽、斜面、台阶等表面。

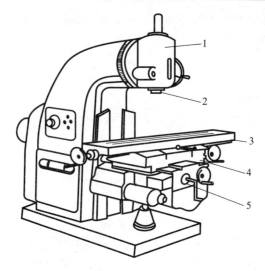

图 4.27　立式升降台铣床

1—立铣头;2—主轴;3—工作台;4—床鞍;5—升降台

4.2.4　龙门铣床

　　龙门铣床由床身、工作台、立柱、横梁、水平铣头、垂直铣头等组成,如图 4.28 所示。龙门铣床由立柱 5、7 和顶梁 6 构成龙门式框架,并由此而得名。两个水平铣头 2、9 分别安装在横梁 3 和两个立柱的导轨上,可沿各自导轨作调整移动。每个铣头都是一个独立的主传动部件,其中包括单独电动机、传动机构、变速机构、操纵机构等。工作台 1 装在底座 10 上,加工时工作台带动工件作纵向进给运动。各铣头的切深运动由主轴套筒带动主轴沿轴向移动来实现。

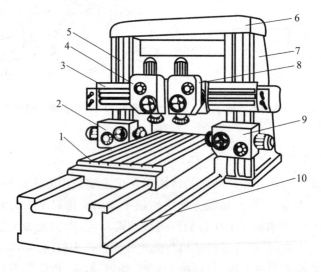

图 4.28　龙门铣床

1—工作台;2、9—水平铣头;3—横梁;4、8—垂直铣头;5、7—立柱;6—顶梁;10—底座龙门铣床是一种大型高效能通用机床,主要用于加工各类大型工件的平面、沟槽,借助于辅件还可完成斜面、孔的加工。在龙门铣床上不仅可进行粗加工、半精加工,而且可进行精加工,因此在大批大量生产中得到了广泛应用。

4.3　磨　床

4.3.1　磨床的工艺范围及其组成

磨床是用磨料磨具(砂轮、砂带、油石、研磨剂)为工具进行切削加工的机床。它主要用于各种零件特别是淬硬零件的精加工。随着磨料磨具和高效磨削工艺(如高速磨削、强力磨削等)的发展,以及磨床结构性能的不断改进,磨床的应用已从精加工逐步扩展到粗加工领域。

磨床可加工各种表面,如内外圆柱面和圆锥面、平面、齿轮齿面、螺旋面以及各种成形面,还可以刃磨刀具和进行切断等,工艺范围十分广泛。

磨床的种类很多,按用途和采用的工艺方法不同,大致可分为以下几类。

(1)外圆磨床:主要用于磨削回转表面,包括万能外圆磨床、外圆磨床及无心外圆磨床等。

(2)内圆磨床:主要用于磨削内回转表面,包括内圆磨床、无心内圆磨床及行星内圆磨床等。

(3)平面磨床:用于磨削各种平面,包括卧轴矩台平面磨床、立轴矩台平面磨床、卧轴圆台平面磨床及立轴圆台平面磨床等。

(4)工具磨床:用于磨削各种工具,如样板、卡板等。包括工具曲线磨床、钻头沟槽磨床、卡板磨床及丝锥沟槽磨床等。

(5)刀具刃具磨床:用于刃磨各种切削刀具,包括万能工具磨床(能刃磨各种常用刀具)、拉刀刃磨床及滚刀刃磨床等。

(6)专门化磨床:专门用于磨削一类零件上的一种表面,包括曲轴磨床、凸轮轴磨床、花键轴磨床、活塞环磨床、球轴承套圈沟磨床及滚子轴承套圈滚道磨床等。

(7)研磨机:以研磨剂为切削工具,用于对工件进行光整加工,以获得很高的精度和很细的表面粗糙度。

(8)其他磨床:包括珩磨机、抛光机、超精加工机床及砂轮机等。

4.3.2　外圆磨床

1. M1432A 型万能外圆磨床

M1432A 型万能外圆磨床主要用于磨削内外圆柱面、内外圆锥面、阶梯轴轴肩以及端面和简单的成形回转体表面等。它属于普通精度级机床,磨削加工精度可达 IT6～IT7 级,表面粗糙度为 Ra1. 25～0.08μm 之间。这种磨床万能性强,但磨削效率不高,自动化程度较低,适用于工具车间、维修车间和单件小批生产类型。其主参数为最大磨削直径 320mm。

图 4.29 是 M1432A 型万能外圆磨床的外形图,它由下列主要部件组成。

（1）床身：它是磨床的基础支承件，用以支承机床的各部件。

（2）头架：它用于装夹工件并带动工件转动。当头架体座逆时针回转 0～90°的角度时，可磨削锥度大的短圆锥面。

（3）砂轮架：它用于支承并传动砂轮主轴高速旋转。砂轮架装在滑鞍 6 上，回转角度为 ±30°。当需要磨削短圆锥面时，砂轮架可调至一定的角度位置。

（4）内圆磨具：它用于支承磨内孔的砂轮主轴。内圆磨具主轴由单独的内圆砂轮电动机驱动。

（5）尾座：尾座上的后顶尖和头架前顶尖一起，用于支承工件。

（6）工作台：它由上工作台和下工作台两部分组成。上工作台可绕下工作台的心轴在水平面内调至某一角度位置，用以磨削锥度较小的长圆锥面。工作台台面上装有头架和尾座，这些部件随着工作台一起，沿床身纵向导轨作纵向往复运动。

（7）滑鞍及横向进给机构：转动横向进给手轮 7，通过横向进给机构带动滑鞍 6 及砂轮架作横向移动。也可以利用液压装置，使滑鞍及砂轮架作快速进退或周期性自动切入进给。

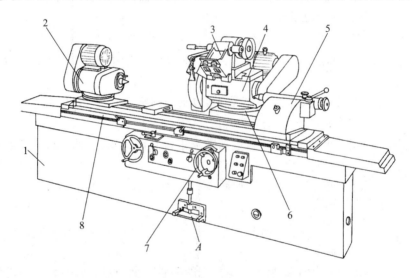

图 4.29　M1432A 型万能外圆磨床外形图

1—床身；2—头架；3—内圆磨具；4—砂轮架；5—尾座

6—滑鞍；7—手轮；8—工作台

2．机床的主要技术性能

外圆磨削直径	8～320mm
外圆最大磨削长度（共 3 种规格）	1000mm；1500mm；2000mm
内孔磨削直径	30～100mm
内孔最大磨削长度	125mm
磨削工件最大重量	150kg
砂轮尺寸和转速	ϕ400mm×50mm×ϕ203mm，1670r/min
头架主轴转速	6 级 25r/min、50r/min、80r/min、112r/min、160r/min、224r/min

内圆砂轮转速	10 000r/min；15 000r/min
工作台纵向移动速度（液压无级调速）	0.05～4m/min
机床外形尺寸（3 种规格）	
长度	3200mm；4200mm；5200mm
宽度	1800～1500mm
高度	1420mm
机床重量（3 种规格）	3200kg；4500kg；5800kg

3. 机床的运动

图 4.30 是几种典型表面的加工示意图。

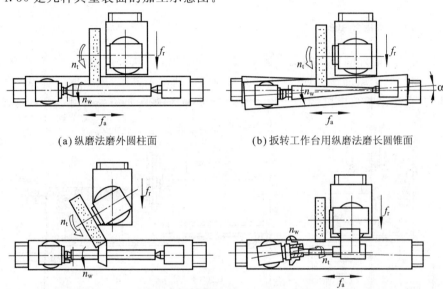

(a) 纵磨法磨外圆柱面　　　　　　　　　(b) 扳转工作台用纵磨法磨长圆锥面

(c) 扳转砂轮架用切入法磨短圆锥面　　　(d) 扳转头架用纵磨法磨内圆锥面

图 4.30　万能外圆磨床典型加工示意图

1) 磨外圆

如图 4.30(a)所示，外圆磨削所需的运动如下。

(1) 砂轮旋转运动 n_t：它是磨削外圆的主运动。

(2) 工件旋转运动 n_w：它是工件的圆周进给运动。

(3) 工件纵向往复运动 f_a：它是磨削出工件全长所必需的纵向进给运动。

(4) 砂轮横向进给运动 f_r：它是间歇的切入运动。

2) 磨长圆锥面

如图 4.30(b)所示，所需的运动和磨外圆时一样，所不同的是将工作台调至一定的角度位置。这时工件的回转中心线与工作台纵向进给方向不平行，所以磨削出来的表面是圆锥面。

3) 切入法磨外圆锥面

如图 4.30(c)所示，将砂轮调整至一定的角度位置，工件不作往复运动，砂轮作连续的横向切入进给运动。这种方法仅适合磨削短的圆锥面。

4）磨内锥孔

如图 4.30(d)所示，将工件装夹在卡盘上，并调整至一定的角度位置。这时磨外圆的砂轮不转，磨削内孔的内圆砂轮作高速旋转运动 n_t，其他运动与磨外圆时类似。

从上述 4 种典型表面加工的分析中可知，机床应具有下列运动。

主运动：①磨外圆砂轮的旋转运动 n_t；②磨内孔砂轮的旋转运动 n_t。主运动由两个电动机分别驱动，并设有互锁装置。

进给运动：①工件旋转运动 n_w；②工件纵向往复运动 f_a；③砂轮横向进给运动 f_r。往复纵磨时，横向进给运动是周期性间歇进给；切入式磨削时是连续进给运动。

辅助运动：包括砂轮架快速进退（液压）、工作台手动移动以及尾座套筒的退回（手动或液动）等。

4.3.3　磨床的机械传动系统

M1432A 型万能外圆磨床的工作运动，是由机械和液压联合传动的。在该机床中，除了工作台的纵向往复运动、砂轮架的快速进退和周期自动切入进给、尾座顶尖套筒的缩回是液压传动外，其余运动都是由机械传动的。图 4.31 是 M1432A 型万能外圆磨床的传动系统。

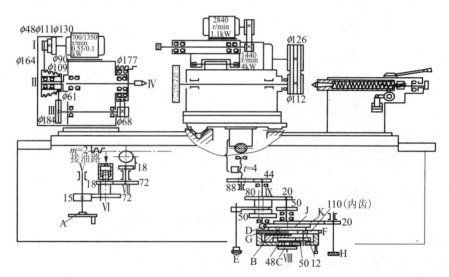

图 4.31　M1432A 型万能外圆磨床机械传动系统

1. 外圆磨削砂轮的传动链

砂轮主轴的运动是由砂轮架电动机（1440r/min，4kW）经 4 根 V 带直接传动的。砂轮主轴的转速达 1670r/min。

2. 头架拨盘（带动工件）的传动链

拨盘的运动是由双速电动机（700/1350r/min，0.55/1.1kW）驱动，经 V 带塔轮及两级 V 带传动，使头架的拨盘或卡盘带动工件，实现圆周运动。

3. 内圆磨具的传动链

内圆磨削砂轮主轴由内圆砂轮电动机(2840r/min,1.1kW)经平皮带直接传动。更换平带轮可使内圆砂轮主轴得到两种转速。

内圆磨具装在支架上,为了保证工作安全,内圆砂轮电动机的启动与内圆磨具支架的位置有互锁作用;只有当支架翻到工作位置时,电动机才能启动。这时,(外圆)砂轮架快速进退手柄在原位上自动锁住,不能快速移动。

4. 工作台的手动驱动

调整机床及磨削阶梯轴的台阶时,工作台还可由手轮 A 驱动。

为了避免工作台纵向运动时带动手轮 A 快速转动碰伤操作者,采用了互锁油缸。轴 VI 的互锁油缸和液压系统相通,工作台运动时压力油推动轴 VI 上的双联齿轮移动,使齿轮 z_{18} 与 z_{72} 脱开。因此,液压驱动工作台纵向运动时手轮 A 并不转动。当工作台不用液压传动时,互锁油缸上腔通油池,在油缸内的弹簧作用下,齿轮副 18/72 重新啮合传动,转动手轮 A,便可实现工作台手动纵向直线移动。

5. 滑鞍及砂轮架的横向进给运动

横向进给运动,可通过摇动手轮 B 来实现,也可由进给液压缸的柱塞 G 驱动,实现周期的自动进给。传动路线表达式为

$$
\begin{matrix}
\text{手轮 B} \\
\text{(手动进给)} \\
\text{进给油缸柱塞 G} \\
\text{(自动进给)}
\end{matrix}
\left|\, -\text{VIII}-\,\right|
\begin{matrix}
\dfrac{50}{50} \\
\\
\dfrac{20}{80}
\end{matrix}
\left|\, -\text{IX}-\dfrac{44}{88}-\text{横向进给丝杠}(t=4\text{mm})\right.
$$

横向手动进给分粗进给和细进给。粗进给时,将手柄 E 向前推,转动手轮 B 经齿轮副 50/50 和 44/88、丝杠使砂轮架作横向粗进给运动。手轮 B 转 1 转,砂轮架横向移动 2mm,手轮 B 的刻度盘 D 上分为 200 格,则每格的进给量为 0.01mm。细进给时,将手柄 E 拉到图示位置,经齿轮副 20/80 和 44/88 啮合传动,则砂轮架作横向细进给,手轮 B 转 1 转,砂轮架横向移动 0.5mm,刻度盘上每格进给量为 0.0025mm。

如图 4.32 所示,磨削一批工件时,为了简化操作及节省时间,通常在试磨第一个工件达到要求的直径后,调整刻度盘上挡块 F 的位置,使它在横向进给磨削至所需直径时,正好与固定在床身前罩上的定位块相碰。因此,磨削后续工件时,只须摇动横向进给手轮(或开动液压自动进给),当挡块 F 碰在定位块 E 上时,停止进给(或液压自动停止进给),就可达到所需的磨削直径,上述过程就称为定程磨削。利用定程磨削可减少

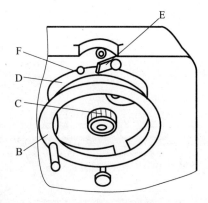

图 4.32　手动刻度的调整
B—手轮;C—旋钮;D—刻度盘
F—挡块;E—定位块

测量工件直径尺寸的次数。

当砂轮磨损或修正后，由于挡块 F 控制的工件直径变大了。这时，必须调整砂轮架的行程终点位置，也就是调整刻度盘 D 上挡块 F 的位置。如图 4.32 所示，其调整的方法为：拔出旋钮 C，使它与手轮 B 上的销子脱开，顺时针方向转动旋钮 C，经齿轮副 48/50 带动齿轮 z_{12} 旋转，z_{12} 与刻度盘 D 的内齿轮 z_{110} 相啮合，于是使刻度盘 D 逆时针方向转动。刻度盘 D 应转过的格数，根据砂轮直径减小所引起的工件尺寸变化量确定。调整妥当后，将旋钮 C 的销孔推入手轮 B 的销子上，使旋钮 C 和手轮 B 成一整体。

由于旋钮 C 上周向均布 21 个销孔，而手轮 B 每转 1 转的横向进给量为 2mm 或 0.5mm。因此，旋钮每转过一个孔距，砂轮架的附加横向进给量为 0.01mm 或 0.0025mm。

6. 磨床主要部件的结构

1）砂轮架

如图 4.33 所示，主轴的两端以锥体定位，前端通过压盘 1 安装砂轮，末端通过锥体安装 V 带轮 13，并用轴端的螺母进行压紧。主轴由两个短三瓦调位动压轴承来支承，每个轴承各由 3 块均布在主轴轴颈周围，包角约为 $60°$ 的扇形轴瓦 19 组成。每块轴瓦上都由可调节的球头螺钉 20 支承。而球头螺钉的球面与轴瓦的球面经过配研，能保证有良好的接触刚度，

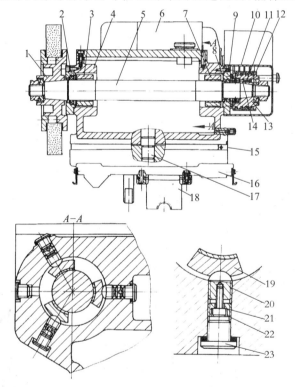

图 4.33 M1432A 型外圆磨床砂轮架结构

1—压盘；2、9—轴承盖；3、7—动压滑动轴承；4—壳体；5—砂轮主轴

6—主电动机；8—止推环；10—推力球轴承；11—弹簧；12—调节螺钉；13—带轮

14—销子；15—刻度盘；16—滑鞍；17—定位轴销；18—半螺母；19—扇形轴瓦

20—球头螺钉；21—螺套；22—锁紧螺钉；23—封口螺钉

并使轴瓦能灵活地绕球头螺钉自由摆动。螺钉的球头(支承点)位置在轴向处于轴瓦的正中,而在周向则偏离中间一些距离。这样,当主轴旋转时,3 块轴瓦各自在螺钉的球头上自由摆动到一定平衡位置,其内表面与主轴轴颈间形成楔形缝隙,于是在轴颈周围产生 3 个独立的压力油膜,使主轴悬浮在 3 块轴瓦的中间,形成液体摩擦作用,以保证主轴有高的精度保持性。当砂轮主轴受磨削载荷而向某一轴瓦偏移时,这一轴瓦的楔缝变小,油膜压力增大;而在另一方向的轴瓦的楔缝变大,油膜压力减小,这样,砂轮主轴就能自动调节到原中心位置,保持主轴有高的旋转精度。轴承间隙用球头螺钉 20 进行调整,调整时,先卸下封口螺钉 23,锁紧螺钉 22 和螺套 21,然后转动球头螺钉 20,使轴瓦与轴颈间的间隙合适为止(一般情况下,其间隙为 0.01~0.02mm)。一般只调整最下面的一块轴瓦即可。调整好后,必须重新用螺套 21、锁紧螺钉 22 将球头螺钉 20 锁紧在壳体 4 的螺孔中,以保证支承刚度。

主轴由止推环 8 和推力球轴承 10 作轴向定位,并承受左右两个方向的轴向力。推力球轴承的间隙由装在皮带轮内的 6 根弹簧 11 通过销子 14 自动消除。由于自动消除间隙的弹簧 11 的力量不可能很大,所以推力球轴承只能承受较小的向左的轴向力。因此,本机床只宜用砂轮的左端面磨削工件的台肩端面。

砂轮的壳体 4 固定在滑鞍 16 上,利用滑鞍下面的导轨与床身顶面后部的横导轨配合,并通过横向进给机构和半螺母 18,使砂轮作横向进给运动或快速向前或向后移动。壳体 4 可绕定位轴销 17 回转一定角度,以磨削锥度大的短锥体。

2)内圆磨具及其支架

图 4.34 为内圆磨具装配图,图 4.35 为内圆磨具装在支架中的情况。

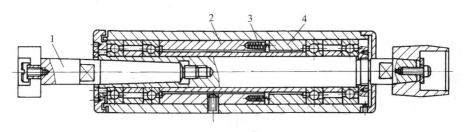

图 4.34　内圆磨具装配图
1—接长轴;2、4—套筒;3—弹簧

由于磨削内圆时砂轮直径较小,所以内圆磨具主轴应具有很高的转速,内圆磨具应保证高转速下运动平稳,主轴轴承应具有足够的刚度和寿命。内圆磨具主轴由平带传动。主轴前、后支承各用两个 D 级精度的角接触球轴承,均匀分布的 8 个弹簧 3 的作用力通过套筒 2、4 顶紧轴承外圈。当轴承磨损产生间隙或主轴受热膨胀时,由弹簧自动补偿调整,从而保证了主轴轴承刚度和稳定的预紧力。

主轴的前端有一莫氏锥孔,可根据磨削孔深度的不同安装不同的内磨接长轴 1;后端有一外锥体,以安装平带轮。

内圆磨具装在支架的孔中,图 4.35 所示为工作时的位置。如果不磨削内圆,内圆磨具支架 2 翻向上方。内圆磨具主轴的轴承用锂基润滑脂润滑。

4.3.4　无心外圆磨床

在无心外圆磨床上加工工件,不用顶尖定心和支承,而由工件的被磨削外圆面本身作定位面。如图 4.36 所示,工件 2 放在磨削砂轮 l 和导轮 3 之间,由托板 4 支承进行磨削。导轮 3 是用树脂或橡胶作为粘结剂制成的刚玉砂轮,它与工件之间的摩擦系数较大,所以工件由导轮的摩擦力带动作圆周进给。导轮的线速度通常在 $10\sim50 \mathrm{m/min}$ 左右,工件的线速度基本上等于导轮的线速度。磨削砂轮就是一般的砂轮,线速度很高。所以磨削砂轮与工件之间有很大的相对速度,这就是磨削工件的切削速度。

无心磨削时,必须使工件的中心高于磨削砂轮和导轮的中心,工件才能磨圆。当高出量过大时,工件将在磨削区内产生跳动,使工件表面出现斑点;当高出量过小时,工件的原始形状误差不易消除。一般高出量要有一个合理值,该值可参考磨削手册确定。

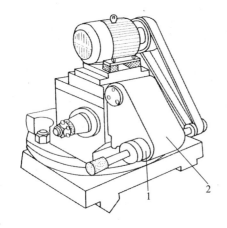

图 4.35　内磨装置

1—长轴;2—支架

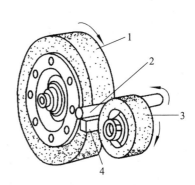

图 4.36　无心磨削加工示意图

1—磨削砂轮;2—工件;3—导轮;4—托板

如图 4.37 所示,无心磨床有两种磨削方式:贯穿磨削法(纵磨法)(图 4.37(a))和切入磨削法(横磨法)(图 4.37(b))。

贯穿磨削时,将工件从机床前面放到托板上,推入磨削区域后,工件旋转,同时又轴向贯穿移动,最后至后导板经送料槽输入工件盒中。这时另一工件相继进入磨削区,就可以一件接一件地连续加工。

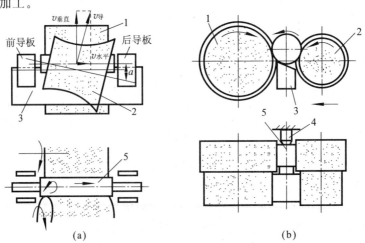

(a)　　　　　　　　　　　　(b)

图 4.37　无心磨床加工方法示意图

1—磨削砂轮;2—导轮;3—托板;4—挡块;5—工件

切入磨削时,工件不穿过磨削区,它一面旋转,一面向磨削砂轮径向方向连续进给,直到磨去全部余量为止;然后导轮后退,取出工件。磨削时导轮的轴心线倾斜很小角度(约 $30'$),对工件有微小的轴向推力,使它靠住挡块 4,得到可靠的轴向定位。切入磨削法适用于磨削具有阶梯或成形回转表面的工件。如果配备自动装卸机构,往往就能实现全自动循环。

在无心外圆磨床上磨削外圆表面,不用顶尖支承,装卸简单省时;用贯穿法磨削时,加工过程可连续进行,工件支承刚度好,可用较大的切削用量进行磨削,而磨削余量可较小,故生产率较高,但机床调整费时,只适用于成批及大量生产。又因工件的支承与传动特点,只能用来加工尺寸较小、形状比较简单的零件。此外,无心磨床不能磨削不连续的外圆表面,如带有键槽、小平面等表面,也不能保证被加工面与其他表面间的相互位置精度。

4.3.5　平面磨床

平面磨床用于磨削各种零件的平面。根据砂轮工作面的不同,平面磨床可分为用砂轮轮缘(即圆周)进行磨削和用砂轮端面进行磨削两类。用砂轮轮缘磨削的平面磨床,砂轮主轴常处于水平位置(卧式);而用砂轮端面磨削的平面磨床,砂轮主轴通常为立式的。根据工作台形状的不同,平面磨床又可分为矩形工作台和圆形工作台两类。因此,根据砂轮工作面和工作台形状的不同,普通平面磨床可分为 4 类:卧轴矩台式平面磨床(图 4.38(a))、卧轴圆台式平面磨床(图 4.38(b))、立轴矩台式平面磨床(图 4.38(c))、立轴圆台式平面磨床(图 4.38(d))。

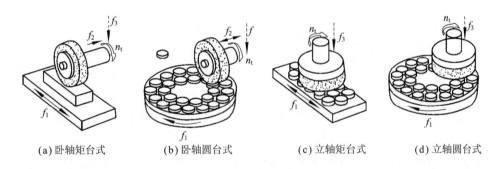

(a) 卧轴矩台式　　　(b) 卧轴圆台式　　　(c) 立轴矩台式　　　(d) 立轴圆台式

图 4.38　平面磨床的类别示意图

在上述 4 种平面磨床中,用砂轮端面磨削的平面磨床与用砂轮轮缘磨削的平面磨床相比较,由于端面磨削的砂轮直径往往比较大,能同时磨出工件的全宽,磨削面积较大,所以生产率较高;但端面磨削时,冷却困难,切屑也不易排除,所以加工精度和表面质量不高。圆台式平面磨床与矩台式平面磨床相比,由于圆台式是连续进给的,其生产率较高。圆台式只适用于磨削小零件和大直径的环形零件端面,不能磨削长零件;而矩台式可方便磨削各种常用零件,包括直径小于矩台宽度的环形零件。

在机械制造行业中,用得较多的是卧轴矩台式平面磨床和立轴圆台式平面磨床。

4.4　齿轮加工机床

　　齿轮加工机床是指用齿轮切削工具加工齿轮齿面或齿条齿面的机床及其配套辅机。齿轮传动广泛应用于各种机械及仪表中,而且现代化工业的发展对齿轮传动圆周速度和传动精度方面的要求越来越高,因此齿轮加工机床成为机械制造业中一种重要的加工设备,而且它的运动和传动都比较复杂。

4.4.1　齿轮加工机床的工作原理

　　齿轮加工机床种类繁多,结构各异,加工方法也各不相同,但从加工原理上主要可分为成形法和范成法(展成法)两类。

　　1. 成形法

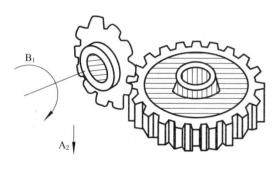

图 4.39　成形法加工齿轮

　　采用与被加工齿轮齿槽形状相同的成形刀具加工齿形的方法称为成形法。图 4.39 所示即为常见的成形法加工齿轮的实例,它是在铣床上使用具有渐开线齿形的盘形铣刀或指状铣刀铣削齿轮。齿轮轮齿的表面是渐开线柱面。由于形成母线(渐开线)的方法采用成形法,机床不需要表面成形运动;形成导线(直线)的方法是相切法。因此机床需要两个成形运动:一个是铣刀的旋转 B_1,另一个是铣刀沿齿坯的轴向移动 A_2,两个都是简单运动。铣完一个轮齿后,铣刀返回原位,齿坯作分度运动——转过 $360°/z$(z 是被加工齿轮的齿数),然后再铣下一个齿槽,直至全部齿被铣削完毕。

　　成形法加工齿轮时,通常采用单齿廓成形刀具加工。优点是机床较简单,可利用通用机床加工。缺点是加工同一模数的齿轮,齿数不同,齿廓形状就不相同,需采用不同的成形刀具。在实际生产中,用成形法加工齿轮,为了减少成形刀具的数量,每一种模数通常只配有 8 把刀具,每把刀适应一定的齿数范围,加工出来的齿形是近似的,存在不同程度的齿形误差,加工精度较低;而且每加工完一个齿槽后,工件需周期性地分度一次,生产率较低。因此,用单齿廓成形刀具加工齿轮的方法多用于单件小批生产且加工精度要求不高的齿轮。

　　用多齿廓成形刀具加工齿轮时,在一个工作循环中即可加工出全部齿槽。例如,用齿轮拉刀或齿轮推刀加工内齿轮和外齿轮。采用这种成形刀具可得到较高的加工精度和生产率,但要求刀具有较高的制造精度且刀具结构复杂。此外,每套刀具只能加工一种模数和齿数的齿轮,所以机床也必须是特殊结构的,因而加工成本较高,仅适用于大批量生产。

　　2. 范成法

　　范成法是应用齿轮啮合原理进行齿形加工的方法,即以保持刀具和齿坯之间按渐开线齿轮啮合的运动关系来实现齿形加工的。

用范成法加工齿轮的优点是,所用刀具切削刃的形状相当于齿条或齿轮的齿廓,只要刀具与被加工齿轮的模数和压力角相同,一把刀具可以加工同一模数不同齿数的齿轮,而且生产率和加工精度都比较高。在齿轮加工中,范成法应用最广泛,如滚齿、插齿、剃齿等都采用这种加工方法。

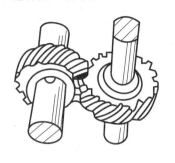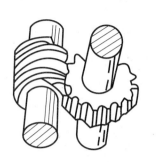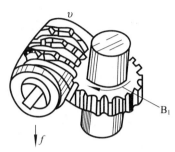

(a) 一对轴线交叉的螺旋齿轮啮合   (b) 其中一个齿轮齿数减少,螺旋角很大成了蜗杆   (c) 将蜗杆铲背成为滚刀

图 4.40　范成法加工圆柱齿轮

4.4.2　滚齿机床的工艺范围及其组成

滚齿机是齿轮加工机床中应用最广泛的一种,它采用范成法工作。在滚齿机上,使用齿轮滚刀加工直齿或斜齿外啮合圆柱齿轮,或用蜗轮滚刀加工蜗轮。

滚齿机按工件安装方式的不同,可分为立式和卧式。卧式滚齿机适用于加工小模数齿轮和连轴齿轮,工件轴线为水平安装;立式滚齿机适用于加工轴向尺寸较小而径向尺寸较大的齿轮。

1. 滚齿机传动系统及调整

滚齿机主要用来加工直齿和斜齿圆柱齿轮、蜗轮和花键轴。加工直齿圆柱齿轮除需要滚刀旋转与工件旋转复合而成的展成运动外,还需要主运动、轴向进给运动,以及加工斜齿圆柱齿轮时形成螺旋线的附加运动。因此滚齿机的传动主要由主运动传动链、展成运动传动链、垂直进给运动传动链、附加运动传动链组成。滚齿机是一种传动关系比较复杂的机床,分析机床传动系统必须掌握正确的分析方法,且必须结合传动原理图进行分析。对于这种运动较多、传动复杂的传动系统,应在认真分析形成表面所需运动的基础上,确定实现各运动的传动链、各传动链的端件及其运动关系,根据传动系统写出传动路线表达式,列出运动平衡式,最后确定其换置公式。下面以 Y3150E 型滚齿机为例进行分析。

2. 加工直齿圆柱齿轮时的传动分析及调整计算

图 4.42 是加工直齿圆柱齿轮的传动原理图。从图中分析可知,加工直齿圆柱齿轮时需要滚刀旋转的主运动 B_1、形成渐开线的展成运动 B_2 和滚刀的垂直进给运动 A 共 3 条传动链。

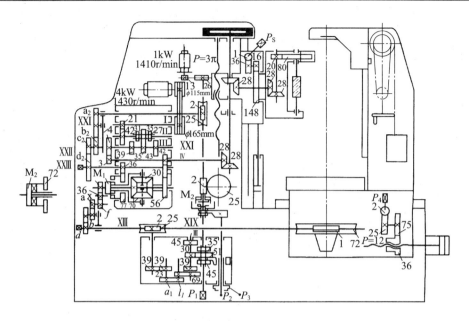

图 4.41　Y3150E 型滚齿机传动系统图

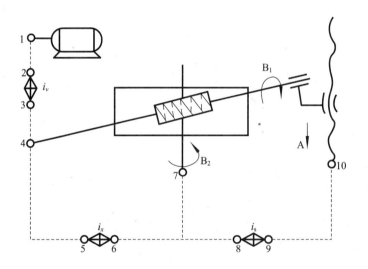

图 4.42　加工直齿圆柱齿轮的传动原理图

1) 主运动传动链

主运动为滚刀的旋转运动,由于滚刀和动力源之间没有严格的相对运动要求,所以主运动传动链属于外联系传动链。

(1) 主运动传动链的两端件:电动机—滚刀主轴 Ⅷ。

(2) 计算位移:$n_{电}$(r/min)—$n_{刀}$(r/min)。

(3) 传动路线:主电动机—胶带传动 $\dfrac{\phi 115}{\phi 165}$—Ⅰ 轴—圆柱齿轮副 $\dfrac{21}{42}$—Ⅱ—三联滑移齿轮组($\dfrac{31}{39}$、$\dfrac{35}{35}$、$\dfrac{27}{43}$)—Ⅲ—切削速度挂轮组 $\dfrac{A}{B}$—Ⅳ—锥齿轮副 $\dfrac{28}{28}$—Ⅴ—$\dfrac{28}{28}$—Ⅵ—$\dfrac{28}{28}$—Ⅶ—圆柱

齿轮副 $\dfrac{20}{80}$ —滚刀主轴 Ⅷ。

（4）运动平衡式：在所列传动路线的基础上，带入计算位移，即可得到运动平衡式

$$1430 \times \frac{115}{165} \times \frac{21}{42} \times i_{\text{Ⅱ}-\text{Ⅲ}} \times \frac{A}{B} \times \frac{28}{28} \times \frac{28}{28} \times \frac{28}{28} \times \frac{20}{80} = n_{\text{刀}}$$

（5）换置公式：对运动平衡式进行化简整理，可得换置公式如下

$$i_v = i_{\text{Ⅱ}-\text{Ⅲ}} \times \frac{A}{B} = \frac{n_{\text{刀}}}{124.583} \qquad\qquad n_{\text{刀}} = \frac{1000v}{\pi D_{\text{刀}}}$$

式中　$i_{\text{Ⅱ}-\text{Ⅲ}}$——轴 Ⅱ-Ⅲ 间的可变传动比，共 3 种：$i = 27/43, 31/39, 35/35$；

　　　　$\dfrac{A}{B}$——变速挂轮，共 3 种：$\dfrac{A}{B} = 22/44, 33/33, 44/22$。

根据滚刀的转速，计算 i_v，并决定 $i_{\text{Ⅱ}-\text{Ⅲ}}$ 的啮合位置和 A/B。

2）展成运动传动链（有时习惯上称分齿运动传动链）

展成运动传动链是联系滚刀主轴和工作台之间的传动链，由它决定齿轮齿廓的形状（渐开线），属于内联系传动链。

（1）展成运动传动链的两端件：滚刀主轴（滚刀转动）—工作台（工件转动）。

（2）计算位移：由滚齿原理，当滚刀转过 $1/k$ 转（k 是滚刀头数）时，工件必须转过 $1/z$ 转（z 为工件齿数），即 $1/k$ 转（滚刀）—$1/z$ 转（工件）。

（3）传动路线：滚刀主轴 Ⅷ—Ⅶ 轴—$\dfrac{28}{28}$—Ⅴ 轴—$\dfrac{28}{28}$—Ⅳ—$\dfrac{42}{56}$—合成机构—Ⅸ 轴—挂轮组 $\dfrac{e}{f}$—Ⅺ 轴—分挂轮组 $\dfrac{a}{b} \times \dfrac{c}{d}$—Ⅻ 轴—蜗轮副 $\dfrac{1}{72}$—工作台（工件）。

（4）运动平衡式：在传动路线基础上，将计算位移代入，可得运动平衡式如下

$$1 \times \frac{80}{20} \times \frac{28}{28} \times \frac{28}{28} \times \frac{28}{28} \times \frac{42}{56} \times i_{\text{合成}} \times \frac{e}{f} \times \frac{a}{b} \times \frac{c}{d} \times \frac{1}{72} = \frac{k}{z}$$

式中　$i_{\text{合成}}$——通过合成机构的传动比。

Y3150E 型滚齿机在滚切直齿圆柱齿轮时，要在 Ⅸ 轴端使用 M_1 牙嵌离合器，M_1 通过花键与轴 Ⅸ 连接，又通过端面爪（牙嵌）与合成机构壳体上的端齿相结合，这样合成机构就如同一个联轴器一样。因此，式中 $i_{\text{合成}} = 1$。

（5）换置公式：整理上式可得出换置机构传动比为

$$i_x = \frac{a}{b} \times \frac{c}{d} = \frac{f}{e} \times \frac{24k}{z}$$

从换置公式可以看出当 e、f 挂轮齿数为定值时，若加工齿轮齿数 z 很大，则 i_x 就很小；若 z 很小，则 i_x 就很大。上述情况势必造成分齿挂轮出现大、小轮悬殊的情况，也致使挂轮架结构庞大。所以"结构性挂轮"是用来调整分齿挂轮传动比的，以使其传动比的分子、分母相差倍数不致过大，从而避免交换齿轮架结构过于庞大。

e、f 挂轮齿数，根据被加工齿轮齿数选取。

当 $5 \leqslant z/k \leqslant 20$ 时，取 $e = 48, f = 24$；

当 $21 \leqslant z/k \leqslant 142$ 时，取 $e = f = 36$；

当 $z/k \geqslant 143$ 时，取 $e = 24, f = 48$。

展成运动传动链是内联系传动链，因此通过分齿交换齿轮的选择而得到的传动比必须

准确。首先根据被加工齿轮齿数 z 和滚刀头数 k，确定结构交换齿轮齿数 e、f；然后按换置公式 i_x 选择 a、b、c、d 的齿数。

3）垂直进给运动传动链

垂直进给运动传动链是联系工作台与刀架的传动链。该传动链只影响形成齿线的快慢而不影响齿线（直线）的轨迹，属于外联系传动链。

（1）垂直进给运动传动链的两端件：工作台（工件转动）—刀架（滚刀移动）。

（2）计算位移：其计算位移为工作台每转 1 转，刀架进给 f。

（3）传动路线：工作台（工件）$-\dfrac{72}{1}-$ XIII 轴$-$蜗轮副$\dfrac{2}{25}-$ XV 轴$-\dfrac{39}{39}-$ XVI $-$进给挂轮组 $\dfrac{a_1}{b_1}-$ XVII $-\dfrac{23}{69}-$ XVIII $-$ XVIII $-$三联滑移齿轮组（$\dfrac{49}{35}$、$\dfrac{30}{54}$、$\dfrac{39}{45}$）$-$ XIX $-$离合器$-$蜗轮副$\dfrac{2}{25}-$滚刀架垂直运动丝杠 XXIV。

（4）运动平衡式：$1\times\dfrac{72}{1}\times\dfrac{2}{25}\times\dfrac{39}{39}\times\dfrac{a_1}{b_1}\times\dfrac{23}{69}\times i_{17-18}\times\dfrac{2}{25}\times 3\pi=f$。

（5）换置公式：将上式化简整理可得

$$i_f=\dfrac{a_1}{b_1}i_{17-18}=\dfrac{f}{0.4608\pi}=0.6908f$$

垂直进给量可根据工件材料、加工精度和表面粗糙度等条件选取。

3. 滚切斜齿圆柱齿轮时的传动分析及调整计算

滚切直齿圆柱齿轮与滚切斜齿圆柱齿轮的差别，仅在于导线的形状不同。前者是直线，后者为螺旋线，只是轨迹的参数不同。因而，在滚切斜齿圆柱齿轮时，在刀架直线移动和工件旋转之间还存在着传动联系，以形成螺旋线。构成这一传动联系的传动链为差动传动链。

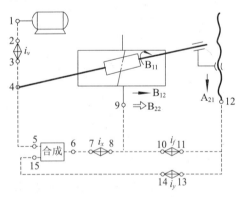

图 4.43　加工斜齿圆柱齿轮的传动原理图

如图 4.43 所示，滚切斜齿圆柱齿轮共有 4 条传动链：主运动传动链、展成运动传动链、轴向进给传动链和差动运动传动链（也称附加运动传动链）。因为 Y3150E 型滚齿机虽是按满足斜齿轮加工而设计的，但同时也可满足直齿轮加工，所以，前 3 条传动链和加工直齿圆柱齿轮时相同。

附加运动传动链的作用是保证刀架下移工件螺旋线一个导程时，工件在展成运动的基础上必须再附加（多转或少转）转动一转。

（1）附加运动传动链的两端件：滚刀架—工作台。

（2）计算位移：刀架沿工件轴向移动一个螺旋线导程 S 时，工件应附加转 1 转。

（3）传动路线：滚刀垂直运动丝杠 XXIII $-\dfrac{25}{2}-$离合器 M_3- XVIII $-$蜗轮副$\dfrac{2}{25}-$ XIX $-$差动挂轮组 $\dfrac{a_2}{b_2}\times\dfrac{c_2}{d_2}-$ XXII $-\dfrac{36}{72}-$合成机构 $i_{合2}-$ IX $-\dfrac{e}{f}-$ X $-\dfrac{36}{36}-$ XI $-\dfrac{a}{b}\times\dfrac{c}{d}-$ XII $-\dfrac{1}{72}-$工件主轴 XIII。

（4）运动平衡式：将计算位移代入传动路线表达式，得到该传动链的运动平衡式

$$\frac{S}{3\pi}\times\frac{25}{2}\times\frac{2}{25}\times\frac{a_2}{b_2}\times\frac{c_2}{d_2}\times\frac{36}{72}\times i_{合2}\times\frac{e}{f}\times\frac{a}{b}\times\frac{c}{d}\times\frac{1}{72}=\pm1$$

式中　3π——轴向进给丝杠的导程,mm;

　　　$i_{合2}$——运动合成机构在附加运动传动链中的传动比,$i_{合2}=2$;

$a/b\times c/d$——展成运动链挂轮传动比;

　　　S——被加工齿轮螺旋线的导程,mm,$S=\dfrac{\pi m_n z}{\sin\beta}$;

　　　m_n——齿轮法向模数,mm;

　　　β——被加工齿轮螺旋角,(°)。

（5）换置公式:

$$i_y=\frac{a_2}{b_2}\frac{c_2}{d_2}=\pm9\frac{\sin\beta}{mnk}$$

差动运动传动链是内联系传动链,因此 i_y 的调整必须精确才能形成准确的螺旋线,但换置公式中含有 $\sin\beta$ 数值,给精确调整差动挂轮带来困难,只能近似计算。为保证齿轮螺旋角 β 的误差不超过标准中规定的齿向误差,对 i_y 的调整有以下要求:加工 8 级精度齿轮时,i_y 应精确到小数点后 4 位;加工 7 级精度齿轮时,i_y 应精确到小数点后 5 位。

4. 刀架快移传动链

刀架快移传动链的传动路线是:快速电动机(1.1kW, 1410r/min)—$\dfrac{13}{26}$—XVIII—离合器 M_3—$\dfrac{2}{25}$—XIX滚刀垂直运动丝杠—刀架。启动快速电动机可使刀架作快速升降运动,用于调整刀架位置及快进、快退。此外,在加工斜齿轮时,启动快速电动机,经附加运动传动链传动使工作台回转,以便检查工作台附加运动的方向是否正确。

启动快速电动机时,需用手柄 P_3 将轴 XIX 上的三联滑移齿轮移至空挡位置,否则快速电动机不能启动,这是由机床电气联锁装置保证的,以防止 XV 轴上的蜗轮传动 XIII 轴上的蜗杆而引起事故。

应注意的是,在加工斜齿圆柱齿轮的整个过程中,展成运动传动链和差动运动传动链均不可脱开。例如,第一刀粗切完毕后,需将刀架快速向上退回以便进行第二刀切削时,绝不可脱开展成运动传动链和差动运动传动链中的挂轮或离合器,以保证滚刀仍按原来的螺旋线轨迹退回,避免产生乱扣(牙)或斜齿轮被破坏等现象。

使用快速电动机时,主电动机是否启动与此无关,因为这两个电动机分别属于两个独立的运动。以滚切斜齿轮第一刀切削完毕,滚刀快速退回为例。此时如主电动机仍然转动,则刀架带以 B_{11} 旋转的滚刀退回,而工件以 $(B_{12}+B_{22})$ 的合成运动转动;如主电动机停止转动,那么电动机快退时,刀架上的滚刀不转,但工作台上的工件仍在转动,只不过是由差动传动链传来的 B_{22} 使工件转动的。实际上,此时停止的是展成运动。

5. 交换齿轮齿数的选择

1）交换齿轮选用顺序

Y3150E 型滚齿机除主运动传动链外,其余 3 条传动链的换置机构共用一套交换齿轮(机床出厂时附带),由于交换齿轮个数有限,当选用发生矛盾时,按下列顺序选用。

（1）由于展成运动传动链和差动运动传动链是两条内联系传动链，轴向进给运动传动链是外联系传动链，因此应优先保证分齿交换齿轮传动比 i_x 和差动交换齿轮传动比 i_y。

（2）若 i_x 和 i_y 在选用交换齿轮时发生矛盾，应优先保证 i_y 的选用。虽然展成运动要求 u_x 必须准确，但因换置公式计算简单，可有许多组交换齿轮满足需要，故选配齿轮较容易。而换置公式 u_y 计算复杂且要求有一定的选配精度，选配齿轮比较困难，故应优先保证。

2）交换齿轮的选配

根据 i_x、i_y、i_f 计算出来的 a、b、c、d、a_1、b_1、a_2、b_2、c_2、d_2 交换齿轮齿数必须是机床本身备有的交换齿轮。

在 Y3150E 型滚齿机上备有一套交换齿轮，模数为 2mm，齿数为：20（两个）、23、24、25、26、30、32、34、35、37、40、41、43、45、46、47、48、50、52、53、55、57、58、59、60（两个）、61、62、65、67、70、71、73、75、79、80、83、85、89、90、95、97、98、100。

4.4.3　插齿机和磨齿机

常用的圆柱齿轮加工机床除滚齿机外，还有插齿机。插齿机是用插齿刀采用范成法插削内、外圆柱齿轮齿面的齿轮加工机床。这种机床特别适宜加工在滚齿机上不能加工的内齿轮和多联齿轮。装上附件，插齿机还能加工齿条，但不能加工蜗轮。

1. 插齿机

1）插齿机的组成

图 4.44 是工作台移动式插齿机的外形图。这种插齿机主要由床身 1、立柱 2、刀架 3、插齿刀 4、工作台 5、挡块支架 6 等部分组成。插齿刀安装在主轴上，作旋转运动的同时作上下往复移动；工件装夹在工作台上，作旋转运动的同时随工作台直线移动，实现径向切入运动。

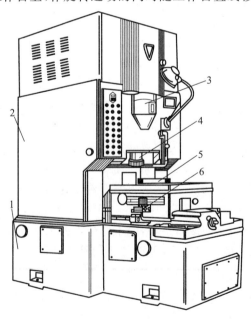

图 4.44　工作台移动式插齿机的外形图

1—床身；2—立柱；3—刀架；4—插齿刀；5—工作台；6—挡块支架

2）插齿原理

插齿机是按范成法原理加工齿轮的,以一对相互啮合的直齿圆柱齿轮传动为基础,其中一个是工件,另一个齿轮的断面上磨出前角,齿顶和齿侧磨出后角,使之成为一个有切削刃的插齿刀。插齿时,插齿刀和工件的相对转动是一个复合的成形运动,用以形成渐开线齿廓。

图 4.45 表示插削直齿的原理及加工时所需的成形运动。其中插齿刀的旋转 B_1 和工件的旋转 B_2 组成复合的成形运动——展成运动,用以形成渐开线齿廓。插齿刀的上下往复运动 A 是一个简单的成形运动,用以形成轮齿齿面的导线——直线,这个运动是主运动。

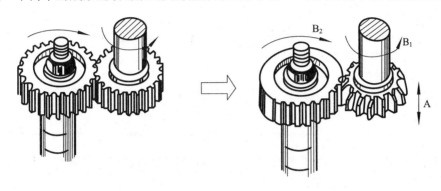

图 4.45　插削直齿的原理及加工时所需的成形运动

插齿时,插齿刀和工件除作展成运动外,插齿刀相对于工件还要作径向切入运动,直到达到全齿深时停止切入,这时工件和插齿刀继续对滚(即插齿刀以 B_1,工件以 B_2 的相对运动关系转动),当工件转过一圈时,全部轮齿均切削完毕,然后插齿刀与工件分开,机床停车。因此,插齿机除了两个成形运动外,还需要一个径向切入运动。此外,插齿刀在往复运动的回程时不切削,为了减少切削刃的磨损,还需要有让刀运动,即刀具在回程时径向离开工件,进程切削时复原。

3）插齿机的传动系统

图 4.46 是用齿轮形插齿刀插削直齿圆柱齿轮时机床的传动原理图。在传动原理图中,仅表示了成形运动。切入运动和让刀运动并不影响加工表面的成形,所以在传动原理图中没有表示出来。

工件表面的成形运动需要有 3 条传动链:主运动传动链 $1—2—u_v—3—4$;圆周进给运动传动链 $4—5—6—u_f—7—8$;展成运动传动链 $8—9—u_x—10—11$。

（1）主运动。

插齿机的主运动是插齿刀沿其轴线作上下往复运动,向下为切削运动,向上为退刀运动。电动机 $—1—2—u_v—3—4$

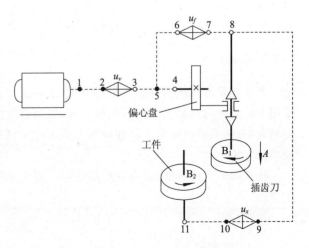

图 4.46　插齿机的传动原理图

为插齿刀的主传动链,其中 u_v 是其换置机构,用于调节插齿刀每分钟往复行程数。

（2）圆周进给运动。

圆周进给运动是插齿刀绕自身轴线的旋转运动，插齿刀每往复行程一次，同时回转一个角度。因为工件与插齿刀是啮合的，所以插齿刀旋转速度的快慢决定了工件转动的快慢，也直接关系到插齿刀的切削负荷、被加工齿轮的表面质量、机床生产率和插齿刀的使用寿命。4—5—6—u_f—7—8 为圆周进给运动传动链，其中 u_f 为换置机构，用于调节插齿刀进给量。圆周进给运动的大小，即圆周进给量用插齿刀每往复行程一次，刀具在分度圆圆周上所转过的弧长来表示，单位为 mm/双行程。

（3）展成运动。

插齿刀－8—9—u_x—10—11 是展成运动传动链，其中 u_x 是调节插齿刀与工件之间传动比的换置机构。在加工过程中，为使插齿刀和工件保持一对齿轮的啮合关系，即在刀具转过一个齿时工件也应准确地转过一个齿。

（4）径向切入机构。

为了逐渐切至工件的全齿深，插齿刀必须要有径向切入运动。当径向切入达到全齿深后，机床便自动停止切入运动，然后工件再旋转一整转，即可加工出完整的齿面，单位为 mm/双行程。

插齿机上的径向切入运动，可以由刀具的移动实现，也可以由工件的移动实现。Y5132型插齿机是由工作台带着工件向插齿刀移动来实现径向切入的。

加工时，首先工作台快速移动一个大的距离以使工件接近插齿刀（这个距离是装卸工件所需要的），然后工作台以慢速移动转入径向切入。当工件全部加工结束后，工作台又快速退回原位。工作台大距离的进退及径向切入，分别由液压系统控制的大距离进退油缸和径向切入油缸来实现。

（5）让刀机构。

为了不刮伤已加工齿面和减少刀具的磨损，当插齿刀向上空行程时，刀具和工件之间要有小量的间隙，即刀具与工件暂时脱离。因此，要求有让刀运动。插齿机的让刀运动是由刀具主轴的摆动来实现的。因为刀具主轴摆动让刀机构比起由工件工作台摆动的让刀机构，运动惯性小，从而可减少机床的振动。

2. 磨齿机

圆柱齿轮磨齿机简称磨齿机，是用磨削方法对圆柱齿轮齿面进行精加工的精密机床，主要用于淬硬齿轮的精加工。齿轮加工时，先经过滚齿机或插齿机切出轮齿，然后用磨齿机进行磨齿，有的磨齿机也可直接在齿坯上磨出轮齿，但生产率低，设备成本高，因此只限于模数较小的齿轮。

按齿廓的形成方法，磨齿有成形法和范成法两种方法，但大多数磨齿机均以范成法来加工齿轮。

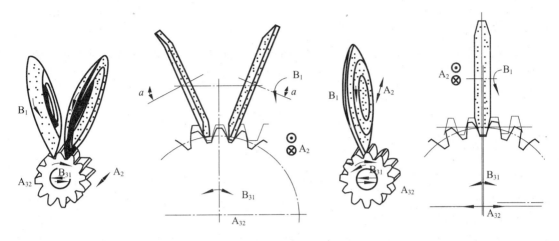

图 4.47　磨齿机的工作原理

1）成形法

砂轮的截面与被磨齿轮的齿槽的形状相同,主要用于磨制精度要求不高的齿轮;或用于进行无法用范成法磨削加工的内接圆柱齿轮的磨削加工。

2）范成法

（1）连续分度磨削。

用蜗杆形砂轮,其工作原理与滚齿相似。磨削效率高,但砂轮制造困难,比较少用。

（2）单齿分度磨削。

这类磨齿机其工作原理都是利用齿条和齿轮的啮合原理,用砂轮代替齿条来磨削齿轮的。

4.5　其他类型机床

4.5.1　钻床

钻床类机床属于孔加工机床,主要用钻头钻削精度要求不太高的孔,利用扩孔钻、铰刀锪钻、丝锥还可以完成扩孔、铰孔、锪孔、攻丝等工作,如图 4.48 所示。

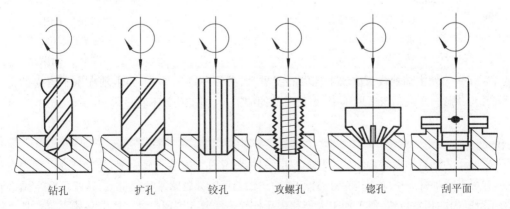

| 钻孔 | 扩孔 | 铰孔 | 攻螺孔 | 锪孔 | 刮平面 |

图 4.48　钻床的加工方法

钻床的主要类型有台式钻床、立式钻床、摇臂钻床和专门化钻床（如深孔钻床、中心钻床等）。

1. 台式钻床

图 4.49 所示为钻孔直径≤16mm 的小型钻床。主轴转速很高,其变速通过改变三角带在塔形带轮上的位置来实现,以保持主轴运转平稳。主轴与工作台面保持垂直,进给运动为手动。主轴箱可沿立柱调整位置,以适应工件的不同高度。

台式钻床主要用于电器、仪表工业及一般机械制造中的钳工、装配。

2. 立式钻床

图 4.50 为立式钻床外形图。变速箱 3 和进给箱 4 内布置有变速装置和操纵机构,主轴旋转通过单速电动机经齿轮分级变速机构传动,旋转方向由电动机正反转来实现,同时主轴随同主轴套筒在主轴箱中作直线运动。进给箱右侧的操纵手柄,可使主轴与电动机接通或断开,也可实现手动进给或主轴快速升降。进给操纵机构具有顶程切削装置,可使钻头钻至预定深度时,停止机动进给,或攻完丝后使丝锥自动反转退出。工作台和进给箱均可沿立柱方形导轨上下移动,调整位置,以适应工件的不同高度。

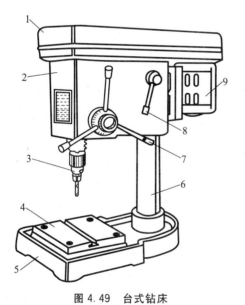

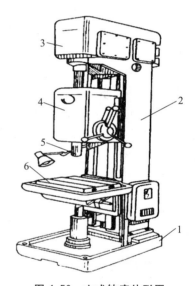

图 4.49　台式钻床
1—皮带罩;2—主轴箱;3—主轴;4—工作台;5—底座
6—立柱;7—进给手柄;8—锁紧手柄;9—电动机

图 4.50　立式钻床外形图
1—底座;2—立柱;3—变速箱
4—进给箱;5—主轴;6—工作台

加工时,为使主轴轴线与被加工孔中心线重合,必须移动工件,因为主轴在水平面内的位置是不变的。因此,立式钻床适用于中、小型工件的加工,且加工孔数不宜过多。

3. 摇臂钻床

图 4.51 为摇臂钻床外形图。立柱为双层结构,内立柱 2 安装于底座上,外立柱 3 可绕内立柱转动,并可带动摇臂 5 摆动,安装在摇臂 5 上的主轴箱可沿摇臂水平导轨移动,这样可将主轴调整到加工范围内的任意位置,便于加工大型和多孔工件。摇臂 5 可通过液压夹紧机构夹紧在外立柱3 上,以固定其上下位置,也可在摇臂升降丝杠的作用下,沿外立柱 3 轴向上下移动,以调整主轴箱和主轴的位置。

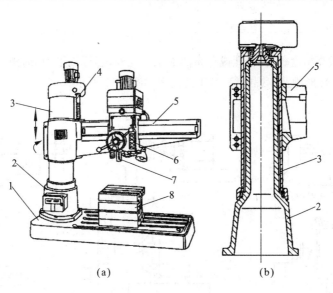

图 4.51　摇臂钻床外形图

1—底座；2—内立柱；3—外立柱；4—摇臂升降丝杠；5—摇臂；6—主轴箱；7—主轴；8—工作台

摇臂钻床的工作运动有主轴的旋转运动和主轴的轴向进给运动,辅助运动有主轴箱沿摇臂的水平移动、摇臂的升降运动和摇臂的回转运动。

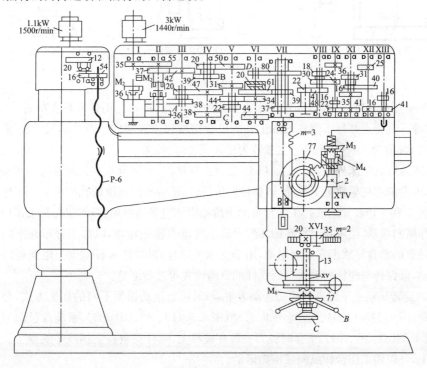

图 4.52　Z3040 摇臂钻床的传动系统图

图 4.52 为 Z3040 摇臂钻床的传动系统图。最大钻孔直径为 40mm。

4.5.2　镗床

镗床主要完成高精度、大孔径孔或孔系的加工。此外,还可铣平面、沟槽、钻孔、扩孔、铰孔和车端面、外圆、内外环形槽及车螺纹等,其工艺范围如图 4.53 所示。

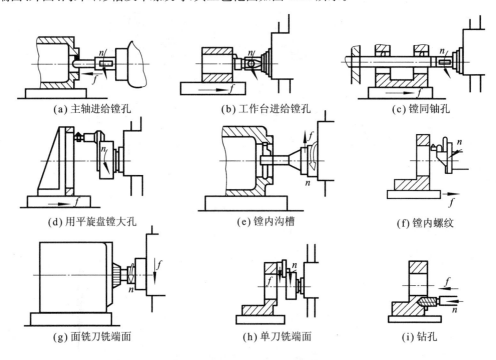

(a) 主轴进给镗孔　　　　　(b) 工作台进给镗孔　　　　　(c) 镗同轴孔

(d) 用平旋盘镗大孔　　　　　(e) 镗内沟槽　　　　　(f) 镗内螺纹

(g) 面铣刀铣端面　　　　　(h) 单刀铣端面　　　　　(i) 钻孔

图 4.53　镗床的加工方法

镗床最常用的是卧式镗床,卧式镗床主要用来加工孔,特别是箱体零件上的许多大孔、同心孔、平行孔等。其特点是易于保证被加工孔的尺寸精度和位置精度。镗孔的尺寸精度可达 IT7,表面粗糙度 Ra 值为 $1.6 \sim 0.8 \mu m$。主参数为镗轴直径,代号为 T。

图 4.54 为卧式镗床外形图。主轴箱 11 装有主轴部件、平旋盘 8、主运动和进给运动的变速和操作机构,可沿前立柱导轨上下移动,调整镗轴位置,以适应不同高度的孔的加工。工作台由下滑座 2、上滑座 3 和工作台 6 组成。工作台可随下滑座沿床身导轨纵向移动,也可随上滑座在下滑座顶部导轨作横向移动,还可在上滑座的环形导轨上绕垂直轴线转动,以加工分布在不同表面上的孔。后立柱 5 的垂直导轨上安装有尾架,用于支承长镗杆,以增加镗杆刚度。尾架可沿后立柱导轨上下移动,以保持与镗轴同轴线。后立柱的纵向位置可进行调整。

镗轴的旋转运动或平旋盘的旋转运动为主运动,进给运动根据不同的加工方式,分别可有镗轴轴向移动(图 4.53(a)、(i))、工作台纵向移动(图 4.53(b)、(c)、(d)、(f))、平旋盘径向刀具溜板径向移动(图 4.53(e)、(g)、(h))、工作时镗刀安装在镗杆上,镗杆安装在主轴或平旋盘上。工件固定在工作台上,可以随工作台作纵向或横向运动。

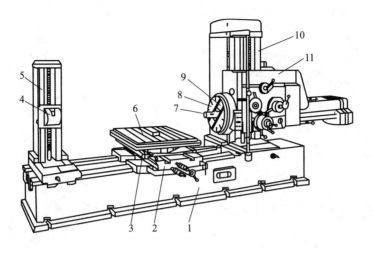

图 4.54　卧式镗床外形图

1—床身；2—下滑座；3—上滑座；4—尾架；5—后立柱；6—工作台

7—镗轴；8—平旋盘；9—径向刀架；10—前立柱；11—主轴箱

4.5.3　刨床

刨床主要用于单件、小批量生产中加工水平面、垂直面、倾斜面等平面和 T 形槽、燕尾槽、V 形槽等沟槽，也可以加工直线成形面，如图 4.55 所示。

刨床有牛头刨床和龙门刨床两类。

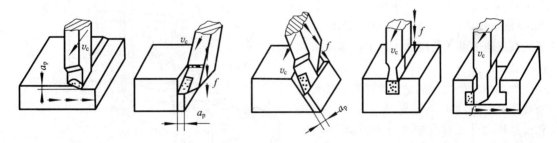

图 4.55　刨床加工的典型表面

1. 牛头刨床

牛头刨床如图 4.56 所示，由床身、滑枕、刀架、工作台、横梁和变速机构等组成。滑枕连同刀架可沿床身导轨作往复直线运动。刀架用来装夹刨刀和使刨刀沿所需方向移动，其具体结构如图 4.57 所示。摇动刀架手柄，滑板便会沿转盘上的导轨移动，使刨刀作垂直间歇进给运动或调整吃刀量。松开刀架转盘上的螺母，将刀偏转所需角度，可使刀架作斜向间歇进给运动。刀架上还有抬刀板，在刨刀回程开始前，将刨刀抬起，以免擦伤工件表面，同时还能减小刀具磨损。工作台用来安装工件，可沿横梁横向移动，并可随横梁一起升降，以便调整工件位置。

牛头刨床的主参数是最大刨削长度。

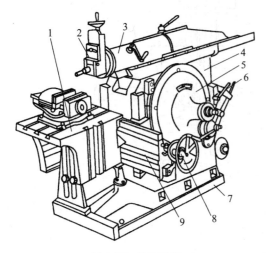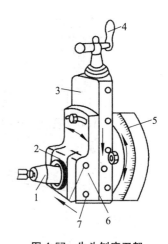

图 4.56　牛头刨床
1—工作台；2—刀架；3—滑枕；4—床身；5—摆杆机构
6—变速机构；7—底座；8—进刀机构；9—横梁

图 4.57　牛头刨床刀架
1—刀夹；2—抬刀板；3—滑板；4—刀架手柄
5—转盘；6—转销；7—刀座

2. 龙门刨床

图 4.58 所示为龙门刨床。主要由床身、工作台、立柱、顶梁、横梁、垂直刀架、侧刀架组成。工作台可在床身导轨上作直线往复运动，垂直刀架可以在横梁上作横向或垂直的间歇运动。两个侧刀架可以在立柱上作垂直或水平进给运动，横梁能在两个立柱上垂直升降，以加工不同高度的工件。龙门刨床的主参数是最大刨削宽度。

龙门刨床的主运动是工件随着工作台的直线往复运动，采用直流无级调速电动机，工作台的换向由直流电动机改变方向来实现。由于龙门刨床的工作台和被加工零件的重量大，为了避免工作台换向时惯性力所引起的冲击，在工作行程和空行程结束时，工作台降低

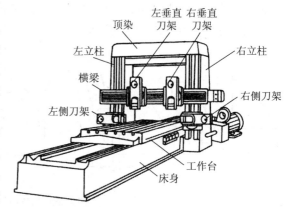

图 4.58　龙门刨床

速度；为避免刀具切入工件时撞坏刀具，刀具离开工件时拉崩工件边缘，也要求工作台在刀具切入、切出时降低速度。采用无级调速电动机可以很容易就达到这个目的，从而保证了工作台的运动平稳。

龙门刨床主要用于加工大型工件，也可用于中、小型工件的多件同时加工。

刨床加工的特点如下。

(1) 由于刨床结构较为简单，调整、操作都较方便，加上刨刀的制造与刃磨也很容易，价格低廉，所以加工成本较低。

(2) 其主运动是直线往复运动，一方面由于冲击与振动等不利因素，影响加工质量；另一方面

由于切削速度低和空行程的影响,生产率也较低,但在刨狭长平面(如导轨,或在龙门刨床上进行多件、多刀同时切削)时,则有较高的切削效率。

(3) 刨削加工的精度通常为 IT9～IT7 级,表面粗糙度值 R_a 为 $12.5～3.2\mu m$。在龙门刨床上采用宽刃刨刀刨削时,表面粗糙度值 R_a 为 $1.6～0.8\mu m$,直线度误差在 1000mm 内不大于0.02mm。

基于以上特点,牛头刨床主要适宜加工各种小型工件、沟槽,适于刨削长度不超过 1000mm 的中、小型工件;龙门刨床则主要适宜加工机座、箱体和床身的平面、导轨等。

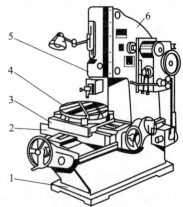

图 4.59　插床
1—床身;2—下滑座;3—上滑座;
4—圆工作台;5—滑枕;6—立柱

4.5.4　插床

图 4.59 所示为插床。插床实际上是一个立式刨床,在结构上和牛头刨床属于同一类。插床主要用于加工工件内部表面,如方孔、长方孔、各种多边形孔和键槽等。生产率低,只适合单件小批生产。

插床主运动为插刀随滑枕垂直方向的往复直线运动,进给运动为工件在纵向、横向以及圆周方向的间歇运动。

4.5.5　拉床

拉床是使用拉刀加工内、外表面的机床。采用不同的拉刀,可加工各种形状的通孔、通槽、平面及成形表面,如图 4.60 所示。

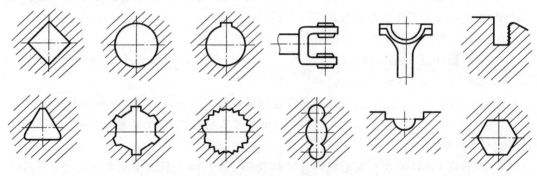

图 4.60　拉削加工的典型表面

卧式拉床由床身、液压缸、工件支架、后托架等组成,如图 4.61 所示。主运动由拉床上的液压驱动装置带动拉刀作直线运动来实现,进给运动依靠拉刀每刀齿的齿升量来实现。

拉床的主参数是额定拉力。

拉床加工的特点:运动平稳,无冲击振动,拉削速度可无级调节,拉力通过液压控制。拉床结构比较简单,但拉刀需专门设计,比较昂贵,并且只能加工一种尺寸的表面,适用于大批量生产。

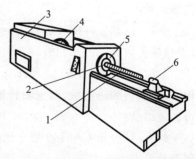

图 4.61　卧式拉床
1—拉刀;2—工件;3—床身;4—液压缸;
5—工件支架;6—后托架

小　结

本章主要介绍车床、铣床、磨床、钻床等常用机床的工艺原理、基本结构、使用功能和范围。重点掌握这些机床的运动形式、结构特征及工艺范围，能够根据工艺要求正确选用机床。

思考与练习题

4-1　试分析 CA6140 型卧式车床的传动系统。

(1)这台车床的传动系统有几条传动链？指出各条传动链的首端件和末端件。

(2)分析车削模数制螺纹和径节制螺纹的传动路线，并列出其运动平衡式。

(3)为什么车削螺纹时，用丝杠承担纵向进给，而车削其他表面时用光杠传动纵向和横向进给？能否用一根丝杠既承担纵向进给又承担车削其他表面的进给运动？

4-2　在 CA6140 型车床的主运动、车螺纹运动、纵向进给运动、横向进给运动、快速运动等传动链中，哪条传动链的两端件之间具有严格的传动比？哪条传动链是内联系传动链？

4-3　判断下列结论是否正确，并说明理由。

(1)车米制螺纹转换为车英制螺纹，用同一组(米制)挂轮，但要转换传动路线。

(2)车模数制螺纹转换为车径节制螺纹，用同一组(模数)挂轮，但要转换传动路线。

(3)车米制螺纹转换为车径节制螺纹，用米制传动路线，但要改变挂轮。

(4)车英制螺纹转换为车径节制螺纹，用英制传动路线，但要改变挂轮。

4-4　在 CA6140 型车床上车削下列螺纹：

(1)米制螺纹：$P=3mm$，$k=2$；

(2)模数螺纹：$m=4mm$，$k=2$。

试列出其传动路线表达式，并说明车削这些螺纹时可采用的主轴转速范围及其理由。

4-5　欲在 CA6140 型车床上车削 $L=10mm$ 的米制螺纹，指出能够加工这一螺纹的传动路线有哪几条。

4-6　若将 CA6140 型车床的纵向传动丝杠($T_{丝}=12mm$)换成英制丝杠($a=2$ 牙/in)，试分析车米制螺纹和英制螺纹的传动路线，挂轮应怎样调整，并列出能够加工的标准米、英制螺纹种类。

4-7　已知工件螺纹导程 $L=21mm$，试调整 CA6140 型卧式车床的车螺纹运动传动链(设挂轮齿数为：20、25、30、35、40、45、50、55、60、65、70、75、80、85、90、100、127)。

4-8　为什么 CA6140 型车床主轴转速在 $450\sim1450r/min$ 条件下，并采用扩大螺距机构，刀架获得细进给量，而主轴转速为 $10\sim125r/min$ 条件下，使用扩大螺距机构，刀架却获得大进给量？

4-9　试分析 CA6140 型车床的主轴组件在主轴箱内如何定位？其径向和轴向间隙如何调整？

4-10　为什么卧式车床主轴箱的运动输入轴(Ⅰ轴)常采用卸荷式带轮结构？对照传动系统图说明扭矩是如何传递到轴Ⅰ的。

4-11　CA6140 型车床主传动链中,能否用双向牙嵌式离合器或双向齿轮式离合器代替双向多片式摩擦离合器实现主轴的开停及换向? 在进给传动链中,能否用单向摩擦离合器或电磁离合器代替齿轮式离合器 M_3、M_4、M_5? 为什么?

4-12　CA6140 型车床的进给传动系统中,主轴箱和溜板箱中各有一套换向机构,它们的作用有何不同? 能否用主轴箱中的换向机构来变换纵、横向机动进给的方向? 为什么?

4-13　车床溜板箱中开合螺母操纵机构与机动纵向和横向进给操纵机构之间为什么需要互锁? 试分析互锁机构的工作原理。

4-14　已知溜板箱传动件完好无损,开动 CA6140 型车床,当主轴正转时光杠已转动,通过操纵进给机构,使 M_8 或 M_9 结合,刀架却没有进给运动,试分析原因。

4-15　分析 CA6140 型车床出现下列现象的原因,并指出解决办法。

(1)车削过程中产生闷车现象。

(2)扳动主轴开停和换向操纵手柄十分费力,甚至不能稳定地停留在终点位置上。

(3)操纵手柄扳至停车位置时,主轴不能迅速停止。

4-16　试叙述铣削特点、铣床有几种类型及它们的应用范围。

4-17　试比较顺铣和逆铣的优缺点。

4-18　为何 X6132 型铣床要配置顺铣机构? 顺铣机构的主要作用是什么?

4-19　分度头的功用是什么? 有几种分度方法?

4-20　试分别计算分度数为 6、59、83 时,分度手柄的转数。

4-21　在 M1432A 型外圆磨床上磨削外圆时,问:

(1)若用两顶尖支承工件进行磨削,为什么工件头架的主轴不转动? 另外,工件是怎样获得旋转(圆周进给)运动的?

(2)若工件头架和尾架的锥孔中心在垂直平面内不等高,磨削的工件将产生什么误差,如何解决? 若二者在水平平面内不同轴,磨削的工件又将产生什么误差,如何解决?

(3)采用定程磨削一批零件后发现工件直径尺寸大了 0.07mm,应如何进行补偿调整? 说明其调整步骤。

(4)当磨削了若干工件后,发现砂轮磨钝,经修正后砂轮直径小了 0.05mm,应如何调整?

4-22　在 M1432A 型外圆磨床上磨削工件,装夹工件的方法有哪几种?

4-23　无心外圆磨床的加工精度和生产率为什么比普通外圆磨床高?

4-24　试分析卧轴矩台平面磨床与立轴圆台平面磨床在磨削方法、加工质量以及生产率等方面有何不同。它们的适用范围如何?

4-25　齿轮加工机床的分类有哪些?

4-26　Y3150E 滚齿机有哪些运动传动链? 各有什么作用?

4-27　试述插齿加工原理。写出插削直齿圆柱齿轮时插齿机应具有的运动。

4-28　对照图 4.52 摇臂钻床的传动系统图,写出主运动和进给运动传动路线表达式。

4-29　镗床有哪些工作运动? 并说明其工作范围和应用场合。

4-30　牛头刨床由哪些主要部件组成? 各有何作用?

4-31　刨削主要用于哪些表面的加工? 刨削加工有哪些特点?

4-32　拉床有几个进给运动? 拉床加工有哪些特点?

第5章　机械加工工艺基本知识

教学提示：机械加工工艺规程的制订是机械制造的基本内容之一，也是机械制造工艺技术人员的主要工作内容。本章在介绍基础知识和基本概念的基础上，按照制定机械加工工艺规程的步骤，重点讲述零件的工艺性分析、毛坯的选择、工艺路线的拟订、加工余量的确定、工序尺寸及其公差的确定。

教学要求：掌握机械加工工艺基本概念，熟悉机械加工工艺规程制订的一般方法。具有典型零件工艺性分析的能力；掌握选择毛坯、拟订工艺路线、确定加工余量、尺寸链计算的应用能力；具有工艺基准及定位方法选择的能力；通过课程设计掌握常见机械零件工艺规程制订的能力。

5.1　概　　述

5.1.1　生产过程和工艺过程

1. 生产过程

一台机器通常由几十个甚至几千个零件组成。由原材料变为成品的过程称为生产过程。它包括原材料采购、运输和保管、生产技术准备、毛坯制造、零件加工和热处理、产品装配、调试、检验、油漆和包装等。

2. 工艺过程

工艺过程是直接改变生产对象的形状、尺寸、相对位置及性质，使之变为半成品或成品的过程。例如铸造生产过程中有铸造工艺过程；此外还有锻造工艺过程、焊接工艺过程、热处理工艺过程、装配工艺过程等。工艺过程是生产过程中最重要的部分。

5.1.2　机械加工工艺过程的组成

零件的机械加工工艺过程由许多工序组合而成，每个工序又由工位、工步、走刀和安装组成。

1. 工序

由一个(或一组)工人，在一个工作地点或一台机床上，对一个(或同时对几个)工件所连续完成的那一部分工艺过程称为工序。区别工序的主要依据是：工作地(或设备)是否变动，若有变动则构成了另一道工序。例如图5.1所示的阶梯轴，当加工数量较少时，其工艺过程及

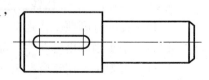

图 5.1　阶梯轴

工序的划分见表 5-1,由于加工不连续和机床变换而分为 3 个工序。当加工数量较多时,其工艺过程及工序的划分见表 5-2,共有 5 个工序。

表 5-1　单件小批生产的工艺过程

工序号	工 序 内 容	设 备
1	车一端面,钻中心孔;调头车另一端面,钻中心孔	车床
2	车大外圆及倒角;调头车小外圆及倒角	车床
3	铣键槽,去毛刺	铣床

表 5-2　大批大量生产的工艺过程

工序号	工 序 内 容	设 备
1	车一端面,钻中心孔	车床
2	车大外圆及倒角	车床
3	车小外圆及倒角	车床
4	铣键槽	键槽铣床
5	去毛刺	钳工台

从表中可以看出,随着生产规模的不同,工序的划分及每个工序所包含的加工内容是不同的。

工序是工艺过程的基本组成部分,又是生产计划、质量检验、经济核算的基本单元,也是确定设备负荷、配备工人、安排作业及工具数量等的依据。每个工序又可分为若干个安装、工位、工步和走刀。

在零件的加工工艺过程中,有一些工作并不改变零件形状、尺寸和表面质量,但却直接影响工艺过程的完成,如检验、打标记等,这些工作的工序为辅助工序。

2. 工步

工步是指在一个工序中,当工件的加工表面、切削刀具和切削用量中的转速与进给量均保持不变时所完成的那部分工序内容,称为工步。例如图 5.1 所示的阶梯轴,表 5-1 中的工序 1 和工序 2 均加工 4 个表面,所以各有 4 个工步。表 5-2 中的工序 4 只有 1 个工步。

构成工步的因素有:加工表面、刀具和切削用量,它们中的任一因素改变后,一般就变成了另一工步。但是对于在一次安装中,有多个相同的工步,通常看成一个工步。例如图 5.2 所示零件上 4 个 $\phi 15mm$ 孔的钻削加工,可以写成一个工步:钻 4-$\phi 15mm$。

3. 走刀

在一个工步内,加工余量需要多次逐步切削,则每一次切削即为一次走刀。

4. 安装

安装是指工件(或装配单元)通过一次装夹后所完成的那一部分工艺过程。在同一道工序中,工件的加工可能只需一次安装,也可能需要多次安装。表 5-1 中的工序 1 和工序 2 均有两次安装,表 5-2 中的工序只有一次安装。

5. 工位

相对刀具或设备的固定部分,工件在机床上所占据的每一个位置称为工位。如图 5.3 所示为在三轴钻床上利用回转夹具,在一次安装中连续完成钻孔、扩孔、铰孔等工艺过程。采用多工位加工,可减少安装次数,缩短辅助时间。

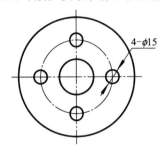

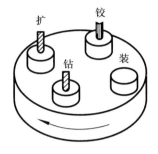

图 5.2　加工 4 个相同表面的工步　　　　　　图 5.3　多工位加工

5.1.3　机械加工生产类型及特点

1. 生产纲领

企业在计划期内应当生产的产品数量和进度计划,称为该产品的生产纲领。企业的计划期常定为一年,因此,生产纲领常被理解为企业一年内生产的产品数量,即年产量。机器中某一种零件的生产纲领除了生产该机器所需的该种零件的数量外,还包括一定的备品和废品,所以,零件的生产纲领是指包括备品和废品在内的年产量。零件的生产纲领可按下式计算

$$N = Qn(1 + a\%)(1 + b\%)$$

式中　N ——零件的生产纲领,件/年;

　　　Q ——产品的生产纲领,台/年;

　　　n ——每台产品中该零件的数量,件/台;

　　$a\%$ ——零件的备品率;

　　$b\%$ ——零件的废品率。

2. 生产类型

生产类型是指企业(或车间、工段、班组、工作地)生产专业化程度的分类。根据产品的大小和特征、生产纲领、批量及其投入生产的连续性,可分为单件生产、成批生产及大量生产 3 种生产类型。具体划分见表 5-3。

(1) 单件生产:单件生产是指生产的产品品种很多,同一产品的产量很小,各个工作地的加工对象经常改变,而且很少重复生产。例如新产品试制、重型机械和专用设备的制造等均属单件生产。

(2) 大量生产:大量生产是指生产的产品数量很大,大多数工作地长期只进行某一工序的生产。例如汽车、摩托车、柴油机等的生产均属于大量生产。

（3）成批生产：成批生产是指一年中分批轮流生产几种不同的产品，每种产品均有一定的数量，工作地的生产对象周期性地重复。例如：机床、电动机等均属于成批生产。而每次投入或产出的同一产品（或零件）的数量称为批量。按照批量的大小，成批生产可分为小批、中批和大批生产 3 种。小批生产的工艺特点接近单件生产，常将两者合称为单件小批生产；大批生产的工艺特点接近大量生产，常合称为大批大量生产。

生产类型的划分除了与生产纲领有关外，还与产品的大小及复杂程度有关（表 5-3）。

表 5-3　生产类型与生产纲领的关系

生产类型		零件年生产纲领/(件/年)			工作地每月担负的工序数/(单位为工序数/月)
		重型机械或重型零件(>100kg)	中型机械或中型零件(10~100kg)	小型机械或轻型零件(<10kg)	
单件生产		≤5	≤10	≤100	不作规定
成批生产	小批生产	>5~100	>10~200	>100~500	>20~40
	中批生产	>100~300	>200~500	>500~5000	>10~20
	大批生产	>300~1000	>500~5000	>5000~50000	>1~10
大量生产		>1000	>5000	>50000	1

3. 工艺特征

不同的生产类型具有不同的工艺特点，即在毛坯制造、机床及工艺装备的选用、经济效果等方面均有明显区别。表 5-4 列出了不同生产类型的工艺特点。

表 5-4　各种生产类型的主要工艺特点

特点	单件生产	成批生产	大量生产
工件的互换性	一般是配对制造，缺乏互换性，广泛用钳工修配	大部分有互换性，少数用钳工修配	全部有互换性，某些精度较高的配合件用分组选择法装配
毛坯的制造方法及加工余量	铸件用木模手工造型；锻件用自由锻。毛坯精度低，加工余量大	部分铸件用金属模；部分锻件用模锻。毛坯精度中等，加工余量中等	铸件广泛采用金属模机器造型；锻件广泛采用模锻，以及其他高生产率的毛坯制造方法。毛坯精度高，加工余量小
机床设备	采用通用机床。按机床种类及大小采用"机群式"排列	部分通用机床和部分高生产率机床，按加工零件类别分工段排列	广泛采用高生产率的专用机床及自动机床。按流水线形式排列
夹具	多用标准附件，极少采用专用夹具，靠划线及试切法达到精度要求	广泛采用专用夹具，部分靠划线法达到精度要求	广泛采用高生产率夹具及调整法达到精度要求
刀具与量具	采用通用刀具和万能量具	较多采用专用刀具及专用量具	广泛采用高生产率刀具和量具

（续）

特　点	单件生产	成批生产	大量生产
对工人的要求	需要技术熟练的工人	需要一定熟练程度的工人	对操作工人的技术要求较低,对调整工人的技术要求较高
工艺规程	有简单的工艺路线卡	有工艺规程,对关键零件有详细的工艺规程	有详细的工艺规程
生产率	低	中	高
成本	高	中	低
发展趋势	箱体类复杂零件采用加工中心加工	采用成组技术、数控机床或柔性制造系统等进行加工	在计算机控制的自动化制造系统中加工,并可能实现在线故障诊断,自动报警和加工误差自动补偿

　　需要说明的是,随着科技的进步和市场需求的变化,生产类型的划分正在发生深刻的变化。传统的大批大量生产往往不能适应产品及时更新换代的需要,而单件小批生产的生产能力又跟不上市场的急需。因此,各种生产类型都朝着生产过程柔性化的方向发展,多品种中小批量的生产方式已成为当今社会的主流。

5.2　机械加工工艺规程及工艺文件

5.2.1　机械加工工艺规程

　　为了保证产品质量、提高生产效率和经济效益,把根据具体生产条件拟定的较合理的工艺过程,用图表(或文字)的形式写成文件,就是工艺规程。它是生产准备、生产计划、生产组织、实际加工及技术检验等的重要技术文件,是进行生产活动的基础资料。

　　根据生产过程中工艺性质的不同,机械加工工艺规程又可以分为毛坯制造、机械加工、热处理及装配等不同工艺规程。

　　机械加工工艺规程的作用有如下几点。

　　(1) 工艺规程是生产准备工作的依据。

　　在新产品投入生产以前,必须根据工艺规程进行有关的技术准备和生产准备工作。例如,原材料及毛坯的供给,工艺装备(刀具、夹具、量具)的设计、制造及采购,机床负荷的调整,作业计划的编排,劳动力的配备等。

　　(2) 工艺规程是组织生产的指导性文件。

　　生产的计划和调度、工人的操作、质量的检验等都是以工艺规程为依据的。按照它进行生产,就有利于稳定生产秩序,保证产品质量,获得较高的生产率和较好的经济性。

　　(3) 工艺规程是新建和扩建工厂(或车间)时的原始资料。

　　根据生产纲领和工艺规程可以确定生产所需的机床和其他设备的种类、规格和数量、车间面积、生产工人的工种、等级及数量、投资预算及辅助部门的安排等。

　　(4) 便于积累、交流和推广行之有效的生产经验。

　　已有的工艺规程可供以后制订类似零件的工艺规程时作参考,以减少制订工艺规程的时间和工作量,也有利于提高工艺技术水平。

5.2.2 工艺规程制订的原则

制订工艺规程的原则是,在一定的生产条件下,应以最少的劳动量和最低的成本,在规定的期间内,可靠地加工符合图样及技术要求的零件。在制订工艺规程时,应注意以下问题。

1. 技术上的先进性

在制订工艺规程时,要了解当时国内外本行业工艺技术的发展水平,通过必要的工艺试验,积极采用适用的先进工艺和工艺装备。

2. 经济上的合理性

在一定的生产条件下,可能会出现几种能保证零件技术要求的工艺方案。此时应通过核算或相互对比,选择经济上最合理的方案,使产品的能源、原材料的消耗和成本最低。

3. 有良好的劳动条件

在制订工艺规程时,要注意保证工人在操作时有良好而安全的劳动条件。因此在工艺方案上要注意采取机械化或自动化的措施,将工人从某些笨重繁杂的体力劳动中解放出来。

工艺规程是直接指导生产和操作的重要文件,在编制时还应做到正确、完整、统一和清晰,所用术语、符号、计算单位和编号都要符合相应标准。

5.2.3 制订工艺规程的原始资料

在制订工艺规程时,通常应具备下列原始资料。
(1) 产品的全套装配图和零件的工作图。
(2) 产品验收的质量标准。
(3) 产品的生产纲领。
(4) 产品零件毛坯生产条件及毛坯图等资料。
(5) 工厂现有的生产条件。为了使制订的工艺规程切实可行,一定要考虑现场的生产条件,因此要深入生产实际,了解毛坯的生产能力及技术水平、加工设备和工艺装备的规格及性能、工人的技术水平以及专用设备及工艺装备的制造能力等。
(6) 国内外新技术新工艺及其发展前景。工艺规程的制订,既应符合生产实际,又不能墨守成规,而要研究国内外有关先进的工艺技术资料,积极引进适用的先进工艺技术,不断提高工艺水平,以便在生产中取得最大的经济效益。
(7) 有关的工艺手册及图册。

5.2.4 制订工艺规程的步骤

(1) 分析零件图和产品装配图。
(2) 选择毛坯的制造方法和形状。
(3) 拟订工艺路线。
(4) 确定各工序的加工余量和工序尺寸。
(5) 确定切削用量和工时定额。
(6) 确定各工序的设备、刀夹量具和辅助工具。

（7）确定各主要工序的技术要求及检验方法。

（8）填写工艺文件。

5.2.5　机械加工工艺文件的格式

通常，机械加工工艺规程被填写成表格（卡片）的形式。在我国各机械制造厂使用的机械加工工艺规程表格的形式不尽一致，但是其基本内容是相同的。

1. 机械加工工艺过程卡

机械加工工艺过程卡主要列出了零件加工所经过的整个路线（即工艺路线），以及工装设备和工时等内容。由于各工序的说明不够具体，故一般不能直接指导工人操作，而多作为生产管理方面的使用。在单件小批生产中，通常不编制其他较详细的工艺文件，而是以这种卡片指导生产。工艺过程卡的基本格式见表5-5。

表 5-5　机械加工工艺过程卡片

工　厂		机械加工工艺过程卡片		产品型号		零（部）件图号			共　页
				产品名称		零（部）件名称			第　页
材料牌号		毛坯种类	毛坯外形尺寸	每毛坯件数			每台件数		备注
工序号	工序名称	工　序　内　容		车间	工段	设备	工　艺　装　备	工时 准终	单件
						编制（日期）	审核（日期）	会签（日期）	
标记	处记	更改文件号	签字	日期	标记	处记	更改文件号	签字	日期

2. 机械加工工艺卡

机械加工工艺卡是以工序为单位，详细说明零件工艺过程的工艺文件。它用来指导工人生产，帮助管理人员及技术人员掌握整个零件加工过程，广泛用于批量生产的零件和小批生产的重要零件。工艺卡的基本格式见表5-6。

3. 机械加工工序卡

机械加工工序卡是用来具体指导工人操作的一种最详细的工艺文件。在这种卡片上，要画出工序简图，注明该工序的加工表面及应达到的尺寸精度和粗糙度要求、工件的安装方式、切削用量、工装设备等内容。在大批大量生产时都要采取这种卡片，其基本格式见表5-7。

表 5-6　机械加工工艺卡片

工　厂	机械加工工艺卡片		产品型号		零(部)件图号		共　页
			产品名称		零(部)件名称		第　页

材料牌号		毛坯种类	毛坯外形尺寸		每毛坯件数		每台件数	备注

工序	装夹	工步	工序内容	同时加工零件数	切　削　用　量				设备名称及编号	工艺装备名称及编号				技术等级	工时定额	
					切削程度/mm	切削速度/(m/min)	每分钟转数或往复次数	进给量/(mm或mm/双行程)		夹具	刀具	量具			单件	准终

					编制(日期)	审核(日期)	会签(日期)	

标记	处记	更改文件号	签字	日期	标记	处记	更改文件号	签字	日期				

表 5-7　机械加工工序卡片

工　厂	机械加工工序卡片	产品型号		零(部)件图号		共　页
		产品名称		零(部)件名称		第　页

材料牌号		毛坯种类	毛坯外形尺寸	每毛坯件数	每台件数	备注

	车　间	工序号	工序名称	材料牌号
（工序图）				
	毛坯种类	毛坯外形尺寸	每毛坯件数	每台件数
	设备名称	设备型号	设备编号	同时加工件数
	夹具编号		夹具名称	冷却液
				工序工时
				准终 / 单件

工步号	工步内容	工艺装备	主轴转速 /(r/min)	切削速度/(m/min)	进给量 /(mm/r)	切削深度/mm	进给次数	工时定额 机动	辅助

					编制 （日期）	审核 （日期）	会签 （日期）		
标记	处记	更改文件号	签字	日期	标记	处记	更改文件号	签字	日期

5.3　零件的工艺性分析

5.3.1　分析研究产品的零件图样和装配图样

通过认真地分析与研究产品的零件图与装配图,可以熟悉产品的用途、性能及工作条件,明确零件在产品中的位置和功用,搞清各项技术条件制订的依据,找出主要技术要求与技术关键,以便在制订工艺规程时,采取适当的工艺措施加以保证。

如图 5.4 所示的汽车弹簧板与吊耳的装配简图,两个零件的对应侧面并不接触,所以可将吊耳槽的表面粗糙度要求降低些,与设计单位协商,由原设计的 $R_a 3.2\mu m$ 改为 $R_a 12.5\mu m$,从而可增大铣削加工时的进给量,提高生产效率。

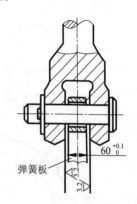

图 5.4　汽车弹簧板吊耳

零件图是设计工艺过程的依据,因此,必须仔细地分析、研究零件图。

(1)首先应通过图纸了解零件的形状、结构并检查图纸的完整性。

(2)分析图纸上规定的尺寸及其公差、表面粗糙度、形状和位置公差等技术要求,并审查其合理性,必要时应参阅部、组件装配图或总装图。

(3)分析零件材料及热处理。其目的一是审查零件材料及热处理选用是否合适,了解零件材料加工的难易程度;二是初步考虑热处理工序的安排。

(4)找出主要加工表面和某些特殊的工艺要求,分析其可行性,以确保其最终能顺利实现。

通过分析这些要求在保证使用性能的前提下是否经济合理,在现有生产条件下能否实现。特别要分析主要表面的技术要求,因主要表面的加工决定了零件工艺过程的大致轮廓。

5.3.2　结构工艺性分析

零件结构工艺性,是指所设计的零件在能满足使用要求的前提下,制造的可行性和经济性。结构工艺性的问题比较复杂,它涉及毛坯制造、机械加工、热处理和装配等各方面的要求。

表 5-8 列出了一些零件结构工艺性分析的实例。

表 5-8　零件结构工艺性分析实例

序　号	(A)结构工艺性不好	(B)结构工艺性好	说　明
1			键槽的尺寸、方位相同,则可在一次装夹中加工出全部键槽,以提高生产率

（续）

序　号	(A)结构工艺性不好	(B)结构工艺性好	说　明
2			结构 B 的底面接触面积小，加工量小，稳定性好
3			结构 B 有退刀槽保证了加工的可能性，减少刀具（砂轮）的磨损
4			被加工表面的方向一致，可以在一次装夹中进行加工
5			结构 B 避免深孔加工，节约了零件材料
6			箱体类零件的外表面比内表面容易加工，应以外部连接表面代替内部连接表面
7			加工表面长度相等或成倍数，直径尺寸沿一个方向递减，便于布置刀具，可在多刀半自动车床上加工，如结构(B)所示
8			凹槽尺寸相同，可减少刀具种类，减少换刀时间，如结构(B)所示

（续）

序　号	（A)结构工艺性不好	(B)结构工艺性好	说　明
9			同轴孔的孔径应向同一方向递减或递增
10			结构 B 的 3 个凸台表面,可在一次走刀中加工完毕

5.3.3　技术要求分析

零件图样上的技术要求,既要满足设计要求,又要便于加工,而且要齐全和合理。其技术要求包括以下几点。

（1）加工表面的尺寸精度、形状精度和表面质量。

（2）加工表面之间的相互位置精度。

（3）工件的热处理和其他要求,如动平衡、镀铬处理、去磁等。

零件的尺寸精度、形状精度、位置精度和表面粗糙度的要求,对确定机械加工工艺方案和生产成本影响很大。因此,必须认真审查,以避免过高的要求使加工工艺复杂化和增加不必要的费用。

在认真分析了零件的技术要求后,结合零件的结构特点,对零件的加工工艺过程便有了一个初步的轮廓。加工表面的尺寸精度、表面粗糙度和有无热处理要求,决定了该表面的最终加工方法,进而得出中间工序和粗加工工序所采用的加工方法。如轴类零件上 IT7 级精度、表面粗糙度 $R_a 1.6\mu m$ 的轴颈表面,若不淬火,可用粗车、半精车、精车最终完成;若淬火,则最终加工方法选磨削,磨削前可采用粗车、半精车(或精车)等加工方法加工。表面间的相互位置精度,基本上决定了各表面的加工顺序。

5.4　毛坯选择

在制订工艺规程时,正确地选择毛坯具有重要的技术经济意义。毛坯种类的选择,不仅影响着毛坯的制造工艺、设备及制造费用,而且对零件机械加工工艺、设备和工具的消耗以及工时定额也都有很大的影响。因此为正确选择毛坯,既要考虑热加工方面的因素,也要兼顾冷加工方面的要求,以便从确定毛坯这一环节中降低零件的制造成本。

5.4.1　常见毛坯的种类

（1）铸件:铸件适用于形状复杂的零件毛坯。其铸造方法有砂型铸造、金属型铸造、压力铸造等。目前铸件大多用砂型铸造。木模手工造型铸件精度低,加工表面余量大,生产率低,适用于单件小批生产或大型零件的铸造。金属模机器造型生产率高,铸件精度高,但设备费用高,铸件的重量也受到限制,适用于大批量生产的中小件。其次,少量质量要求较高的小型铸件可采用特种铸造(如压力铸造、离心铸造、熔模铸造等)。

(2)锻件:锻件适用于强度要求高、形状比较简单的零件毛坯。锻件有自由锻造锻件和模锻件两种。自由锻造锻件加工余量较大,锻件精度低,生产率不高,而且锻件的结构必须简单;适用于单件和小批生产,以及制造大型锻件。

模锻件的精度和表面质量都比自由锻件好,而且锻件的形状也较复杂,减少了机械加工余量。模锻的生产率比自由锻高得多,但需要特殊的设备和锻模,故适用于批量较大的中小型锻件。

(3)型材:型材有热轧和冷拉两类。型材按截面形状可分为:圆钢、方钢、六角钢、扁钢、角钢、槽钢及其他特殊截面的型材。热轧的型材精度低,但价格便宜,适用于一般零件的毛坯;冷拉的型材尺寸较小、精度高,易于实现自动送料,但价格较高,多用于批量较大的生产,适用于自动机床加工。

(4)焊接件:焊接件是用焊接方法而获得的结合件。焊接件的优点是制造简单、周期短、节省材料,缺点是抗振性差、变形大,需经时效处理后才能进行机械加工。

除此之外,还有冲压件、冷挤压件、粉末冶金等其他毛坯。

5.4.2 毛坯的选择原则

1. 零件材料及其力学性能

零件的材料大致确定了毛坯的种类。例如材料为铸铁和青铜的零件应选择铸件毛坯;钢质零件形状不复杂,力学性能要求不太高时可选择型材;重要的钢质零件为保证其力学性能,应选择锻件毛坯。

2. 结构形状与外形尺寸

形状复杂的毛坯,常用铸造方法。薄壁零件,不能用砂型铸造;尺寸大的零件宜用砂型铸造;中、小型零件可用较先进的铸造方法。一般用途的阶梯轴,如各阶梯直径相差不大,可用圆棒料;如各阶梯直径相差较大,为减少材料消耗和机械加工劳动量,则宜选择锻件毛坯。

3. 类型

当零件的生产批量较大时,应选用精度和生产率均较高的毛坯制造方法,如锻造、金属型铸造和精密铸造等。当单件小批生产时,则应选用木模手工造型或自由锻造。

4. 现有生产条件

确定毛坯的种类及制造方法,必须考虑具体的生产条件,如毛坯制造的工艺水平,设备状况以及对外协作的可能性等。

5. 充分考虑利用新工艺、新技术和新材料

为节约材料和能源,提高机械加工生产率,应充分考虑精炼、精锻、冷轧、冷挤压、粉末冶金和工程塑料等在机械中的应用。这样,可大大减少机械加工量,甚至不需要进行加工,大大提高了经济效益。

5.4.3　毛坯的形状及尺寸

实现少切屑、无切屑加工,是现代机械制造技术的发展趋势之一,但是,由于受毛坯制造技术的限制,加之对零件精度和表面质量的要求越来越高,所以毛坯上的某些表面仍需留有加工余量,以便通过机械加工来达到质量要求。这样毛坯尺寸与零件尺寸就不同,其差值称为毛坯加工余量,毛坯制造尺寸的公差称为毛坯公差,它们的值可参照加工余量的确定一节或有关工艺手册来确定。下面仅从机械加工工艺角度来分析在确定毛坯形状和尺寸时应注意的问题。

1. 工艺凸台的设置

有些零件,由于结构的原因,加工时不易装夹稳定,为了装夹方便迅速,可在毛坯上制出凸台,即所谓的工艺凸台,如图 5.5 所示。工艺凸台只在装夹工件时用,零件加工完成后,一般都要切掉,但如果不影响零件的使用性能和外观质量时,可以保留。

2. 组合毛坯的采用

装配后需要形成同一工作表面的两个相关零件,为了保证这类零件的加工质量和加工方便,常做成整体毛坯,加工到一定阶段再切割分离。如磨床主轴部件中的三瓦轴承、发动机的连杆和车床的开合螺母等零件。如图 5.6 所示车床走刀系统中开合螺母外壳,其毛坯是两件合制的。

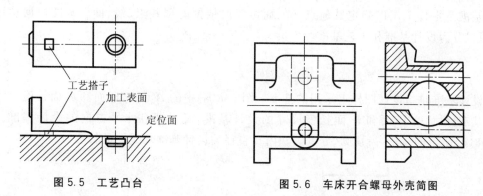

图 5.5　工艺凸台　　　　　　　　　图 5.6　车床开合螺母外壳简图

3. 合件毛坯的采用

为了毛坯制造方便和易于机械加工,可以将若干个小零件制成一个毛坯,如图 5.7(a) 所示,经加工后再切割成单件,如图 5.7(b) 所示。在确定毛坯的长度 L 时,应考虑切割锯片铣刀的厚度 B 和切割的零件数 n。

在确定了毛坯种类、形状和尺寸后,还应绘制一张毛坯图,作为毛坯生产单位的产品图样。绘制毛坯图,是在零件图的基础上,在相应的加工表面上加上毛坯余量,但绘制时还要考虑毛坯的具体制造条件,如铸件上的孔、锻件上的孔和空挡、法兰等的最小铸出和锻出条件;铸件和锻件表面的起模斜度(拔模斜度)和圆角;分型面和分模面的位置等。并用双点画线在毛坯图中表示出零件的表面,以区别加工表面和非加工表面。

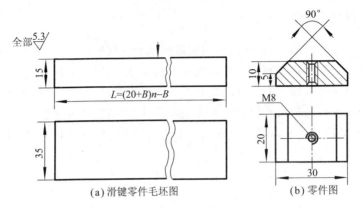

（a）滑键零件毛坯图　　　　　（b）零件图

图 5.7　滑键的零件图与毛坯图

5.5　基准与工件定位

制订机械加工工艺规程时，基准的选择是否合理，将直接影响零件加工表面的尺寸精度和相互位置精度。同时对加工顺序的安排也有重要影响。基准选择不同，工艺过程也将随之而改变。

5.5.1　基准的概念及其分类

基准是零件上用以确定其他点、线、面位置所依据的那些点、线、面。基准根据功用不同，可以分为设计基准和工艺基准两大类。

1. 设计基准

设计基准是指设计图样上采用的基准。图 5.8(a) 中的 A 面是 B 面和 C 面长度尺寸的设计基准；D 面为 E 面和 F 面长度尺寸的设计基准，又是两孔水平方向的设计基准。如图 5.8(b) 所示的齿轮，齿顶圆、分度圆和内孔直径的设计基准均是孔的轴心线。

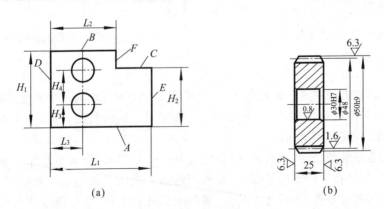

（a）　　　　　　　　　　　（b）

图 5.8　设计基准分析

2. 工艺基准

工艺基准是在机械加工工艺过程中用来确定被加工表面加工后尺寸、形状、位置的基准。工艺基准按不同的用途可分为工序基准、定位基准、测量基准和装配基准。

（1）工序基准:在工序图上用来确定本工序的被加工表面加工后的尺寸、形状、位置的基准,称为工序基准。所标定的被加工表面位置的尺寸,称为工序尺寸。如图 5.9 所示,通孔为加工表面,要求其中心线与 A 面垂直,并与 B 面及 C 面保持距离 L_1、L_2,因此表面 A、表面 B 和表面 C 均为本工序的工序基准。

（2）定位基准:定位基准是工件上与夹具定位元件直接接触的点、线或面,在加工中用作定位时,它使工件在工序尺寸方向上获得确定的位置。如图 5.10 所示的零件的内孔套在心轴上加工 $\phi 40h6$ 外圆时,内孔中心线即为定位基准。定位基准是由技术人员编制工艺规程时确定的。作为定位基准的点、线、面在工件上也不一定存在,但必须由相应的实际表面来体现。图 5.10 中内孔中心线由内孔面来体现。这些实际存在的表面称为定位基准面。如图 5.9 所示的齿轮,加工齿形时是以内孔和一个端面作为定位基准的。

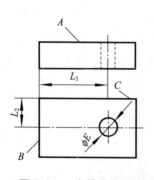

图 5.9 工序基准分析

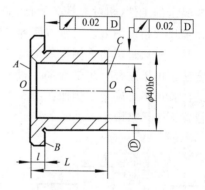

图 5.10 定位基准分析

（3）测量基准:测量已加工表面尺寸及位置的基准,称为测量基准。如图 5.10 所示的零件,当以内孔为基准（套在检验心轴上）去检验 $\phi 40h6$ 外圆的径向圆跳动和端面 B 的端面圆跳动时,内孔即测量基准。

（4）装配基准:装配时用以确定零件在机器中位置的基准。如图 5.10 所示零件的 $\phi 40h6$ 外圆及端面 B。

5.5.2 工件定位的概念及定位的要求

1. 工件定位的概念

加工前,工件在机床或夹具中占据一个正确位置的过程称做定位,即工件多次重复放置到夹具中时,都能占据同一位置。

2. 定位要求

（1）工件定位时为了保证加工表面与其设计基准间的相对位置精度（即同轴度、平行度、垂直度等）,工件定位时应使加工表面的设计基准相对机床占据一正确的位置。下面结合如图 5.10 所示零件加工时的定位,对"正确位置"的含义作一具体说明。

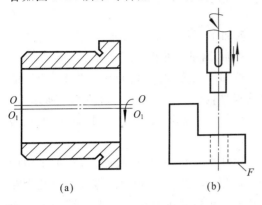

图 5.11 工件定位的正确位置示例

对于如图 5.10 所示零件,为了保证加工表面 $\phi 40h6$ 的径向圆跳动的要求,工件定位时必须使其设计基准(内孔轴心线 $O\text{-}O$)与机床主轴的回转轴心线 $O_1\text{-}O_1$ 重合,如图 5.11(a)所示。图 5.11(b)加工孔时为了保证两孔与其设计基准(底面 F)的垂直度要求,工件定位时必须使设计基准 F 面与机床主轴轴心线垂直。

通过以上实例可以看出,为了保证加工表面的相对位置精度,工件定位时,必须使加工表面的设计基准相对机床主轴的轴线或工作台的直线运动方向占据某一正确的方位,此即工件定位的基本要求。

(2)为了保证加工表面与其设计基准间的距离尺寸精度,当采用调整法进行加工时,位于机床或夹具上的工件,相对刀具必须有一确定的位置。

获得距离尺寸精度的方法通常有两种:试切法和调整法。

试切法是一种通过试切—测量加工尺寸—调整刀具位置—再试切的反复过程来获得尺寸精度的方法。由于这种方法是在加工过程中通过多次试切后才达到的,所以加工前工件相对刀具的位置可不必确定。例如在图 5.12(a)中,为获得尺寸 L,加工前工件在三爪卡盘中的轴向位置不必严格限定。

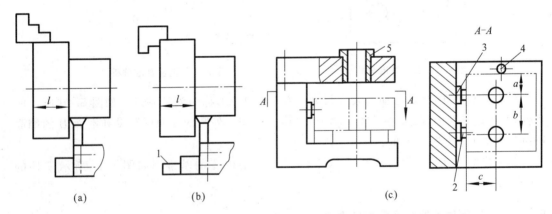

图 5.12 获取距离尺寸精度方法示例
1—挡铁;2、3、4—定位元件;5—导向元件

调整法是一种加工前按规定尺寸调整好刀具与工件的相对位置及进给行程,从而保证加工时自动获得所需距离尺寸精度,并在一批工件加工的过程中保持这种位置的加工方法。显然,按调整法加工时,零件在机床或夹具上相对刀具的位置必须确定。图 5.12 中示出了按调整法获得距离尺寸精度的两个实例,图 5.12(b)中是通过三爪反装和挡铁来确定工件与刀具的相对位置;图 5.12(c)中是通过夹具中定位元件与导向元件的既定位置来确定工件与刀具的相对位置的。

综上所述,为了保证加工表面的位置精度,无论采用试切法还是调整法,加工表面的设计基准相对机床或夹具的位置必须正确,至于工件相对刀具的位置是否需要确定,则取决于获得距离尺寸精度的方法,调整法需要确定,试切法则不必确定。

5.5.3　工件定位方法

工件定位的方法有以下 3 种。

1. 直接找正法定位

直接找正法是用百分表、划针或目测在机床上直接找正工件,使其获得正确位置的一种方法。例如图 5.13 所示在磨床上磨削一个与外圆表面有同轴度要求的内孔时,加工前将工件装在四爪卡盘上,若同轴度要求不高(0.5mm 左右),可用划针找正;若同轴度要求高(0.02mm 左右),用百分表控制外圆的径向跳动,从而保证加工后零件外圆与内孔的同轴度要求。

直接找正法的定位精度和找正的快慢,取决于找正精度、找正方法、找正工具和工人的技术水平。生产率较低,只适用于单件小批生产或要求位置精度特别高的工件。

2. 划线找正法定位

划线找正法是在机床上用划针按毛坯或半成品上所划的线找正工件,使其获得正确位置的一种方法。如图 5.14 所示,划线找正法的定位精度不高,主要用于批量小、毛坯精度低及大型零件的粗加工。

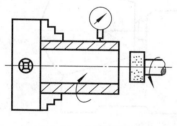
图 5.13　直接找正法

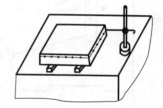
图 5.14　划线找正法

3. 使用夹具定位

使用夹具法是用夹具上的定位元件使工件获得正确位置的一种方法。工件定位迅速方便,定位精度也比较高,适用于成批和大量生产,如图 5.12(c)所示。

5.5.4　工件的夹紧

加工前,工件在夹具的定位元件上获得正确位置之后,还必须在夹具上设置夹紧机构将工件夹紧,以保证工件在加工过程中不致因受到切削力、惯性力、离心力或重力等外力作用而产生位置偏移和振动,并保持已由定位元件所确定的加工位置。由此可见夹紧机构在夹具中占有重要地位。

1. 对夹紧装置的要求

在设计夹具时,选择工件的夹紧方法一般与选择定位方法同时考虑,有时工件的定位也是在夹紧过程中实现的。在设计夹紧装置时,必须满足下列基本要求。

（1）夹紧过程中应能保持工件在定位时已获得的正确位置。

（2）夹紧应适当和可靠。夹紧机构一般要有自锁作用,保证在加工过程中工件不会产生松动或振动。在夹压工件时,不许工件产生不适当的变形和表面损伤。

（3）夹紧机构应操作方便、安全省力,以便减轻劳动强度,缩短辅助时间,提高生产效率。

（4）夹紧机构的复杂程度和自动化程度应与工件的生产批量和生产方式相适应。

（5）结构设计应具有良好的工艺性和经济性。结构力求简单、紧凑和刚性好。尽量采用标准化夹紧装置和标准化元件,以便缩短夹具的设计和制造周期。

2. 夹紧力三要素的确定

根据上述的基本要求,正确确定夹紧力三要素（方向、作用点、大小）是一个不容忽视的问题。

1）夹紧力方向的确定

（1）夹紧力的方向不应破坏工件定位。

如图 5.15（a）所示为不正确的夹紧方案,夹紧力有向上的分力 F_{wz},使工件离开原来的正确定位位置。而如图 5.15（b）所示为正确的夹紧方案。

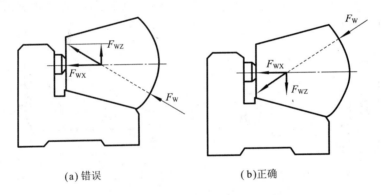

(a) 错误   (b) 正确

图 5.15 夹紧力的指向应有助于定位

（2）夹紧力方向应指向主要定位表面。

如图 5.16 所示直角支座镗孔,要求孔与 A 面垂直,故应以 A 面为主要定位基准,且夹紧力方向与之垂直,则较容易保证质量。反之,若压向 B 面,当工件 A、B 两面有垂直度误差时,就会使孔不垂直 A 面而可能报废。

（3）夹紧力方向应使工件的夹紧变形尽量小。

如图 5.17 所示为薄壁套筒,由于工件的径向刚度很差,用如图 5.17（a）所示的径向夹紧方式将产生过大的夹紧变形。若改用如图 5.17（b）所示的轴向夹紧方式,则可减少夹紧变形,保证工件的加工精度。

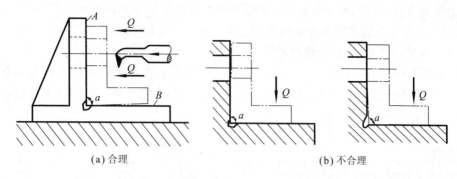

(a) 合理　　　　　　　　　　　　　(b) 不合理

图 5.16　夹紧力方向对镗孔垂直度的影响

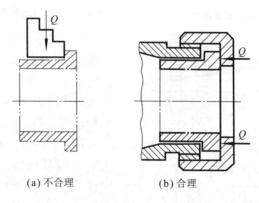

(a) 不合理　　　　　　　(b) 合理

图 5.17　夹紧力的作用方向对工件变形的影响

（4）夹紧力方向应使所需夹紧力尽可能小。

在保证夹紧可靠的前提下,减小夹紧力可以减轻工人的劳动强度,提高生产效率,同时可以使机构轻便、紧凑以及减少工件变形。为此,应使夹紧力 Q 的方向最好与切削力 F、工件重力 G 的方向重合,这时所需要的夹紧力为最小。一般在定位与夹紧同时考虑时,切削力 F、工件重力 G、夹紧力 Q 三力的方向与大小也要同时考虑。

图 5.18 为夹紧力、切削力和重力之间关系的几种示意情况,显然,图 5.18(a)最合理,图 5.18(f)情况为最差。

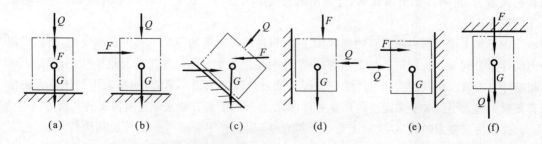

(a)　　　　(b)　　　　(c)　　　　(d)　　　　(e)　　　　(f)

图 5.18　夹紧力、切削力和重力之间关系

2）夹紧力作用点的确定

夹紧力作用点的位置和数目将直接影响工件定位后的可靠性和夹紧后的变形,应注意以下几个方面。

（1）夹紧力作用点应靠近支承元件的几何中心或几个支承元件所形成的支承面内。例如，图 5.19(a)中夹紧力作用在支承面范围之外，会使工件倾斜或移动，而图 5.19(b)因夹紧力用在支承面范围之内，所以是合理的。

（2）夹紧力作用点应落在工件刚度较好的部位上。这对刚度较差的工件尤其重要，如图 5.20 所示，将作用点由中间的单点改成两旁的两点夹紧，变形大为改善，且夹紧也较可靠。

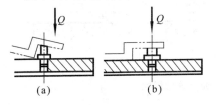

图 5.19　夹紧力作用点应在支承面内

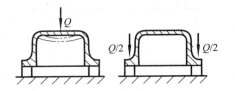

图 5.20　夹紧力作用点应在刚度较好部位

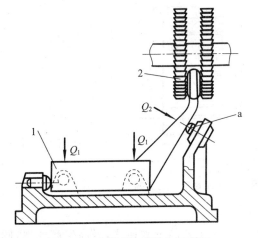

图 5.21　夹紧力应靠近加工表面

（3）夹紧力作用点应尽可能靠近被加工表面。这样可减小切削力对工件造成的翻转力矩，必要时应在工件刚性差的部位增加辅助支承并施加附加夹紧力，以免发生振动和变形。如图 5.21 所示，辅助支承 a 尽量靠近被加工表面，同时给予附加夹紧力 Q_2。这样翻转力矩小，又增加了工件的刚性，既保证了定位夹紧的可靠性，又减小了振动和变形。

3）夹紧力大小的确定

夹紧力的大小主要影响工件定位的可靠性、工件的夹紧变形以及夹紧装置的结构尺寸和复杂性，因此夹紧力的大小应当适中。在实际设计中，确定夹紧力大小的方法有两种：分析计算法和经验类比法。

采用分析计算法，一般根据切削原理的公式求出切削力的大小，必要时算出惯性力、离心力的大小，然后与工件重力及待求的夹紧力组成静平衡力系，列出平衡方程式，即可算出理论夹紧力，再乘以安全系数 K，作为所需的实际夹紧力。K 值在粗加工时取 2.5～3，精加工时取 1.5～2。

由于加工中切削力随刀具的磨钝、工件材料性质和余量的不均匀等因素而变化，而且切削力的计算公式是在一定的条件下求得的，使用时虽然根据实际的加工情况给予修正，但是仍然很难计算准确。所以在实际生产中一般很少通过计算法求得夹紧力，而是采用类比的方法估算夹紧力的大小。对于关键性的重要夹具，则往往通过实验方法来测定所需要的夹紧力。

夹紧力三要素的确定，实际上是一个综合性问题，必须全面考虑工件的结构特点、工艺方法、定位元件的结构和布置等多种因素，才能最后确定并具体设计出较为理想的夹紧机构。

3. 常见夹紧机构

1）斜楔夹紧机构

图 5.22 为用斜楔夹紧机构夹紧工件的实例。图 5.22(a)中，需要在工件上钻削互相垂直

的 $\phi 8mm$ 与 $\phi 5mm$ 小孔,工件装入夹具后,用锤击楔块大头,则楔块对工件产生夹紧力,对夹具体产生正压力,从而把工件楔紧。加工完毕后锤击楔块小头即可松开工件;但这类夹紧机构产生的夹紧力有限,且操作费时,故在生产中直接用楔块楔紧工件的情况是比较少的,但是利用斜面楔紧作用的原理和采用楔块与其他机构组合起来夹紧工件的机构却比较普遍。

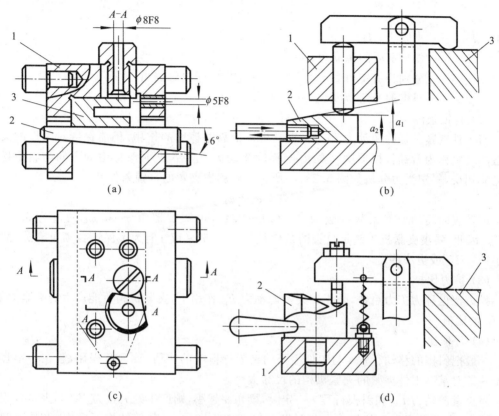

图 5.22　斜楔夹紧机构实例

(1) 斜楔夹紧力的计算。

斜楔夹紧时的受力情况如图 5.23(a) 所示,可推导出斜楔夹紧机构的夹紧力计算公式

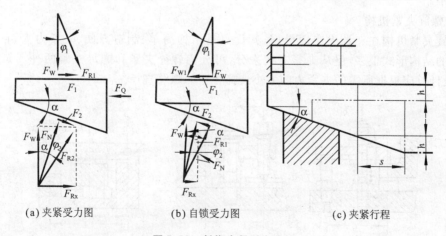

(a) 夹紧受力图　　　　(b) 自锁受力图　　　　(c) 夹紧行程

图 5.23　斜楔夹紧受力分析

$$F_Q = F_w \tan\varphi_1 + F_w \tan(\alpha + \varphi_2)$$

$$F_w = \frac{F_Q}{\tan\varphi_1 + \tan(\alpha + \varphi_2)}$$

当 α、φ_1、φ_2 均很小且 $\varphi_1 = \varphi_2 = \varphi$ 时上式可近似地简化为

$$F_w = \frac{F_Q}{\tan(\alpha + 2\varphi)}$$

式中　F_w ——夹紧力，N；

　　　F_Q ——斜楔所受的源动力，N；

　　φ_1、φ_2 ——分别为斜楔与支承面及与工件受压面间的摩擦角，常取 $\varphi_1 = \varphi_2 = 5° \sim 8°$；

　　　α ——斜楔的升角，常取 $\alpha = 6° \sim 10°$。

（2）自锁条件。

当工件夹紧并撤除源动力 F_Q 后，夹紧机构依靠摩擦力的作用，仍能保持对工件的夹紧状态的现象称为自锁。根据这一要求，当撤除源动力 F_Q 后，此时摩擦力的方向与斜楔松开的趋势相反，斜楔受力分析如图 5.23(b)所示。则斜楔夹紧的自锁条件是

$$\alpha \leqslant \varphi_1 + \varphi_2$$

钢铁表面间的摩擦系数一般为 $f = 0.1 \sim 0.15$，可知摩擦角 φ_1 和 φ_2 的值为 $5.75° \sim 8.5°$。因此，斜楔夹紧机构满足自锁的条件是：$\alpha \leqslant 11.5° \sim 17°$；但为了保证自锁可靠，一般取 α 为 $10° \sim 15°$或更小些。

（3）扩力比。

扩力比也称为扩力系数，是指在夹紧源动力 F_Q 作用下，夹紧机构所能产生的夹紧力 F_w 与 F_Q 的比值。

（4）行程比。

一般把斜楔的移动行程 s 与工件需要的夹紧行程 h 的比值，称为行程比，它在一定程度上反映了对某一工件夹紧的夹紧机构的尺寸大小。

当夹紧源动力 F_Q 和斜楔行程 s 一定时，楔角 α 越小，则产生的夹紧力 F_w 和夹紧行程之比就越大，而夹紧行程 h 却越小。此时楔面的工作长度加大，致使结构不紧凑，夹紧速度变慢。所以在选择升角 α 时，必须同时兼顾扩力比和夹紧行程比，不可顾此失彼。

斜楔夹紧机构结构简单，工作可靠，但由于它的机械效率较低，很少直接应用于手动夹紧机构中。

2）螺旋夹紧机构

螺旋夹紧机构在夹具中应用最广，其优点是结构简单、制造方便、夹紧力大、自锁性能好。它的结构形式很多，但从夹紧方式来分，可分为螺栓夹紧和螺母夹紧两种。如图 5.24所示，设计时应根据所需的夹紧力的大小选择合适的螺纹直径。

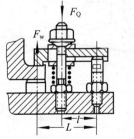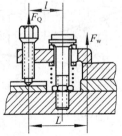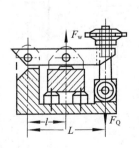

图 5.24　典型螺旋压板机构

3）偏心夹紧机构

如图 5.25 所示为常见的各种偏心夹紧机构,其中图 5.25(a)、图 5.25(b)是偏心轮和螺栓压板的组合夹紧机构;图 5.25(c)是利用偏心轴来夹紧工件的;图 5.25(d)为直接用偏心圆弧将铰链压板锁紧在夹具体上,通过摆动压块将工件夹紧。

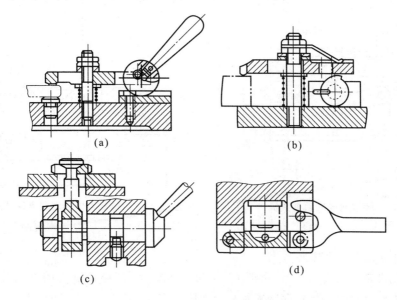

(a) (b)

(c) (d)

图 5.25　偏心夹紧机构实例

偏心夹紧机构的特点是结构简单、动作迅速,但它的夹紧行程受偏心距 e 的限制,夹紧力较小,故一般用于工件被夹压表面的尺寸变化较小和切削过程中振动不大的场合,多用于小型工件的夹具中。

4）联动夹紧机构

联动夹紧机构是利用机构的组合来完成单件或多件的多点、多向同时夹紧的机构。它可以实现多件加工、减少辅助时间、提高生产效率、减轻工人的劳动强度等。

（1）多点联动夹紧机构。

最简单的多点联动夹紧机构是浮动压头,如图 5.26 所示为两种典型浮动压头的示意图。其特点是具有一个浮动元件 1,当其中的某一点夹压后,浮动元件就会摆动或移动,直到另一点也接触工件均衡压紧工件为止。

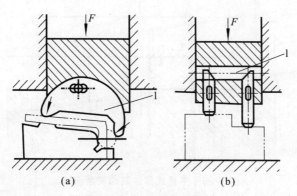

(a) (b)

图 5.26　浮动压头示意图

图 5.27 为两点对向联动夹紧机构,当液压缸中的活塞杆 3 向下移动时,通过双臂铰链使浮动压板 2 相对转动,最后将工件 1 夹紧。

图 5.28 为铰链式双向浮动四点联动夹紧机构。由于摇臂 2 可以转动并与摆动压块 1、3 铰链连接,因此,当拧紧螺母 4 时,便可以从两个相互垂直的方向上实现四点联动。

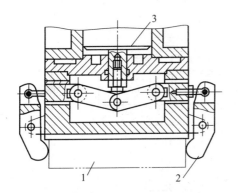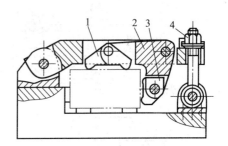

图 5.27　两点对向联动夹紧机构

1—工件;2—浮动压板;3—活塞杆

图 5.28　铰链式双向浮动四点联动夹紧机构

1、3—摆动压块;2—摇臂;4—螺母

(2)多件联动夹紧机构。

多件联动夹紧机构多用于中、小型工件的加工,按其对工件施加力的方式的不同,一般可分为平行夹紧、顺序夹紧、对向夹紧及复合夹紧等方式。

图 5.29(a)为浮动压板机构对工件平行夹紧的实例。由于压板 2、摆动压块 3 和球面垫圈 4 可以相对转动,均是浮动件,故旋动螺母 5 即可同时平行夹紧每个工件。如图 5.29(b)

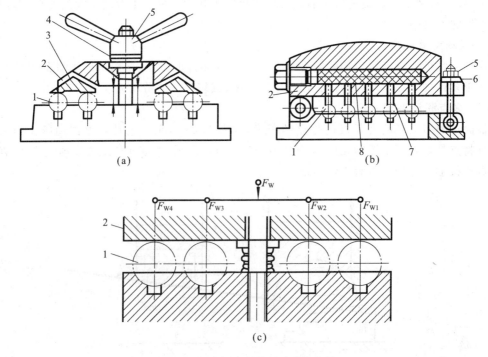

图 5.29　平行式多件联动夹紧机构

1—工件;2—压板;3—摆动压块;4—球面垫圈;5—螺母;6—垫圈;7—柱塞;8—液性介质

所示为液性介质联动夹紧机构。密闭腔内的不可压缩液性介质既能传递力,还能起浮动环节作用。旋紧螺母 5 时,液性介质推动各个柱塞 7,使它们与工件全部接触并夹紧。

5.6　六点定位原则及定位基准的选择

5.6.1　六点定位原则

如图 5.30 所示,任何一个自由刚体,在空间均有 6 个自由度,即沿空间坐标轴 x、y、z 3 个方向的移动和绕此三坐标轴的转动(分别以 $\vec{x}$、$\vec{y}$、$\vec{z}$ 和 $\hat{x}$、$\hat{y}$、$\hat{z}$ 表示)。

图 5.31 表示一个长方体工件在空间坐标系中的定位情况。

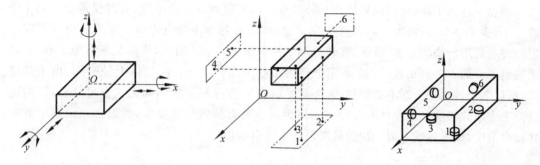

图 5.30　工件的 6 个自由度　　　　　图 5.31　长方体工件的定位

在 $x-y$ 平面上设置 3 个支承(不能在一条直线上),工件放在这 3 个支承上,就能限制工件 $\hat{x}$、$\hat{y}$、$\vec{z}$ 的 3 个自由度;在 $x-z$ 平面上设置两个支承(两点的连线不能平行于 z 轴),把工件靠在这两个支承上,可限制 $\vec{y}$、$\hat{z}$ 两个自由度;在 $y-z$ 平面上设置一个支承,使工件靠在这个支承上,就限制了 $\vec{x}$ 这个自由度。这样工件的这 6 个自由度就都被限制了,工件在空间的位置就完全确定了。工件定位的实质就是限制工件的自由度,使工件在夹具中占有某个确定的正确加工位置。

在这个空间坐标系中,设置的 6 个支承称为定位支承点,实际上就是起定位作用的定位元件。将具体的定位元件抽象化,转化为相应的定位支承点,用这些定位支承点来限制工件的运动自由度,这样定位分析的问题便十分简单明了了。

在夹具中采用合理布置的 6 个定位支承点与工件的定位基准相接触,来限制工件的 6 个自由度,就称为六点定位原理,简称"六点定则"。

应用六点定位原理实现工件在夹具中的正确定位时,应注意下列几点。

(1) 设置 3 个定位支承点的平面限制一个移动自由度和两个转动自由度,称为主要定位面。工件上选作主要定位的表面应力求面积尽可能大些,而 3 个定位支承点的分布应尽量彼此远离和分散,绝对不能分布在一条直线上,以承受较大外力作用,提高定位稳定性。

(2) 设置两个定位支承点的平面限制两个自由度,称为导向定位面。工件上选作导向定位的表面应力求面积狭而长,而两个定位支承点的分布在平面纵长方向上应尽量彼此远离,绝对不能分布在平面窄短方向上,以使导向作用更好,提高定位稳定性。

(3) 设置一个定位支承点的平面限制一个自由度,称为止推定位面或防转定位面。究竟是止推作用还是防转作用,要根据这个定位支承点所限制的自由度是移动的还是转动的而定。

（4）一个定位支承点只能限制一个自由度。

（5）定位支承点必须与工件的定位基准始终贴紧接触。一旦分离，定位支承点就失去了限制工件自由度的作用。

（6）工件在定位时需要限制的自由度数目以及究竟是哪几个自由度，完全由工件该工序的加工要求所决定，应该根据实际情况进行具体分析，合理设置定位支承点的数量和分布情况。

（7）定位支承点所限制的自由度，原则上不允许重复或相互矛盾。

5.6.2　由工件加工要求确定工件应限制的自由度数

1. 完全定位和不完全定位

根据工件加工面（包括位置尺寸）要求，有时需要限制 6 个自由度，有时仅需要限制 1 个或几个（少于 6 个）自由度。前者称为完全定位，后者称为不完全定位。完全定位和不完全定位都有应用。如图 5.32 所示，在长方形工件上加工一个不通孔，为满足所有加工要求，必须限制工件的 6 个自由度，这就是完全定位。如图 5.33 所示，在球体上铣平面，由于是球体，所以 3 个转动自由度不必限制，此外该平面在 x 方向和 y 方向均无位置尺寸要求，因此这两个方向的移动自由度也不必限制。因为 z 方向有位置尺寸要求，所以必须限制 z 方向移动自由度，即球体铣平面（通铣）只需限制 1 个自由度。

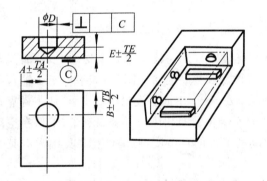

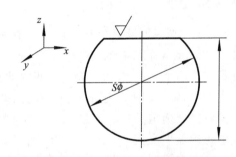

图 5.32　长方体工件钻孔工序的定位分析　　　图 5.33　球体上铣平面的定位分析

这里必须强调指出，有时为了使定位元件帮助承受切削力、夹紧力或为了保证一批工件的进给长度一致，常常对无位置尺寸要求的自由度也加以限制。例如在图 5.33 中，虽然从定位分析上看，球体上通铣平面只需限制 1 个自由度，但是在决定定位方案的时候，往往会考虑要限制两个自由度（图 5.34），或限制 3 个自由度（图 5.35）。在这种情况下，对没有位置尺寸要求的自由度也加以限制，不仅是允许的，而且是必要的。

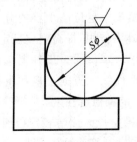

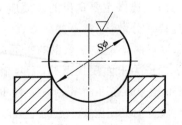

图 5.34　球体上通铣平面限制两个自由度　　　图 5.35　球体上通铣平面限制 3 个自由度

2. 欠定位和过定位

（1）欠定位：根据工件加工要求，工件必须限制的自由度没有得到全部限制，或者说完全定位和不完全定位中，约束点不足，这样的定位称为欠定位。如图 5.36 所示为在铣床上铣削某轴的不通槽时，只限制了工件 4 个自由度，$\bar{x}$ 自由度未被限制，故加工出来的槽的长度尺寸无法保证一致。因此，欠定位是不允许的。

（2）过定位：工件在定位时，同一个自由度被两个或两个以上定位元件来限制，这样的定位被称为过定位（或称定位干涉）。过定位是否允许，应根据具体情况进行具体分析。一般情况下，如果工件的定位面为没有经过机械加工的毛坯面，或虽然经过了机械加工，但仍然很粗糙，这时过定位是不允许的。如果工件的定位面经过了机械加工，并且定位面和定位元件

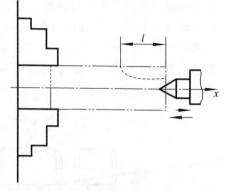

图 5.36　轴铣槽工序的定位

的尺寸、形状和位置都做得比较准确，比较光整，则过定位不但对工件加工面的位置尺寸影响不大，反而可以增强加工时的刚性，这时过定位是允许的。下面针对几个具体的过定位的例子做简要的分析。

图 5.37 为平面定位的情况。图中应该用 3 个支承钉，限制了 $\bar{z}$、$\hat{x}$、$\hat{y}$ 3 个自由度，但却采用了 4 个支承钉，出现了过定位。若工件的定位面未经过机械加工，表面仍然粗糙，则该定位面实际上只可能与 3 个支承钉接触，究竟与哪 3 个支承钉接触，与重力、夹紧力和切削力都有关，定位不稳。如果在夹紧力作用下强行使工件定位面与 4 个支承钉都接触，就只能使工件变形，产生加工误差。

为了避免上述过定位情况的发生，可以将 4 个平头支承钉改为 3 个球头支承钉，重新布置 3 个球头支承钉的位置。也可以将 4 个球头支承钉之一改为辅助支承，辅助支承只起支承作用而不起定位作用。

如果工件的定位面已经过机械加工，并且很平整，4 个平头支承钉顶面又准确地位于同一平面内，则上述过定位不仅允许而且能增强支承刚度，减少工件的受力变形，这时还可以将支承钉改为支承板，如图 5.37（b）所示。

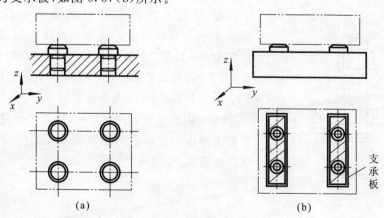

(a)　　　　　　　　(b)

图 5.37　平面定位的过定位

由于过定位往往会带来不良后果，一般确定定位方案时，应尽量避免。消除或减少过定位引起的干涉，一般有两种方法。

① 改变定位装置的结构，使定位元件重复限制自由度的部分不起定位作用。如图 5.38(a)所示为孔与端面组合定位的情况。其中，长销的大端面可以限制 $\vec{y}$、$\hat{x}$、$\hat{z}$ 3 个自由度，长销可限制 $\vec{x}$、$\vec{z}$、$\hat{x}$、$\hat{z}$ 4 个自由度。显然 $\hat{x}$ 和 $\hat{z}$ 自由度被重复限制，出现两个自由度过定位。在这种情况下，若工件端面和孔的轴线不垂直，或销的轴线与销的大端面有垂直度误差，则在轴向夹紧力作用下，将使工件或长销产生变形，这当然是应该想办法避免的。为此，可以采用小平面与长销组合定位，也可以采用大平面与短销组合定位，还可以采用球面垫圈与长销组合定位，如图 5.38(b)、(c)、(d)所示。

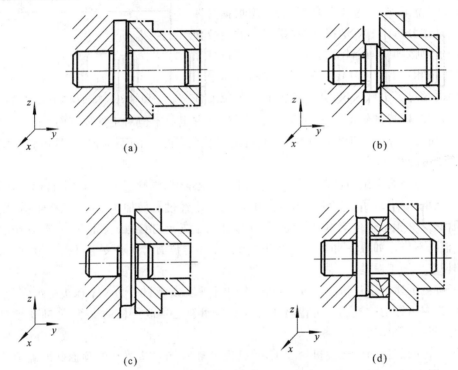

图 5.38　工件过定位及改进方法

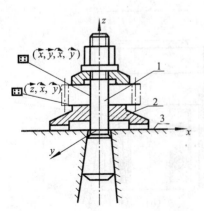

图 5.39　提高配合面精度利用过定位

② 提高工件和夹具有关表面的位置精度，如图 5.39所示齿坯定位的示例。齿坯在(a)长销、大支承面定位(b)长销、小支承面定位(c)短销、大支承面定位(d)长销、球面垫圈定位长销和大平面定位，长销限制 $\vec{x}$、$\vec{y}$、$\hat{x}$、$\hat{y}$ 4 个自由度，大平面限制 $\vec{z}$、$\hat{x}$、$\hat{y}$ 3 个自由度，其中 $\hat{x}$、$\hat{y}$ 为两个定位元件所限制，所以产生过定位。如能提高工件内孔与端面的垂直度和提高定位销与定位平面的垂直度，也能减少过定位的影响。

5.6.3　定位基准的选择

定位基准不仅影响工件的加工精度,而且对同一个被加工表面所选用的定位基准不同,其工艺路线也可能不同。所以选择工件的定位基准是十分重要的。机械加工的最初工序只能用工件毛坯上未经加工的表面作定位基准,这种定位基准称为粗基准。用已经加工过的表面作定位基准称为精基准。在制定零件机械加工工艺规程时,总是先考虑选择怎样的精基准定位把工件加工出来,然后考虑选择什么样的粗基准定位,把用作精基准的表面加工出来。

1. 粗基准的选择

用毛坯上未曾加工过的表面作为定位基准,则该表面称为粗基准。选择粗基准时,主要考虑两个问题:一是保证加工面与不加工面之间的相互位置精度要求;二是合理分配各加工面的加工余量。具体选择时参考下列原则。

(1) 对于同时具有加工表面和不加工表面的零件,为了保证不加工表面与加工表面之间的位置精度,应选择不加工表面作为粗基准。如图 5.40(a)所示零件的毛坯,在铸造时孔 3 和外圆 1 难免有偏心。加工时,如果采用不加工的外圆面 1 作为粗基准装夹工件,用三爪自定心卡盘夹住外圆 1 进行加工,则加工面 2 与不加工面 1 同轴,可以保证壁厚均匀,但是加工面 2 的加工余量不均匀。如果采用该零件的毛坯孔 3 作为粗基准装夹工件(直接找正装夹,用四爪单动卡盘夹住外圆 1,按毛坯孔 3 找正)进行加工,则加工面 2 与该面的毛坯孔 3 同轴,加工面 2 的余量是均匀的,但是加工面 2 与不加工外圆 1 不同轴,即壁厚不均匀,如图 5.40(b)所示。

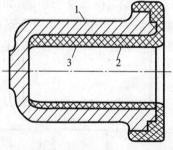 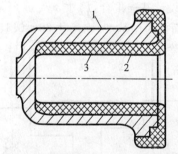

(a) 以外圆1为粗基准。孔的余量不均,　　(b) 以内圆3为粗基准。孔的余量均匀,
　　但加工后壁厚均匀　　　　　　　　　　　但加工后壁厚不均

图 5.40　两种粗基准选择对比

1—外圆面;2—加工面;3—孔

(2) 对于有多个被加工表面的工件,选择粗基准时,应考虑合理分配各加工表面的加工余量。

一是应保证各主要表面都有足够的加工余量。为满足这个要求,应选择毛坯余量最小的表面作为粗基准,如图 5.41 所示的阶梯轴,应选择 $\phi55mm$ 外圆表面作为粗基准。如果选择 $\phi108mm$ 的外圆表面为粗基准加工 $\phi55mm$ 外圆表面,当两个外圆表面偏心为 3mm 时,则加工后的 $\phi55mm$ 外圆表面,因一侧加工余量不足而出现毛面,使工件报废。二是对于工件上的某些重要表面,为了尽可能使其表面加工余量均匀,则应选择重要表面作为粗基准。如

图 5.42 所示的床身导轨表面是重要表面,车床床身粗加工时,应选择导轨表面作为粗基准先加工床脚面,再以床脚面为精基准加工导轨面。

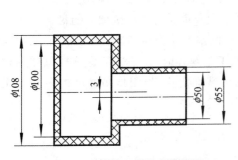

图 5.41　阶梯轴图粗基准选择图

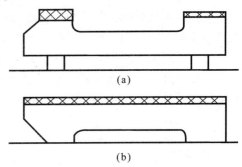

图 5.42　床身加工粗基准选择

(3) 粗基准应避免重复使用。在同一尺寸方向上,粗基准通常只能使用一次。因为毛坯面粗糙且精度低,重复使用将产生较大误差。

(4) 选作粗基准的平面应平整,没有浇冒口或飞边等缺陷,以便定位可靠,夹紧方便

2. 精基准的选择

利用已加工的表面作为定位基准,这个表面称为精基准。精基准的选择应从保证零件加工精度出发,兼顾使夹具结构简单。选择精基准一般应按照如下原则选取。

(1) 基准重合原则:应尽可能选择零件设计基准作为定位基准,以避免产生基准不重合误差。

如图 5.43(a)所示零件,A 面、B 面均已加工完毕。钻孔时若选择 B 平面作为精基准,则定位基准与设计基准重合,尺寸 30 ± 0.15 可直接保证,加工误差易于控制,如图 5.43(b)所示;若选 A 面作为精基准,则尺寸 30 ± 0.15 是间接保证的,产生基准不重合误差。影响尺寸精度的因素除与本工序钻孔有关的加工误差外,还有与前工序加工 B 面有关的加工误差,如图 5.43(c)所示。

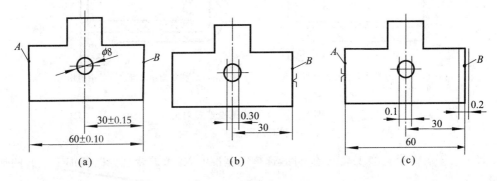

图 5.43　基准重合实例

(2) 基准统一原则:应采用同一组基准定位加工零件上尽可能多的表面,这就是基准统一原则。这样做可以简化工艺规程的制订工作,减少夹具设计、制造工作量和成本,缩短生产准备周期;由于减少了基准转换,便于保证各加工表面的相互位置精度。例如加工轴类零件时,采用两中心孔定位加工各外圆表面,就符合基准统一原则。箱体零件采用一面两孔定

位,齿轮的齿坯和齿形加工多采用齿轮的内孔及一端面为定位基准,均属于基准统一原则。

（3）自为基准原则:某些要求加工余量小而均匀的精加工工序,选择加工表面本身作为定位基准,称为自为基准原则。例如图 5.44 所示的导轨面磨削,在导轨磨床上,用百分表找正导轨面相对机床运动方向的正确位置,然后加工导轨面以保证导轨面余量均匀,满足对导轨面的质量要求。还有浮动镗刀镗孔、珩磨孔、无心磨外圆等也都是自为基准的实例。

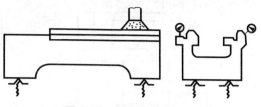

图 5.44 自为基准实例

（4）互为基准原则:当对工件上两个相互位置精度要求很高的表面进行加工时,需要用两个表面互相作为基准,反复进行加工,以保证位置精度要求。例如要保证精密齿轮的齿圈跳动精度,在齿面淬硬后,先以齿面定位磨内孔,再以内孔定位磨齿面,从而保证位置精度。

（5）所选精基准应保证工件安装可靠,夹具设计简单、操作方便。

5.7 常用定位元件

5.7.1 对定位元件的基本要求

1. 足够的强度和刚度

定位元件不仅限制工件的自由度,还支承工件,承受夹紧力和切削力的作用。因此,应有足够的强度和刚度,以免使用中变形或损坏。

2. 足够的精度

由于工件的定位是通过定位副的配合（或接触）实现的。定位元件上限位基面的精度直接影响工件的定位精度。因此,限位基面应有足够的精度,以适应工件的加工要求。

3. 耐磨性好

工件的装卸会磨损定位元件的限位基面,导致定位精度下降。定位精度下降到一定程度时,定位元件必须更换,否则夹具不能继续使用。为了延长定位元件的更换周期,提高夹具的使用寿命,定位元件应有较好的耐磨性。

5.7.2 工件以平面定位时的定位元件

1. 主要支承

主要支承用来限制工件的自由度,起定位作用。常用的有固定支承、可调支承、自位支承 3 种。

（1）固定支承:固定支承有支承钉和支承板两种形式,如图 5.45 所示。在使用过程中,它们都是固定不动的。当以粗基准面（未经加工的毛坯表面）定位时,应采用合理布置的 3 个球头支承钉（图 5.45 中 B 型）,使其与毛坯良好接触。图 5.45 中 C 型为齿纹头支承钉,能增大摩擦系数,防止工件受力后滑动,常用于侧面定位。

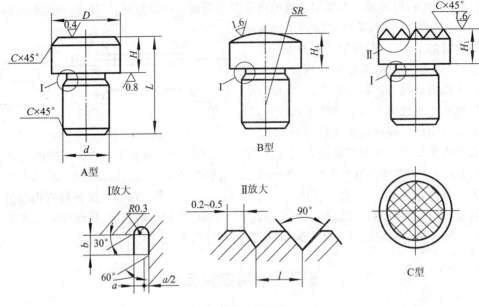

图 5.45　支承钉

工件以精基准面(加工过的平面)定位时,定位表面也不会绝对平整,一般采用图 5.45 中 A 型所示的平头支承钉和图 5.46 所示的支承板。A 型支承板结构简单,便于制造,但不利于清除切屑,故适用于顶面和侧面定位。B 型支承板则易保证工作表面清洁,故适用于底面定位。

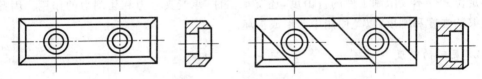

图 5.46　支承板

为保证各固定支承的定位表面严格共面,装配后,需将其工作表面一次磨平,或对夹具体的高度 H_1 及支承钉或支承板的高度 H 的公差严加控制。

支承钉与夹具体孔的配合用 H7/r6 或 H7/n6,当支承钉需要经常更换时,应加衬套。衬套外径与夹具体孔的配合一般用 H7/n6 过渡配合或 H7/r6 过盈配合,衬套内径与支承钉的配合选用 H7/js6。

支承板通常用两个或 3 个 M4～M10 的螺钉紧固在夹具体上,当受力较大有移动趋势,或定位板在某一方向有位置尺寸要求时,应装圆锥销或将支承板嵌入夹具体槽内。

(2)可调支承:可调支承是指支承的高度可以进行调节。图 5.47 为几种可调支承的结构。

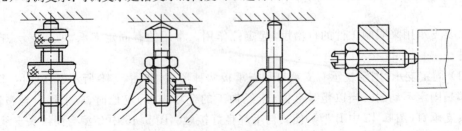

图 5.47　可调支承结构

可调支承主要用于工件以粗基准面定位,或定位基面的形状复杂(如成型面、台阶面等),以及各批毛坯的尺寸、形状变化较大时。这时如采用固定支承,则由于各批毛坯尺寸不稳定,使后续工序的加工余量发生较大变化,影响其加工精度。如图 5.48 所示箱体工件,第一道工序以 A 面为粗基准面定位铣 B 面。由于不同批毛坯双孔位置不准(如图中虚线所示),使双孔与 B 面的距离尺寸 H_1 及 H_2 变化较大。当再以 B 面为精基准定位镗双孔时,就可能出现余量不均(如图中实线孔位置),甚至出现余量不够的现象。若将固定支承改为可调支承,再根据每批毛坯的实际误差大小调整支承位置,就可保证镗孔工序的加工质量。

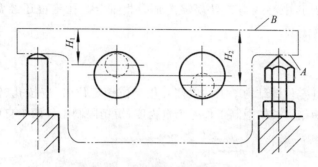

图 5.48　可调支承应用示例

（3）自位支承:自位支承指工件在定位过程中,支承点的位置随工件定位基准面的位置而自动与之适应的定位件。这类支承的结构均是活动的或浮动的。自位支承无论与工件定位基准面是几个点接触,都只能限制工件一个自由度,图 5.49 为自位支承结构。

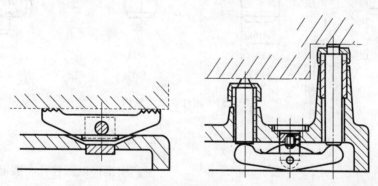

图 5.49　自位支承结构

2. 辅助支承

工件因尺寸形状或局部刚度较差,使其定位不稳或受力变形等原因,需增设辅助支承,用以承受工件重力、夹紧力或切削力。辅助支承的工作特点是:待工件定位夹紧后,再行调整辅助支承,使其与工件的有关表面接触并锁紧。而且辅助支承是每安装一个工件就调整一次。如图 5.50 所示,工件以小端的孔和端面在短销和支承环上定位,钻大端面圆周的一组通孔。由于小头端面太小,工件又高,钻孔位置

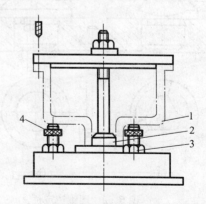

图 5.50　辅助支承提高工件稳定性和刚度

离工件中心又远,因此受钻削力后定位很不稳定,且工件又容易变形,为了提高工件定位稳定性和安装刚性,则需在图示位置增设 3 个均布的辅助支承,但此支承不起限制自由度作用,也不允许破坏原有定位。

5.7.3　工件以圆孔定位时的定位元件

生产中,工件以圆柱孔定位应用较广泛。如各类套筒、盘类、杠杆、拨叉等。所采用的定位元件有圆柱销和各种心轴。这种定位方式的基本特点是:定位孔与定位元件之间处于配合状态,并要求确保孔中心线与夹具规定的轴线相重合。孔定位还经常与平面定位联合使用。

1. 圆柱销

图 5.51 为圆柱定位销结构。工件以圆孔用定位销定位时,应按孔、销工件表面接触相对长度来区分长、短销。长销限制工件 4 个自由度,短销限制工件两个自由度。

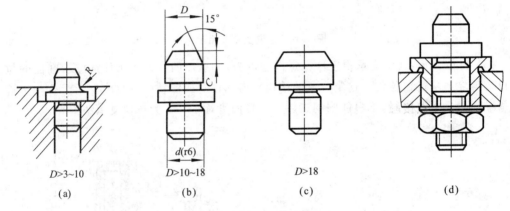

$D>3\sim10$　　　　$D>10\sim18$　　　　$D>18$

(a)　　　　　　　(b)　　　　　　　(c)　　　　　　　(d)

图 5.51　圆柱定位销结构

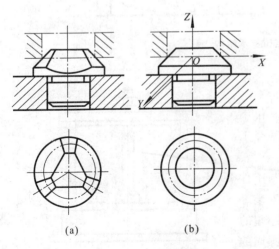

(a)　　　　　　　(b)

图 5.52　圆锥销定位

2. 圆锥销

生产中工件以圆柱孔在圆锥销上定位的情况也是常见的,如图 5.52 所示。这时为孔端与圆锥销接触,其交线是一个圆,限制了工件的 3 个自由度($\vec{x}$、$\vec{y}$、$\vec{z}$),相当于 3 个止推定位支承。图 5.52(a)用于粗基准,图 5.52(b)用于精基准。

3. 圆柱心轴

图 5.53 为 3 种圆柱刚性心轴的典型结构。如图 5.53(a)所示为圆柱心轴的间隙配合心轴结构,孔轴配合采用 H7/g6。结构简单、装卸方便,但因有装卸间隙,定心精度低,只适用于同轴度要求不高的场合。如

图 5.53(b)所示为过盈配合心轴,采用 H7/r6 过盈配合。其有引导部分、配合部分、连接部分,适用于定心精度要求高的场合。如图 5.53(c)所示为花键心轴,适用于以花键孔为定位基准的场合。

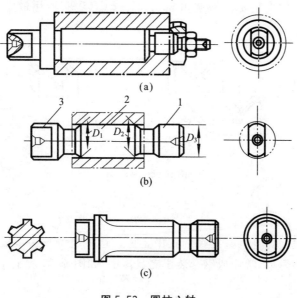

图 5.53　圆柱心轴

4.圆锥心轴

图 5.54 是以工件上的圆锥孔在锥形心轴上定位的情形。这类定位方式是圆锥面与圆锥面接触,要求锥孔和圆锥心轴的锥度相同,接触良好,因此定心精度与角向定位精度均较高,而轴向定位精度取决于工件孔和心轴的尺寸精度。圆锥心轴限制工件的 5 个自由度,即除绕轴线转动的自由度没限制外均已限制。

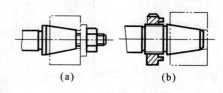

图 5.54　圆锥心轴

当圆锥角小于自锁角时,为便于卸下工件可在心轴大端安装一个推出工件用的螺母。如图 5.54(b)所示。

5.7.4　工件以外圆柱表面定位时的定位元件

根据外圆柱面的完整程度、加工要求和安装方式的不同,相应的定位元件有 V 形架、圆孔、半圆孔、圆锥孔及定心夹紧装置。其中应用最广泛的是 V 形架。

1.V 形架中定位

用 V 形架定位,无论定位基准是否经过加工,是完整的圆柱面或圆弧面均可采用。并且能使工件的定位基准轴线对中在 V 形架的对称平面上,而不受定位基准直径误差的影响,即对中性好。图 5.55(a)用于较短的精基准面的定位;图 5.55(b)用于较长粗基准的或阶梯轴的定位;图 5.55(c)用于长的精基准表面或两段基准面相距较远的轴定位;图 5.55(d)用于长度和直径较大的重型工件,此时 V 形架不必做成整体的钢件,可采用在铸铁底座上镶装淬火钢垫板的结构。

　　工件在 V 形架上定位时,可根据接触母线的长度决定所限制的自由度数,相对接触较长时,限制工件的 4 个自由度,相对接触较短时限制工件的两个自由度。

　　V 形块两斜面间的夹角 α,一般选用 $60°$、$90°$、$120°$,以 $90°$ 应用最广。其结构和尺寸均已标准化。

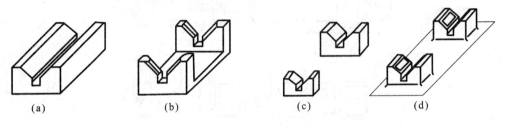

　　　　　(a)　　　　　　　　(b)　　　　　　　　(c)　　　　　　　　(d)

图 5.55　V 形架

2. 圆孔中定位

　　工件以外圆柱表面为定位基准在圆孔中定位。这种定位方法一般适用于精基准定位,采用的定位元件结构简单,常作成钢套装于夹具体中,如图 5.56 所示。

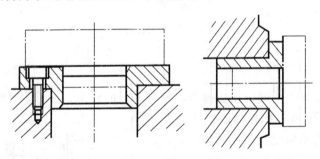

图 5.56　定位套

3. 半圆孔中定位

　　当工件尺寸较大,或在整体定位衬套内定位装卸不便时,多采用此种定位方法。此时定位基准的精度不低于 IT8～IT9。下半圆起定位作用,上半圆起夹紧作用。如图 5.57(a)所示为可卸式,图 5.57(b)为铰链式,后者装卸工件较方便。

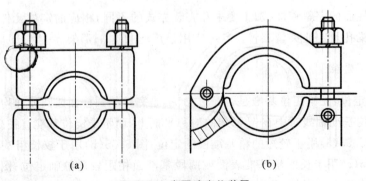

　　　　　　　(a)　　　　　　　　　　　　　(b)

图 5.57　半圆孔定位装置

由于上半圆孔可卸去或掀开,所以下半圆孔的最小直径应取工件定位基准外圆的最大直径,不需留配合间隙。

为了节省优质材料和便于维修,一般将轴瓦式的衬套用螺钉装在本体和盖上。

表 5-9 综合给出了常用定位元件所能限制的自由度。

表 5-9　常用定位元件所能限制的自由度

工件定位基准面	定位元件	定位方式简图	定位元件特点	限制的自由度
平面 	支承钉			1、2、3-$\vec{z}$、$\hat{x}$、$\hat{y}$ 4、5-$\vec{x}$、$\hat{z}$ 6-$\vec{y}$
	支承板		每个支承板也可设计为两个或两个以上小支承板	1、2-$\vec{z}$、$\hat{x}$、$\hat{y}$ 3-$\vec{x}$、$\hat{z}$
	固定支承与浮动支承		1、3—固定支承 2—浮动支承	1、2-$\vec{z}$、$\hat{x}$、$\hat{y}$ 3-$\vec{x}$、$\hat{z}$
	固定支承与辅助支承		1、2、3、4—固定支承 5—浮动支承	1、2、3-$\vec{z}$、$\hat{x}$、$\hat{y}$ 4-$\vec{x}$、$\hat{z}$ 5-增加刚性,不限制自由度
圆孔 	定位销 (心轴)		短销(短心轴)	$\vec{x}$、$\vec{y}$
			长销(长心轴)	$\vec{x}$、$\vec{y}$、$\hat{x}$、$\hat{y}$
	锥销		单锥销	$\vec{x}$、$\vec{y}$、$\vec{z}$
			1—固定销 2—活动销	$\vec{x}$、$\vec{y}$、$\vec{z}$ $\hat{x}$、$\hat{y}$

（续）

工件定位基准面	定位元件	定位方式简图	定位元件特点	限制的自由度
外圆柱面	支承板或支承钉		短支承板或支承钉	$\vec{z}$
			长支承板或两个支承	$\hat{x}$、$\vec{z}$
	V 形块		窄 V 形块	2、2-$\vec{z}$、$\hat{x}$、$\hat{y}$ 3-$\vec{x}$、$\vec{z}$
			宽 V 形块或两个窄 V 形块	2、2-$\vec{z}$、$\hat{x}$、$\hat{y}$ 3-$\vec{x}$、$\vec{z}$
			垂直运动的窄活动 V 形块	1、2、3-$\vec{z}$、$\hat{x}$、$\hat{y}$ 4-$\vec{y}$、$\vec{z}$ 5-增加刚性不限制自由度
外圆柱面	定位套		短套	$\vec{x}$、$\vec{y}$
			长套	$\vec{x}$、$\vec{y}$、$\hat{x}$、$\hat{y}$
	半圆孔		短半圆孔	$\vec{x}$、$\vec{z}$
			长半圆孔	$\vec{x}$、$\vec{z}$ $\hat{x}$、$\hat{z}$
	锥套		单锥套	$\vec{x}$、$\vec{y}$、$\vec{z}$ $\hat{x}$、$\hat{z}$
			1—固定锥套 2—活动锥套	$\vec{x}$、$\vec{y}$、$\vec{z}$ $\hat{x}$、$\hat{z}$

5.8　定位误差分析

在机械加工过程中，使用夹具的目的是保证工件的加工精度。那么，在设计定位方案时，工件除了正确地选择定位基准和定位元件之外，还应使选择的定位方式必须能满足工件的加工精度要求。因此，需要对定位方式所产生的定位误差进行定量的分析与计算，以确定所选择的定位方式是否合理。

5.8.1　定位误差产生的原因及计算

造成定位误差 Δ_D 的原因：一是由于基准不重合而产生的误差，称为基准不重合误差 Δ_B；二是由于定位副的制造误差，而引起定位基准的位移，称为基准位移误差 Δ_Y。当定位误差 $\Delta_D \leqslant 1/3\delta_K$（$\delta_K$ 为本工序要求保证的工序尺寸的公差）时，一般认为选定的定位方式可行。

1）基准不重合误差及计算

由于定位基准与工序基准不重合而造成的加工误差，称为基准不重合误差，用 Δ_B 表示。

如图 5.58 所示，在工件上铣通槽，要求保证尺寸 $a_{-\delta_a}^{0}$、$b_{0}^{+\delta_b}$、$h_{-\delta_h}^{0}$。为使分析问题方便，仅讨论尺寸 $a_{-\delta_a}^{0}$ 如何保证的问题。

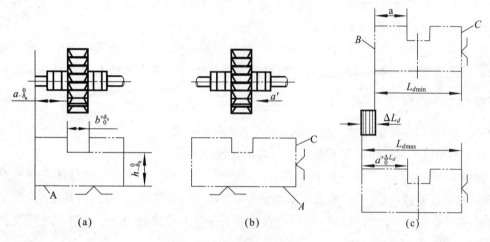

图 5.58　基准不重合误差分析

图 5.58（a）方案是以工序基准面 B 为定位基准的，即工序基准与定位基准重合。基准不重合误差 $\Delta_B = 0$。

图 5.58（b）方案是以工件上的 C 面为定位基准的，因定位基准与工序基准不重合。这时定位基准与工序基准之间的联系尺寸 L（定位尺寸）的公差 ΔL_d，将引起工序基准相对于定位基准在加工尺寸方向上发生变动。其变动的最大范围即为基准不重合误差值，故 $\Delta_B = \Delta L_d$。所以当定位尺寸与工序尺寸方向一致时，定位误差就是定位尺寸的公差；当若定位尺寸与工序尺寸方向不一致时，定位误差就等于定位尺寸公差在加工尺寸（即工序尺寸）方向上的投影。若定位尺寸有两个或两个以上，那么基准不重合误差就是定位尺寸各组成环的尺寸公差在加工尺寸方向上的投影之和。

2）基准位移误差及计算

由于定位副的制造误差而造成定位基准位置的变动，对工件加工尺寸造成的误差，称为基准位移误差，用 Δ_Y 来表示。显然不同的定位方式和不同的定位副结构，其定位基准的移动量的计算方法是不同的。下面分析几种常见的定位方式产生的基准位移误差的计算方法。

（1）工件以平面定位时的基准位移误差。

工件以平面定位时的基准位移误差计算较简便。工件以平面定位时，定位基面的位置可以看成是不变动的,因此基准位移误差为零,即工件以平面定位时 $\Delta_Y = 0$。

（2）工件以圆孔在圆柱销、圆柱心轴上定位时的基准位移误差。

这里介绍工件以圆孔在间隙配合心轴上的定位情况。

① 心轴水平放置:工件因自重作用,使工件孔与心轴的上母线单边接触,Δ_Y 仅反映在径向单边向下。即

$$\Delta_Y = \frac{1}{2}(\delta_D + \delta_d)$$

② 心轴垂直放置:因为无法预测间隙偏向哪一边,定位基准孔在任何方向都可作双向移动,故其最大位移量（Δ_Y）较心轴水平放置时大一倍,如图 5.59 所示。即

$$\Delta_Y = D_{max} - d_{min} = \delta_D + \delta_d$$

因为心轴垂直放置（双边接触）与水平放置（单边接触）不同,$\Delta_间$（最小间隙）无法在调整刀具时预先清除补偿,所以必须考虑 $\Delta_间$ 的影响。

以上是定位基准变动方向与加工尺寸方向相同时,基准位移误差等于定位基准的变动范围。当两者变动方向不同时,这时基准位移误差等于定位基准的最大变动量在加工尺寸方向投影,即 $\Delta_Y = (\frac{\delta_D}{2} + \frac{\delta_d}{2})\cos\alpha$

式中　α——定位基准的变动方向与加工尺寸方向间的夹角。

（3）工件以外圆柱面在 V 形块上定位时的定位误差。

如图 5.60 所示,工件以外圆柱面在 V 形块中定位,由于工件定位面外圆直径有公差 δ_d,对一批工件而言,当直径由最大 d 变到最小 $d - \delta_d$ 时,工件中心（即定位基准）将在 V 形块的对称中心平面内上下偏移,左右不发生偏移,即工件中心由 O_1 变到 O_2,其变化量 O_1O_2（Δ_Y）可由几何关系推出

$$\Delta_Y = O_1O_2 = \frac{\frac{\delta_d}{2}}{\sin\frac{\alpha}{2}} = \frac{\delta_d}{2\sin\frac{\alpha}{2}}$$

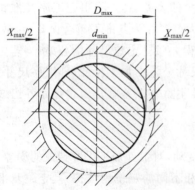

图 5.59　圆柱孔在圆柱销、圆柱心轴上的定位误差

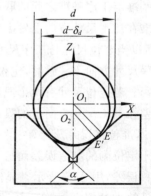

图 5.60　在 V 形块上定位的基准位移误差

工件以外圆柱面在 V 形块上定位的基准不重合误差 Δ_B 与工序基准的位置有关,下面分别介绍其定位误差,如图 5.61 所示。

① 工序基准为工件轴心线。

如图 5.61(b)所示为工序基准与定位基准重合,则基准不重合误差 $\Delta_B = 0$,故影响工序尺寸 H_1 的定位误差为

$$\Delta_D = 0 + \Delta_Y = 0 + \frac{\delta_d}{2\sin\frac{\alpha}{2}} = \frac{\delta_d}{2\sin\frac{\alpha}{2}}$$

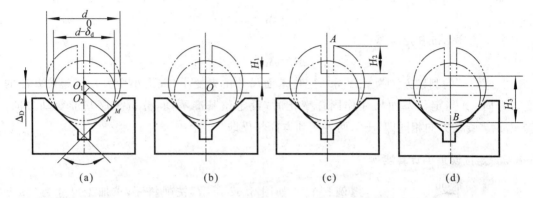

图 5.61　工件在 V 形块上定位的基准位移误差

② 工序基准为外圆上母线。

图 5.61(c)所示工序基准选在工件上母线 A 处,工件尺寸为 H_2。此时工序基准与定位基准不重合,除含有定位基准位移误差 Δ_Y 外,还有基准不重合误差 Δ_B。假定定位基准 O_1 不动,当工件直径由最大 d 变到最小 $d - \delta_d$ 时,工序基准的变化量为 $\frac{\delta_d}{2}$,就是 Δ_B 的大小,其方向与定位基准 O_1 变到 O_2 的方向相同,故其定位误差 Δ_D 是二者之和,即

$$\Delta_D = \Delta_B + \Delta_Y = \frac{\delta_d}{2} + \frac{\delta_d}{2\sin\frac{\alpha}{2}} = \frac{\delta_d}{2} + \frac{\delta_d}{2\sin\frac{\alpha}{2}}$$

③ 工序基准为外圆下母线。

图 5.61(d)所示工序基准选在工件下母线 B 处,工件尺寸为 H_3,是工序基准与定位基准 O_1 不重合的另一种情况。当工件直径由最大 d 变到最小 $d - \delta_d$ 时,工序基准的变化量仍为 $\frac{\delta_d}{2}$,但其方向与定位基准 O_1 变到 O_2 的方向相反,故其定位误差 Δ_D 是二者之差,即

$$\Delta_D = -\Delta_B + \Delta_Y = -\frac{\delta_d}{2} + \frac{\delta_d}{2\sin\frac{\alpha}{2}} = \frac{\delta_d}{2\sin\frac{\alpha}{2}} - \frac{\delta_d}{2}$$

可见,工件以外圆柱面在 V 形块定位时,如果工序基准不同,产生的定位误差 Δ_D 也不同。其中以下母线为工序基准时,定位误差最小,也易测量。故轴类零件的键槽尺寸,一般多以下母线标注。

3) 定位误差的计算

由于定位误差 Δ_D 是由基准不重合误差和基准位移误差组合而成的,因此在计算定位误差,先分别算出 Δ_B 和 Δ_Y,然后将两者组合而得 Δ_D。组合时可有如下情况。

（1）两种特殊情况：

$$\Delta_Y = 0, \Delta_B \neq 0 \text{ 时} \quad \Delta_D = \Delta_B$$

$$\Delta_Y \neq 0, \Delta_B = 0 \text{ 时} \quad \Delta_D = \Delta_Y$$

（2）一般情况：

$$\Delta_Y \neq 0, \Delta_B \neq 0 \text{ 时}$$

如果工序基准不在定位基面上

$$\Delta_D = \Delta_Y + \Delta_B$$

如果工序基准在定位基面上

$$\Delta_D = \Delta_Y \pm \Delta_B$$

"＋""－"的判别方法为：① 分析定位基面尺寸由大变小（或由小变大）时，定位基准的变动方向；② 当定位基面尺寸作同样变化时，设定位基准不动，分析工序基准变动方向；③ 若两者变动方向相同即"＋"，两者变动方向相反即"－"。

5.8.2 定位误差的计算实例

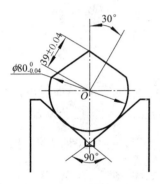

图 5.62 铣削斜面

【例 5-1】 如图 5.62 所示，铣削斜面，求加工尺寸为（39±0.04）mm 的定位误差。

解：$\Delta_B = 0$（定位基准与工序基准重合）

$$\Delta_Y = \cos\beta \times \frac{\delta_d}{2\sin\frac{\alpha}{2}} = \cos 30° \times \frac{0.04}{2\sin 45°} = 0.707 \times 0.04 \times$$

$$0.866 = 0.024 \text{(mm)}$$

$$\Delta_D = \Delta_Y = 0.024 \text{(mm)}$$

【例 5-2】 如图 5.63，以 A 面定位加工 $\phi 20H8$ 孔。求加工尺寸（40±0.1）mm 的定位误差。

解：$\Delta_Y = 0$（定位基面为平面）

由于定位基准 A 与工序基准 B 不重合，因此将产生基准不重合误差

$$\Delta_B = \sum \delta\cos\beta = (0.05 + 0.1)\cos 0° = 0.15 \text{(mm)}$$

$$\Delta_D = \Delta_B = 0.15 \text{(mm)}$$

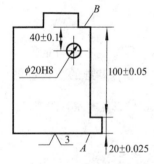

图 5.63 平面上加工孔

【例 5-3】 如图 5.64 所示，工件以外圆柱面在 V 形块上定位加工键槽，保证键槽深度 $34.8^{0}_{-0.17}$ mm，试计算其定位误差。

解：$\Delta_B = \frac{1}{2}\delta_d = \frac{1}{2} \times 0.025 = 0.0125 \text{(mm)}$

$$\Delta_Y = \frac{\delta_d}{2\sin\frac{\alpha}{2}} = \frac{0.025}{2\sin 45°} = 0.707 \times 0.025 \approx 0.0177 \text{(mm)}$$

因为工序基准在定位基面上，所以 $\Delta_D = \Delta_Y \pm \Delta_B$，由于基准位移和基准不重合分别引起加工尺寸作相反方向变化，取"－"。则

$$\Delta_D = \Delta_Y - \Delta_B = 0.0177 - 0.0125 = 0.0052 \text{(mm)}$$

【例 5-4】　如图 5.65 所示，工件以 d_1 外圆定位，加工 $\phi10H8$ 孔。已知 d_1 为 $\phi30_{-0.01}^{0}$ mm，d_2 为 $\phi55_{-0.056}^{-0.01}$ mm，$H=(40\pm0.15)$ mm，$t=0.03$ mm。求加工尺寸 (40 ± 0.15) mm 的定位误差。

解： 定位基准是 d_1 的轴线，工序基准则在 d_2 的外圆下母线上，是相互独立的因素，则

$$\Delta_B=(\delta_{d_2}/2+t)=0.046/2+0.03=0.053(\text{mm})$$

$$\Delta_Y=\frac{\delta_d}{2\sin\frac{\alpha}{2}}=0.707\times0.01=0.007(\text{mm})$$

$$\Delta_D=\Delta_Y+\Delta_B=0.007+0.053=0.06(\text{mm})$$

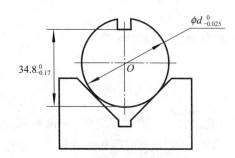

图 5.64　圆柱面上加工键槽

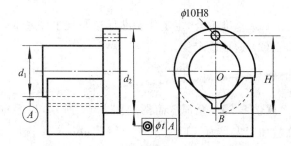

图 5.65　阶梯轴上加工槽

5.8.3　工件以一面两孔组合定位时的定位误差计算

在加工箱体、支架类零件时，常用工件的一面两孔定位，以使基准统一。这种组合定位方式所采用的定位元件为支承板、圆柱销和菱形销。一面两孔定位是一个典型的组合定位方式，是基准统一的具体应用。

1. 定位方式

工件以平面作为主要定位基准，限制三个自由度，圆柱销限制两个自由度，菱形销限制一个自由度。菱形销作为防转支承，其长轴方向应与两销中心连线相垂直，并应正确地选择菱形销直径的基本尺寸和经削边后圆柱部分的宽度。表 5-10 为菱形销的尺寸，图 5.66 为菱形销的结构。

菱形销直径可按下式计算

$$d_2=D_2-X_{2\max}$$

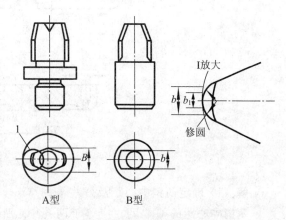

图 5.66　菱形销的结构

表 5-10　菱形销尺寸

d	>3~6	>6~8	>8~20	>20~24	>24~30	>30~40	>40~50
B	$d-0.5$	$d-1$	$d-2$	$d-3$	$d-4$	$d-5$	$d-6$
b_1	1	2	3	3	3	4	5
b_2	2	3	4	5	5	6	8

注：d——菱形销限位基面直径。

2. 组合定位的原则

当采用组合定位时,如何正确合理地选定主基准是一个很重要的问题。一般遵循下列原则：

(1) 基准重合,主定位基准尽量与其工序基准一致,避免产生基准不重合误差。

(2) 避免过定位。

3. 设计举例

【例 5-5】　泵前盖简图如图 5.67 所示,以泵前盖底及 $2-\phi 10_{-0.028}^{-0.012}$ 定位（一面两孔定位）,加工内容为：(1) 镗孔 $\phi 41_{0}^{+0.023}$ mm;(2) 铣尺寸为 $107.5_{0}^{+0.3}$ mm 的两侧面。试设计零件加工时的定位方案并计算定位误差。

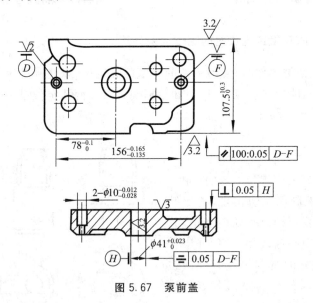

图 5.67　泵前盖

解：(1) 确定两销中心距及公差。

两销中心距的基本尺寸应等于两孔中心距的平均尺寸,其公差为两孔中心距公差的 $1/3\sim1/5$,即

$$\delta_{Ld}=(1/3\sim1/5)\delta_{LD}$$

式中　δ_{LD}——孔距公差,mm;

　　　δ_{Ld}——销距公差,mm。

本例因 $L_D=156_{+0.135}^{+0.165}$ mm 化成对称公差为 (156.15 ± 0.015) mm,故 $L_d=(156.15\pm$

0.005)mm。

（2）确定圆柱销直径和公差。

圆柱销直径基本尺寸等于孔的最小尺寸，公差一般取 g6 或 h7，故

$$d_1 = \phi 9.972 \text{h}7\binom{0}{-0.015} = \phi 10^{-0.028}_{0.043}(\text{mm})$$

（3）确定菱形销直径和公差。

① 选择菱形销宽度 $b = 4\text{mm}$（由表 5-10 查得）。

② 补偿量：

$$a = \delta_{LD}/2 - \delta_{Ld}/2 = 0.03 - 0.01 = 0.02(\text{mm})$$

③ 计算最小间隙：

$$X_{2\min} = 2ab/D_2 = 2 \times 0.02 \times 4/9.972 = 0.016(\text{mm})$$

④ 计算菱形销的直径：

$$d_2 = D_2 - X_{2\min} = 9.972 - 0.016 = 9.956(\text{mm})$$

菱形销直径一般取 h6，故

$$d_2 = \phi 9.956 \text{h}6^{\ 0}_{-0.009} = \phi 10^{-0.044}_{0.053}(\text{mm})$$

（4）计算镗孔 $\phi 41^{+0.023}_{0}\text{mm}$ 时的定位误差。

① 尺寸 $78^{+0.03}_{0}\text{mm}$ 的定位误差：

$$\Delta_B = 0$$

$$\Delta_Y = D_{\max} - d_{1\min} = (10 - 0.012) - (10 - 0.043) = 0.031(\text{mm})$$

$$\Delta_D = \Delta_B + \Delta_Y = 0 + 0.031 = 0.031(\text{mm})$$

② 垂直度 0.05mm 的定位误差：

$$\Delta_D = \Delta_B + \Delta_Y = 0 + 0.05 = 0.05(\text{mm})$$

③ 对称度 0.03mm 的定位误差：

由于圆柱销和菱形销分别与两定位孔之间有间隙，因此两孔中心连线的变动可有如图 5.68 所示的 4 种位置。对于对称度而言，应取如图 5.68(a)所示的情况。

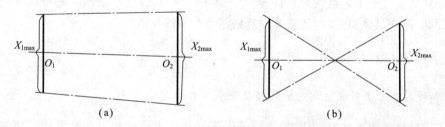

图 5.68　两孔中心连线变动的 4 个位置

$$X_{1\min} = D_{\max} - d_{1\min} = (10 - 0.012) - (10 - 0.043) = 0.031(\text{mm})$$

$$X_{2\min} = D_{\max} - d_{2\min} = (10 - 0.012) - (10 - 0.053) = 0.041(\text{mm})$$

因孔 $\phi 41^{+0.023}_{0}\text{mm}$ 在 $O_1 O_2$ 中心，即

$$\Delta_Y = \frac{X_{1\max} + X_{2\max}}{2} = \frac{0.031 + 0.041}{2} = 0.036(\text{mm})$$

$$\Delta_B = 0$$

$$\Delta_D = \Delta_B + \Delta_Y = 0 + 0.036 = 0.036(\text{mm})$$

（5）两侧面平行度 0.05mm 的定位误差。

计算平行度误差时,两孔中心连线的位置应取如图 5.68(b)所示的情况。

$$\tan\Delta a=\frac{X_{1\max}+X_{2\min}}{2L_D}=\frac{0.031+0.041}{2\times156.15}=0.00023$$

$$\Delta_Y=\frac{0.0236}{100}(\text{mm})$$

$$\Delta_B=0$$

$$\Delta_D=\Delta_Y+\Delta_B=0.0236/100+0=0.000236(\text{mm})$$

设计结果如图 5.69 所示。

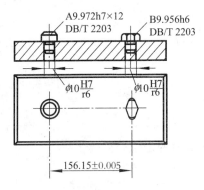

图 5.69　一面两孔定位设计

5.9　工艺路线的拟订

　　工艺路线的拟订是制订工艺规程的关键,它制订得是否合理,直接影响到工艺规程的合理性、科学性和经济性。工艺路线拟订的主要任务是选择各个表面的加工方法和加工方案、确定各个表面的加工顺序以及工序集中与分散的程度、合理选用机床和刀具、确定所用夹具的大致结构等。关于工艺路线的拟订,经过长期的生产实践已总结出一些带有普遍性的工艺设计原则,但在具体拟订时,特别要注意根据生产实际灵活应用。

5.9.1　表面加工方法的选择

1. 各种加工方法所能达到的经济精度及表面粗糙度

　　为了正确选择表面加工方法,首先应了解各种加工方法的特点和掌握加工经济精度的概念。任何一种加工方法可以获得的加工精度和表面粗糙度均有一个较大的范围。例如,精细的操作,选择低的切削用量,可以获得较高的精度,但又会降低生产率、提高成本;反之,如果增大切削用量提高生产率,虽然成本降低了,但精度也降低了。所以对一种加工方法,只有在一定的精度范围内才是经济的,这一定范围的精度是指在正常的加工条件下(采用符合质量的标准设备、工艺装备和具有标准技术等级的工人,不延长加工时间)所能保证的加工精度。这一定范围的精度称为经济精度,相应的粗糙度称为经济表面粗糙度。

　　各种加工方法所能达到的加工经济精度和表面粗糙度,以及各种典型表面的加工方案在机械加工手册中都能查到。表 5-11、表 5-12、表 5-13 中分别摘录了外圆、内孔和平面等典型表面的加工方法和加工方案以及所能达到的加工经济精度和表面粗糙度。这里要指出的是,加工经济精度的数值并不是一成不变的,随着科学技术的发展,工艺技术的改进,加工经济精度会逐步提高。

表 5-11 外圆柱面加工方案

序号	加 工 方 法	经济精度(公差等级表示)	表面粗糙度 R_a 值/μm	适 用 范 围
1	粗车	IT11～13	50～12.5	适用于淬火钢以外的各种金属
2	粗车—半精车	IT8～10	6.3～3.2	
3	粗车—半精车—精车	IT7～8	1.6～0.8	
4	粗车—半精车—精车—滚压(或抛光)	IT7～8	0.2～0.025	
5	粗车—半精车—磨削	IT7～8	0.8～0.4	主要用于淬火钢,也可用于未淬火钢,但不宜加工有色金属
6	粗车—半精车—粗磨—精磨	IT6～7	0.4～0.1	
7	粗车—半精车—粗磨—精磨—超精加工(或轮式超精磨)	IT5	0.025～R_z0.1	
8	粗车—半精车—精车—精细车(金刚车)	IT6～7	0.4～0.025	主要用于要求较高的有色金属加工极高精度的外圆加工
9	粗车—半精车—粗磨—精磨—超精磨(或镜面磨)	IT5 以上	0.025～R_z0.05	
10	粗车—半精车—粗磨—精磨—研磨	IT5 以上	0.1～R_z0.05	

表 5-12 孔加工方案

序号	加 工 方 法	经济精度(公差等级表示)	表面粗糙度 R_a 值/μm	适 用 范 围
1	钻	IT11～12	12.5	加工未淬火钢及铸铁的实心毛坯,也可用于加工有色金属(但表面粗糙度稍大,孔径约 15～20mm)
2	钻—铰	IT9	3.2～1.6	
3	钻—铰—精铰	IT7～8	1.6～0.8	
4	钻—扩	IT10～11	12.5～6.3	同上但孔径大于 15～20mm)
5	钻—扩—铰	IT8～9	3.2～1.6	
6	钻—扩—粗铰—精铰	IT7	1.6～0.8	
7	钻—扩—机铰—手铰	IT6～7	0.4～0.1	
8	钻—扩—拉	IT7～9	1.6～0.1	大批大量生产(精度视拉刀的精度而定)

（续）

序号	加 工 方 法	经济精度（公差等级表示）	表面粗糙度 R_a 值/μm	适 用 范 围
9	粗镗（或扩孔）	IT11～12	12.5～6.3	除淬火钢外各种材料，毛坯有铸出孔或锻出孔
10	粗镗（粗扩）—半精镗（精扩）	IT8～9	3.2～1.6	
11	粗镗（扩）—半精镗（精扩）—精镗（铰）	IT7～8	1.6～0.8	
12	粗镗（扩）—半精镗（精扩）—精镗—浮动镗刀—精镗	IT6～7	0.8～0.4	
13	粗镗（扩）—半精镗—磨孔	IT7～8	0.8～0.2	主要用于淬火钢，也可用于未淬火钢，但不宜用于有色金属
14	粗镗（扩）—半精镗—粗磨—精磨	IT6～7	0.2～0.1	
15	粗镗—半精镗—精镗——金钢镗	IT6～7	0.4～0.05	主要用于精度要求高的有色金属加工
16	钻—（扩）—粗铰—精铰—珩磨；钻—（扩）—拉—珩磨，粗镗—半精镗—精镗—珩磨	IT6～7	0.2～0.025	精度要求很高的孔
17	以研磨代替上述方案中的珩磨	IT6 以上		

表 5-13　平面加工方案

序号	加 工 方 法	经济精度（公差等级表示）	表面粗糙度 R_a 值/μm	适 用 范 围
1	粗车—半精车	IT9	6.3～3.2	
2	粗车—半精车—精车	IT7～8	1.6～0.8	端面一般用于不淬硬平面（端铣表面粗糙度较细）
3	粗车—半精车—磨削	IT8～9	0.8～0.22	
4	粗刨（或粗铣）—精刨（或精铣）	IT8～9	6.3～1.6	
5	粗刨（或粗铣）—精刨（或精铣）—刮研	IT6～7	0.8～0.1	精度要求较高的不淬硬平面，批量较大时宜采用宽刃精刨方案
6	以宽刃刨削代替上述方案中的刮研	IT7	0.8～0.2	
7	粗刨（或粗铣）—精刨（或精铣）—磨削	IT7	0.8～0.2	精度要求高的淬硬平面或不淬硬平面
8	粗刨（或粗铣）—精刨（或精铣）—粗磨—精磨	IT6～7	0.4～0.02	
9	粗铣—拉	IT7～9	0.8～0.2	大量生产，较小的平面（精度视拉刀精度而定）
10	粗铣—精铣—磨削—研磨	IT6 以上	0.1～R_z0.05	高精度平面

2. 选择表面加工方案时应考虑的因素

选择加工方法,常常根据经验或查表来确定,再根据实际情况或通过工艺试验进行修改。

选择时应考虑下列因素。

(1) 工件材料的性质:例如,淬火钢的精加工要用磨削,有色金属的精加工为避免磨削时堵塞砂轮,则要用高速精细车或精细镗(金刚镗)。

(2) 工件的形状和尺寸:例如,对于公差为 IT7 的孔采用镗削、铰削、拉和磨削等都可达到要求;但是,箱体上的孔一般不宜采用拉或磨,而常常选择镗孔(大孔时)或铰孔(小孔时)。

(3) 生产类型:大批量生产时,应采用高效率的先进工艺,例如用拉削方法加工孔和平面,用组合铣削或磨削同时加工几个表面,对于复杂的表面采用数控机床及加工中心等;单件小批生产时,宜采用刨削、铣削平面和钻、扩、铰孔等加工方法,避免盲目地采用高效加工方法和专用设备而造成经济损失。

(4) 具体生产条件:应充分利用现有设备和工艺手段,发挥群众的创造性,挖掘企业潜力。还要重视新工艺和新技术,提高工艺水平。有时,因设备负荷的原因,需改用其他加工方法。

(5) 特殊要求:如表面纹路方向的要求。铰削和镗削孔的纹路方向与拉削的纹路方向不同,应根据设计的特殊要求选择相应的加工方法。

5.9.2 加工阶段的划分

1. 划分方法

零件的加工质量要求较高时,都应划分加工阶段。一般划分为粗加工、半精加工和精加工 3 个阶段。如果零件要求的精度特别高,表面粗糙度很小时,还应增加光整加工和超精密加工阶段。各加工阶段的主要任务分述如下。

(1) 粗加工阶段:主要任务是切除毛坯上各加工表面的大部分加工余量,使毛坯在形状和尺寸上接近零件成品。因此,应采取措施尽可能提高生产率。同时要为半精加工阶段提供精基准,并留有充分均匀的加工余量,为后续工序创造有利条件。

(2) 半精加工阶段:达到一定的精度要求,并保证留有一定的加工余量,为主要表面的精加工作准备。同时完成一些次要表面的加工(如紧固孔的钻削、攻螺纹、铣键槽等)。

(3) 精加工阶段:主要任务是保证零件各主要表面达到图纸规定的技术要求。

(4) 光整加工阶段:对精度要求很高(IT6 以上),表面粗糙度很小(小于 $R_a 0.2\mu m$)的零件,需安排光整加工阶段。其主要任务是减小表面粗糙度或进一步提高尺寸精度和形状精度。

2. 合理划分加工阶段的主要原因

(1) 保证加工质量:工件粗加工时切除金属较多,产生较大的切削力和切削热,同时也需要较大的夹紧力。在这些力和热的作用下,工件会产生较大的变形,加工质量很差。加工过程划分阶段后,粗加工造成的加工误差,通过半精加工和精加工逐渐消除,保证了零件加工质量要求。

(2) 合理使用设备:划分加工阶段后,粗加工可采用功率大、刚性好和精度较低的高效率机床以提高效率;而精加工则可采用高精度设备以确保零件的精度要求。这样既充分发挥了设备各自的特点,也做到了设备的合理使用。

(3) 便于安排热处理工序:划分加工阶段,有利于在各阶段间合理地安排热处理工序。例如,某些轴类零件,在粗加工后安排调质,在半精加工后安排淬火,最后进行精加工。这样不仅容易满足零件的性能要求,而且淬火引起的变形又可通过精加工工序予以消除。

(4) 及时发现废品,免于浪费:划分加工阶段,便于在粗加工后及早发现毛坯的缺陷,及时决定报废或修补,以免继续加工而造成浪费。精加工安排在最后,有利于防止或减少表面的损伤。

在拟订零件的工艺路线时,一般都要遵循划分加工阶段这一原则,但在具体应用时要灵活掌握,不能绝对化。例如对于精度和表面质量要求较低而工件刚性足够、毛坯精度较高、加工余量小的工件,可不划分加工阶段;又如对一些刚性好的重型零件,由于装夹吊运很费时,也往往不划分加工阶段而在一次安装中完成粗精加工。

还需指出的是,将工艺过程划分成几个加工阶段是对整个加工过程而言的,不能单纯从某一表面的加工或某一工序的性质来判断。例如工件的定位基准,在半精加工阶段甚至在粗加工阶段就需要加工得很准确,而在精加工阶段中安排某些钻孔之类的粗加工工序也是常有的。

5.9.3　加工顺序的安排

1. 机械加工工序的安排

(1) 基准先行:零件加工一般多从精基准的加工开始,再以精基准定位加工其他表面。因此,选作精基准的表面应安排在工艺过程起始工序先进行加工,以便为后续工序提供精基准。例如轴类零件先加工两端中心孔,然后再以中心孔作为精基准,粗、精加工所有外圆表面。齿轮加工则先加工内孔及基准端面,再以内孔及端面作为精基准,粗、精加工齿形表面。

(2) 先粗后精:精基准加工好以后,整个零件的加工工序,应是粗加工工序在前,相继为半精加工、精加工及光整加工。按先粗后精的原则先加工精度要求较高的主要表面,即先粗加工再半精加工各主要表面,最后再进行精加工和光整加工。在对重要表面精加工之前,有时需对精基准进行修整,以利于保证重要表面的加工精度。如主轴的高精度磨削时,在精磨和超精磨削前都须研磨中心孔;精密齿轮在磨齿前,也要对内孔进行磨削加工。

(3) 先主后次:根据零件的功用和技术要求。先将零件的主要表面和次要表面分开,然后先安排主要表面的加工,后加工次要表面。因为主要表面往往要求精度较高,加工面积较大,容易出废品,应放在前阶段进行加工,以减少工时的浪费,次要表面加工面积小,精度也一般较低,又与主要表面有位置要求,应在主要表面加工之后进行加工。

(4) 先面后孔:零件上的表面必须先进行加工,然后再加工孔。如箱体、底座、支架等类零件,平面的轮廓尺寸较大,用它作为精基准加工孔,比较稳定可靠,也容易加工,有利于保证孔的精度。如果先加工孔,再以孔为基准加工平面,则比较困难,加工质量也受影响。

2. 热处理工序的安排

热处理可以提高材料的力学性能,改善金属的切削性能以及消除残余应力。在制订工艺路线时,应根据零件的技术要求和材料的性质,合理地安排热处理工序。按照热处理的目的,可分为预备热处理和最终热处理。

1) 预备热处理

(1) 正火、退火:目的是消除内应力、改善加工性能、为最终热处理作准备。一般安排在粗加工之前,有时也安排在粗加工之后。

(2) 时效处理:以消除内应力、减少工件变形为目的。一般安排在粗加工之前后,对于精密零件,要进行多次时效处理。

(3) 调质:对零件淬火后再高温回火,能消除内应力、改善加工性能并能获得较好的综合力学性能。一般安排在粗加工之后进行。对一些性能要求不高的零件,调质也常作为最终热处理。

2) 最终热处理

常用的有:淬火、渗碳淬火、渗氮等。最终热处理的主要目的是提高零件的硬度和耐磨性,常安排在精加工(磨削)之前进行。其中渗氮由于热处理温度较低,零件变形很小,也可以安排在精加工之后。

3. 检验工序的安排

检验工序一般安排在粗加工后,精加工前;送往外车间前后;重要工序和工时长的工序前后;零件加工结束后,入库前。

4. 其他工序的安排

(1) 表面强化工序:如滚压、喷丸处理等,一般安排在工艺过程的最后。

(2) 表面处理工序:如发蓝、电镀等,一般安排在工艺过程的最后。

(3) 探伤工序:如 X 射线检查、超声波探伤等,多用于零件内部质量的检验,一般安排在工艺过程的开始。磁力探伤、荧光检验等主要用于零件表面质量的检验,通常安排在该表面加工结束以后。

(4) 平衡工序:包括动、静平衡,一般安排在精加工以后。

在安排零件的工艺过程中,不要忽视去毛刺、倒棱和清洗等辅助工序。在铣键槽、齿面倒角等工序后应安排去毛刺工序。零件在装配前都应安排清洗工序,特别在研磨等光整加工工序之后,更应注意进行清洗工序,以防止残余的磨料嵌入工件表面,加剧零件在使用中的磨损。

5.9.4　工序集中和工序分散

工序集中就是零件的加工集中在少数工序内完成,而每一道工序的加工内容却比较多;工序分散则相反,整个工艺过程中工序数量多,而每一道工序的加工内容则比较少。

1. 工序集中的特点

(1) 有利于采用高生产率的专用设备和工艺装备,如采用多刀多刃、多轴机床、数控机床和加工中心等,从而大大提高了生产率。

(2)减少了工序数目,缩短了工艺路线,从而简化了生产计划和生产组织工作。

(3)减少了设备数量,相应地减少了操作工人的人数和生产面积。

(4)减少了工件安装次数,不仅缩短了辅助时间,而且在一次安装下能加工较多的表面,也易于保证这些表面的相对位置精度。

(5)专用设备和工艺装备复杂,生产准备工作和投资都比较大,尤其是转换新产品比较困难。

2. 工序分散的特点

(1)设备和工艺装备结构都比较简单,调整方便,对工人的技术水平要求低。

(2)可采用最有利的切削用量,减少机动时间。

(3)容易适应生产产品的变换。

3. 工序集中与工序分散的选用

工序集中与工序分散各有利弊,选用时应考虑生产类型、现有生产条件、工件结构特点和技术要求等因素,使制订的工艺路线适当地集中,合理地分散。

单件小批生产采用组织集中,以便简化生产组织工作。大批大量生产可采用较复杂的机械集中,如各种高效组合机床、自动机床等加工,对一些结构较简单的产品,也可采用分散的原则。成批生产应尽可能采用效率较高的机床,如转塔车床、多刀半自动车床等,使工序适当集中。

对于重型零件,为了减少工件装卸和运输的劳动量,工序应适当集中;对于刚性差且精度高的精密工件,工序应适当分散。目前的发展趋势是工序集中。

5.10　加工余量的确定

在选择了毛坯,拟订出加工工艺路线之后,就需要确定加工余量,计算各工序的工序尺寸。加工余量的大小与加工成本有密切关系,加工余量过大不仅浪费材料,而且增加切削工时、增大刀具和机床的磨损,从而增加成本;加工余量过小,会使前一道工序的缺陷得不到纠正,造成废品,从而也使成本增加。因此,合理地确定加工余量,对提高加工质量和降低成本都有十分重要的意义。

5.10.1　加工余量的概念

在机械加工过程中从加工表面切除的金属层厚度称为加工余量。加工余量分为工序余量和加工总余量。

1. 工序余量

工序余量是指为完成某一道工序所必须切除的金属层厚度,即相邻两工序的工序尺寸之差。

1) 工序余量的计算

加工余量有单边余量和双边余量之分。平面加工余量是单边余量,它等于实际切削的金属层厚度。对于外圆和孔等回转表面,加工余量是指双边余量,即以直径方向计算,实际切削的金属为加工余量数值的一半。如图 5.70 所示,由图可知

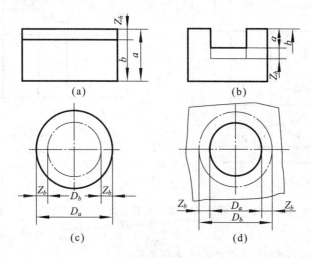

图 5.70 加工余量

对于外表面的单边余量:$Z_b = a - b$,如图 5.70(a)所示。

对于内表面的单边余量:$Z_b = b - a$,如图 5.70(b)所示。

式中 Z_b——本工序的工序余量;

    a——前工序的工序尺寸;

    b——本工序的工序尺寸。

对于轴:$2Z_b = D_a - D_b$,如图 5.70(c)所示。

对于孔:$2Z_b = D_b - D_a$,如图 5.70(d)所示。

式中 Z_b——本工序的基本余量;

    D_a——上工序的基本尺寸;

    D_b——本工序的基本尺寸。

当加工某个表面的工序是分几个工步时,则相邻两工步尺寸之差就是工步余量。它是某工步在表面上切除的金属层厚度。

2) 基本余量、最大余量、最小余量及余量公差的计算

由于毛坯制造和各个工序尺寸都存在着误差,因此,加工余量也是个变动值。当工序尺寸用基本尺寸计算时,所得的加工余量称为基本余量或公称余量。

最小余量(Z_{min})是保证该工序加工表面的精度和质量所需切除的金属层最小厚度。最大余量(Z_{max})是该工序余量的最大值。下面以图 5.71 所示为例来计算,其他各类表面的情况与此类似。

(1) 对于被包容面:

本工序的基本余量 $Z_b = L_a - L_b$

本工序的最大余量 $Z_{b max} = Z_b + T_b$

本工序的最小余量 $Z_{b min} = Z_b - T_a$

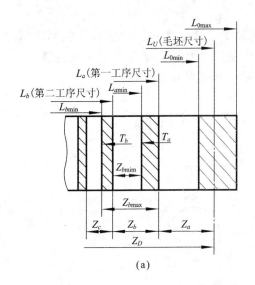 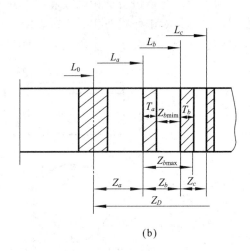

(a)　　　　　　　　　　　　　　　　　　　　(b)

图 5.71　加工余量及公差

本工序余量公差　　　　　　　　　$T_z = T_b + T_a$

式中　L_a, T_a——上工序的基本尺寸和尺寸公差；

　　　　L_b, T_b——本工序的基本尺寸和尺寸公差。

（2）对于包容面：

本工序的基本余量　　　　　　　$Z_b = L_b - L_a$

本工序的最大余量　　　　　　　$Z_{bmax} = Z_b + T_b$

本工序的最小余量　　　　　　　$Z_{bmin} = Z_b - T_a$

本工序余量公差　　　　　　　　$T_z = T_b + T_a$

式中　L_a, T_a——上工序的基本尺寸和尺寸公差；

　　　　L_b, T_b——本工序的基本尺寸和尺寸公差。

　　工序尺寸公差带的布置，一般都采用"单向、入体"原则，即对于被包容面（轴类），公差都标成下偏差，取上偏差为零，工序基本尺寸即为最大工序尺寸；对于包容面（孔类），公差都标成上偏差，取下偏差为零；但是，孔中心距尺寸和毛坯尺寸的公差带一般都取双向对称布置。

　　2. 加工总余量

　　加工总余量是指由毛坯变为成品的过程中，在某加工表面上所切除的金属层总厚度，即毛坯尺寸与零件图设计尺寸之差。如图 5.71(b)所示，从图中可见，不论是包容面还是被包容面，其加工总余量均等于各工序余量之和。

$$Z_D = Z_a + Z_b + Z_c + \cdots$$

$$Z_D = \sum_{i=1}^{n} Z_i$$

式中　Z_D——加工总余量；

　　　　Z_i——第 i 道工序余量，n 为工序数。

5.10.2　影响加工余量的因素

影响加工余量的因素如下。

(1) 上工序的表面质量(包括表面粗糙度 R_a 和表面破坏层深度 S_a)。

(2) 上工序的工序尺寸公差(T_a)。

(3) 上工序的位置误差(ρ_a),如工件表面在空间的弯曲、偏斜以及其他空间位置误差等。

(4) 本工序工件的安装误差(ε_b)。

所以,本工序的加工余量必须满足下式

用于对称余量时

$$Z \geqslant 2(R_a + S_a) + T_a + 2|\vec{\rho_a} + \vec{\varepsilon_b}|$$

用于单边余量时

$$Z \geqslant R_a + S_a + T_a + |\vec{\rho_a} + \vec{\varepsilon_b}|$$

ρ_a 和 ε_b 均是空间误差,方向未必相同,所以,应取矢量合成的绝对值。

需要注意的是,对于不同零件和不同的工序,上述公式中各组成部分的数值与表现形式也各有不同。例如:对拉削、无心磨削等以加工表面本身定位进行加工的工序,其安装误差 ε_b 值取为 0;对某些主要用来降低表面粗糙度的超精加工及抛光等工序,工序加工余量的大小仅与 R_a 值有关。

5.10.3　加工余量的确定

1. 经验估计法

经验估计法是根据工艺人员的实际经验确定加工余量。为了防止因余量不足而产生废品,所估计的加工余量一般偏大。此法常用于单件小批生产。

2. 查表修正法

查表修正法是以工厂生产实践和试验研究积累的有关加工余量的资料数据为基础,先制成表格,再汇集成手册。确定加工余量时,查阅这些手册,再结合工厂的实际情况进行适当修改后确定。目前,这种方法用得比较广泛。

3. 分析计算法

分析计算法是根据一定的试验资料和计算公式,对影响加工余量的各项因素进行综合分析和计算来确定加工余量的方法。这种方法确定的加工余量最经济合理,但必须有比较全面和可靠的试验资料。目前,只在材料十分贵重以及军工生产或少数大量生产的工厂中采用。

在确定加工余量时,要分别确定加工总余量(毛坯余量)和工序余量。加工总余量的大小与所选择的毛坯制造精度有关。用查表修正法确定工序余量时,粗加工工序余量不能用此法得到,而是由加工总余量减去其他各工序余量之和而得。

5.11　工序尺寸及公差的确定

在机械加工过程中,工件的尺寸在不断地变化,由毛坯尺寸到工序尺寸,最后达到设计要求的尺寸。在这个变化过程中,加工表面本身的尺寸及各表面之间的尺寸都在不断地变化,这种变化无论是在一个工序内部,还是在各个工序之间都有一定的内在联系。应用尺寸链理论去揭示它们之间的内在关系,掌握它们的变化规律是合理确定工序尺寸及其公差和计算各种工艺尺寸的基础,因此,本节先介绍工艺尺寸链的基本概念,然后分析工艺尺寸链的计算方法以及介绍工艺尺寸链的应用。

5.11.1　工艺尺寸链的概念

1. 工艺尺寸链的定义和特征

图 5.72(a)所示为一定位套,A_Σ 与 A_1 为图样上已标注的尺寸。按零件图进行加工时,尺寸 A_Σ 不便直接测量。如欲通过易于测量的尺寸 A_2 进行加工,以间接保证尺寸 A_Σ 的要求,则首先需要分析尺寸 A_1、A_2 和 A_Σ 之间的内在关系,然后据此算出尺寸 A_2 的数值。又如图 5.72(b)所示零件,假设零件图上标注设计尺寸 A_1 和 A_Σ,当用调整法加工 C 表面时(A、B 表面已加工完成),为使夹具结构简单和工件定位时稳定可靠,常选表面 A 为定位基准,并按调整法根据对刀尺寸 A_2 加工表面 C,以间接保证尺寸 A_Σ 的精度要求,则尺寸 A_1、A_2 和 A_Σ 这些相互联系的尺寸就形成一个尺寸封闭图形,即为工艺尺寸链,如图 5.72(c)所示。

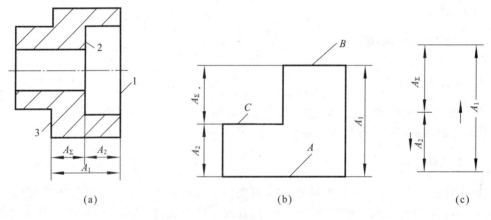

图 5.72　零件加工与测量中的尺寸联系

通过以上分析可以知道,工艺尺寸链的主要特征是封闭性和关联性。

封闭性——尺寸链中各个尺寸的排列呈封闭形式,不封闭就不称为尺寸链。

关联性——任何一个直接保证的尺寸及其精度的变化,必将影响间接保证的尺寸和其精度。如图 5.72(c)所示尺寸链中,A_1、A_2 的变化,都将引起 A_Σ 的变化。

2. 工艺尺寸链的组成

(1) 环:组成工艺尺寸链的各个尺寸都称为工艺尺寸链的环。图 5.72 中的尺寸 A_1、A_2 和 A_Σ 都是工艺尺寸链的环。环又可分为封闭环和组成环。

(2) 封闭环:在加工过程中,间接获得、最后保证的尺寸。如图 5.72 中的 A_Σ 是间接获得的,为封闭环。封闭环用下标"Σ"表示。每个尺寸链只能有一个封闭环。

(3) 组成环:除封闭环以外的其他环,称为组成环。组成环的尺寸是直接保证的,它又影响到封闭环的尺寸。按其对封闭环的影响又可分为增环和减环。

① 增环：当其余组成环不变，而该环增大（或减小）使封闭环随之增大（或减小）的环，称为增环。如图 5.72(c) 中的 A_1 即为增环，可标记成 $\vec{A}_1$。

② 减环：当其余组成环不变，该环增大（或减小）反而使封闭环减小（或增大）的环，称为减环。如图 5.72(c) 中的尺寸 A_2 即为减环，可标记成 $\overleftarrow{A}_2$。

3. 工艺尺寸链的建立

利用工艺尺寸链进行工序尺寸及其公差的计算，关键在于正确找出尺寸链，正确区分增、减环和封闭环。其方法如下。

（1）封闭环的确定：封闭环即加工后间接得到的尺寸。对于工艺尺寸链，要认准封闭环是"间接、最后"获得的尺寸这一关键点。在大多数情况下，封闭环可能是零件设计尺寸中的一个尺寸或者是加工余量值。

封闭环的确定还要考虑到零件的加工方案。如加工方案改变，则封闭环也将可能变成另一个尺寸。如图 5.72(a) 所示零件，当以表面 3 定位车削表面 1，获得尺寸 A_1，然后以表面 1 为测量基准车削表面 2 获得尺寸 A_2 时，则间接获得的尺寸 A_Σ 即为封闭环；但是，如果改变加工方案，以加工过的表面 1 为测量基准直接获得尺寸 A_2，然后调头以表面 2 为定位基准，采用定距装刀的调整法车削表面 3 直接保证尺寸 A_Σ，则 A_1 成为间接获得的尺寸，是封闭环。

在零件的设计图中，封闭环一般是未注的尺寸（即开环）。

（2）组成环的查找：从封闭环两端起，按照零件表面间的联系，逆向循着工艺过程的顺序，分别向前查找该表面最近一次加工的加工尺寸，之后再找出该尺寸另一端表面的最后一次加工尺寸，直至两边汇合为止，所经过的尺寸都为该尺寸链的组成环。

（3）区分增减环：对于环数少的尺寸链，可以根据增、减环的定义来判别。对于环数多的尺寸链，可以采用箭头法，即从 A_Σ 开始，在尺寸的上方（或下边）画箭头，然后顺着各环依次画下去，凡箭头方向与封闭环 A_Σ 的箭头方向相同的环为减环，相反的为增环。

需要注意的是：所建立的尺寸链，必须使组成环数最少，这样更容易满足封闭环的精度或者使各组成环的加工更容易、更经济。

4. 工艺尺寸链计算的基本公式

工艺尺寸链的计算，有极值法和概率法两种。一般多采用极值法。

（1）封闭环基本尺寸的计算：

$$A_\Sigma = \sum_{i=1}^{m} \vec{A}_i + \sum_{j=m+1}^{n-1} \overleftarrow{A}_j \tag{5-1}$$

式中　m——增环的环数；

　　　　n——包括封闭环在内的总环数。

（2）封闭环极限尺寸的计算：

$$A_{\Sigma\max} = \sum_{i=1}^{m} \vec{A}_{i\min} + \sum_{j=m+1}^{n-1} \overleftarrow{A}_{j\min} \tag{5-2}$$

$$A_{\Sigma\min} = \sum_{i=1}^{m} \vec{A}_{i\min} + \sum_{j=m+1}^{n-1} \overleftarrow{A}_{j\max} \tag{5-3}$$

（3）封闭环上下偏差的计算：

$$B_s(A_\Sigma) = \sum_{i=1}^{m} B_s(\vec{A}_i) - \sum_{j=m+1}^{n-1} B_x(\overleftarrow{A}_j) \tag{5-4}$$

$$B_x(A_{\sum}) = \sum_{i=1}^{m} B_x(\vec{A}_i) - \sum_{j=m+1}^{n-1} B_s(\overleftarrow{A}_j) \tag{5-5}$$

（4）封闭环公差的计算：

$$T(A_{\sum}) = \sum_{i=1}^{n-1} T(A_i) \tag{5-6}$$

式中　$T(A_i)$——第 i 个组成环的公差。

（5）封闭环平均尺寸的计算：

$$A_{\sum M} = \sum_{i=1}^{m} \vec{A}_{iM} - \sum_{j=m+1}^{n-1} \overleftarrow{A}_{iM} \tag{5-7}$$

式中各组成环平均尺寸按下式计算

$$A_{iM} = \frac{A_{i\max} + A_{i\min}}{2}$$

（6）平均偏差的计算：

$$B_M(A_{\sum}) = \sum_{i=1}^{m} B_M(\vec{A}_i) - \sum_{j=m+1}^{n-1} B_M(\overleftarrow{A}_j) \tag{5-8}$$

式中各组成环平均偏差按下式计算

$$B_M A_i = \frac{B_s A_i + B_x A_i}{2} \tag{5-9}$$

5.11.2　工序尺寸及公差的确定

1. 工序基准与设计基准重合时工序尺寸及其公差的确定

零件上外圆和内孔的加工多属于这种情况。当表面需经多次加工时，各工序的加工尺寸及公差取决于各工序的加工余量及所采用加工方法的经济加工精度，计算的顺序是由最后一道工序向前推算。计算步骤如下。

（1）确定毛坯总余量和工序余量。

（2）确定工序公差：最终工序尺寸公差等于设计尺寸公差，其余工序公差按经济精度确定。求工序基本尺寸，从零件图上的设计尺寸开始，一直往前推算到毛坯尺寸，某工序基本尺寸等于后道工序基本尺寸加上或减去后道工序余量。

（3）标注工序尺寸公差：最后一道工序的公差按设计尺寸标注，其余工序尺寸公差按入体原则标注。

例如：某零件孔的设计要求为 $\phi 100^{+0.03}_{0}$ mm，R_a 值为 $0.8\mu m$，需淬硬。其加工工艺路线为：毛坯—粗镗—半精镗—精镗—浮动镗。求各工序尺寸。

首先，通过查表或凭经验确定毛坯总余量与其公差、工序余量以及工序的经济精度和公差值，然后，计算工序基本尺寸，结果列于表 5-14 中。

表 5-14　工序尺寸及公差的计算

工序名称	工序余量	工序的经济精度	工序基本尺寸	工序尺寸
浮动镗	0.1	H7$(^{+0.035}_{0})$	100	$\phi 100^{+0.035}_{0}$
精镗	0.5	H9$(^{+0.087}_{0})$	$100-0.1=99.9$	$\phi 99.9^{+0.087}_{0}$

（续）

工序名称	工序余量	工序的经济精度	工序基本尺寸	工序尺寸
半精镗	2.4	$H11(^{+0.22}_{0})$	$99.9-0.5=99.4$	$\phi99.4^{+0.22}_{0}$
粗镗	5	$H13(^{+0.54}_{0})$	$99.4-2.4=97$	$\phi97^{+0.054}_{0}$
毛坯	8	±1.2	$97-5=92$ 或 $100-8=92$	$\phi92\pm1.2$

2. 工艺基准与设计基准不重合时工序尺寸及其公差的确定

1）测量基准与设计基准不重合时工序尺寸及其公差的计算

在加工中，有时会遇到某些加工表面的设计尺寸不便测量，甚至无法测量的情况，为此需要在工件上另选一个容易测量的测量基准，通过对该测量尺寸的控制来间接保证原设计尺寸的精度。这就产生了测量基准与设计基准不重合时，测量尺寸及公差的计算问题。

【例 5-6】　如图 5.73 所示零件，加工时要求保证尺寸(6 ± 0.1)mm，但该尺寸不便测量，只好通过测量尺寸 x 来间接保证，试求工序尺寸 x 及其上、下偏差。

解：在图 5.73(a)中尺寸(6 ± 0.1)mm 是间接得到的，即为封闭环。工艺尺寸链如图 5.73(b)所示，其中尺寸 x，(26 ± 0.05)mm 为增环，尺寸$36^{0}_{-0.05}$mm 为减环。

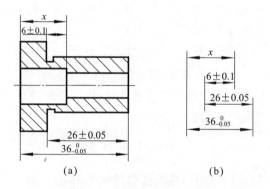

图5.73　测量基准与设计基准不重合的尺寸换算

由式(5-1)得 $6=x+26-36$

　　　　$x=16$(mm)

由式(5-4)得 $0.1=B_{s}(x)+0.05-(-0.05)$

　　　　$B_{s}(x)=0$

　　　　$-0.1=B_{x}(x)+(-0.05)-0$

　　　　$B_{x}(x)=-0.05$(mm)

因而　　　　　　　　　　　　　　　　　$x=16$

2）定位基准与设计基准不重合时的工序尺寸计算

零件调整法加工时，如果加工表面的定位基准与设计基准不重合，就要进行尺寸换算，重新标注工序尺寸。

【例 5-7】　如图 5.74(a)所示零件,尺寸 $60_{-0.12}^{~0}$ mm 已经保证,现以 1 面定位用调整法精铣 2 面,试标出工序尺寸。

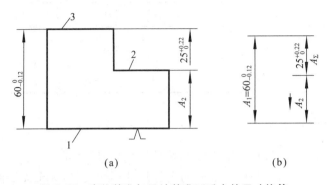

（a）　　　　　　　　　　　　　　　　（b）

图 5.74　定位基准与设计基准不重合的尺寸换算

解：当以 1 面定位加工 2 面时,将按工序尺寸 A_2 进行加工,设计尺寸 $A_\Sigma = 25_{~0}^{+0.22}$ 是本工序间接保证的尺寸,为封闭环,其尺寸链如图 5.74(b)所示。则尺寸 A_2 的计算如下

基本尺寸计算

$$25 = 60 - A_2　　则 A_2 = 35 (\text{mm})$$

下偏差计算

$$+0.22 = 0 - B_x(A_2)　　B_x(A_2) = -0.22 (\text{mm})$$

上偏差计算

$$0 = -0.12 - B_s(A_2)　　B_s(A_2) = -0.12 (\text{mm})。$$

则　工序尺寸　　　　　　　　　　　$A_2 = 35_{-0.22}^{-0.12} (\text{mm})。$

当定位基准与设计基准不重合进行尺寸换算时,也需要提高本工序的加工精度,这使加工更加困难。同时也会出现假废品的问题。

3. 从尚需继续加工的表面上标注的工序尺寸计算

【例 5-8】　如图 5.75(a)所示为齿轮内孔的局部简图,设计要求为：孔径 $\phi 40_{~0}^{+0.05}$ mm,键槽深度尺寸为 $43.6_{~0}^{+0.34}$ mm,其加工顺序为

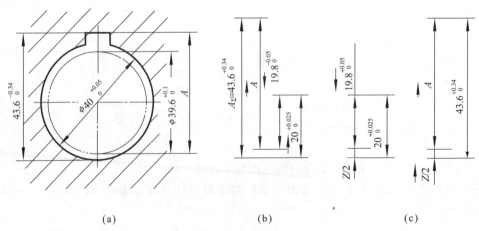

（a）　　　　　　　　　　（b）　　　　　　　　　　（c）

图 5.75　内孔及键槽加工的工艺尺寸链

(1) 镗内孔至 $\phi 39.6^{+0.1}_{0}$ mm。

(2) 插键槽至尺寸 A。

(3) 淬火处理。

(4) 磨内孔,同时保证内孔直径 $\phi 40^{+0.05}_{0}$ mm 和键槽深度 $43.6^{+0.34}_{0}$ mm 两个设计尺寸的要求;试确定插键槽的工序尺寸 A。

解:先画出工艺尺寸链如图 5.75(b)。需要注意的是,当有直径尺寸时,一般应考虑用半径尺寸来画尺寸链。因最后工序是直接保证 $\phi 40^{+0.05}_{0}$ mm,间接保证 $43.6^{+0.34}_{0}$ mm,故 $43.6^{+0.34}_{0}$ mm 为封闭环,尺寸 A 和 $20^{+0.025}_{0}$ mm 为增环,$19.8^{+0.05}_{0}$ mm 为减环。利用基本公式计算可得

基本尺寸计算　　　　　　　　　　$43.6 = A + 20 - 19.8$

　　　　　　　　　　　　　　　　$A = 43.4$ (mm)

上偏差计算　　　　　　　　　　$B_s(A) = +0.315$ (mm)

下偏差计算　　　　　　　　　　$0 = B_x(A) + 0 - 0.05$

　　　　　　　　　　　　　　　　$B_x(A) = +0.05$ (mm)

所以　　　　　　　　　　　　　　$A = 43.4^{+0.315}_{+0.05}$ (mm)

按入体原则标注为　　　　　　　　$A = 43.45^{+0.265}_{0}$ (mm)

另外,尺寸链还可以列成图 5.75(c) 的形式,引进了半径余量 $Z/2$,图 5.75(c) 左图中 $Z/2$ 是封闭环,右图中 $Z/2$ 则认为是已经获得,而 $43.6^{+0.34}_{0}$ mm 是封闭环。其结果与尺寸链图 5.75(b) 相同。

4. 保证渗氮、渗碳层深度的工艺计算

【例 5-9】　一批圆轴如图 5.76 所示,其加工过程为:车外圆至 $\phi 20.6^{0}_{-0.04}$ mm;渗碳淬火;磨外圆至 $\phi 20^{0}_{-0.02}$ mm。试计算保证磨后渗碳层深度为 $0.7 \sim 1.0$ mm 时,渗碳工序的渗入深度及其公差。

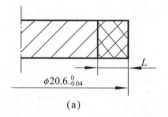
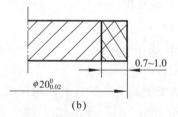
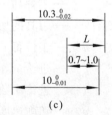

(a)　　　　　　　　　　　(b)　　　　　　　　　　　(c)

图 5.76　保证渗碳层深度的尺寸换算

解:由题意可知,磨后保证的渗碳层深度 $0.7 \sim 1.0$ mm 是间接获得的尺寸,为封闭环。其中尺寸 L 和 $10^{0}_{-0.01}$ mm 为增环,尺寸 $10.3^{0}_{-0.02}$ mm 为减环。

基本尺寸计算　　　　　　　　　　$0.7 = L + 10 - 10.3$

　　　　　　　　　　　　　　　　$L = 1$ (mm)

上偏差计算　　　　　　　　　$0.3 = B_s(L) + 0 - (-0.02)$

　　　　　　　　　　　　　　　　$B_s(L) = 0.28$ (mm)

下偏差计算　　　　　　　　　$0 = B_x(L) + (-0.01) - 0$

　　　　　　　　　　　　　　　　$B_x(L) = 0.01$ (mm)

因此　　　　　　　　　　　　　　$L = 1^{+0.28}_{+0.01}$ (mm)

5.12 机械加工生产率和技术经济分析

在制订机械加工工艺规程时,必须在保证零件质量要求的前提下,提高劳动生产率和降低成本。也就是说,必须优质、高产、低消耗。

劳动生产率是指工人在单位时间内制造的合格产品数量,或者指制造单件产品所消耗的劳动时间。劳动生产率一般通过时间定额来衡量。

1. 时间定额的概念

所谓时间定额是指在一定生产条件下,规定生产一件产品或完成一道工序所需消耗的时间。它是安排作业计划、核算生产成本、确定设备数量、进行人员编制以及规划生产面积的重要依据。

制定合理的时间定额是调动工人积极性的重要手段,它一般是由技术人员通过计算或类比的方法,或者通过对实际操作时间的测定和分析的方法而确定的。使用中,时间定额还应定期修订,以使其保持平均的先进水平。

2. 时间定额的组成

(1) 基本时间 $T_{基本}$:基本时间是指直接改变生产对象的尺寸、形状、相对位置以及表面状态或材料性质等工艺过程所消耗的时间。对于切削加工来说,基本时间就是切除金属所消耗的时间(包括刀具的切入和切出时间),又称机动时间。基本时间可以通过计算求出,以车外圆为例有

$$T_{基本}=\frac{L+L_1+L_2}{nf}i=\frac{\pi D(L+L_1+L_2)}{1000vf}\frac{Z}{a_p}$$

式中 L ——零件加工表面的长度,mm;

L_1、L_2 ——刀具的切入和切出长度,mm;

n ——工件每分钟转数,r/min;

f ——进给量,mm/r;

i ——进给次数,决定于加工余量 Z 和切削深度 d;

v ——切削速度,m/min;

$T_{基本}$ ——基本时间,min。

(2) 辅助时间 $T_{辅助}$:辅助时间是指为实现工艺过程所必须进行的各种辅助动作所消耗的时间。它包括装卸工件、开停机床、引进或退出刀具、改变切削用量、试切和测量工件等所消耗的时间。

基本时间和辅助时间的总和称为作业时间。它是直接用于制造产品或零部件所消耗的时间。

(3) 工作地点服务时间 $T_{服务}$:工作地点服务时间是指工人在工作时为照管工作地点(如更换刀具、润滑机床、清理切屑、收拾工具等)及保持正常工作状态所消耗的时间。工人照管工作地所消耗的时间不是直接消耗在每个工件上的,而是消耗在一个工作班内的时间折算到每个工件上的。一般按作业时间的 2%～7% 估算。

（4）休息与生理需要时间 $T_{休息}$：休息与生理需要时间是指工人在工作班内恢复体力和满足生理上的需要所消耗的时间。一般按作业时间的 2% 估算。

以上四部分时间的总和称为单件时间，即 $T_{单件}＝T_{基本}＋T_{辅助}＋T_{服务}＋T_{休息}$。

（5）准备与终结时间 $T_{准终}$：准备与终结时间是指工人为了生产一批产品或零部件，进行准备和结束工作所消耗的时间。在单件或成批生产中，每当开始加工一批工件时，工人需要熟悉工艺文件，领取毛坯、材料、工艺装备，安装刀具和夹具，调整机床和其他工艺装备等所消耗的时间以及加工一批工件结束后，需拆下和归还工艺装备，送交成品等所消耗的时间。它既不是直接消耗在每个工件上的，也不是消耗在一个工作班内的时间，而是消耗在一批工件上的时间。因而分摊到每个工件的时间为 $T_{准终}/N$，其中 N 为批量。故单件和成批生产的单件工时定额的计算公式应为：$T_{定额}＝T_{基本}＋T_{辅助}＋T_{服务}＋T_{休息}＋T_{准终}/N$。

大批大量生产时，由于 N 的数值很大，$T_{准终}/N≈0$，故可不考虑准备终结时间，即 $T_{定额}＝T_{单件}＝T_{基本}＋T_{辅助}＋T_{服务}＋T_{休息}$。

小　结

机械加工工艺过程的组成包括：工序、安装、工位、工步、走刀。

机械加工工艺规程的制订原则，制订工艺规程时的原始资料、步骤、工艺文件格式。零件的工艺性分析，结构工艺性分析，技术要求分析；常见的毛坯种类：铸件、锻件、型材、焊接件。

六点定位原则：一个空间自由状态的物体，具有 6 个自由度，如果 6 个自由度完全加以限制，工件在空间的位置就完全被确定，这就是六点定位原则。工件定位时有完全定位、不完全定位、欠定位、过定位。加工过程中欠定位是不允许的。

定位基准的选择：首先选择精基准然后选择粗基准；定位误差是由于基准不重合和基准位移所产生的。

工艺路线的拟订包括：加工阶段的划分、加工顺序的安排、工序集中和工序分散。

确定加工余量的方法有经验估计法、查表修正法、分析计算法。

思考与练习题

5-1　什么是生产过程、工艺过程、工艺规程？

5-2　什么是工序、安装、工位、工步和走刀？

5-3　什么是生产纲领、生产类型？

5-4　什么是机械加工工艺规程？一般包括哪些内容？其作用有哪些？

5-5　什么是零件的结构工艺性？举例说明零件的结构工艺性对零件制造有何影响？

5-6　合理选择毛坯应考虑哪几方面的因素？

5-7　设计毛坯时，如何恰当地确定各表面的加工余量？

5-8　试述设计基准、定位基准、工序基准的概念，并举例说明。

5-9　何谓"六点定位原理"？"不完全定位"和"过定位"是否均不能采用？为什么？

5-10　何谓工序集中、工序分散？选择的依据是什么？

5-11 根据六点定位原则,试分析图 5.77 所示各定位元件所消除的自由度。

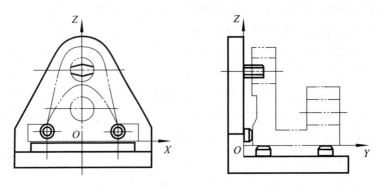

图 5.77 题 5-11 图

5-12 图 5.78 所示在圆柱体工件上钻孔 ϕD,分别采用图示两种定位方案,工序尺寸为 $H \pm TH$,试计算其定位误差。

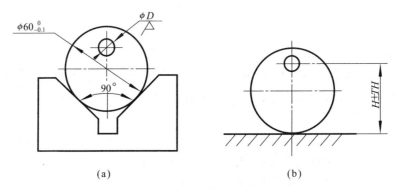

(a)　　　　　　　　　　　　　(b)

图 5.78 题 5-12 图

5-13 一般机械加工划分为哪几个阶段?

5-14 工序图应满足哪些要求?

5-15 什么是加工余量、工序余量和总余量? 加工余量和工序尺寸、公差之间有何关系?

5-16 影响加工余量的因素有哪些? 如何确定加工余量?

5-17 什么叫工艺尺寸链? 举例说明组成环、增环、减环和封闭环的概念。

5-18 试判别图 5.79 各尺寸链中哪些是增环? 哪些是减环?

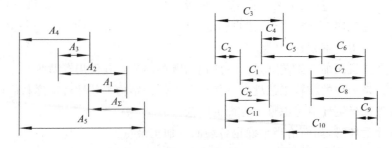

图 5.79 题 5-18 图

5-19　图 5.80 所示工件，$A_1 = 79^{-0.02}_{-0.07}$ mm，$A_2 = 60^{0}_{-0.04}$ mm，$A_3 = 20^{+0.19}_{0}$ mm。因 A_3 不便测量，试重新标出测量尺寸及其公差。

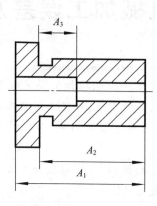

图 5.80　题 5-19 图

5-20　如图 5.81 中带键槽轴的工艺过程为：车外圆至 $\phi 30.5^{0}_{-0.1}$ mm，铣键槽深度为 H^{+TH}_{0}，热处理、磨外圆至 $\phi 30^{+0.036}_{+0.016}$ mm。设磨后外圆与车后外圆的同轴度公差为 $\phi 0.05$ mm，求保证键槽深度设计尺寸 $4^{+0.2}_{0}$ mm 的铣槽深度 H^{+TH}_{0}。

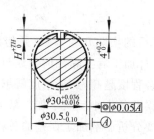

图 5.81　题 5-20 图

第6章 机械加工误差及影响因素

教学提示：机械零件的加工质量一般包括加工误差和表面质量两部分。本章讲述机械加工误差的概念,分析产生误差的各种因素,并提出消除或减少误差的措施。同时还要说明零件的加工质量不仅与机械产品的质量密切相关,而且对产品的工作性能和使用寿命具有很大的影响。

教学要求：了解机械加工误差的概念,理解机械加工工艺系统几何误差对零件加工精度的影响,掌握减少加工误差的一般方法。

6.1 机械加工误差

6.1.1 机械加工误差的概念

机械加工误差是指零件加工后的实际几何参数(几何尺寸、几何形状和相互位置)与理想几何参数之间偏差的程度。零件加工后实际几何参数与理想几何参数之间的符合程度即为加工精度。加工误差越小,符合程度越高,加工精度就越高。加工精度与加工误差是同一个问题的两种提法。所以,加工误差的大小反映了加工精度的高低。

研究加工误差的目的,就是要分析影响加工误差的各种因素及其存在的规律,从而找出减小加工误差、提高加工精度的合理途径。

6.1.2 加工误差的产生

零件的机械加工是在由机床、刀具、夹具和工件组成的工艺系统内完成的。零件加工表面的几何尺寸、几何形状和加工表面之间的相互位置关系取决于工艺系统间的相对运动关系。工件和刀具分别安装在机床和刀架上,在机床的带动下实现运动,并受机床和刀具的约束。因此,工艺系统中各种误差就会以不同的程度和方式反映为零件的加工误差。在完成任一个加工的过程中,由于工艺系统各种原始误差的存在,如机床、夹具、刀具的制造误差及磨损、工件的装夹误差、测量误差、工艺系统的调整误差以及加工中的各种力和热所引起的误差等,使工艺系统间正确的几何关系遭到破坏而产生加工误差。这些原始误差,其中一部分与工艺系统的结构状况有关,一部分与切削过程的物理因素变化有关。这些误差产生的原因可以归纳为以下几个方面。

1. 加工原理误差

加工原理误差是指采用了近似的刀刃轮廓或近似的传动关系进行加工而产生的误差。例如,加工渐开线齿轮用的齿轮滚刀,为使滚刀制造方便,采用了阿基米德基本蜗杆或法向直廓基本蜗杆代替渐开线基本蜗杆,使齿轮渐开线齿形产生了误差。又如车削模数蜗杆时,由于蜗杆的螺距等于蜗轮的周节即 $m\pi$，其中 m 是模数，而 π 是一个无理数，但是车床的配换齿轮的齿数是有限的，选择配换齿轮时只能将 π 化为近似的分数值（$\pi \approx 3.1415$）计算，这就将引起刀具对于工件成形运动（螺旋运动）的不准确，造成螺距误差。

2. 工艺系统几何误差

由于工艺系统中各组成环节的实际几何参数和位置，相对于理想几何参数和位置发生偏离而引起的误差，统称为工艺系统几何误差。工艺系统几何误差只与工艺系统各环节的几何要素有关。

3. 工艺系统受力变形引起的误差

工艺系统在切削力、夹紧力、重力和惯性力等作用下会发生变形，从而破坏了已调整好的工艺系统各组成部分间的相互位置关系，导致了加工误差的产生，并影响加工过程的稳定性。

4. 工艺系统受热变形引起的误差

在加工过程中，由于受切削热、摩擦热以及工作场地周围热源的影响，工艺系统的温度会产生复杂的变化。在各种热源的作用下，工艺系统会发生变形，改变系统中各组成部分的正确相对位置，导致加工误差的产生。

5. 工件内应力引起的加工误差

内应力是工件自身的误差因素。工件冷、热加工后会产生一定的内应力。通常情况下内应力处于平衡状态，但对具有内应力的工件进行加工时，工件原有的内应力平衡状态被破坏，从而使工件产生变形，导致加工误差的产生。

6. 测量误差

在工序调整及加工过程中测量工件时，由于测量方法、量具精度等因素对测量结果准确性的影响而产生的误差，统称为测量误差。

6.2　工艺系统的几何误差对加工误差的影响

工艺系统的几何误差主要是指机床、刀具和夹具本身在制造时所产生的误差，以及使用中产生的磨损和调整误差。这类原始误差在加工过程开始之前已客观存在，并在加工过程中反映到工件上去。

6.2.1　机床的几何误差

机床的几何误差是通过各种成形运动反映到加工表面的。机床的成形运动主要包括两大类，即主轴的回转运动和移动件的直线运动。因而机床的几何误差主要包括主轴的回转运动误差、机床导轨导向误差和机床的传动链误差。

1．主轴的回转运动误差

1）主轴的回转运动误差的概念

主轴的回转运动误差是指主轴实际回转轴线相对于理论回转轴线的偏移。由于主轴部件在制造、装配、使用中受各种因素的影响，会使主轴产生回转运动误差，其误差形式可以分解为轴向窜动、径向跳动和角度摆动3种，如图6.1(a)、(b)、(c)所示。实际上，主轴回转误差的3种基本形式是同时存在的，如图6.1(d)所示。

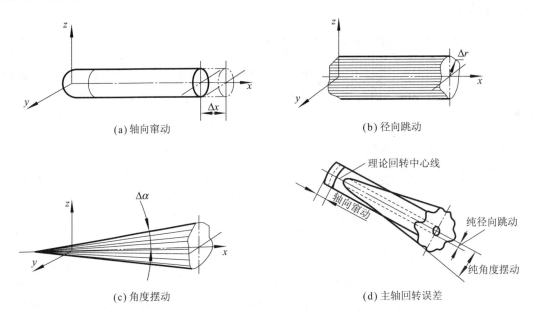

(a)轴向窜动　　　　　　　　　　　　　　(b)径向跳动

(c)角度摆动　　　　　　　　　　　　　　(d)主轴回转误差

图6.1　主轴回转误差的基本形式

（1）轴向窜动。

轴向窜动是指瞬时回转轴线沿平均回转轴线方向的轴向运动，如图6.1(a)所示，它主要影响工件的端面形状和轴向尺寸精度。

（2）径向跳动。

径向跳动是指瞬时回转轴线平行于平均回转轴线的径向运动量，如图6.1(b)所示。它主要影响加工工件的圆度和圆柱度。

（3）角度摆动。

角度摆动是指瞬时回转轴线与平均回转轴线成一倾斜角度作公转，如图6.1(c)所示，它对工件的形状精度影响很大，如车外圆时会产生锥度。

2）影响主轴回转运动误差的主要因素

（1）主轴误差。

主轴误差主要包括主轴支承轴径的圆度误差、同轴度误差（使主轴轴心线发生偏斜）和主轴轴径轴向承载面与轴线的垂直度误差（影响主轴轴向窜动量）。

（2）轴承误差。

主轴采用滑动轴承支承时，主轴轴径和轴承孔的圆度误差对主轴回转精度有直接影响。对于工件回转类机床，切削力的方向大致不变，在切削力的作用下，主轴轴径以不同部位与轴承孔的某一固定部位接触,这时主轴轴径的形状误差是影响回转精度的主要因素,如图 6.2(a)所示。对于刀具回转类机床,切削力的方向随主轴回转而变化,主轴轴径以某一固定位置与轴承孔的不同位置相接触,这时轴承孔的形状精度是影响回转精度的主要因素,如图 6.2(b)所示。对于动压滑动轴承,轴承间隙增大会使油膜厚度变化较大,使轴心轨迹变动量加大。

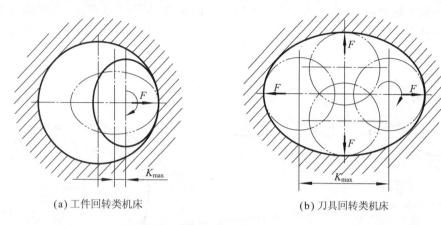

(a) 工件回转类机床　　　　　　　　　　　　　(b) 刀具回转类机床

图 6.2　主轴采用滑动轴承的回转误差

主轴采用滚动轴承支承时,如图 6.3 所示,内环和外环滚道的形状误差(图(a)、(b))、内环滚道与内孔的同轴度误差(图(c))、滚动体的尺寸误差和形状误差(图(d))都对主轴回转精度有影响。主轴轴承间隙增大会使轴向窜动量与径向圆跳动量增大。

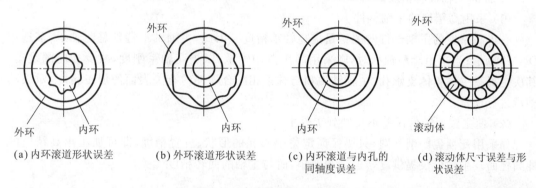

(a) 内环滚道形状误差　　(b) 外环滚道形状误差　　(c) 内环滚道与内孔的　　(d) 滚动体尺寸误差与形
　　　　　　　　　　　　　　　　　　　　　　　　同轴度误差　　　　　　状误差

图 6.3　滚动轴承的形状误差

采用推力轴承时,其滚道的端面误差会造成主轴的端面圆跳动。角接触球轴承和圆锥滚子轴承的滚道误差既会造成主轴端面圆跳动,也会引起径向跳动和摆动。

3) 主轴回转误差对加工精度的影响

在分析主轴回转误差对加工精度的影响时,首先要注意主轴回转误差在不同方向上的影响是不同的。例如在车削圆柱表面时,回转误差沿刀具与工件接触点的法线方向分量 Δy 对精度影响最大,如图 6.4(b)所示,反映到工件半径方向上的误差为 $\Delta r = \Delta y$,而切向分量 Δz 的影响最小,如图 6.4(a)所示。由图 6.4 可看出,存在误差 Δz 时,反映到工件半径方向上的误差为 Δr,其关系式为

$$(r + \Delta r)^2 = \Delta z^2 + r^2$$

整理中略去高阶微量 Δr^2 项可得 $\Delta r = \Delta z^2 / 2r$。设 $\Delta z = 0.01\text{mm}$,$r = 50\text{mm}$,则 $\Delta r = 0.000001\text{mm}$。此值完全可以忽略不计。

因此,一般称法线方向为误差的敏感方向,切线方向为非敏感方向。分析主轴回转误差对加工精度的影响时,应着重分析误差敏感方向的影响。

主轴的纯轴向窜动对工件的内、外圆加工没有影响,但会影响加工端面与内、外圆的垂直度误差。主轴每旋转一周,就要沿轴向窜动一次,向前窜的半周中形成右螺旋面,向后窜的半周中形成左螺旋面,最后切出如端面凸轮一样的形状,如图 6.5 所示,并在端面中心附近出现一个凸台。当加工螺纹时,主轴轴向窜动会使加工的螺纹产生螺距的小周期误差。

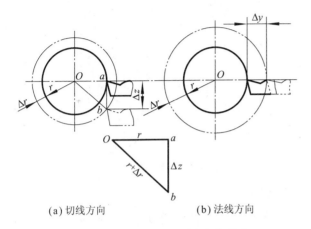

(a) 切线方向　　　　(b) 法线方向

图 6.4　回转误差对加工精度的影响

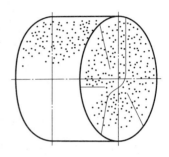

图 6.5　主轴轴向窜动对端面加工的影响

4) 提高主轴回转精度的措施

(1) 采用高精度的主轴部件。

获得高精度的主轴部件的关键是提高轴承精度。因此,主轴轴承特别是前轴承,多选用 D、C 级轴承;当采用滑动轴承时,则采用静压滑动轴承,以提高轴系刚度,减少径向圆跳动。其次是提高主轴箱体支承孔、主轴轴颈和与轴承相配合零件的有关表面的加工精度,对滚动轴承进行预紧。

(2) 使主轴回转的误差不反映到工件上。

如采用死顶尖磨削外圆,只要保证定位中心孔的形状、位置精度,即可加工出高精度的外圆柱面。主轴仅仅提供旋转运动和转矩,而与主轴的回转精度无关。

2. 机床导轨导向误差

机床导轨副是实现直线运动的主要部件,其制造和装配精度是影响直线运动精度的主要因素,导轨误差对零件的加工精度具有直接的影响。

1) 机床导轨在水平面内直线度误差的影响

如图 6.6 所示,磨床导轨在 x 方向存在误差 Δ(图(a)),引起工件在半径方向上的误差 Δr(图(b)),当磨削长外圆柱表面时,将造成工件的圆柱度误差。

2) 机床导轨在垂直面内直线度误差的影响

如图 6.7 所示,磨床导轨在 y 方向存在误差 Δ(图(a)),磨削外圆时,工件沿砂轮切线方向产生位移。此时,工件半径方向上产生误差 $\Delta r \approx \Delta z^2/2r$,对零件的形状精度影响甚小(误差的非敏感方向);但导轨在垂直方向上的误差对平面磨床、龙门刨床、铣床等将引起法向位移,其误差直接反映到工件的加工表面(误差敏感方向),造成水平面上的形状误差。

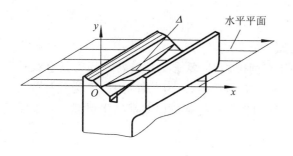

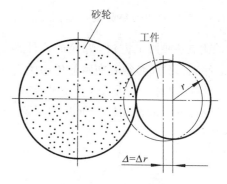

(a) 导轨在水平面内的直线度误差　　　　　　　　　　(b) 磨削外圆表面时的误差

图 6.6　磨床导轨在水平面内的直线度误差

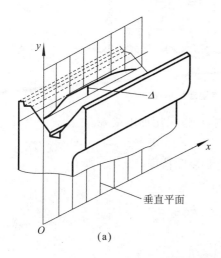

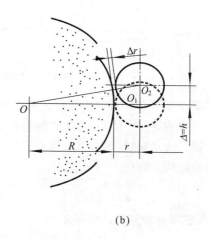

(a)　　　　　　　　　　　　　　　　　(b)

图 6.7　磨床导轨在垂直面内的直线度误差

3）机床导轨面间平行度误差的影响

如图 6.8 所示,车床两导轨的平行度产生误差(扭曲),使鞍座产生横向倾斜,刀具产生位移,因而引起工件形状误差。由图 6.8 关系可知,其误差值为 $\Delta y = H\Delta / B$。

4）机床导轨对主轴轴心线平行度误差的影响

当在车床类或磨床类机床上加工工件时,如果导轨与主轴轴心线不平行,则会引起工件的几何形状误差。例如车床导轨与主轴轴心线在水平面内不平行,会使工件的外圆柱表面产生锥度;在垂直面内不平行时,会使工件变成马鞍形。

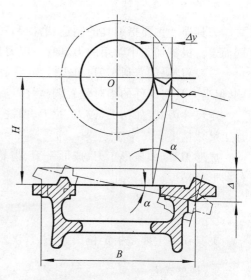

图 6.8　车床导轨面间的平行度误差

3. 机床的传动链误差

对于某些加工方法,为保证工件的精度,要
求工件和刀具间必须有准确的传动关系。如车削螺纹时,要求工件旋转一周刀具直线移动
一个导程,如图 6.9 所示。传动时必须保持 $S=iT$ 为恒值,S 为工件导程,T 为丝杠导程,i
为齿轮 $z_1 \sim z_8$ 的传动比。所以,车床丝杠导程和各齿轮的制造误差都必将引起工件螺纹导
程的误差。

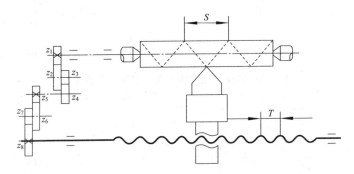

图 6.9　车螺纹的传动链示意图

为了减少机床传动链误差对加工精度的影响,可以采用如下措施。

(1) 减少传动链中的环节,缩短传动链。

(2) 提高传动副(特别是末端传动副)的制造和装配精度。

(3) 消除传动间隙。

(4) 采用误差校正机构。

6.2.2　工艺系统的其他几何误差

1. 刀具误差

刀具误差主要指刀具的制造、磨损和安装误差等,刀具对加工精度的影响视刀具种类不
同而定。机械加工中常用的刀具有一般刀具、定尺寸刀具和成形刀具。

一般刀具(如普通车刀、单刃镗刀、平面铣刀等)的制造误差,对加工精度没有直接的影
响,但当刀具与工件的相对位置调整好以后,在加工过程中刀具的磨损将会影响加工误差。

定尺寸刀具(如钻头、铰刀、拉刀、槽铣刀等)的制造误差及磨损误差,均直接影响工件的
加工尺寸精度。

成形刀具(如成形车刀、成形铣刀、齿轮刀具等)的制造和磨损误差,主要影响被加工工
件的形状精度。

2. 夹具误差

夹具误差主要是指定位误差、夹紧误差、夹具安装误差和对刀误差以及夹具的磨损等。

3. 调整误差

零件加工的每一道工序中,为了获得被加工表面的形状、尺寸和位置精度,必须对机床、

夹具和刀具进行调整。而采用任何调整方法及使用任何调整工具都难免带来一些原始误差,这就是调整误差。如用试切法调整时的测量误差、进给机构的位移误差及最小极限切削厚度的影响,用调整法调整时的定程机构的误差、样板或样件调整时的样板或样件的误差等。

6.3　工艺系统受力变形对加工误差的影响

6.3.1　基本概念

由机床、夹具、刀具、工件组成的工艺系统,在切削力、传动力、惯性力、夹紧力以及重力等的作用下,会产生相应的变形(弹性变形及塑性变形)。这种变形将破坏工艺系统间已调整好的正确位置关系,从而产生加工误差。例如车削细长轴时,工件在切削力作用下的弯曲变形,加工后会形成腰鼓形的圆柱度误差,如图 6.10(a)所示。又如在内圆磨床上用横向切入磨孔时,由于磨头主轴弯曲变形,使磨出的孔会带有锥度的圆柱度误差,如图 6.10(b)所示。

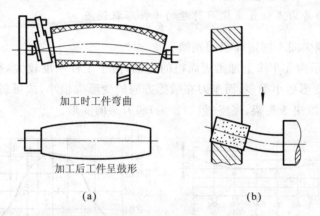

加工时工件弯曲

加工后工件呈鼓形

(a)　　　　　　　　(b)

图 6.10　工艺系统受力变形引起的加工误差

从材料力学得知,任何一个受力的物体总要产生一定的变形。作用力 F 与其引起的在作用力方向上的变形量 Y 的比值,称为物体的刚度 k,即

$$k = F/Y$$

切削加工中工艺系统在各种外力作用下,将在各个受力方向上产生相应的变形。工艺系统受力变形,主要是在对加工精度影响最大的敏感方向,即通过刀尖的加工表面的法线方向的位移。因此,工艺系统的刚度 k_{xt} 可定义为:零件加工表面的法向分力 F_y,与刀具在切削力作用下相对工件在该方向上的位移 Y_{xt} 的比值,即

$$k_{xt} = F_y/Y_{xt}$$

工艺系统总变形量应为

$$Y_{xt} = Y_{jc} + Y_{dj} + Y_{jj} + Y_g$$

而　　　　　　$k_{xt} = F_y/Y_{xt}, k_{jc} = F_y/Y_{jc}, k_{dj} = F_y/Y_{dj}, k_{jj} = F_y/Y_{jj}, k_g = F_y/Y_g$

式中　Y_{xt} ——工艺系统总变形量,mm;

　　　k_{xt} ——工艺系统总刚度,N/mm;

　　　Y_{jc} ——机床变形量,mm;

k_{jc}——机床刚度,N/mm;

Y_{jj}——夹具变形量,mm;

k_{jj}——夹具刚度,N/mm;

Y_{dj}——刀具变形量,mm;

k_{dj}——刀具刚度,N/mm;

Y_g——工件变形量,mm;

k_g——工件刚度,N/mm。

工艺系统总刚度的一般式为

$$k_{xt} = \frac{1}{\dfrac{1}{k_{jc}} + \dfrac{1}{k_{jj}} + \dfrac{1}{k_{dj}} + \dfrac{1}{k_g}}$$

因此,当知道工艺系统各个组成部分的刚度后,即可求出系统总刚度。

6.3.2 工艺系统受力变形引起的加工误差

1. 由于切削力着力点位置变化而引起的工件形状误差

1) 在车床两顶尖间车削短而粗的光轴

图 6.11(a)所示为在车床上加工短而粗的光轴,由于工件刚度较大,在切削力作用下相对于机床、夹具的变形要小得多,而车刀在敏感方向的变形也很小,故可忽略不计。此时,工艺系统的变形完全取决于头架、尾座(包括顶尖)和刀架的变形。

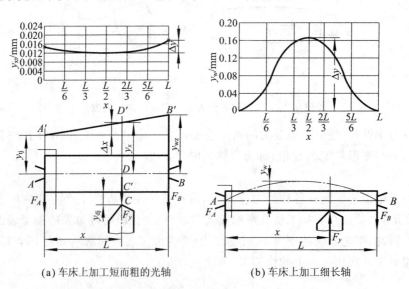

(a) 车床上加工短而粗的光轴　　　　　(b) 车床上加工细长轴

图 6.11　工艺系统变形随着力点位置的变化而变化

当加工中车刀处于图示位置时,在切削分力 F_y 的作用下,头架由 A 点位移到 A' 点,尾座由 B 点位移到 B' 点,刀架由 C 点位移到 C' 点,它们的位移量分别用 y_{tj}、y_{wz} 及 y_{dj} 表示。而工件轴线 AB 位移到 $A'B'$,刀具切削点处,工件轴线位移量 y_x 为

$$y_x = y_{tj} + \Delta x$$

即 $\qquad\qquad\qquad\qquad y_x = y_{tj} + (y_{wz} - y_{tj})x/L \qquad\qquad\qquad (6-1)$

F_A、F_B 为 F_y 所引起的头架、尾座处的作用力,则

$$y_{tj}=\frac{F_A}{k_{tj}}=\frac{F_y}{k_{tj}}\left(\frac{L-x}{L}\right)$$

$$y_{wj}=\frac{F_B}{k_{wz}}=\frac{F_y}{k_{wz}}\frac{x}{L} \qquad (6\text{-}2)$$

将式(6-2)代入式(6-1)得

$$y_x=\frac{F_y}{k_{tj}}\left(\frac{L-x}{L}\right)^2+\frac{F_y}{k_{wj}}\left(\frac{x}{L}\right)^2$$

工艺系统的总位移量为

$$y_{xt}=y_x+y_{dj}=F_y\left[\frac{1}{k_{dj}}+\frac{1}{k_{tj}}\left(\frac{L-x}{L}\right)^2+\frac{1}{k_{wj}}\left(\frac{x}{L}\right)^2\right]$$

从上式可以看出,工艺系统的变形是随着着力点位置的变化而变化的,x 值的变化引起 y_{xt} 的变化,进而引起切削深度的变化,结果使工件产生圆柱度误差。当按上述条件车削时,工艺系统的刚度实为机床的刚度。

如设 $k_{dj}=4\times10^4\,\text{N/mm}$,$k_{tj}=6\times10^4\,\text{N/mm}$,$k_{wz}=5\times10^4\,\text{N/mm}$,$F_y=300\text{N}$,工件长 $L=600\text{mm}$,则沿工件长度上系统的位移见表 6-1。

表 6-1　工件长度上系统的位移

x	0 头架处	$L/6$	$L/3$	$L/2$ 工件中点	$2L/3$	$5L/6$	L 尾座处
y_{xt}(mm)	0.0125	0.0111	0.0104	0.0103	0.0107	0.018	0.0135

故工件呈马鞍形。

2) 在两顶尖间车削细长轴

图 6.11(b)所示为在车床上加工细长轴。由于工件细而长、刚度小,在切削力的作用下,其变形大大超过机床、夹具和刀具的变形量。因此,机床、夹具和刀具的受力变形可以忽略不计,工艺系统的变形完全取决于工件的变形。

加工中,当车刀处于图示位置时,工件的轴心线产生变形。根据材料力学的计算公式,其切削点的变形量为

$$y_w=\frac{F_y}{3EI}\frac{(L-x)^2x^2}{L}$$

如设 $F_y=300\text{N}$,工件的尺寸为 $\phi30\text{mm}\times600\text{mm}$,材料的弹性模量 $E=2\times10^5\,\text{N/mm}^2$,工件的断面惯性矩 $I=\pi d^4/64$,则沿工件长度上的变形量见表 6-2。

表 6-2　工件长度上的变形量

x	0 头架处	$L/5$	$L/3$	$L/2$ 工件中点	$2L/3$	$5L/6$	L 尾座处
y_w(mm)	0	0.052	0.132	0.17	0.132	0.052	0

故工件呈腰鼓形。

不同类型的机床,由于着力点的变化而引起刚度的变化形式也不同,其造成的加工误差也有差别。图 6.12(a)和(b)分别表示单臂龙门刨床和内圆磨床加工时,由于系统刚度随着着力点位置的变化而造成的加工误差的形式。

2. 由于切削力变化而引起的加工误差

在切削加工中,往往由于被加工表面的几何形状误差而引起切削力的变化,从而造成工件的加工误差。如图 6.13 所示,由于工件毛坯的圆度误差,使车削时刀具的切削深度在 α_{p1} 与 α_{p2} 之间变化,因此,切削分力 F_y 也随切削深度 α_p 的变化由 F_{ymax} 变到 F_{ymin}。根据前面的分析,工艺系统将产生相应的变形,即由 y_1 变到 y_2(刀尖相对于工件产生 y_1 到 y_2 的位移),这样就形成了被加工表面的圆度误差。这种现象称为"误差复映"。误差复映的大小可根据刚度计算公式求得。

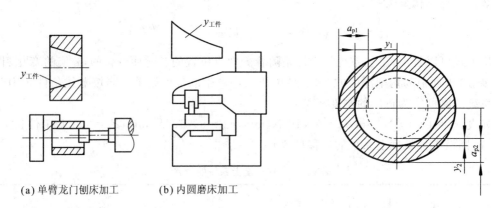

(a) 单臂龙门刨床加工　　　(b) 内圆磨床加工

图 6.12　系统刚度变化产生的加工误差　　　图 6.13　零件形状误差的复映

毛坯圆度的最大误差为

$$\Delta_m = a_{p1} - a_{p2} \tag{6-3}$$

$$\Delta_w = y_1 - y_2 \tag{6-4}$$

而　　　　　　　　　　$y_1 = F_{ymax}/k_{xt}, y_2 = F_{ymin}/k_{xt}$

又　　　　　　　　　　$F_y = \lambda C_{F_z} a_p f^{0.75}$

式中　λ ——系数,$\lambda = F_y/F_z$,一般取 0.4;

　　　C_{F_z} ——与工件材料和刀具几何角度有关的系数;

　　　f ——进给量,mm/r。

所以　　　　　　　　　$y_1 = \dfrac{\lambda C_{F_z} \alpha_{p1} f^{0.75}}{k_{xt}}$

$$y_2 = \frac{\lambda C_{F_z} \alpha_{p2} f^{0.75}}{k_{xt}} \tag{6-5}$$

将式(6-5)代入式(6-4)及式(6-3)得

$$\Delta_\omega = y_1 - y_2 = \frac{\lambda C_{F_z} f^{0.75}}{k_{xt}}(\alpha_{p1} - \alpha_{p2}) = \frac{\lambda C_{F_z} f^{0.75}}{k_{xt}} \Delta_m$$

令　　　　　　　　$\varepsilon = \dfrac{\Delta_w}{\Delta_m} = \dfrac{\lambda C_{F_z} f^{0.75}}{k_{xt}} = \dfrac{A}{k_{xt}}$

式中　A ——径向切削力系数;

　　　ε ——误差复映系数。

复映系数 ε 定量地反映了毛坯误差在经过加工后减少的程度,它与工艺系统的刚度成反比,与径向切削力系数 A 成正比。要减少工件的复映误差,可增加工艺系统的刚度或减小径向切削力系数(例如增大主偏角、减少进给量等)。

当毛坯的误差较大，一次走刀不能满足加工精度要求时，需要多次走刀来消除 Δ_m 复映到工件上的误差。多次走刀总 ε 值计算如下

$$\varepsilon_\Sigma = \varepsilon_1 \times \varepsilon_2 \times \cdots \times \varepsilon_n = \left(\frac{\lambda C_{F_z}}{k_{xt}}\right)^n (f_1 \times f_2 \times \cdots f_n)^{0.75}$$

由于 ε 是远小于 1 的系数，所以经过多次走刀后，ε 值已降到很小，加工误差也可以逐渐减小而达到零件的加工精度要求（一般经过 2～3 次走刀后即可达到 IT7 的精度要求）。

由于切削力的变化而引起加工误差还表现在：材料硬度不均匀而引起的加工误差；用调整法加工一批工件时，若其毛坯余量误差较大会造成加工尺寸的分散等。

3. 其他力引起的加工误差

1）由惯性力引起的加工误差

切削加工中，高速旋转的零部件（包括夹具、工件和刀具等）的不平衡将产生离心力 F_Q。F_Q 在每一转中不断地改变着方向，因此，它在 y 方向的分力大小的变化，就会使工艺系统的受力变形也随之变换而产生加工误差。如图 6.14 所示，车削一个不平衡的工件，当离心力 F_Q 与切削力 F_y 方向相反时，工件被推向刀具，使背吃刀量增加（图(a)）；当离心力 F_Q 与切削力 F_y 方向相同时，工件被拉离刀具，使背吃刀量减小（图(b)），其结果就产生了工件的圆度误差。

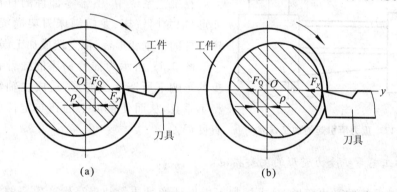

图 6.14　惯性力所引起的加工误差

例如，当工件重力 W 为 100N，主轴转速 n 为 1000r/min，不平衡质量 m 到旋转中心的距离 S 为 5mm 时，则

$$F_Q = mS\omega^2 = \frac{W}{g}S\left(\frac{2\pi n}{60}\right)^2 \approx \frac{100}{9800} \times 5 \times \left(\frac{2 \times 3.14 \times 1000}{60}\right)^2 \approx 558.93 \text{(N)}$$

设工艺系统刚度 $k_{xt} = 3 \times 10^4 \text{N/mm}$，则沿半径方向的加工误差为

$$\Delta r = y_{max} - y_{min} = \frac{F_y + F_Q}{k_{xt}} - \frac{F_y - F_Q}{k_{xt}}$$

$$= \frac{2F_Q}{k_{xt}} = \frac{2 \times 558.93}{3 \times 10^4} = 0.037 \text{(mm)}$$

2）由传动力引起的加工误差

在车床或磨床类机床上加工轴类零件时，常用单爪拨盘带动工件旋转。如图 6.15 所示，传动力在拨盘的每一转中，经常改变方向，其在 y 方向上的分力有时与切削力 F_y 方向相同，有时相反。因此，它也会造成工件的圆

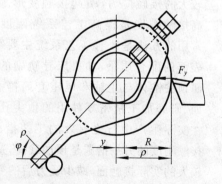

图 6.15　传动力所引起的加工误差

度误差。为此,加工精密零件时,改用双爪拨盘或柔性连接装置来带动工件旋转。

3) 由夹紧力引起的加工误差

在加工刚性较差的工件时,若夹紧不当会引起工件的变形而产生形状误差。如图 6.16 所示,用三爪卡盘夹紧薄壁套筒车孔(图(a)),夹紧后工件呈三棱形(图(b)),车出的孔为圆形(图(c)),当松夹后套筒弹性变形恢复,孔就形成了三棱形(图(d))。所以加工中在套筒外面加上一个厚壁的开口过渡套(图(e)),或采用专用夹头,使夹紧力均匀分布在套筒上(图(f))。

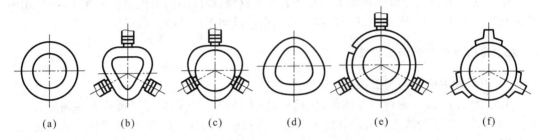

图 6.16　夹紧力所引起的加工误差

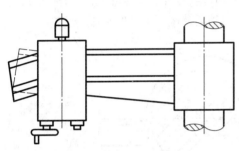

图 6.17　重力所引起的加工误差

4) 由重力引起的加工误差

在工艺系统中,由于零部件的自重也会引起变形,如龙门铣床、龙门刨床刀架横梁的变形,镗床镗杆的下垂变形等,都会造成加工误差。

图 6.17 所示为摇臂钻床的摇臂在主轴箱自重的影响下所产生的变形,造成主轴轴线与工作台不垂直,从而使被加工的孔与定位面也产生垂直度误差。

4. 减少工艺系统受力变形的主要措施

减少工艺系统的受力变形,是机械加工中保证产品质量和提高生产效率的主要途径之一。根据生产的实际情况,可采取以下几方面的措施。

(1) 提高接触刚度。

零件表面总是存在着宏观和微观的几何误差,连接表面之间的实际接触面积只是名义接触面积的一部分,表面间的接触情况如图 6.18 所示。在外力作用下,这些接触处将产生较大的接触应力,引起接触变形。所以,提高接触刚度是提高工艺系统刚度的关键。常用的方法是改善工艺系统主要零件接触表面的配合质量,如机床导轨副的刮研、配研顶尖锥体与主轴和尾座套筒锥孔的配合面、研磨加工精密零件用的顶尖孔等,都是在实际生产中行之有效的工艺措施。提高

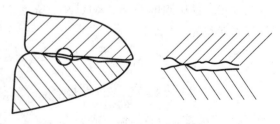

图 6.18　表面接触情况

接触刚度的另一措施是预加载荷,这样可以消除配合面间的间隙,而且还能使零部件之间有较大的实际接触面,减少受力后的变形量。预加载荷法常在各类轴承的调整中使用。

（2）提高工件刚度，减少受力变形。

切削力引起的加工误差，往往是由于工件本身刚度不足或工件各个部位结构不均匀而产生的。特别是加工叉类、细长轴等结构的零件非常容易变形，在这种情况下，提高工件的刚度就是提高加工精度的关键。其主要措施是缩小切削力作用点到工件支承面之间的距离，以增大工件加工时的刚度。图 6.19 所示为车削细长轴时采用中心架或跟刀架以增加工件的刚度。

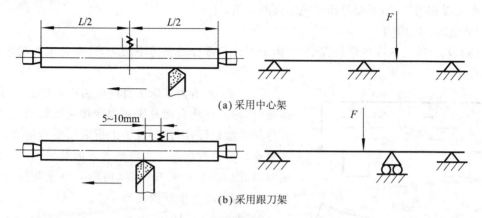

(a) 采用中心架

(b) 采用跟刀架

图 6.19　增加支承提高工件刚度

（3）提高机床部件刚度，减少受力变形。

在切削加工中，有时由于机床部件刚度低而产生变形和振动，影响加工精度和生产率的提高，所以加工时常采用一些辅助装置以提高机床部件的刚度。图 6.20(a) 所示为在转塔车床上采用固定导向支承套，图 (b) 为采用转动导向支承套，并用加强杆与导向套配合以提高机床部件刚度的示例。

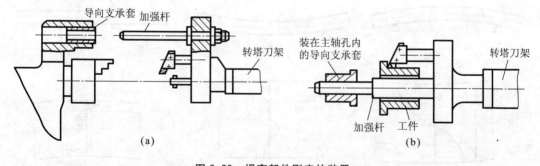

(a)

(b)

图 6.20　提高部件刚度的装置

（4）合理装夹工件，减少夹紧变形。

对于薄壁零件的加工，夹紧时必须特别注意选择适当的夹紧方法，否则将会引起很大的形状误差。例如加工薄壁套筒时如图 6.16 所示。夹紧前薄壁套筒内外圆都是正圆，用三爪自定心卡盘夹紧后，套筒由于弹性变形而成为三棱形（图 6.16(b)）。镗孔后，内孔成正圆形（图(c)）。松开三爪自定心卡盘后，工件由于弹性恢复，使已镗过的孔成为三棱形（图(d)）。为了减少加工误差，应使夹紧力沿圆周均匀分布，可采用开口过渡环（图(e)）或采用专用卡爪（图(f)）。

5. 工件内应力引起的加工误差

零件在没有外加载荷的情况下,仍然残存在工件内部的应力称为内应力或残余应力。工件在铸造、锻造及切削加工后,内部会存在各种内应力。零件内应力的重新分布不仅影响零件的加工精度,而且对装配精度也有很大的影响。内应力存在于工件的内部,而且其存在和分布情况相当复杂,下面只作一些定性的分析。

1) 毛坯的内应力

铸、锻、焊等毛坯在生产过程中,会由于工件各部分的厚薄不均匀、冷却速度不均匀而产生内应力。

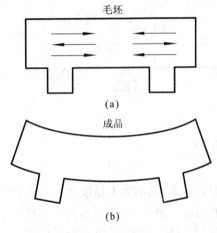

图 6.21 床身因内应力引起的变形

图 6.21 所示为车床床身内应力引起的变形情况。铸造时,床身导轨表面及床腿面冷却速度较快,中间部分冷却速度较慢,因此形成了上下表层受压应力、中间部分受拉应力的状态。当将导轨表面铣或刨去一层金属时,和图 6.21(a)开口一样,内应力将重新分布和平衡,整个床身将产生弯曲变形。

2) 冷校直引起的内应力

细长的轴类零件,如光杠、丝杠、曲轴、凸轮轴等在加工和运输中很容易产生弯曲变形,因此,大多数在加工中安排有冷校直工序。这种方法简单方便,但会带来内应力,引起工件变形而影响加工精度。图 6.22 所示为冷校直时引起内应力的情况。

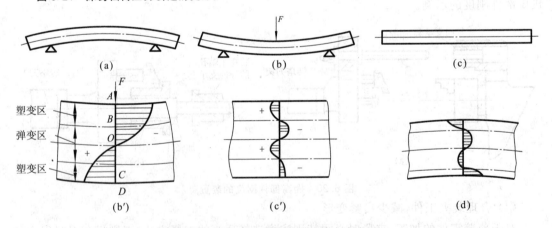

图 6.22 冷校直轴类零件的内应力

在弯曲的轴类零件(图(a))中部施加压力 F,使其产生反弯曲(图(b)),这时轴的上层 AO 受压力,下层 OD 受拉力,而且使 AB 和 CD 产生塑性变形成为塑变区,内层 BO 和 CO 为弹变区(图(b′))。如果外力加得适当,在去除外力后,塑变区的变形将保留下来,而弹变区的变形将全部恢复,应力重新分布,工件就会变形而成为图(c)所示状态。但是,零件的冷校直只是处于一种暂时的相对平衡状态,只要外界条件变化,就会使内应力重新分布而使工件产生变形。例如,将已冷校直的轴类零件进行加工(如磨削外圆时),由于外层 AB、CD 变薄,破坏了原来的应力平衡状态,使工件产生弯曲变形(图(d)),其方向与工件的原始弯曲一致,但其弯曲度有所改善。

因此,对于精密零件的加工是不允许安排冷校直工序的。当零件产生弯曲变形时,如果变形较小,可加大加工余量,利用切削加工方法去除其弯曲度,这时要注意切削力的大小,因为这些零件刚度很差,极易受力变形;如果变形较大,则可用热校直的方法,这样可减小内应力,但操作比较麻烦。

3) 工件切削时的内应力

进行切削加工时在切削力和摩擦力的作用下,工件表层金属产生塑性变形,体积膨胀,受到里层组织的阻碍,故表层产生压应力,里层产生拉应力。由于切削温度的影响,表层金属产生热塑性变形,表层温度下降快,冷却收缩也比里层大,当温度降至弹性变形范围内时,表层收缩受到里层的阻碍,因而产生拉应力,里层将产生平衡的压应力。

在大多数情况下,热的作用大于力的作用。特别是高速切削、强力切削、磨削等,热的作用占主要地位。磨削加工中,表层拉力严重时会产生裂纹。

4) 减少或消除内应力的措施

(1) 合理设计零件结构。

在零件结构设计中,应尽量缩小零件各部分厚度尺寸的差异,以减少铸、锻毛坯在制造中产生的内应力。

(2) 采取时效处理。

自然时效:在毛坯制造之后,或在粗、精加工之间,让工件停留一段时间,利用温度的自然变化,经过多次热胀冷缩,使工件的内应力逐渐消除。这种方法效果好,但需要的时间长(一般要半年至 5 年)。

人工时效:将工件放在炉内加热到一定温度,再随炉冷却以达到消除内应力的目的。这种方法对大型零件来说需要一套很大的设备,其投资和能源消耗较大。

振动时效:以激振的形式将振动的机械能加到含大量内应力的工件内,引起工件内部晶格变化以消除内应力,一般在几十分钟便可消除内应力,适用于大小不同的铸件、锻件、焊接件毛坯及有色金属毛坯。这种方法不需要庞大的设备,所以比较经济、简便,且效率高。

6.4　工艺系统受热变形对加工误差的影响

6.4.1　概　述

在机械加工过程中,工艺系统在各种热源的影响下,常产生复杂的变形,破坏了工艺系统间的相对位置精度,造成了加工误差。据统计,在某些精密加工中,由于热变形引起的加工误差约占总加工误差的 $40\%\sim70\%$。热变形不仅降低了系统的加工精度,而且还影响了加工效率的提高。

1. 工艺系统的热源

引起工艺系统热变形的热源大致可分为两类:内部热源和外部热源。

内部热源包括切削热和摩擦热;外部热源包括环境温度和辐射热。切削热和摩擦热是工艺系统的主要热源。

2. 工艺系统的热平衡

工艺系统受各种热源的影响,其温度会逐渐升高。与此同时,它们也通过各种传热方式向周围散发热量。当单位时间内传入和散发的热量相等时,则认为工艺系统达到了热平衡。图 6.23 所示为一般机床工作时的温度和时间曲线,由图可知,机床开动后温度缓慢升高,经过一段时间温度升至 $T_衡$ 便趋于稳定。由开始升温至 $T_衡$ 的这一段时间,称为预热阶段。当机床温度达到稳定值后,则被认为处于热平衡阶段,此时温度场处于稳定状态,其热变形也就趋于稳定。处于稳定温度场时引起的加工误差是有规律的,因此,精密及大型工件应在工艺系统达到热平衡后进行加工。

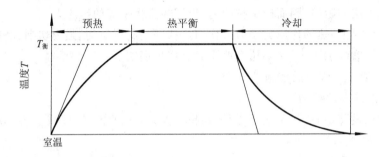

图 6.23　机床工作时间的温度和时间曲线

6.4.2　工艺系统受热变形引起的加工误差

1. 机床热变形引起的加工误差

机床受热源的影响,各部分温度将发生变化,由于热源分布的不均匀和机床结构的复杂性,机床各部件将发生不同程度的热变形,破坏了机床原有的几何精度,从而引起了加工误差。

车床类机床的主要热源是主轴箱中的轴承、齿轮、离合器等传动副的摩擦使主轴箱和床身的温度上升,从而造成了机床主轴抬高和倾斜。图 6.24 所示为一台车床在空转时,主轴箱温升与位移的测量结果。主轴在水平方向的位移只有 $10\mu m$,而垂直方向的位移却达到 $180\sim200\mu m$。这对于刀具水平安装的卧式车床的加工精度影响较小,但对于刀具垂直安装的自动车床和转塔车床来说,对加工精度的影响就不容忽视了。

对大型机床如导轨磨床、外圆磨床、龙门铣床等长床身部件,其温差的影响也是很显著的。一般由于温度分层变化,床身上表面比床身的底面温度高而形成温差,因此床身将产生弯曲变形,表面呈中凸状,如图 6.25 所示。

假设床身长 $L=3120mm$,高 $H=620mm$,温差 $\Delta t=1℃$,铸铁线膨胀系数 $a=11\times10^{-6}$,则床身的变形量为

$$\Delta=a\Delta tL^2/8H=11\times10^{-6}\times1\times(3120)^2/(8\times620)=0.022(mm)$$

这样,床身导轨的直线度明显受到影响。另外立柱和拖板也因床身的热变形而产生了相应的位置变化(图 6.25)。

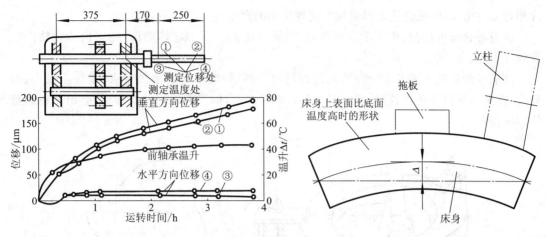

图 6.24　车床空转时主轴箱温升与位移的测量结果　　　　图 6.25　床身纵向温差热效应的影响

图 6.26 所示为几种机床热变形的趋势。

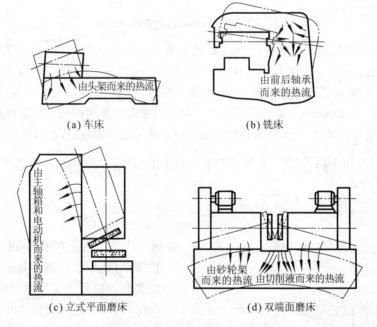

(a) 车床　　　　　　　　　　　(b) 铣床

(c) 立式平面磨床　　　　　　(d) 双端面磨床

图 6.26　几种机床的热变形趋势

2. 工件热变形引起的加工误差

轴类零件在车削或磨削时,一般是均匀受热,随着温度逐渐升高,其直径也逐渐胀大,胀大部分将被刀具切去,待工件冷却后则形成圆柱度和直径尺寸的误差。

细长轴在顶尖间车削时,热变形将使工件伸长,导致工件的弯曲变形,加工后将产生圆柱度误差。

精密丝杠在磨削时,工件的受热伸长会引起螺距的积累误差。例如磨削长度为 3000mm 的丝杠,每一次走刀温度将升高 3℃,工件热伸长量为 $\Delta = 3000 \times 12 \times 10^{-6} \times 3 = 0.1(\text{mm})$($12 \times 10^{-6}$ 为钢材的热膨胀系数)。而 6 级丝杠螺距积累误差,按规定在全长上不许超过 0.02mm,可见受热变形对加工精度影响的严重性。

床身导轨面的磨削,由于单面受热,与底面产生温差而引起热变形,使磨出的导轨产生直线度误差。

薄圆环的磨削如图 6.27 所示,虽近似均匀受热,但磨削时磨削热量大、工件质量小、温升大,在夹压处散热条件较好,该处温度较其他部分低,加工完毕工件冷却后,会出现棱圆形的圆度误差。

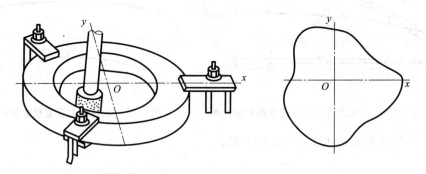

图 6.27　薄圆环磨削时热变形的影响

当粗、精加工时间间隔较短时,粗加工时的热变形将影响到精加工,工件冷却后将产生加工误差。例如在一台三工位的组合机床上,通过钻—扩—铰孔三工位顺序加工套件。工件的尺寸为:外径 $\phi440mm$,长 40mm,铰孔后内径 $\phi20H7$,材料为钢材。钻孔时切削用量为:$n=310r/min$,$f=0.36mm/r$。钻孔后温升竟达 107℃,接着扩孔和铰孔。当工件冷却后孔的收缩量已超过其精度规定值。因此,在这种情况下一定要采取冷却措施,否则将出现废品。

应当指出,在加工铜、铝等线膨胀系数较大的有色金属时,其热变形尤其明显,必须引起足够的重视。

3. 刀具热变形引起的加工误差

切削热虽然大部分被切屑带走或传入工件,传到刀具上的热量不多,但因刀具切削部分质量小(体积小)、热容量小,所以刀具切削部分的温升大。例如用高速钢刀具车削时,刃部的温度高达 700～800℃,刀具热伸长量可达 0.03～0.05mm,因此对加工精度的影响不容忽略。图 6.28 所示为车削时车刀的热变形与切削时间的关系曲线。当车刀连续车削时,车刀变形情况如曲线 1 所示,经过约 10～20min 即达到热平衡,此时车刀变形的影很小;当车刀停止切削后,车刀冷却变形过程如曲线 3 所示;当车削一批短小轴类零件时,加工由于需要装卸工件而时断时续,车刀进行间断切削,热变形在 A 范围

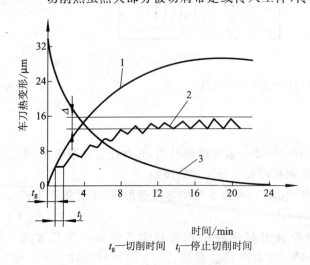

t_g—切削时间　t_j—停止切削时间

图 6.28　车刀热变形与切削时间的关系曲线

内变动,其变形过程如曲线 2 所示。

4. 减少工艺系统热变形的主要途径

1) 减少发热和隔热

切削中内部热源是机床产生热变形的主要根源。为了减少机床的发热,在新的机床产品中凡是能从主机上分离出去的热源,一般都有分离出去的趋势。如电动机、齿轮箱、液压装置和油箱等已有不少分离出去的实例。对于不能分离出去的热源,如主轴轴承、丝杠副、高速运动的导轨副、摩擦离合器等,可从结构和润滑等方面改善其摩擦特性,减少发热,例如采用静压轴承、静压导轨、低黏度润滑油、锂基润滑脂等。也可以用隔热材料将发热部件和机床大件分隔开来,例如图 6.29 所示为在磨床砂轮架 3 和滑座 6 之间加入隔热垫 5,使砂轮架上的热传不到滑座中去;在快进油缸 7 的活塞杆与进给丝杠副 9 之间使用隔热联轴器 8,以防进给油缸中油温的变化影响丝杠。

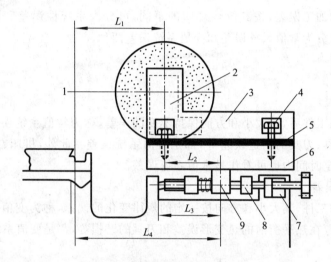

图 6.29　采用隔热材料减小热变形
1—工件中心;2—轴承油池;3—砂轮架;4—螺钉;5—隔热垫;
6—滑座;7—油缸 8—联轴器;9—丝杠副

2) 加强散热能力

为了消除机床内部热源的影响,可以采用强制冷却的办法,吸收热源发出的热量,从而控制机床的温升和热变形,这是近年来使用较多的一种方法。目前,大型数控机床、加工中心机床都普遍使用冷冻机对润滑油和切削液进行强制冷却,以提高冷却的效果。

3) 用热补偿法减少热变形的影响

单纯的减少温升有时不能收到满意的效果,可采用热补偿法使机床的温度场比较均匀,从而使机床产生均匀的热变形以减少对加工精度的影响。

4) 控制温度的变化

环境温度的变化和室内各部分的温差,将使工艺系统产生热变形,从而影响工件的加工精度和测量精度。因此,在加工或测量精密零件时,应控制室温的变化。

精密机床(如精密磨床、坐标镗床、齿轮磨床等)一般安装在恒温车间,以保持其温度的恒定。恒温精度一般控制在 ±1℃,精密级为 ±0.5℃,超精密级为 ±0.01℃。

采用机床预热也是一种控制温度变化的方法。由热变形规律可知,热变形影响较大的是在工艺系统升温阶段,当达到热平衡后热变形趋于稳定,加工精度就容易控制。因此,对精密机床特别是大型精密机床,可在加工前预先开动高速空转,或人为地在机床的适当部位附设加热源预热,使其达到热平衡后再进行加工。基于同样的原因,精密加工机床也应尽量避免较长时间的中途停车。

6.5　加工误差综合分析及减少误差的措施

在生产实际中,影响加工误差的因素往往是错综复杂的,有时很难用单因素来分析其因果关系,而要用数理统计方法进行综合分析来找出解决问题的途径。

6.5.1　加工误差的性质

各种单因素的加工误差,按其统计规律的不同,可分为系统性误差和随机性误差两大类。系统性误差又分为常值系统误差和变值系统误差两种。

1. 系统性误差

1) 常值系统误差

顺次加工一批工件后,其大小和方向保持不变的误差,称为常值系统误差。例如加工原理误差和机床、夹具、刀具的制造误差等,都是常值系统误差。此外,机床、夹具和量具的磨损速度较慢,在一定时间内也可看作是常值系统误差。

2) 变值系统误差

顺次加工一批工件,其大小和方向按一定的规律变化的误差,称为变值系统误差。例如机床、夹具和刀具等在热平衡前的热变形误差和刀具的磨损等,都是变值系统误差。

2. 随机性误差

顺次加工一批工件,出现大小和方向不同且无规律变化的加工误差,称为随机性误差。例如毛坯误差(余量大小不一、硬度不均匀等)的复映、定位误差(基准面精度不一、间隙的影响)、夹紧误差(夹紧力大小不一)、多次调整的误差、残余应力引起的变形误差等,都是随机性误差。

随机性误差从表面看来似乎没有什么规律,但是应用数理统计的方法可以找出一批工件加工误差的总体规律,然后在工艺上采取措施来加以控制。

6.5.2　加工误差的统计分析法

统计分析是以生产现场观察和对工件进行实际检验的数据资料为基础,用数理统计的方法分析处理这些数据资料,从而揭示各种因素对加工误差的综合影响,获得解决问题的途径的一种分析方法,主要有分布图分析法和点图分析法等。本节主要介绍分布图分析法。其他方法可参考有关资料。

1. 实际分布图——直方图

在加工过程中,对某工序的加工尺寸采用抽取有限样本数据进行分析处理,用直方图的形式表示出来,以便于分析加工质量及其稳定程度的方法,称为直方图分析法。

在抽取的有限样本数据中,加工尺寸的变化称为尺寸分散;出现在同一尺寸间隔的零件数目称为频数;频数与该批样本总数之比称为频率;频率与组距(尺寸间隔)之比称为频率密度。

以工件的尺寸(很小的一段尺寸间隔)为横坐标,以频数或频率为纵坐标表示该工序加工尺寸的实际分布图称为直方图,如图 6.30 所示。

直方图上矩形的面积=频率密度×组距(尺寸间隔)=频率

由于所有各组频率之和等于 100%,故直方图上全部矩形面积之和等于 1。

下面通过实例来说明直方图的作法。

例如磨削一批轴径为 $\phi 60^{+0.06}_{+0.01}$ mm 的工件,实测后的尺寸见表 6-3。

表 6-3　轴径尺寸实测值　　　　　　　　　　　　　　　　(μm)

44	20	46	32	20	40	52	33	40	25	43	38	40	41	30	36	49	51	38	34
22	46	38	30	42	38	27	49	45	45	38	32	45	48	28	36	52	32	42	38
40	42	38	52	38	36	37	43	28	45	30	50	38	30	40	44	34	42	47	
22	28	34	30	36	32	35	22	40	35	36	42	46	42	50	40	36	20	17 S_m	53
32	46	20	28	46	28	55 L_a	18	32	33	26	46	47	36	38	30	49	18	38	38

注:表中数据为实测尺寸与基本尺寸之差。

作直方图的步骤如下。

(1) 收集数据。一般取 100 件左右,找出最大值 $L_\mathrm{a}=55\mu\mathrm{m}$,最小值 $S_\mathrm{m}=17\mu\mathrm{m}$(表 6-3)。(2) 把 100 个样本数据分成若干组,分组数可用表 6-4 确定。

表 6-4　样本与组数的选择

数据的数量	分组数
50～100	6～10
100～250	7～12
250 以上	10～20

本例取组数 $k=8$。经验证明,组数太少会掩盖组内数据的变动情况,组数太多会使各组的高度参差不齐,从而看不出变化规律。通常确定的组数要使每组平均至少摊到 4～5 个数据。

(3) 计算组距 h,即组与组间的间隔。

$$h=\frac{L_\mathrm{a}-S_\mathrm{m}}{k}=\frac{55-17}{8}=4.75(\mu\mathrm{m})\approx5(\mu\mathrm{m})$$

(4) 计算第一组的上、下界限值。

$$S_\mathrm{m}\pm\frac{h}{2}$$

第一组的上界限值为 $S_\mathrm{m}+\dfrac{h}{2}=17+\dfrac{5}{2}=19.5(\mu\mathrm{m})$

第一组的下界限值为 $S_\mathrm{m}-\dfrac{h}{2}=17-\dfrac{5}{2}=14.5(\mu\mathrm{m})$

(5) 计算其余各组的上、下界限值。第一组的上界限值就是第二组的下界限值。第二组的下界限值加上组距就是第二组的上界限值,其余依次类推。

（6）计算各组的中心值 X_i。中心值是每组中间的数值。

$$X_i = （某组上限值＋某组下限值）/2$$

第一组中心值 $X_i = \dfrac{14.5＋19.5}{2} = 17（\mu m）$

（7）记录各组的数据，整理成频数分布表，见表6-5。

表6-5　频数分布表

组数 n	组界（μm）	中心值 X_i	频数统计	频数 m_i	频率 （%）	频率密度/ （μm^{-1}）(%)
1	14.5～19.5	17	|||	3	3	0.6
2	19.5～24.5	22	|||||||	7	7	1.4
3	24.5～29.5	27	||||||||	8	8	1.6
4	29.5～34.5	32	|||||||||||||	13	13	2.6
5	34.5～39.5	37	||||||||||||||||||||||||||	26	26	5.2
6	39.5～44.5	42	||||||||||||||||	16	16	3.2
7	44.5～49.5	47	||||||||||||||||	16	16	3.2
8	49.5～54.5	52	||||||||||	10	10	2
9	54.5～59.5	57	|	1	1	0.2

（8）统计各组的尺寸频数、频率和频率密度，并填入表中。

（9）按表列数据以频率密度为纵坐标、组距（尺寸间隔）为横坐标就可以画出直方图，如图6.30所示。

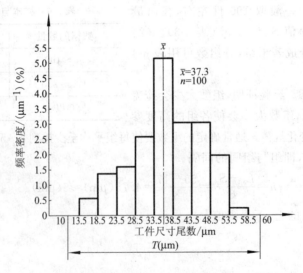

图6.30　直方图

由图6.30可知，该批工件的尺寸分散范围大部分居中，偏大、偏小者较少。

尺寸分散范围＝最大直径－最小直径＝60.054－60.016＝0.038（mm）

尺寸分散范围中心为

$$\bar{x} = \frac{1}{n} \sum_{i=1}^{n} x_i = \frac{60.016 \times 3 + 60.021 \times 7 + \cdots + 60.056 \times 1}{100} = 60.037 \text{(mm)}$$

$$\text{直径的公差带中心} = 60 + \frac{0.06 - 0.01}{2} = 60.025 \text{(mm)}$$

标准差为

$$\sigma = \sqrt{\frac{1}{n} \sum_{i=1}^{n} (x_i - \bar{x})^2} = \sqrt{\frac{(60.016 - 60.037)^2 \times 3 + \cdots + (60.056 - 60.037)^2 \times 1}{100}} = 0.0092 \text{(mm)}$$

从图中可看出,这批工件的分散范围为 0.038mm,比公差带还小,但尺寸分散范围中心与公差带中心不重合,若设法将分散范围中心调整到与公差带重合,即只要把机床的径向进给量增大 0.012mm,就能消除常值系统误差。

2. 分布图分析法的应用

(1) 判别加工误差的性质。

如前所述,假如加工过程中没有变值系统误差,那么其尺寸分布就服从正态分布,即实际分布与正态分布基本相符,这时就可进一步根据 $\bar{x}$ 是否与公差带中心重合来判断是否存在常值系统误差($\bar{x}$ 与公差带中心不符说明存在常值系统误差)。如实际分布与正态分布有较大出入,可根据直方图初步判断变值系统误差是什么类型。

(2) 确定各种加工误差所能达到的精度。

由于各种加工方法在随机性因素影响下所得的加工尺寸的分散规律符合正态分布,因而可以在多次统计的基础上,为每一种加工方法求得它的标准差 σ 值。然后,按分布范围等于 6σ 的规律,即可确定各种加工方法所能达到的精度。

(3) 确定工艺能力及其等级。

工艺能力即工序处于稳定状态时,加工误差正常波动的幅度。由于加工时误差超出分散范围的概率极小,可以认为不会发生超出分散范围以外的加工误差,因此可以用该工序的尺寸分散范围来表示工艺能力。当加工尺寸分布接近正态分布时,工艺能力为 6σ。

工艺能力等级是以工艺能力系数来表示的,即工艺能满足加工精度要求的程度。

当工艺处于稳定状态时工艺能力系数 C_p 按下式计算

$$C_p = T/6\sigma$$

式中　T——工件尺寸公差。

根据工艺能力系数 C_p 的大小,共分为 5 级,见表 6-6。

一般情况下,工艺能力不应低于二级。

表 6-6　工艺能力等级

工艺能力系数	工序等级	说　　　明
$C_p > 1.67$	特级	工艺能力过高,可以允许有异常波动,不一定经济
$1.67 \geqslant C_p > 1.33$	一级	工艺能力足够,可以允许有一定的异常波动
$1.33 \geqslant C_p > 1.00$	二级	工艺能力勉强,必须密切注意
$1.00 \geqslant C_p > 0.67$	三级	工艺能力不足,可能出现少量不合格品
$0.67 \geqslant C_p$	四级	工艺能力差,必须加以改进

6.5.3 减少加工误差的措施

1. 直接减少原始误差法

直接减少原始误差法即在查明影响加工精度的主要原始误差因素之后,设法对其直接进行消除或减少。例如,车削细长轴时,采用跟刀架、中心架可消除或减少工件变形所引起的加工误差。采用大进给量反向切削法,基本上可消除轴向切削力引起的弯曲变形。若辅以弹簧顶尖,可进一步消除热变形所引起的加工误差。又如在加工薄壁套筒内孔时,采用过渡圆环以使夹紧力分布均匀,避免夹紧变形所引起的加工误差。

2. 误差补偿法

误差补偿法是人为地制造一种误差,去抵消工艺系统固有的原始误差,或者利用一种原始误差去抵消另一种原始误差,从而达到提高加工精度的目的。

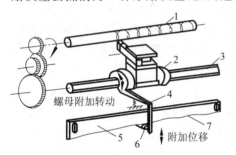

图 6.31　螺纹加工校正装置
1—工件;2—丝杠螺母;3—车床丝杠;
4—杠杆;5—校正尺
6—滚柱;7—工作尺面

例如,用预加载荷法精加工磨床床身导轨,借以补偿装配后受部件自重而引起的变形。磨床床身是一个狭长的结构,刚度较差。在加工时,导轨三项精度虽然都能达到,但在装上进给机构、操纵机构等以后,便会使导轨产生变形而破坏原来的精度,采用预加载荷法可补偿这一误差。又如用校正机构提高丝杠车床传动链的精度。在精密螺纹加工中,机床传动链误差将直接反映到工件的螺距上,使精密丝杠加工精度受到一定的影响。为了满足精密丝杠加工的要求,可采用螺纹加工校正装置以消除传动链造成的误差,如图 6.31 所示。

3. 误差转移法

误差转移法的实质是转移工艺系统的集合误差、受力变形和热变形等。例如,磨削主轴锥孔时,锥孔和轴径的同轴度不是靠机床主轴回转精度来保证的,而是靠夹具来保证的。当机床主轴与工件采用浮动连接以后,机床主轴的原始误差就不再影响加工精度,而转移到靠夹具来保证加工精度。

在箱体的孔系加工中,在镗床上用镗模镗削孔系时,孔系的位置精度和孔距间的尺寸精度都依靠镗模和镗杆的精度来保证,镗杆与主轴之间为浮动连接,故机床的精度与加工无关,这样就可以利用普通精度和生产率较高的组合机床来精镗孔系。由此可见,在机床精度达不到零件的加工要求时,往往通过误差转移的方法,能够用一般精度的机床来加工高精度的零件。

4. 误差分组法

在加工中,由于工序毛坯误差的存在,造成了本工序的加工误差。毛坯误差的变化,对本工序的影响主要有两种情况:复映误差和定位误差。如果上述误差太大,不能保证加工精度,而且要提高毛坯精度或上一道工序的加工精度是不经济的,可采用误差分组法,即把毛坯或上一道工序尺寸按误差大小分为 n 组,每组毛坯的误差就缩小为原来的 $1/n$,然后按各组分别调整刀具与工件的相对位置或调整定位元件,就可大大地缩小整批工件的尺寸分散范围。

例如,某厂加工齿轮磨床上的交换齿轮时,为了达到齿圈径向跳动的精度要求,将交换齿轮的内孔尺寸分成 3 组,并用与之尺寸相应的 3 组定位心轴进行加工。其分组尺寸见表 6-7。(单位 mm)

表 6-7　交换齿轮内孔的分组尺寸

组　别	心轴直径 $\phi 25^{+0.011}_{+0.002}$	工件孔径 $\phi 25^{+0.013}_{0}$	配合精度
第一组	$\phi 25.002$	$\phi 25.000 \sim \phi 25.004$	± 0.002
第二组	$\phi 25.006$	$\phi 25.004 \sim \phi 25.008$	± 0.002
第三组	$\phi 25.011$	$\phi 25.008 \sim \phi 25.013$	± 0.002 ± 0.003

误差分组法的实质是用提高测量精度的手段来弥补加工精度的不足,从而达到较高的精度要求。当然,测量、分组需要花费时间,故一般只是在配合精度很高而加工精度不宜提高时采用。

5. 就地加工法

在加工和装配过程中,有些精度问题涉及很多零部件间的相互关系,相当复杂。如果单纯地提高零件精度来满足设计要求,有时不仅困难,甚至不可能达到。此时,若采用就地加工法,就可解决这种难题。

例如,在转塔车床的制造中,转塔上 6 个安装刀具的孔,其轴心线必须保证与机床主轴旋转中心线重合,而 6 个平面又必须与旋转中心线垂直。如果单独加工转塔上的这些孔和平面,装配时要达到上述要求是相当困难的,因为其中包含了很复杂的尺寸链关系。因而在实际生产中采用了就地加工法,即在装配之前,对这些重要表面不进行精加工,而是等转塔装配到机床上以后,再在自身机床上对这些孔和平面进行精加工。具体方法是在机床主轴上装上镗刀杆和能作径向进给的小刀架,对其进行精加工,便能达到所需要的精度。

又如龙门刨床、牛头刨床,为了使它们的工作台分别与横梁或滑枕保持位置的平行度关系,都是通过装配后在自身机床上进行就地精加工来达到装配要求的。平面磨床的工作台,也是在装配后利用自身砂轮精磨出来的。

6. 误差平均法

误差平均法利用有密切联系的表面之间的相互比较和相互修正,或者利用互为基准进行加工,以达到很高的加工精度。

如配合精度要求很高的轴和孔,常用对研的方法来加工。所谓对研,就是配偶件的轴和孔互为研具相对研磨。在研磨前有一定的研磨量,其本身的尺寸精度要求不高,在研磨过程中,配合表面相对研擦和磨损的过程就是两者的误差相互比较和相互修正的过程。

如三块一组的标准平板,是利用相互对研、配刮的方法加工出来的。因为 3 个表面能够分别两两密合,只有在都是精确的平面的条件下才有可能。另外还有直尺、角度规、多棱体、标准丝杠等高精度量具和工具,都是利用误差平均法制造出来的。

由以上几个例子可知,采用误差平均法可以最大限度地排除机床误差的影响。

小　结

研究加工误差的目的,就是要分析影响加工误差的各种因素及其存在的规律,从而找出减小加工误差、提高加工精度的合理途径。工艺系统的几何误差、工艺系统受力变形引起的误差、工艺系统受热变形引起的误差、工件内应力引起的误差是加工过程中最明显的影响因素,熟悉掌握这些内容对提高零件的加工质量有着至关重要的作用。

思考与练习题

6-1　名词解释:
　　1) 加工误差
　　2) 测量误差
　　3) 误差复映

6-2　减少或消除内应力的措施有哪些?

6-3　什么是误差敏感方向? 车床与镗床的误差敏感方向有何不同?

6-4　基准不重合误差与基准位移误差有何区别?

6-5　加工误差根据其统计规律可分为哪些类型? 各有何特点?

6-6　提高加工精度的主要措施有哪些?

6-7　计算分析题:车削一批小轴,其外圆尺寸为 $\phi 20_{-0.1}^{0}$ mm。根据测量结果,尺寸分布曲线符合正态分布,已求得标准差 $\sigma = 0.025$ mm,尺寸分散中心大于公差带中心,其偏移量为 0.03mm。

(1) 试指出该批工件的常值系统误差及随机性误差。

(2) 计算次品率及工艺能力系数。

(3) 判断这些次品能否修复及其工艺能力是否满足生产要求。

第7章 机械加工的表面质量

教学提示：零件加工后表面层的几何结构和物理性质对零件的使用性能和寿命影响很大。了解其变化的原因，掌握避免或减少其变化的措施，对提高零件使用寿命意义极大。

教学要求：了解加工表面质量的基本概念、表面质量对使用性能的影响及改善表面质量的方法。

7.1 概　述

加工表面质量是指机械加工后表面层的几何结构和受加工过程影响，使表面层金属材料与基体材料性质不一致而产生变化的状况。它与机械加工精度同是机械加工质量的组成。零件的表面质量影响零件的耐磨性、疲劳强度、耐蚀性等使用性能，尤其是机器产品的可靠性、寿命，在很大程度上取决于其主要零件的加工表面质量。随着产品性能的不断提高，一些重要零件必须在高应力、高速、高温等条件下工作，由于表面上作用着最大的应力并直接受到外界介质的腐蚀，表面层的任何缺陷都可能引起应力集中、应力腐蚀等现象而导致零件的损坏，因而表面质量问题变得更加突出和重要。

7.1.1 加工表面质量的基本概念

机械加工的表面不可能是理想的光滑表面，而是存在着表面粗糙度、波度等表面几何形状误差以及划痕、裂纹等表面缺陷的。表面层的材料在加工时也会产生物理性质的变化，有些情况下还会产生化学性质的变化（该层简称为加工变质层），使表面层的物理机械性能不同于基体，产生了显微硬度的变化以及残余应力。

切削力、切削热会使表面层产生各种变化，如同淬火、回火一样会使材料产生相变以及晶粒大小的变化等。归纳以上种种，加工表面质量的内容应包括以下两点。

1. 加工表面的几何形状特征

加工表面的几何形状主要由以下两个部分组成。

（1）表面粗糙度：表面较小的间距和峰谷所组成的微观几何形状，如图7.1所示，其波距小于1mm，主要由刀具的形状和切削加工中塑性变形、振动引起。

（2）波度：介于形状误差（宏观）和表面粗糙度之间的周期性几何形状误差，如图7.1所示，其波距在1～20mm，主要由加工过程中工艺系统的振动造成。

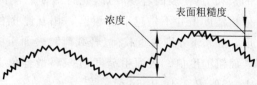

图 7.1　表面粗糙度和波度

2. 表面层的物理机械性能

切削过程中工件材料受到刀具的挤压、
摩擦和切削热等因素的作用,使得加工表面层的物理机械性能发生一定程度的变化,主要有
以下 3 个方面。

(1) 表面层因塑性变形引起的加工硬化。

(2) 表面层因切削热引起的金相组织变化。

(3) 表面层中产生的残余应力。

7.1.2　表面质量对使用性能的影响

1. 表面质量对耐磨性的影响

零件的耐磨性主要与摩擦副的材料、润滑条件及表面质量等因素有关,但在前两个条件
已经确定的情况下,零件的表面质量就起决定性的作用。当两个零件的表面互相接触时,实
际只是在一些凸峰顶部接触,如图 7.2 所示。因此实际接触面积只是名义接触面积的一小
部分。当零件上有了作用力时,在凸峰接触部分就产生了很大的单位面积压力。表面愈粗
糙,实际接触面积就愈少,凸峰处的单位面积压力也就愈大。当两个零件作相对运动时,在
接触的凸峰处就会产生弹性变形、塑性变形及剪切等现象,即产生了表面的磨损。即使在有
润滑油的情况下,也因为接触点处单位面积压力过大,超过了润滑油膜存在的临界值,破坏
油膜形成,造成干摩擦,加剧表面的磨损。

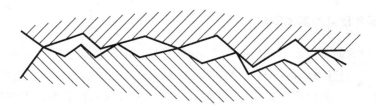

图 7.2　零件初始接触情况

零件表面磨损的发展阶段可用图 7.3 说明。在一般情况下,零件表面在初期磨损阶段
磨损得很快,如图 7.3 的第 I 部分。随着磨损发展,实际接触面积逐渐增加,单位面积压力
也逐渐降低,从而磨损将以较慢的速度进行,进入正常磨损阶段,如图 7.3 的第 II 部分。此
时在有润滑油的情况下,就能起到很好的润滑作用。过了此阶段又将出现急剧磨损的阶段,
如图 7.3 的第 III 部分。这是因为磨损继续发展,实际接触面积愈来愈大,产生了金属分子间
的亲和力,使表面容易咬焊,此时即使有润滑油也将被挤出而产生急剧的磨损,由此可见表
面粗糙度值并不是越小越耐磨。相互摩擦的表面在一定的工作条件下通常有一最佳粗糙
度,图 7.4 分别为重载荷、轻载荷时表面粗糙度与初期磨损量间的关系,图中 R_{a1}、R_{a2} 为最佳
表面粗糙度值。表面粗糙度值偏离最佳值太远,无论是过大或过小,均会使初期磨损量加
大,一般 $R_a 0.4 \sim 1.6 \mu m$。

表面粗糙度的轮廓形状及加工纹路方向也对耐磨性有显著的影响,因为表面轮廓形状
及加工纹路方向会影响实际接触面积与润滑油的存留情况。

表面变质层会显著地改变耐磨性。表面层加工硬化减小了接触表面间的弹性和塑性变形,耐磨性得以提高;但表面硬化过度时,零件的表面层金属变脆,磨损反而加剧,甚至会出现微观裂纹和剥落现象,所以硬化层必须控制在一定的范围内。

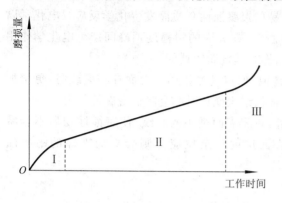

图 7.3　磨损过程的基本规律

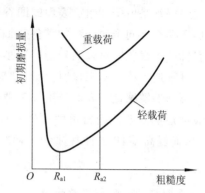

图 7.4　初期磨损量与粗糙度的关系

表面层产生金相组织变化时由于改变了基体材料原来的硬度,导致表面层硬度下降,使表面层耐磨性下降。

已加工表面的轮廓形状和加工纹理影响零件的实际接触面积和储存润滑油的能力,因而影响接触面的耐磨性。

2. 表面质量对疲劳强度的影响

在交变载荷的作用下,零件表面的粗糙度、划痕和裂纹等缺陷容易引起应力集中而产生和发展疲劳裂纹造成疲劳损坏。实验表明,对于承受交变载荷的零件,减低表面粗糙度可以提高疲劳强度;不同材料对应力集中的敏感程度不同,因而效果也就不同,晶粒细小、组织致密的钢材受疲劳强度的影响大。因此,对一些重要零件表面,如连杆、曲轴等,应进行光整加工,以减小其表面粗糙度值,提高其疲劳强度。一般来说,钢的极限强度愈高,应力集中的敏感程度就愈大。加工纹路方向对疲劳强度的影响更大,如果刀痕与受力方向垂直,则疲劳强度显著减低。

表面层残余应力对疲劳强度影响显著。表面层的残余压应力能够部分地抵消工作载荷施加的拉应力,延缓疲劳裂纹的扩展,提高零件的疲劳强度;但残余拉应力容易使已加工表面产生裂纹,降低疲劳强度,带有不同残余应力表面层的零件其疲劳寿命可相差数倍至数十倍。

表面的加工硬化层能提高零件的疲劳强度,这是因为硬化层能阻碍已有裂纹的扩大和新的疲劳裂纹的产生,因此可以大大减小外部缺陷和表面粗糙度的影响;但表面硬化程度太大会适得其反,使零件表面层组织变脆,反而容易引起裂纹,所以零件表面的硬化程度和深度也应控制在一定范围内。

表面加工纹理和伤痕过深时容易产生应力集中,从而降低疲劳强度,特别是当零件所受应力方向与纹理方向垂直时尤为明显。零件表面层的伤痕如砂眼、气孔、裂痕,在应力集中下会很快产生疲劳裂纹,加速零件的疲劳破坏,因此要尽量避免。

3. 表面质量对抗腐蚀性能的影响

当零件在潮湿的空气中或在有腐蚀性的介质中工作时,常会发生化学腐蚀或电化学腐蚀。化学腐蚀是由于在粗糙表面的凹谷处容易积聚腐蚀性介质而发生化学反应。电化学腐蚀是由于两个不同金属材料的零件表面相接触时,在表面的粗糙度顶峰间产生电化学作用而被腐蚀掉。因此零件表面粗糙度值小,可以提高其抗腐蚀性能。

零件在应力状态下工作时,会产生应力腐蚀,加速腐蚀作用。表面存在裂纹时,更增加了应力腐蚀的敏感性。表面产生加工硬化或金相组织变化时亦会降低抗腐蚀能力。

表面层的残余压应力可使零件表面致密,封闭表面微小的裂纹,使腐蚀性物质不容易进入,从而提高零件的耐腐蚀性。而零件表面层的残余拉应力则会降低零件的耐腐蚀能力。

4. 表面质量对配合质量的影响

由公差与配合的知识可知,零件的配合关系是用过盈量或间隙量来表示的。间隙配合关系的零件表面如果太粗糙,初期磨损量就大,工作时间一长其配合间隙就会增大,从而改变了原来的配合性质,降低配合精度,影响了动配合的稳定性。对于过盈配合表面,如果零件表面的粗糙度值大,装配时配合表面粗糙部分的凸峰会被挤平,使实际过盈量比设计的小,降低了配合件间的联结强度,影响配合的可靠性。所以对有配合要求的表面都有较高的粗糙度要求。

5. 其他影响

表面质量对零件的使用性能还有一些其他的影响,如,对没有密封件的液压油缸、滑阀来说,降低表面粗糙度可以减少泄漏,提高其密封性能;较低的表面粗糙度可使零件具有较高的接触刚度;对于滑动零件,适当的表面粗糙度能使摩擦系数降低、运动灵活性增高,从而减少发热和功率损失;表面层的残余应力会使零件在使用过程中继续变形,失去原有的精度,降低机器的工作质量。

7.2　影响加工表面粗糙度的因素及改善措施

考虑金属切削刀具与砂轮的诸多方面的不同,表面粗糙度的影响因素分切削加工和磨削加工进行介绍。

7.2.1　切削加工中影响表面粗糙度的因素及改善的工艺措施

使用金属切削刀具加工零件时,影响表面粗糙度的因素主要有几何因素、物理因素、工艺因素,以及机床、刀具、夹具、工件组成的工艺系统的振动。

1. 几何因素

影响表面粗糙度的几何因素是刀具相对工件作进给运动时在加工表面遗留下来的切削层残留面积,如图 7.5 所示。其中图 7.5(a)、图 7.5(b)分别为刀尖圆弧半径为 0 和 r_ε 时的情况,从图中可以看出,切削层残留面积愈大,表面粗糙度就愈低。

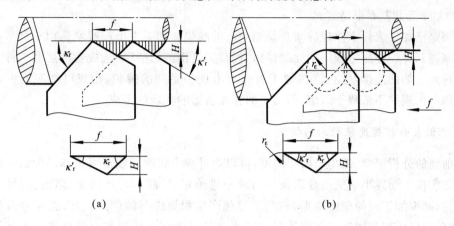

(a)　　　　　　　　　　　　　　　　　(b)

图 7.5　切削层残留面积

由图(a)中几何关系可得 $H=R_{\max}=\dfrac{f}{\cos\kappa_r+\cos\kappa'_r}$

由图(b)中几何关系可得 $H=R_{\max}=\dfrac{f^2}{8r_\varepsilon}$

因此,切削层残留面积高度与进给量 f、刀具的主、副偏角 κ_r、κ'_r 和刀尖半径 r_ε 有关。

2. 物理因素

切削加工后表面粗糙度的实际轮廓形状一般都与纯几何因素所形成的理想轮廓有较大的差别,这是由于存在着与被加工材料的性质及切削机理有关的物理因素的缘故。在切削过程中刀具的刃口圆角及后刀面的挤压与摩擦,使金属材料发生塑性变形,造成理想残留面积挤歪或沟纹加深,因而增大了表面粗糙度。

从实验知道,在中等切削速度下加工塑性材料,如低碳钢、铬钢、不锈钢、高温合金、铝合金等,极容易出现积屑瘤与鳞刺,使加工表面粗糙度严重恶化,如图 7.6 所示,成为切削加工的主要问题。

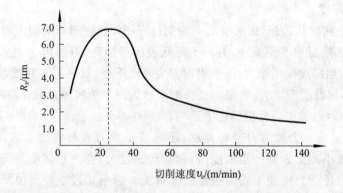

图 7.6　塑性材料的切削速度与表面粗糙度关系

积屑瘤是切削加工过程中切屑底层与前刀面发生冷焊的结果,积屑瘤形成后并不是稳定不变的,而是不断地形成、长大,然后粘附在切屑上被带走或留在工件上。由于积屑瘤有时会伸出切削刃之外,其轮廓也很不规则,因而使加工表面上出现深浅和宽窄都不断变化的刀痕,大大降低了表面粗糙度。

鳞刺是已加工表面上出现的鳞片状毛刺般的缺陷。加工中出现鳞刺是由于切屑在前刀面上的摩擦和冷焊作用造成周期性的停留,代替刀具推挤切削层,造成切削层和工件之间出现撕裂现象。如此连续发生,就在加工表面上出现一系列的鳞刺,构成已加工表面的粗糙度。鳞刺的出现并不依赖于刀瘤,但刀瘤的存在会影响鳞刺的生成。

3. 降低表面粗糙度值的工艺措施

由前面的分析可知:减小表面粗糙度,可以通过减小切削层残留面积和减少加工时的塑性变形来实现。而减小切削层残留面积与减小进给量 f,减小刀具的主、副偏角,增大刀尖半径有关;减少加工时的塑性变形,则是要避免产生积屑瘤与鳞刺。此外,提高刀具的刃磨质量,避免刃口的粗糙度在工件表面"复映"也是减小表面粗糙度的有效措施。下面从工艺的角度进行分析。

(1) 切削速度 v_c:对于塑性材料,在低速或高速切削时,通常不会产生积屑瘤,因此已加工表面粗糙度值都较小,采用较高的切削速度常能防止积屑瘤和鳞刺的产生。对于脆性材料,切屑多呈崩碎状,不会产生积屑瘤,表面粗糙度主要是由于脆性碎裂造成,因此与切削速度关系较小。

(2) 进给量 f:减小进给量,切削层残留面积高度减小,表面粗糙度可以降低;但进给量太小时,刀具不能切入工件,而是挤压工件表面,增大工件的塑性变形,表面粗糙度反而增大。

(3) 背吃刀量 a_p:背吃刀量对表面粗糙度影响不大,但当背吃刀量过小时,由于切削刃不可能磨得绝对锋利,刀尖有一定的刃口半径,切削时会出现挤压、打滑和周期性的切入加工表面等现象,从而导致表面粗糙度恶化。

(4) 工件材料性质:韧性较大的塑性材料,加工后粗糙度较差,而脆性材料的加工粗糙度比较接近理想粗糙度。对于同样的材料,晶粒组织愈粗大,加工后的粗糙度也愈差。因此为了减小加工后的表面粗糙度,常在切削加工前进行调质或正常化处理,以获得均匀细密的晶粒组织和较高的硬度。

(5) 刀具的几何形状:刀具的前角 γ_o 对切削过程的塑性变形影响很大,γ_o 值增大时,刀刃较为锋利,易于切削,塑性变形减小,有利于降低表面粗糙度;但前角 γ_o 过大时,刀刃有切入工件的倾向,表面粗糙度反而增大,还会引起刀尖强度下降、散热差等问题,所以前角不宜过大。γ_o 为负值时,塑性变形增大,粗糙度也将增大。如图 7.7 所示反映了在一定切削条件下加工钢件时,前角对已加工表面粗糙度的影响。

增大刀具的后角 α_o 会使刀刃变得锋利,还能减小后刀面与已加工表面间的摩擦和挤压,从而有利于减小加工表面的粗糙度值,但后角 α_o 过大,会使积屑瘤易流到后刀面,且容易产生切削振动,反而会使加工表面粗糙度值增大。后角 α_o 过小会增加摩擦,表面粗糙度值也增大。图 7.8 所示为在一定切削条件下加工钢件时,后角 α_o 对已加工表面粗糙度的影响。

适当减小主偏角 κ_r 和副偏角 κ'_r,可减小加工表面的粗糙度值,但 κ_r 和 κ'_r 过小会使切削层宽度变宽,导致粗糙度值的增大。

增大刀尖圆弧半径 r_ε 可以减少残留面积从而减小表面粗糙度值;但 r_ε 过大会增大切削过程中的挤压和塑性变形,易产生切削振动,反而使加工表面的粗糙度增加。

(6) 刀具的材料:刀具材料中热硬性高的材料其耐磨性也好,易于保持刃口的锋利,使切削轻快。摩擦系数较小的材料有利于排屑,因而切削变形小。与被加工材料亲和力小的材料刀面上就不会产生切屑的粘附、冷焊现象,因此能减小粗糙度。

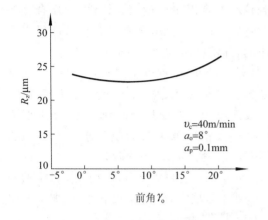

图 7.7　前角对表面粗糙度的影响

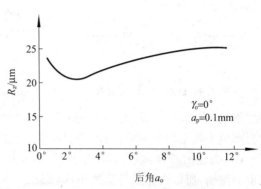

图 7.8　后角对表面粗糙度的影响

(7) 刀具的刃磨质量:提高前、后刀面的刃磨粗糙度,有利于提高被加工表面粗糙度。刀具刃口越锋利、刃口平刃性越好,则工件表面粗糙度值也就越小。硬质合金刀具的刃磨质量不如高速钢好,所以精加工时常使用高速钢刀具。

(8) 切削液:使用切削液是降低表面粗糙度的主要措施之一。合理选择冷却润滑液,提高冷却润滑效果,常能抑制积屑瘤、鳞刺的生成,减少切削时的塑性变形,有利于提高表面粗糙度。另外切削液还有冲洗作用,将粘附在刀具和工件表面上的碎末切屑冲洗掉,可减少碎末切屑与工件表面发生摩擦的机会。

4. 工艺系统的振动

工艺系统的频率振动,一般在工件的已加工表面上产生波度,而工艺系统的高频振动会对已加工表面的粗糙度产生影响,通常已加工表面上会显示出高频振动纹理。因此,要防止在加工中出现高频振动。

7.2.2　磨削加工中影响表面粗糙度的因素及改善的工艺措施

磨削加工与切削加工有许多不同之处。从几何因素看,由于砂轮上的磨削刃形状和分布很不均匀、很不规则,且随着砂轮的修正、磨粒的磨耗不断改变,所以定量计算加工表面粗糙度是较困难的。

磨削加工表面是由砂轮上大量的磨粒刻划出的无数极细的沟槽形成的。每单位面积上刻痕愈多,即通过每单位面积的磨粒数愈多,以及刻痕的等高性愈好,则表面粗糙度也就愈小。

在磨削过程中由于磨粒大多具有很大的负前角,所以产生了比切削加工大得多的塑性变形。磨粒磨削时金属材料沿着磨粒侧面流动,形成沟槽的隆起现象,因而增大了表面粗糙

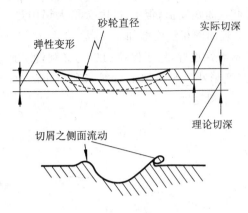

图 7.9　磨粒在工件上的刻痕

度,如图 7.9 所示,磨削热使表面金属软化,易于塑性变形,进一步增大了表面粗糙度。

1. 砂轮的影响

(1)砂轮的材料:钢类零件用刚玉类砂轮磨削可得到较小的表面粗糙度值。铸铁、硬质合金等用碳化物砂轮较理想,用金刚石磨料磨削可以得到极小的表面粗糙度值,但砂轮价格较高。

(2)砂轮的硬度:硬度值应大小适宜,半钝化期越长越好。砂轮太硬时,磨粒钝化后不易脱落,使加工表面受到强烈摩擦和挤压作用,塑性变形

程度增大,表面粗糙度增大,还会引起烧伤现象。砂轮太软时,磨粒容易脱落,磨削作用减弱常会产生磨损不均匀现象,使磨削表面的粗糙度值增大。通常选用中软砂轮。

(3)砂轮的粒度:砂轮的粒度愈细,则砂轮单位面积上的磨粒数愈多,因而在工件上的刻痕也愈细密,所以表面粗糙度愈小;但磨粒过细时,砂轮易堵塞,磨削性能下降,已加工表面粗糙度反而增大,同时还会引起磨削烧伤。

(4)砂轮的修整:用金刚石修整砂轮相当于在砂轮上车出一道螺纹,修整导程和切深愈小,修出的砂轮就愈光滑,磨削刃的等高性也愈好,因而磨出的工件表面粗糙度也就愈小。修整用的金刚石是否锋利对其影响也很大。

2. 磨削用量的影响

(1)砂轮速度:提高砂轮速度可以增加工件单位面积上的刻痕数,并且高速下塑性变形的传播速度小于磨削速度,材料来不及变形,从而使加工表面的塑性变形和沟槽两侧塑性隆起的残留量变小,表面粗糙度可以显著降低。

(2)工件线速度:在其他条件不变的情况下,提高工件的线速度,磨粒单位时间内加工表面上的刻痕数减小,因而将增大磨削表面上的粗糙度值。

(3)磨削深度:增大磨削深度,磨削力和磨削温度都会增大,磨削表面的塑性变形大,从而增大表面粗糙度。为了提高磨削效率,通常在磨削过程中开始采用较大的磨削切深,而在最后采用小切深或“无火花”磨削,以使磨削表面的粗糙度值减小。

3. 工件材料的影响

工件材料太硬,砂轮易磨钝,故磨削表面粗糙度值大。而工件材料太软,砂轮易堵塞,磨削热较高,磨削后的表面粗糙度值也大。

塑性、韧性大的工件材料,磨削时的塑性变形程度较大,磨削后的表面粗糙度较大。导热性较差的材料(如合金钢),也不易得到较小的表面粗糙度值。

此外,还必须考虑冷却润滑液的选择与净化、轴向进给速度等因素。

7.3　影响加工表面物理力学性能的因素

加工过程中工件由于受到切削力、切削热的作用,其表面层的物理机械性能会发生很大

的变化,造成与原来材料性能的差异,最主要的变化是表面层的金相组织变化、显微硬度变化和在表面层中产生残余应力。不同的材料在不同的切削条件下加工会产生各种不同的表面层特性。

已加工表面的显微硬度是加工时塑性变形引起的冷作硬化和切削热产生的金相组织变化引起的硬度变化综合作用的结果。表面层的残余应力也是塑性变形引起的残余应力和切削热产生的热塑性变形和金相组织变化引起的残余应力的综合。试验研究表明:磨削过程中由于磨削速度高,大部分磨削刃带有很大的负前角,磨粒除了切削作用外,很大程度是在刮擦、挤压工件表面,因而产生比切削加工大得多的塑性变形和磨削热。另外,磨削时约有70%以上的热量瞬时进入工件,只有小部分通过切屑、砂轮、冷却液、空气带走,而切削时只有约 5%的热量进入工件,大部分则通过切屑带走。所以磨削时在磨削区的瞬时温度可达到800～1200℃,当磨削条件不适当时甚至达到 2000℃。因此磨削后表面层的金相组织、显微硬度都会产生很大变化,并会产生有害的残余拉应力。下面分别对加工后的表面冷作硬化、磨削后的表面金相组织变化和残余应力加以阐述。

7.3.1 加工表面层的冷作硬化

1. 冷作硬化现象

切削(磨削)过程中由于切削力的作用,表面层产生塑性变形,金属材料晶体间产生剪切滑移,晶格扭曲,并产生晶粒的拉长、破碎和纤维化,引起材料的强化,材料的强度和硬度提高、塑性减低,这就是冷作硬化现象。

需要说明的是,机械加工时产生的切削热使工件表层金属的温度升高,当温度升高到一定程度时,已强化的金属又会回复到正常状态。回复作用的速度大小和程度取决于温度的高低、温度持续的时间以及表面硬化的程度。因此,机械加工时表面层金属的冷作硬化实际上是硬化与回复综合作用的结果。

2. 衡量指标

表面层的硬化程度决定于产生塑性变形的力、变形速度以及变形时的温度。力愈大,塑性变形愈大,因而硬化程度愈大。变形速度愈大,塑性变形愈不充分,硬化程度也就愈少。变形时的温度不仅影响塑性变形程度,还会影响变形后的金相组织的回复。若温度在 $0.25 \sim 0.3t_{熔}$ 范围内,即会产生回复现象,会部分地消除冷作硬化。

表面层的硬化程度主要以冷硬层的深度 h、表面层的显微硬度 H 以及硬化程度 N 表示,如图 7.10 所示。

$$N = \frac{H - H_0}{H_0} \times 100\%$$

式中 H——硬化后表面层的显微硬度;

H_0——原表面层的显微硬度。

3. 影响冷作硬化的主要因素

(1)刀具几何角度:切削力越大,塑性变形越大,硬化程度和冷硬层深度也随之增大。因此,刀具前角 γ_o 减小、切削刃半径增大、刀具后刀面磨损都会引起切削力的增大,使冷作硬化严重。

　　(2)切削用量:切削速度 v_c 增大,切削温度增高,有助于冷硬的回复,同时刀具与工件接触时间缩短,塑性变形程度减少,所以硬化层深度和硬度都有所减少。进给量 f 增大时,切削力增大,塑性变形程度也增大,因此硬化现象增大。进给量 f 较小时,由于刀具的刃口圆角在加工表面单位长度上的挤压次数增多,硬化现象也会增大,如图 7.11 所示。

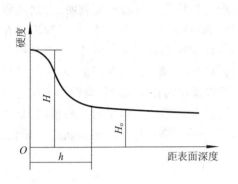

图 7.10　表面层冷作硬化

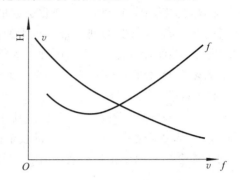

图 7.11　切削速度、进给量与冷作硬化的关系

　　(3)工件材料:硬度越小、塑性越大的材料,硬化现象越明显,硬化程度也越大。

7.3.2　表面层的金相组织变化

　　1. 金相组织变化与磨削烧伤的产生

　　机械加工中,由于切削热的作用,在工件的加工区及其邻近区域会产生一定的温升。当温度超过金相组织变化的临界点时,金相组织就会发生变化。对于一般的切削加工,温度一般不会上升到如此高的程度;但在磨削加工中,由于磨粒的切削、划刻和润滑作用,以及大多数磨粒的负前角切削和很高的磨削速度,使得加工表面层产生很高的温度,当温度升高到临界点时,表层金属就会发生金相组织变化,强度和硬度降低,产生残余应力,甚至出现裂纹,这种现象称为磨削烧伤。在磨削淬火钢时,由于磨削条件不同,磨削烧伤会有3 种形式。

　　1) 淬火烧伤

　　磨削时,如果工件表面层温度超过相变临界温度 A_d 时,则马氏体转变为奥氏体。若此时有充分的冷却液,工件最外层金属会出现二次淬火马氏体组织,其硬度比原来的回火马氏体高,里层因为冷却较慢为硬度较低的回火组织(索氏体或屈氏体)。

　　2) 回火烧伤

　　磨削时,如果工件表面层温度超过马氏体转变温度,而未超过相变临界温度,则表面层原来的回火马氏体组织将产生回火现象,转变成硬度较低的过回火组织。

　　3) 退火烧伤

　　磨削时,如果工件表面层温度超过相变临界温度 A_d,则马氏体转变为奥氏体。如果此时没有采用冷却液,则表层金属在空气中冷却缓慢而形成退火组织,工件表面硬度和强度急剧下降,产生退火烧伤。

　　发生磨削烧伤后,表面会出现黄、褐、紫、青等烧伤色,这是工件表面在瞬时高温下产生的氧化膜的颜色。不同的烧伤色表示表面层受到的不同温度与不同的烧伤程度,所以烧伤色可以起到警示的作用。工件的表面层已发生了热损伤,但表面没有并不等于表面层未烧伤。烧伤层较深时,虽然可用无进给磨削去除烧伤色,但实际的烧伤层并没有完全被除掉,将给以后零件的使用埋下隐患,所以在磨削中应尽可能避免磨削烧伤的产生。

2. 影响磨削烧伤的因素

影响金相组织变化程度的因素有:工件材料、温度、温度梯度和冷却速度。磨削烧伤与磨削温度有着十分密切的关系。因此避免烧伤的途径是:(1)减少热量的产生;(2)加速热量的传出。具体措施与消除磨削裂纹相同。

7.3.3 表面层的残余应力

机械加工中工件表面层组织发生变化时,在表面层及其与基体材料的交界处就会产生互相平衡的弹性应力,这种应力就是表面层的残余应力。

1. 表面层残余应力的产生原因

1) 冷态塑性变形引起

在切削力的作用下,已加工表面受到强烈的塑性变形,表面层金属体积发生变化,对里层金属造成影响,使其处于弹性变形的状态下。切削力去除后里层金属趋向复原,但受到已产生塑性变形的表面层的限制,回复不到原状,因而在表面层产生残余应力。一般来说,表面层在切削时受刀具后面的挤压和摩擦影响较大,其作用使表面层产生伸长塑性变形,表面积趋向增大,但受到里层的限制,产生了残余压缩应力,里层则产生残余拉伸应力。

2) 热态塑性变形引起

在切削或磨削过程中,表面层金属在切削热的作用下产生热膨胀,此时金属温度较低,表面层热膨胀受里层的限制而产生热压缩应力。当表面层的温度超过材料的弹性变形范围时,就会产生热塑性变形(在压应力作用下材料相对缩短)。当切削过程结束,温度下降至与里层温度一致时,因为表面层已产生热塑性变形,但受到里层的阻碍产生了残余拉应力,里层则产生了压应力。

3) 金相组织变化引起

在切削或磨削过程中,切削时产生的高温会引起表面层的相变。由于不同的金相组织有不同的比重,表面层金相变化的结果造成了体积的变化。表面层体积膨胀时,因为受到里层的限制,产生了压应力。反之表面层体积缩小时,则产生拉应力。各种金相组织中马氏体比重最小,奥氏体比重最大。以磨削淬火钢为例,淬火钢原来的组织为马氏体,磨削时,若表面层产生回火现象,马氏体转化成索氏体或屈氏体,因体积缩小时,表面层产生残余拉应力,里层产生残余压应力。若表面层产生二次淬火现象,则表面层产生二次淬火马氏体,其体积比里层的回火组织大,则表层产生压应力,里层产生拉应力。

实际机械加工后的表面层残余应力是上述三者综合作用的结果。在不同的加工条件下,残余应力的大小、性质和分布规律会有明显差别。例如,在切削加工中如果切削热不高,表面层中以冷塑性变形为主,此时表面层中将产生残余压应力。切削热较高以致在表面层中产生热塑性变形时,由热塑性变形产生的拉应力将与冷塑性变形产生的压应力相互抵消一部分。当冷塑性变形占主导地位时,表面层产生残余压应力;当热塑性变形占主导地位时,表面层产生残余拉应力。磨削时,一般因磨削热较高,常以相变和热塑性变形产生的拉应力为主,所以表面层常产生残余拉应力。

2. 表面残余应力与磨削裂纹

磨削裂纹和表面残余应力有着十分密切的关系。不论是残余拉应力还是残余压应力,当残余应力超过材料的强度极限时,都会导致工件产生裂纹,其中残余拉应力更为严重。有的磨削裂纹可能不在工件的外表面,而是在表面层下成为肉眼难以发现的缺陷。裂纹的方向常与磨削方向垂直,磨削裂纹的产生与材料及热处理工序有很大关系。磨削裂纹的存在会使零件承受交变载荷的能力大大降低。

避免产生裂纹的措施主要是在磨削前进行去除应力工序和降低磨削热,改善散热条件。具体措施如下。

1) 提高冷却效果

采用充足的切削液,可以带走磨削区热量,避免磨削烧伤。常规的冷却方法效果较差,实际上没有多少冷却液能送至磨削区。如图 7.12 所示,磨削液不易进入磨削区 AB,且大量喷注在已经离开磨削区的已加工表面上,但是烧伤已经发生。改进方法有如下几种。

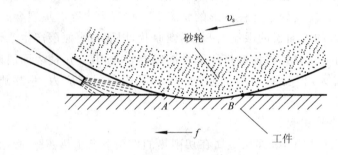

图 7.12　常规的冷却方法

(1) 采用高压大流量冷却,这样不但能增强冷却作用,而且还可对砂轮表面进行冲洗,使其空隙不易被切屑堵塞。使用时注意机床带有防护罩,防止冷却液飞溅。

(2) 高速磨削时,为减轻高速旋转的砂轮表面的高压附着气流的作用,可以加装空气挡板,如图 7.13 所示,以使冷却液能顺利地喷注到磨削区。

(3) 采用内冷却,砂轮是多孔隙能渗水的。如图 7.14 所示,冷却液引到砂轮中孔后,经过砂轮内部 1 的孔隙,靠离心力的作用,从砂轮四周的边缘甩出,从而使冷却液可以直接进入磨削区,起到有效的冷却作用。由于冷却时有大量喷雾,机床应加防护罩。冷却液必须仔细过滤,防止堵塞砂轮孔隙。缺点是操作者看不到磨削区的火花,在精密磨削时不能判断试切时的吃刀量。

(4) 采用浸油砂轮。把砂轮放在溶化的硬脂酸溶液中浸透,取出后冷却即成为浸油砂轮。磨削时,磨削区的热源使砂轮边缘部分硬脂酸溶化而进入磨削区,从而起到冷却和润滑作用。

2）合理选择磨削用量

（1）工件径向进给量 f_r：当 f_r 增大时，工件表面及里层不同深度的温度都将升高，容易造成烧伤，故磨削深度不能太大。

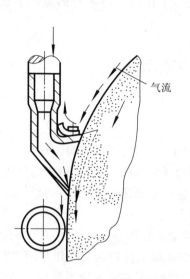

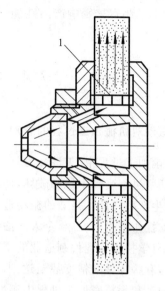

图 7.13　带有空气挡板的冷却液喷嘴　　　　　图 7.14　内冷却砂轮

（2）工件轴向进给量 f_a：当 f_a 增大时，工件表面及里层不同深度的温度都将降低，可减轻烧伤，但 f_a 增大会导致工件表面粗糙度值变大，可以采用较宽的砂轮来弥补。

（3）工件速度 v_w：当 v_w 增大时，磨削区表面温度会升高，但此时热源作用的时间缩短，因而可减轻烧伤；但提高工件速度会导致表面粗糙度值变大，为弥补此不足，可提高砂轮速度。实践证明，同时提高工件速度和砂轮速度可减轻工件表面的烧伤。

3）正确选择砂轮

磨削时砂轮表面上大部分磨粒只是与加工表面摩擦而不是切削，加工表面上的金属是在大量磨粒的反复挤压多次而呈疲劳后才剥落。因此在磨削抗力中绝大部分是摩擦力，如果砂轮表面上磨粒的切削刃口再尖锐锋利些，磨削力就会下降，消耗的功率也会减小，从而磨削区的温度也会相应下降；但磨粒的刀尖是自然形成的，它取决于磨粒的强度和硬度及其自砺性，强度和硬度不高，就得不到锋利的刀刃。所以除了提高砂轮的强度和硬度外，采用粗粒度砂轮、较软的砂轮可提高砂轮的自砺性，且砂轮不易堵塞，可避免磨削烧伤的发生。

4）工件材料

工件材料对磨削区温度的影响主要取决于其硬度、强度、韧性和导热系数。

工件硬度越高，磨削热量越大，但材料过软，易于堵塞砂轮，反而使加工表面温度上升；工件强度越高，磨削时消耗的功率越多，发热量也越多；工件韧性越大，磨削力越大，发热越多，导热性差的材料易产生烧伤。

选择自锐性能好的砂轮，提高工件速度，采用小的切深都能够有效地减小残余拉应力和消除烧伤、裂纹等磨削缺陷。若在提高砂轮速度的同时相应地提高工件速度，可以避免烧伤。

综上所述,在加工过程中影响表面质量的因素是非常复杂的。为了获得要求的表面质量,就必须对加工方法、切削参数进行适当的控制。控制表面质量常会增加加工成本,影响加工效率,所以对于一般零件宜用正常的加工工艺来保证表面质量,不必提出过高要求。而对于一些直接影响产品性能、寿命和安全工作的重要零件的重要表面就有必要加以控制了。

7.4　机械加工振动简介

7.4.1　振动对机械加工过程的影响

在切削加工过程中,工件和刀具之间常常发生振动,使刀具相对工件产生了一个附加运动,正常切削过程受到干扰和破坏,使加工表面的质量降低、刀具及机床的使用寿命缩短、切削加工的生产率降低。强烈的振动造成表面质量严重恶化,会使刀刃崩裂,而且发出刺耳的噪声,影响操作者身心健康,令人无法继续工作。

随着科学技术和现代制造业的不断发展,难加工材料不断问世,零件的制造精度要求也越来越高,有些零件的精度甚至达到微米级。而难加工材料在进行切削加工时极易产生振动,精密加工和超精密加工过程中哪怕有极微小的振动,都有可能导致加工的零件无法达到设计的质量要求,振动所产生的工件表面振纹,严重影响零件的使用性能及工作寿命。同时在产品更新速度快的当代,采用高效、强力的切削和磨削加工是当今的主要发展方向,但高速回转零件可能引起的振动和大切削用量可能导致的自激振动,都是实现这些加工技术的主要难题之一。因此,必须研究机械加工中产生振动的机理,探求合理的消振、减振措施,保证加工质量。以下主要就切削加工中的振动作简要介绍。

机械加工中产生的振动,按激振力性质来分,可分为自由振动、受迫振动和自激振动3种类型。切削加工中的振动,主要是受迫振动和自激振动两类,据统计,前者占30%,后者约占60%,自由振动所占比重则很小。磨削加工中,则主要是受迫振动。当振动系统受到初始干扰力激励而破坏了其平衡状态后,去掉激励或约束之后出现的振动,称为自由振动。机械加工过程中的自由振动往往是由于切削力的突然变化或外界力的冲击等原因引起的,这种振动一般会迅速衰减,因此对机械加工的影响较小;外界的周期性激振力所激起的稳态振动称为受迫振动;系统在一定条件下,没有外界干扰激励而由振动系统本身产生的交变力激发和维持的一种稳定的周期性振动称为自激振动(也称颤振或自振)。

7.4.2　机械加工中的受迫振动

1. 受迫振动的产生

1) 系统外部的周期性干扰力

如机床附近的振动源工作时的强烈振动通过地基传来,使工艺系统产生相同(或整倍数)频率的受迫振动。

2) 机床上高速回转零件的不平衡

机床上高速回转的零件较多,如电动机转子、皮带轮、主轴、卡盘和工件、磨床的砂轮等,由于不平衡而产生激振力 F（即离心惯性力）。

3）机床传动系统中的误差

机床传动系统中的齿轮，由于制造和装配误差而产生周期性的激振力。此外，皮带接缝、轴承滚动体尺寸差和液压传动中油液脉动等各种缺陷均可能引起工艺系统受迫振动。

4）切削过程本身的不均匀性

加工断续表面时，切削过程具有间歇特性。如在切削沿轴向开槽的工件时，车刀在工件的每一转中都要受到沟槽的冲击，由于间歇切削而引起切削力的周期性变化，从而激起振动。

2. 受迫振动的特点

从振动理论可知，当工艺系统受周期性的激振力 F 作用时，受迫振动具有以下特点。

（1）受迫振动是由周期性激振力的作用而产生的，是一种不衰减的稳定振动，且振动本身不引起激振力的变化。

（2）受迫振动的频率与激振力的频率相同（或成倍数），而与工艺系统本身的固有频率无关。

（3）受迫振动的振幅大小与激振力的大小及工艺系统的刚度和阻尼系数、激振力频率与系统固有频率之比有关。

（4）激振力的频率与工艺系统本身的固有频率相近时，振幅急剧增加，会产生共振现象。

3. 减小受迫振动的途径

根据上述受迫振动产生的原因、规律及特性，来寻求控制它的途径。一般首先在工艺系统内部或外界寻找引起振动的相同频率（或整倍数的频率）的激振源，然后根据不同的激振源采用不同的措施予以控制。

（1）减小激振力 F。减小激振力 F，可以减小振幅 A，从而使振动减弱或消失。减小激振力的途径是消除工艺系统中回转零件因不平衡而引起的离心惯性力及冲击力。回转零件不平衡，就形成一个周期性的激振源，其激振频率即是回转零件的角速度。激振力就是不平衡质量 m 引起的离心力，对于这种激振源，控制它的主要方法是进行动、静平衡。例如，对高速（在 600r/min 以上）的回转零件必须进行静平衡甚至动平衡后使用。如对磨床砂轮的平衡、高精度机床的驱动电动机的平衡等。机床上其他高速回转零件应根据不同的情况进行平衡。例如零件材料密度不均匀，有杂质或气孔；零件形状不规则，如有凹肩，孔、槽和紧固件分布不均匀；固定在一起的回转零件其重心彼此不一致等。

（2）提高机床传动件的制造精度。齿轮精度不高、误差过大、啮合时会产生冲击，产生频率 $f=zn/60$（Hz）的干扰，z——齿轮的齿数。齿轮啮合振动往往带来噪声。减小啮合振动的途径主要是提高齿轮的制造精度和装配质量，采用对振动冲击不敏感的材料如夹布胶木等为齿轮的材料，以及镶嵌阻尼材料等。

滚动轴承的振动不仅引起噪声，还会引起主轴系统的振动，严重影响加工精度及表面质量。其振动的大小，主要取决于装配质量和轴承本身的制造精度。

提高皮带传动的稳定性，采用无接头平皮带，皮带不能调整得过紧等措施都可提高传动件的制造精度。采用多根三角皮带时，应注意选择三角皮带的质量如长短、薄厚、宽窄、绕性等尽量一致。

（3）消振与隔振。隔振是在振动传递的路线上设置隔振材料，使由内、外振源所激起的振动不能传到刀具和工件上去。如为了防止液压驱动引起的振动，最好将油泵与机床分离，改用软管连接。在精密磨床上将齿轮泵改用叶片泵或螺旋泵，以减少油液脉动。对往复运动所产生的惯性力引起的振动，可采用液压缓冲结构或装置，以减少工作台换向时的冲击。还可在机床周围挖防振沟，来消除系统外的振源。

（4）合理安排固有频率，避开共振区。根据受迫振动的特性，在结构设计中应考虑工艺系统的各部件的固有频率应该远离激振源的频率，以免共振。

（5）提高工艺系统的刚性及增加阻尼。提高工艺系统的刚度和阻尼比，可减小振幅 A，以有效地抑制系统在共振区的受迫振动。如可通过刮研接触面来增加零部件之间的接触刚度，也可利用跟刀架、中心架和缩短工件或刀具的悬伸来增加刚性。采用粘结结构的机床或阻尼消振装置等，均可大大增加工艺系统的阻尼，以提高其抗振能力。采取这样的措施后可以减小系统的振动，提高系统的抗振能力。

工艺系统的激振源除来自机床以外，还来自工件和刀具。作回转运动的工件本身不平衡，加工表面不连续，加工余量不均匀以及工件材质不均匀，都会引起切削力周期性的变化；在刀具作回转运动的场合下如铣削时，刀齿的不连续切削会引起周期性的切削冲击振动。对于这类因素引起的振动，一般采用阻尼器或减振装置来处理。

7.4.3　机械加工中的自激振动

1. 自激振动的产生

自激振动是由振动本身引起周期性变化的交变力，该交变力反过来加强和维持振动，使振动系统补充了由于阻尼作用而消耗的能量，使系统保持振动的一种现象。当系统运动一停止，交变力消失，自激振动也就停止。切削过程中产生的自激振动是频率很高的强烈振动，通常又称为"颤振"，对表面质量影响很大，需要严格控制。

下面以图 7.15 所示的电铃振动来说明自激振动现象。

按下按钮 4，电流回路接通，电磁铁 6 产生磁力吸引衔铁 7，衔铁 7 带动弹簧片 2 左移，从而带动小锤敲击铃 1。在弹簧片 2 被吸引瞬时，触点 3 处断电，电磁铁失电而磁性消失，小锤靠弹簧片弹力回至原处，触点 3 通电，回路闭合，电磁铁 6 再次吸引磁铁 7，使小锤敲击铃 1，如此循环形成振动。这个振动过程显然不存在外来周期性干扰，所以不是受迫振动。电铃的自激振动系统如图 7.16 所示。弹簧片 2 和小锤组成振动元件，由衔铁 7、电滋铁 6 及电路组成调节元件产生交变力。两者的关系是：交变力使振动元件产生振动，这就是激振；振动元件又对调节元件产生反馈作用，以便产生持续的交变力。小锤敲击电铃的频率是由弹簧片、小锤、衔铁本身的参数（刚度、质量、阻尼）所决定的。由阻尼及运动摩擦所损耗的能量由系统本身的电池供应。电铃的振动过程不存在任何周期性的振源，其频率又接近于系统的固有频率，因此这是区别于受迫振动的自激振动。

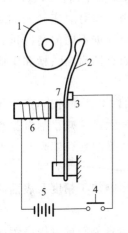

图 7.15　电铃工作原理

机械加工中的自激振动原理如图 7.17 所示。切削过程产生交变力,使工艺系统的弹性元件产生振动位移,再反馈给切削过程。维持振动的能量是机床的能源。

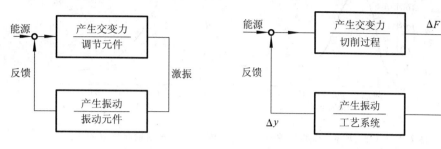

图 7.16　电铃自激振动系统　　　　　　　图 7.17　机床自激振动系统

2. 自激振动的特点

(1)自激振动是一种不衰减的振动。振动过程本身能引起某种周期性变化的力,振动系统能通过该力从非交变特性的能源中周期性地获得能量补充,从而维持这个振动。外部振源在最初起触发作用,但维持振动所需要的交变力由振动过程本身产生,运动停止,交变力消失,自激振动结束。

(2)自激振动的频率等于或接近于系统的固有频率,即由系统本身的参数决定。

(3)自激振动振幅的大小取决于每一振动周期内系统获得的能量与消耗的能量的比值。

当获得的能量大于消耗的能量时,则振幅将不断增大一直到两者能量相等为止,反之振幅将不断减小。若获得的能量小于消耗的能量,则自激振动不可能产生。

(4)自激振动的形成和持续,是由切削过程本身产生的激振和反馈作用来保持的,所以若停止切削,使机床仍然空运转,自激振动也随即消失。

3. 控制自激振动的措施

机械加工中的自激振动,既与切削过程有关,又与工艺系统结构有关,下面介绍一些实际生产中减小或消除自激振动的措施。

自激振动的形成是与切削过程本身密切有关的,所以可以通过合理地选择切削用量、刀具几何角度和工件材料的可切削性等途径来抑制自激振动。

1)合理选择切削用量

如图 7.18 所示车削中,在切削速度 $20\sim60\text{m/min}$ 范围内,振幅 A 增加很快,切削速度 v_c 超过此范围时,振动逐渐减弱。通常在 $v_c=50\sim60\text{m/min}$ 左右稳定性最低,最容易产生自振,所以选择高速或低速进行切削以避免自振。

如图 7.19 所示,振幅 A 随着 f 的增大而减小,所以在加工表面粗糙度要求的条件下选取较大 f,以避免自振。

如图 7.20 所示,由于 $b=a_p/\sin\varphi$,当主偏角 φ 不变时随着 a_p 增大,振幅 A 也增大,是一个敏感参数,所以采用 $b<b_{min}$ 的 a_p 进行切削,至于对生产率的影响,则可由合理地增大 f 和 v_c 来补偿。

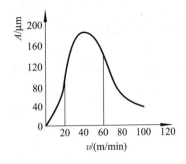

图 7.18　切削速度与振幅的关系

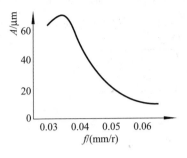

图 7.19　进给量与振幅的关系

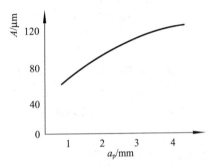

图 7.20　背吃刀量与振幅的关系

2）合理选择刀具的几何参数

适当地增大前角、主偏角，能减小切削力 P_y 而减小振动。后角 α 可尽量取小，但精加工中由于 f 较小，刀刃不容易切入工件，而且 α 过小时，刀具后面与加工表面间的摩擦可能过大，这样反容易引起自振。通常在刀具的主后面下磨出一段 α 角为负的窄棱面，如图 7.21 所示。车削时装刀位置过低或镗孔时装刀过高，都易产生自振。使用"油"性非常高的润滑剂也是经常使用的一种防振办法。

3）提高工艺系统本身的抗振性

工艺系统是由机床、刀具、工件和夹具组成的，提高工艺系统的抗振性可以从这几个方面考虑。

提高机床的抗振性，可以从改善机床刚性、合理安排各部件的固有频率、增大其阻尼以及提高加工和装配的质量等来提高其抗振性。如图 7.22 所示为薄壁封砂结构床身，采用封砂就是提高阻尼特性。

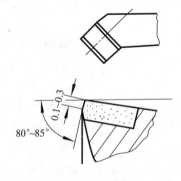

图 7.21　防振车刀

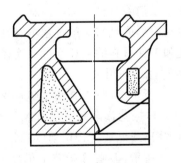

图 7.22　薄壁封砂结构床身

提高刀具的抗振性，可采用改善刀杆等的惯性矩、弹性模量和阻尼系数，来使刀具具有高的弯曲与扭转刚度、高的阻尼系数。

提高工件安装时的刚性，主要是提高工件的弯曲刚性，如在细长轴的车削过程中可以使用中心架、跟刀架，当用鸡心夹头传动时要保持切削中不发生脱离等。

4) 使用消振器

在机床、刀具上安装消振器可以很好地抑制振动,并且使用方便。

小　结

零件加工后表面的几何形状特征有:表面粗糙度、波度。

零件加工后表面层的物理机械性能变化有:表面层因塑性变形引起的加工硬化、表面层因切削热引起的金相组织变化、表面层中产生的残余应力。

零件加工后的表面质量影响零件的耐磨性、疲劳强度、抗腐蚀性能和配合质量。

切削加工中影响表面粗糙度的因素主要是几何因素和物理因素。

通过合理选择切削用量、工件材料性质、刀具的几何形状、刀具的材料、刀具的刃磨质量和切削液可以降低表面粗糙度值。

影响加工表面物理力学性能的因素是加工表面层的冷作硬化、表面层的金相组织变化、表面层的残余应力。

针对不同的工件材料,合理选择刀具(砂轮)材料、刀具几何角度、切削用量和冷却方式,可以减少工件表面层物理性质的变化。

机械加工中的振动对加工质量影响很大,要尽量避免。振动主要有受迫振动和自激振动。减少振源、提高工艺系统刚度、隔振是减少振动的主要措施。

思考与练习题

7-1　表面质量包含哪些内容?

7-2　表面质量对零件的使用性能有何影响?

7-3　影响表面粗糙度的因素有哪些? 如何提高表面粗糙度?

7-4　什么是加工硬化? 影响加工硬化的因素有哪些?

7-5　表面残余应力如何产生?

7-6　减小磨削烧伤的主要措施有哪些?

7-7　什么是受迫振动? 有何特征?

7-8　什么是自激振动? 有何特征?

7-9　加工中如何区别受迫振动和自激振动?

第8章 轴类零件加工工艺及常用工艺装备

教学提示：轴类零件是机械制造中最常见的典型零件之一。正确掌握轴类零件的加工方法及加工方案，合理制订轴类零件的加工工艺规程，是机械制造工艺与加工技术的基础。

教学要求：掌握轴类零件的特点与功用、技术要求、材料及毛坯选择；掌握外圆表面的车削、磨削方法及工艺特点；了解外圆表面的各种精密加工方法，并能按工艺要求正确选择加工方法；掌握轴类零件加工中常用刀具的类型和选择；了解车床夹具的主要类型及典型车床夹具的结构原理和应用；熟悉轴类零件的加工工艺分析方法。

8.1 概　　述

8.1.1 轴类零件的功用与结构特点

轴类零件是机械产品中的典型零件之一，它主要用于支承传动零件（齿轮、带轮等）、承受载荷、传递转矩以及保证装在轴上零件（如刀具等）的回转精度。

如图8.1所示的传动轴，作用是蜗轮蜗杆传动中支承蜗轮并传递转矩，作为动力输出轴。

根据轴的结构形状，轴可分为光轴、空心轴、半轴、阶梯轴、花键轴、十字轴、偏心轴、曲轴和凸轮轴等，如图8.2所示。

根据轴的长度 L 与直径 d 之比，又可分为刚性轴（$L/d \leqslant 12$）和挠性轴（$L/d > 12$）两种。

由以上结构及分类可以看到，轴类零件一般为回转体，其长度大于直径。其结构要素通常由内外圆柱面、内外圆锥面、端面、台阶面、螺纹、键槽、花键、横向孔及沟槽等组成。

8.1.2 轴类零件的技术要求、材料和毛坯

零件工作图作为生产和检验的主要技术文件，包含制造和检验的全部内容。为此，在编制轴类零件加工工艺时，必须详细分析轴的工作图样，如图8.1所示为减速箱传动轴工作图样。轴类零件一般只有一个主要视图，主要标注相应的尺寸和技术要求等，而螺纹退刀槽、砂轮越程槽、键槽及花键部分的尺寸和技术要求标注在相应的剖视图中。

1. 轴类零件的技术要求

1) 尺寸精度

轴类零件的尺寸精度是指直径尺寸精度和轴长尺寸精度。轴颈是轴类零件的主要表面，它影响轴的回转精度及工作状态。其直径精度应根据使用要求合理选择，通常确定为IT6~IT9，精密轴颈可达IT5。

2）几何形状精度

轴类零件一般依靠两个轴颈支承，轴颈同时也是轴的装配基准，所以轴颈的几何形状精度（圆度、圆柱度等），一般应根据工艺要求限制在直径公差范围内。对几何形状要求较高时，可在零件图上另行规定其允许的公差。

3）位置精度

位置精度主要是指装配传动件的配合轴颈相对于装配轴承的支承轴颈的同轴度，通常是用配合轴颈对支承轴颈的径向圆跳动来表示的；根据使用要求，规定最高精度轴为 0.001~0.005mm，而一般精度轴为 0.01~0.03mm。

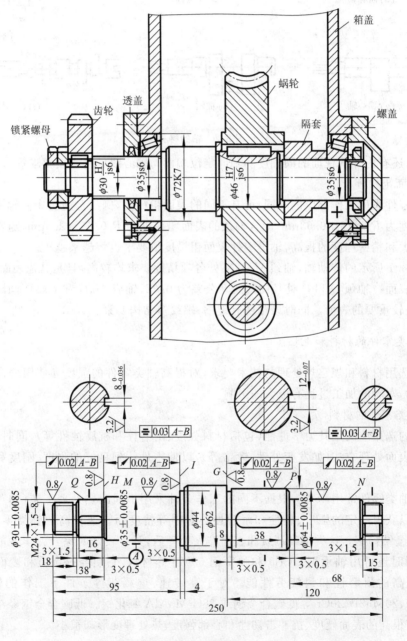

图 8.1 减速箱传动轴

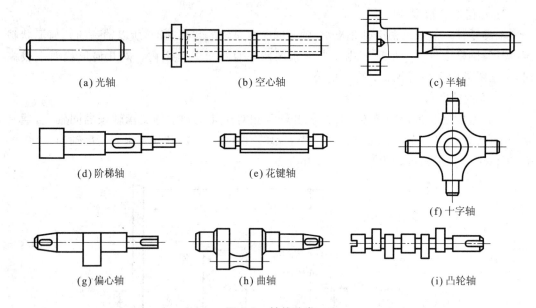

(a) 光轴　　　　　　　　(b) 空心轴　　　　　　　　(c) 半轴

(d) 阶梯轴　　　　　　　　(e) 花键轴

(f) 十字轴

(g) 偏心轴　　　　　　　(h) 曲轴　　　　　　　(i) 凸轮轴

图 8.2　轴的种类

此外,还有内外圆柱面的同轴度和轴向定位端面与轴心线的垂直度要求等。

4) 表面粗糙度

根据零件表面工作部位的不同,可有不同的表面粗糙度,例如普通机床主轴支承轴颈的表面粗糙度为 $R_a 0.16 \sim 0.63 \mu m$,配合轴颈的表面粗糙度为 $R_a 0.63 \sim 2.5 \mu m$,随着机器运转速度的增大和精密程度的提高,轴类零件表面粗糙度值要求也将越来越小。

如图 8.1 所示的传动轴,轴颈 M 和 N 处各项精度要求均较高,且是其他表面的基准,因此是主要表面。轴颈 Q 和 P 处径向圆跳动公差为 0.02,轴肩 H、G 和 I 端面圆跳动公差为 0.02,也是较重要的表面。同时该轴还有键槽、螺纹等结构要素。

2. 轴类零件的材料和毛坯

合理选用材料和规定热处理的技术要求,对提高轴类零件的强度和使用寿命具有重要意义,同时,对轴的加工过程有极大的影响。

1) 轴类零件的材料

材料的选用应满足其力学性能(包括材料强度、耐磨性和抗腐蚀性等),同时,选择合理热处理和表面处理方法(如发蓝处理、镀铬等),以使零件达到良好的强度、刚度和所需的表面硬度。

一般轴类零件常用 45 钢,根据不同的工作条件采用不同的热处理工艺(如正火、调质、淬火等),以获得一定的强度、韧性和耐磨性。对中等精度而转速较高的轴类零件,可选用 40Cr 等合金结构钢。这类钢经调质和表面淬火处理后,具有较好的综合力学性能。精度较高的轴,同时还可用轴承钢 GCrl5 和弹簧钢 65Mn 等材料,它们经过调质和表面淬火处理后,具有更高的耐磨性和耐疲劳性能。对于高转速、重载荷等条件下工作的轴,可选用 20CrMnTi、20Mn2B、20Cr 等低碳合金钢或 38CrMoAlA 氮化钢。低碳合金钢经渗碳淬火处理后,具有很高的表面硬度、抗冲击韧性和心部强度,热处理变形却很小。

2) 轴类零件的毛坯

轴类零件的毛坯最常用的是圆棒料和锻件,只有某些大型的、结构复杂的轴才采用铸件。由于毛坯经过加热锻造后,能使金属内部纤维组织沿表面均匀分布,从而获得较高的抗拉、抗弯及抗扭强度。所以,除光轴、直径相差不大的阶梯轴可使用棒料外,比较重要的轴,大都采用锻件。

根据生产规模的大小来决定毛坯的锻造方式。一般模锻件因需要昂贵的设备和专用锻模,成本高,故适用于大批量生产;而单件小批量生产时,一般宜采用自由锻件。

如图 8.1 所示传动轴,根据使用条件,可选用 45 钢。在小批量生产中,毛坯可选用棒料;若批量较大时,可选用锻件。

8.2　外圆表面的加工方法

外圆表面是轴类零件的主要表面,外圆表面的加工方法主要是车削与磨削。

8.2.1　外圆表面的车削加工

根据毛坯的制造精度和工件最终加工要求,外圆车削一般可分为粗车、半精车、精车、精细车,加工阶段的划分主要根据零件毛坯情况和加工要求来决定。

1) 粗车

中小型锻、铸件毛坯一般直接进行粗车。粗车主要切去毛坯大部分余量(一般车出阶梯轮廓),在工艺系统刚度允许的情况下,应选用较大的切削用量以提高生产效率。

2) 半精车

一般作为中等精度表面的最终加工工序,也可作为磨削和其他加工工序的预加工。对于精度较高的毛坯,可不经粗车,直接半精车。

3) 精车

外圆表面加工的最终加工工序和光整加工前的预加工。

4) 精细车

高精度、细粗糙度表面的最终加工工序。适用于有色金属零件的外圆表面加工,由于有色金属零件不宜磨削,所以可采用精细车代替磨削加工。

但是,精细车要求机床精度高,刚性好,传动平稳,能微量进给,无爬行现象。车削中采用金刚石或硬质合金刀具,刀具主偏角选大些(45°～90°),刀具的刀尖圆弧半径可选择0.1～1.0mm,以减少工艺系统中的弹性变形及振动。

1. 车削方法的应用

1) 普通车削

适用于各种批量的轴类零件外圆加工。单件小批常采用卧式车床完成车削加工;中批、大批生产则采用自动、半自动车床和专用车床等完成车削加工。

2) 数控车削

适用于单件小批和中批生产。近年来应用愈来愈为普遍,其主要优点为柔性好,更换加工零件时设备调整和准备时间短;加工时辅助时间少,可通过优化切削参数和适应控制等提高效率;加工质量好,专用工、夹具少,相应生产准备成本低;机床操作技术要求低,不受操作工人的技能、视觉、精神、体力等因素的影响。

对于轴类零件,具有以下特征时适宜选用数控车削:结构或形状复杂、普通加工操作难度大、工时长、加工效率低的零件;加工精度一致性要求较高的零件;切削条件多变的零件,如零件由于形状特点需车槽、车孔、车螺纹等,加工中要多次改变切削用量;批量不大,但每批品种多变并有一定复杂程度的零件。

3) 车削加工中心

对于带有键槽、径向孔(含螺钉孔)、端面有分布的孔(含螺钉孔)系的轴类零件,如带法兰的轴,带键槽或方头的轴,还可以在车削中心上加工。除了进行普通的数控车削外,零件上的各种槽、孔(含螺钉孔)、面等加工表面也一并能加工完毕。工序高度集中,其加工效率较普通数控车削更高,加工精度也更为稳定和可靠。

2. 细长轴的车削

轴的长径比(长度与直径之比)大于 20 的轴称为细长轴。细长轴由于长径比大、刚性差,在切削过程中极易产生变形和振动,且加工中连续切削时间长、刀具磨损大,不易获得良好的加工精度和表面质量。细长轴在车削中缺陷的产生原因可参考表 8-1。

车削细长轴不论对刀具、机床精度、辅助工具的精度、切削用量的选择以及工艺安排、具体操作技能都有较高的要求。为了保证细长轴的加工质量,通常在车削细长轴时采取必要的措施。

1) 改进工件的装夹方法

在车削细长轴时,工件一般均采用一头用卡爪夹紧,另一头用顶尖固定的装夹方法。卡爪夹紧时,在卡盘的卡爪下面垫入直径约为 4mm 的钢丝,使工件与卡爪之间保持线接触,避免工件夹紧时形成弯曲力矩,被卡爪夹坏。尾座顶尖采用弹性活络顶尖,使工件在受热变形伸长时,顶尖能轴向伸缩,以补偿工件的变形,减小工件的弯曲变形,如图 8.3 所示。

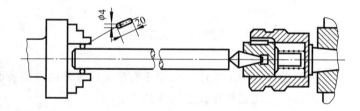

图 8.3　细长轴的装夹

2) 采用跟刀架

细长轴因其刚性较差,使用三爪支承的跟刀架车削细长轴能大大提高工件刚性,防止工件弯曲和抵消加工时径向分力的影响,减少振动和工件变形。在使用跟刀架时,必须注意位置的调整,保证跟刀架的支承与工件表面保持良好的接触,跟刀架中心高度与机床顶尖中心必须保持一致,同时,跟刀架的支承爪在加工中易磨损,应及时进行合理调整。

3) 采用反向进给车削

车削细长轴时,可改变走刀方向,使中滑板由车头向尾座移动。如图 8.4 所示,反向进给车削时刀具施加于工件上的轴向力朝向尾座,工件已加工部位受轴向拉伸,轴向变形则可由尾座弹性顶尖来补偿,减少了工件的弯曲变形。

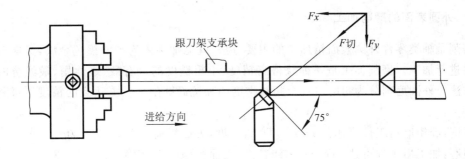

图 8.4　反向走刀车削法

4）选择合理的车刀几何形状和角度

车刀的几何形状和角度,决定了车削时切削力的方向和切削热的大小。车削细长轴时,车刀在不影响刀具强度的情况下,为减少切削力和切削热,应选择较大前角,一般取前角的大小为 $\gamma_0 = 15° \sim 30°$;尽量增大主偏角,减小背向力,一般主偏角取 $80° \sim 93°$;同时车刀前面应开有断屑槽,以便较好地断屑;刃倾角选择 $1°30' \sim 3°$ 为好,能使切屑流向待加工表面,并使卷屑效果良好。刀刃表面粗糙度要求 R_a 值在 $0.4 \mu m$ 以下,并应保持刀刃锋利。此外细长轴加工完毕后的安放、运输等也须防止其变形,生产中常采用悬挂(吊挂)处理。

表 8-1　车削细长轴工件的缺陷和产生原因

工作缺陷	产生原因及消除方法
弯曲	1. 坯料自重和本身弯曲。应校直和热处理 2. 工件装夹不良。尾座顶尖与工件中心孔顶得过紧 3. 刀具几何参数和切削用量选择不当,造成切削力过大。可减小背吃刀量,增加进给次数 4. 切削时产生热变形。应采用切削液 5. 刀尖与支承块间距离过大。应以不超过 2mm 为宜
竹节形	1. 在调整和修磨跟刀架支承块后,接刀不良,使第二次与第一次进给的径向尺寸不一致,引起工件全长上出现与支承宽度一致的周期性直径变化。在车削中轻度出现竹节形时,可调整上侧支承块的压紧力,也可调节中滑板的手柄,改变背吃刀量或减小车床床鞍和中滑板间的间隙 2. 跟刀架外侧支承块调整过紧,易在工件中段出现周期性直径变化。应调整支承块,使支承块与工件保持良好接触
多边形	1. 跟刀架支承块与工件表面接触不良,留有间隙,使工件中心偏离旋转中心。应合理选用跟刀架结构,正确修磨支承块弧面,使其与工件表面良好接触 2. 因装夹、发热等各种因素造成的工件偏摆,导致背吃刀量变化。可使用托架,并改善托架与工件的接触状态
锥度	1. 尾座顶尖与主轴中心线对床身导轨不平行 2. 刀具磨损。可采用零度后角,磨出刀尖圆弧半径
表面粗糙度值过大	1. 车削的振动 2. 跟刀架支承块材料选择不当,与工件接触和摩擦不良 3. 刀具几何参数选择不当。可磨出刀尖圆弧半径,当工件长度与直径比较大时可采用宽刃低速光车

8.2.2 外圆表面的磨削加工

磨削是轴类零件外圆表面精加工的主要方法,既能加工未淬硬的黑色金属,又能对淬硬的零件进行加工。磨削加工是一种获得高精度、小粗糙度的最有效、最通用、最经济的加工工艺方法。外圆磨削分为粗磨、精磨、超精密磨削和镜面磨削。其能达到的精度等级和粗糙度分别为:

粗磨:经粗磨后工件可达到 IT8～IT9 级精度,表面粗糙度 R_a 值为 1.0～1.2μm。

精磨:加工后工件可达 IT6～IT8 级精度,表面粗糙度 R_a 值为 0.63～1.25μm。

超精密磨削:加工后工件可达 IT5～IT6 级精度,表面粗糙度 R_a 值为 0.16～0.63μm。

镜面磨削:经加工后工件加工精度仍为 IT5～IT6 级,但表面粗糙度 R_a 值为 0.01μm。

根据磨削时定位方式的不同,外圆磨削可分为中心磨削和无心磨削两种类型。轴类零件的外圆表面一般在外圆磨床上磨削加工,有时连同台阶端面和外圆一起加工。无台阶、无键槽工件的外圆则可在无心磨床上进行磨削加工。

1. 中心磨削

在外圆磨床上进行回转类零件外圆表面磨削的方式称为中心磨削。中心磨削一般由中心孔定位,在外圆磨床或万能外圆磨床上加工。磨削后工件尺寸精度可达 IT6～IT8,表面粗糙度 R_a0.8～0.1μm。中心磨削按进给方式不同分为纵向进给磨削法和横向进给磨削法。

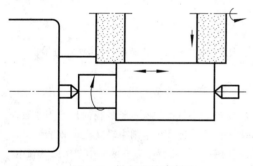

图 8.5 纵向进给磨削法

(1)纵向进给磨削法(纵向磨法):如图 8.5 所示,砂轮高速旋转,工件装在前后顶尖上,工件旋转并和工作台一起纵向往复运动,每一个纵向行程终了时,砂轮作一次横向进给,直到加工余量被全部磨完为止。

(2)横向进给磨削法(切入磨法):如图 8.6 所示,切入磨削因无纵向进给运动,要求砂轮宽度必须大于工件磨削部位的宽度,当工件旋转时,砂轮以慢速作连续的横向进给运动。其生产率高,适用于大批量生产,也能进行成形磨削;但横向磨削力较大,磨削温度高,要求机床、工件有足够的刚度,故适合磨削短而粗、刚性好的工件;加工精度低于纵向磨法。

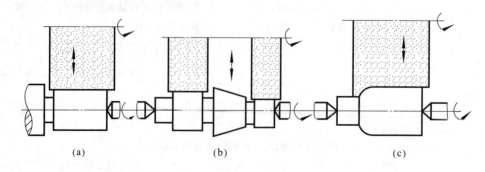

(a)	(b)	(c)

图 8.6 横向进给磨削法

2. 无心磨削

无心磨削是工件不定中心的磨削方法,是一种高生产率的精加工方法,在磨削过程中以被磨削的外圆本身作为定位基准。目前无心磨削的方式主要有贯穿法和切入法。如图 8.7 所示为外圆贯穿磨法的原理。工件处于砂轮和导轮之间,下面用支承板支承。砂轮轴线水平放置,导轮轴线倾斜一个不大的 λ 角。这样导轮的圆周速度 $V_导$ 可以分解为带动工件旋转的 $V_工$ 和使工件轴向进给的分量 $V_纵$。

如图 8.8 所示为切入磨削法的原理,导轮 3 带动工件 2 旋转并压向磨轮 1,加工时导轮及支承板一起向砂轮作横向进给。磨削结束后,导轮后退,取下工件。导轮的轴线与砂轮的轴线平行或相交成很小的角度(0.5°～1°),此角度的大小应能使工件与挡铁 4(限制工件轴向位置)很好地贴住。

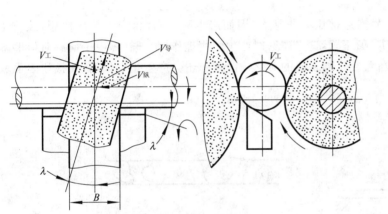

图 8.7　贯穿法无心磨削　　　　　　图 8.8　切入法无心磨削

无心磨削时,必须满足下列条件。

(1) 由于导轮倾斜了一个 λ 角度,为了保证切削平稳,导轮与工件必须保持线接触,为此导轮表面应修整成双曲线回转体形状。

(2) 导轮材料的摩擦系数应大于砂轮材料的摩擦系数;砂轮与导轮同向旋转,且砂轮的速度应大于导轮的速度;支承板的倾斜方向应有助于工件紧贴在导轮上。

(3) 为了保证工件的圆度要求,工件中心应高出砂轮和导轮中心连线。高出数值 H 与工件直径有关。当工件直径 $d_工$ ＝8～30mm 时,$H≈d_工/3$;当 $d_工$ ＝30～70mm 时,$H≈d_工/4$。

(4) 导轮倾斜一个 λ 角度。当导轮以速度 $v_导$ 旋转时,可分解为

$$v_工 = v_导 \times \cos\lambda \qquad v_纵 = v_导 \times \sin\lambda$$

8.2.3　外圆表面的精密加工

外圆表面的精密加工方法常用的有研磨、高精度磨削、超精度加工和滚压加工等。

1. 研磨

用研磨工具和研磨剂,从工件表面上研去一层极薄的表层的精密加工方法称为研磨。

研磨是一种古老、简便可靠的表面光整加工方法,属自由磨粒加工。在加工过程中那些直接参与切除工件材料的磨粒不像砂轮、油石和砂带、砂纸那样总是固结或涂附在磨具上,而是处于自由游离状态。研磨质量在很大程度上取决于前一道工序的加工状态,经研磨的表面,尺寸和几何形状精度可达 $1\sim3\mu m$,表面粗糙度 R_a 值为 $0.16\sim0.01\mu m$。若研具精度足够高,其尺寸和几何形状精度可达 $0.3\sim0.1\mu m$,表面粗糙度 R_a 值可达 $0.04\sim0.01\mu m$。

研磨是通过研具在一定的压力下与加工面作复杂的相对运动而完成的。研具和工件之间的磨粒与研磨剂在相对运动中,分别起机械切削作用和物理、化学作用,使磨粒能从工件表面上切去极微薄的一层材料,从而得到极高的尺寸精度和极细的表面粗糙度。

研磨时,大量磨粒在工件表面浮动着,它们在一定的压力下滚动、刮擦和挤压,起着切除细微材料层的作用。如图 8.9 所示,磨粒在研磨塑性材料时,受到压力的作用,首先使工件加工面产生裂纹,随着磨粒的运动,裂纹扩大、交错,以致形成了碎片(即切屑)最后脱离工件。研具与工件的相对运动复杂,磨粒在工件表面上的运动不重复,可以除去"高点"。这就是机械切削作用。

研磨时磨粒与工件接触点局部压力非常大,因而产生瞬时高温,产生挤压作用,致使工件表面平滑,表面粗糙度 R_a 值下降,这是研磨时产生的物理作用。同时,由于研磨时研磨剂中加入硬脂酸或油酸,与覆盖在工件表面的氧化物薄膜间还会产生化学作用,使被研表面软化,加速研磨效果。

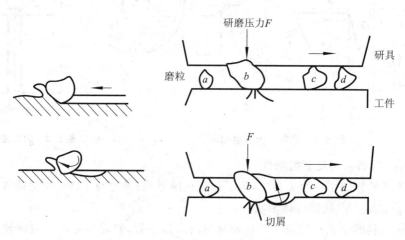

图 8.9　研磨时磨粒的切削作用

2. 高精度磨削

使工件的表面粗糙度值在 $R_a0.16\mu m$ 以下的磨削工艺称为高精度磨削。高精度磨削的实质在于砂轮磨粒的作用。经过精细修整后的砂轮的磨粒形成了同时能参加磨削的许多微刃。如图 8.10(a)、(b)所示,这些微刃等高程度好,参加磨削的切削刃数大大增加,能从工件上切下微细的切屑,形成粗糙度值较小的表面。随着磨削过程的继续,锐利的微刃逐渐钝化,如图 8.10(c)所示。钝化的磨粒又可起抛光作用,使粗糙度进一步降低。

高精度磨削是近年发展起来的一种新的精密加工工艺,具有生产率高、应用范围广、能修整前道工序残留的几何形状误差并得到很高的尺寸精度和小表面粗糙度值等优点。高精度磨削按加工工艺可分为精密磨削($R_a0.16\sim0.06\mu m$)、超精密磨削($R_a0.04\sim0.02\mu m$)和镜面磨削($R_a < 0.01\mu m$)3 种类型。

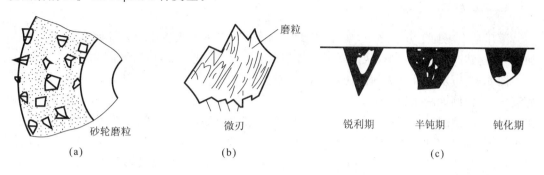

图 8.10　磨粒微刃及磨削中微刃的变化

3. 超精度加工

超精度加工是用细粒度的油石对工件施加很小的压力,油石作往复振动和慢速沿工件轴向运动,以实现微量磨削的一种光整加工方法。

如图 8.11(a)所示为其加工原理图。加工中有 3 种运动:工件低速回转运动 1;磨头轴向进给运动 2;磨头高速往复振动 3。如果暂不考虑磨头轴向进给运动,磨粒在工件表面上走过的轨迹是正弦曲线,如图 8.11(b)所示。超精度加工的切削过程与磨削、研磨不同,只能切去工件表面的凸峰,当工件表面磨平后,切削作用能自动停止。超精加工大致有 4 个阶段。

(1) 强烈切削阶段:开始时,由于工件表面粗糙,少数凸峰与油石接触,单位面积压力很大,破坏了油膜,故切削作用强烈。

(2) 正常切削阶段:当少数凸峰磨平后,接触面积增加,单位面积压力降低,致使切削作用减弱,进入正常切削阶段。

(3) 微弱切削阶段:随着接触面积进一步增大,单位面积压力更小,切削作用微弱,且细小的切屑形成氧化物而嵌入油石的空隙中,因而油石产生光滑表面,具有摩擦抛光作用。

(4) 自动停止切削阶段:工件磨平,单位面积上的压力很小,工件与油石之间形成液体摩擦油膜,不再接触,切削作用停止。

经超精度加工后的工件表面粗糙度值 R_a0.08～0.01μm。然而由于加工余量较小(小于0.01mm),因而只能去除工件表面的凸峰,对加工精度的提高效果不显著。

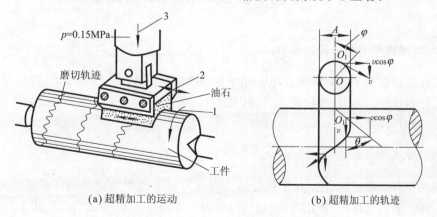

(a) 超精加工的运动　　　　　　　　(b) 超精加工的轨迹

图 8.11　超精度加工的运动及加工轨迹

4. 滚压加工

滚压是冷压加工方法之一,属无屑加工。滚压加工是用滚压工具对金属材质的工件施加压力,使其产生塑性变形,从而降低工件表面粗糙度、强化表面性能的加工方法。

图8.12所示为外圆表面滚压加工的示意图。外圆表面的滚压加工一般可用各种相应的滚压工具,例如滚压轮(图8.12(a))、滚珠(图8.12(b))等在普通卧式车床上对加工表面在常温下进行强行滚压,使工件金属表面层产生塑性变形,修正工件表面的微观几何形状,减小加工表面粗糙度值,提高工件的耐磨性、耐蚀性和疲劳强度。例如:经滚压后的外圆表面粗糙度 R_a 值可达 $0.4\sim0.25\mu m$,硬化层深度 $0.2\sim0.05\mu m$,硬度提高 $5\%\sim20\%$。

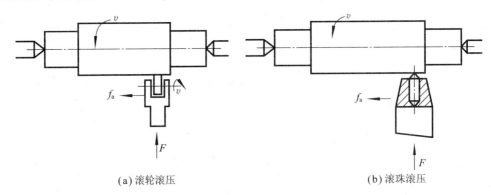

(a) 滚轮滚压　　　　　　　　　　　　(b) 滚珠滚压

图 8.12　外圆表面滚压加工示意图

滚压加工有如下特点。

(1) 滚压前工件加工表面粗糙度值不大于 $R_a 5\mu m$,表面要求清洁,直径余量为 $0.02\sim0.03mm$。

(2) 滚压后的形状精度和位置精度主要取决于前道工序。

(3) 滚压的工件材料一般是塑性材料,并且材料组织要均匀。铸铁件一般不适合滚压加工。

(4) 滚压加工生产率高,工艺范围广,不仅可以用来加工外圆表面,对于内孔、端面的加工亦均可采用。

8.3　外圆表面加工常用工艺装备

8.3.1　焊接式车刀和可转位车刀

车刀的类型按加工表面特征及用途可分为外圆车刀、割槽刀、螺纹车刀、内孔车刀等;从结构上可分为整体式车刀、焊接式车刀、机夹式车刀和可转位车刀4种类型。以下主要介绍焊接式车刀和可转位车刀。

1. 焊接式车刀

焊接式车刀是由硬质合金刀片和普通结构钢刀杆通过焊接而成的。其优点是结构简单、制造方便、刀具刚性好、使用灵活,故应用较为广泛。图8.13所示为焊接式车刀。

焊接式车刀的硬质合金刀片的形状和尺寸有统一的标准规定,设计和使用时,应根据其不同用途,选用合适的硬质合金刀片牌号和刀片形状。表 8-2 为硬质合金焊接式刀片示例。焊接式车刀刀片分为 A、B、C、D、E 这 5 类。刀片型号由一个字母和一个或两个数字组成。字母表示刀片形状、数字代表刀片主要尺寸。

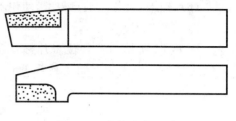

图 8.13　焊接式车刀

表 8-2　硬质合金焊接式车刀刀片示例

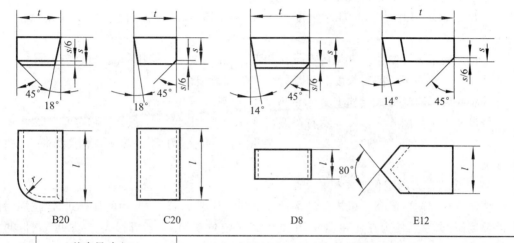

型号	基本尺寸/mm				主 要 用 途
	l	t	s	r	
A20	20	12	7	7	直头外圆车刀、端面车刀、车孔刀左切
B20	20	12	7	7	
C20	20	12	7		$K_r < 90°$外圆车刀、镗孔刀、宽刃光刀、切断刀、车槽刀
D8	8.5	16	8		
E12	12	20	6		精车刀、螺纹车刀

2. 可转位车刀

1）可转位车刀特点

可转位车刀是用机械夹固的方式将可转位刀片固定在刀槽中而组成的车刀,当刀片上一条切削刃磨钝后,松开夹紧机构,将刀片转过一个角度,调换一个新的刀刃,夹紧后即可继续进行切削。和焊接式车刀相比,它有如下特点。

（1）刀片未经焊接,无热应力,可充分发挥刀具材料性能,耐用度高。

（2）刀片更换迅速、方便,节省辅助时间,能提高生产率。

（3）刀杆多次使用,降低刀具费用。

（4）能使用涂层刀片、陶瓷刀片、立方氮化硼和金刚石复合刀片。

（5）结构复杂,加工要求高,一次性投资费用较大。

（6）不能由使用者随意刃磨，使用不灵活。

2）可转位刀片

图 8.14 所示为可转位刀片标注示例。用 10 个代号表示。任何一个型号必须用前 7 位代号。不管是否有第 8 或第 9 位代号，第 10 位代号必须用短划线"—"与前面代号隔开，如

$$\underline{T}\ \underline{N}\ \underline{U}\ \underline{M}\ \underline{16}\ \underline{04}\ \underline{08}\ —A_2$$

刀片代号中，号位 1 表示刀片形状。其中正三角形刀片（T）和正方形刀片（S）最为常用，而菱形刀片（V、D）适用于仿形和数控加工。

号位 2 表示刀片后角。后角 0°（N）使用最广。

号位 3 表示刀片精度。刀片精度共分 11 级，其中 U 为普通级，M 为中等级，使用较多。

号位 4 表示刀片结构。常见的有带孔和不带孔的，主要与采用的夹紧机构有关。

号位 5、6、7 表示切削刃长度、刀片厚度、刀尖圆弧半径。

号位 8 表示刃口形式。如 F 表示锐刃等，无特殊要求可省略。

号位 9 表示切削方向。R 表示右切刀片，L 表示左切刀片，N 表示左右均可。

号位 10 表示断屑槽宽。表 8-3 为常用可转位车刀刀片断屑槽槽型特点及适用场合。

3）可转位车刀的定位夹紧机构

可转位车刀的定位夹紧机构的结构种类很多。如图 8.15(a)所示的杠杆式：定位面为底面及两侧面，夹紧元件为杠杆和螺杆，主要特点是定位精确、夹紧行程大、夹紧可靠、拆卸方便等，适用于有中孔的刀片；又如图 8.15(b)所示上压式：定位面为底面及侧面，夹紧元件为压板和螺钉，主要特点是结构简单、可靠，装卸容易，元件外露，排屑受阻，适用于无中孔的刀片。

表 8-3　常用可转位车刀刀片断屑槽槽型特点及适用场合

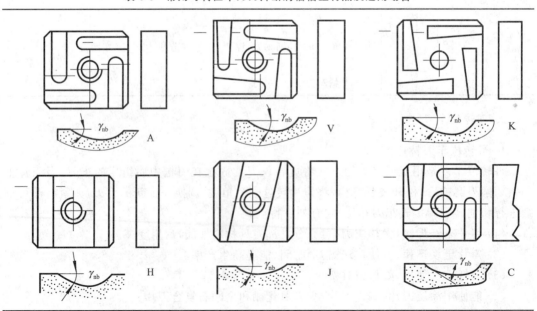

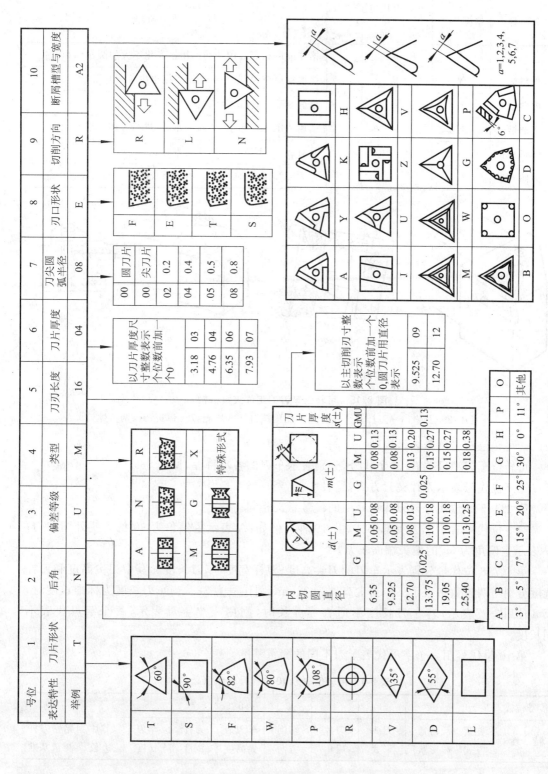

图 8.14　可转位车刀刀片标注示例

（续）

名　称	槽型代号	刀片角度			特点及适用场合
		γ_{nb}	α_{nb}	λ_{sb}	
直　槽	A				槽宽前后相等。用于切削用量变化不大的圆车削和镗孔
外斜槽	Y				槽前宽后窄；切削易折断。宜用于中等背吃刀量
内斜槽	K	20°	0°	0°	槽前窄后宽；断削范围宽。用于半精和粗加工
直通槽	H				适用范围广。用于45°弯头车刀，进行大用量切削
外斜通槽	J				具有Y、H型特点。断屑效果好
正刃倾角型	C				加大刃倾角，背向力小。用于系统刚性差的情况

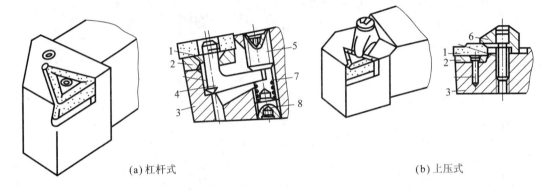

(a) 杠杆式　　　　　　　　　　　　　　　(b) 上压式

图8.15　可转位车刀的定位夹紧机构

1—刀片；2—刀垫；3—刀杆；4—杠杆；5—压紧螺钉；6—压板；7—弹簧；8—调节螺钉

4）可转位车刀型号表示规则

可转位车刀型号共有10个代号，分别表示车刀的各项特性，见表8-4。

第1位代号表示刀片夹紧方式，见表8-5。

第2、4、5、9位代号与刀片型号中的代号意义相同。

第3位代号表示车刀头部形式，共19种。例如：A表示主偏角为90°的直头外圆车刀；W表示主偏角为60°的偏头端面车刀。

第6、7、8位代号分别表示车刀的刀尖高度、刀杆宽度、车刀长度。其中刀尖高度和刀杆宽度分别用两位数字表示。如刀尖高度为32mm，则代号为32。当车刀长度为标准长度时，第8位用"—"表示；若车刀长度不适合标准长时，则用一个字母表示，每个字母代表不同长度。

第10位代号用一个字母代表车刀不同的测量基准，见表8-6。

表8-4　可转位车刀10位代号表示意义

代号位数	1	2	3	4	5	6	7	8	9	10
特　性	夹紧方式	刀片形状	刀头形式	刀片后角	切削方向	车刀刀尖高度	刀杆宽度	车刀长度	刀片边长	精密刀杆测量基准

表 8-5　刀片夹紧方式代号

代　号	刀片夹紧方式
C	装无孔刀片,利用压板从刀片上方将刀片夹紧。如上压式
M	装圆孔刀片,从刀片上方并利用刀片孔将刀片夹紧。如楔块式
P	装圆孔刀片,利用刀片孔将刀片夹紧。如杠杆式、偏心式
S	装沉孔刀片,用螺钉直接穿过刀片孔将刀片夹紧。如压孔式

表 8-6　精密级车刀的测量基准

代　号	Q	F	B
测量基准	外侧面和后端面	内侧面和后端面	内、外侧面和后端面
图示	$b1\pm0.08$　$l\pm0.08$	$b1\pm0.08$　$l\pm0.08$	$b1\pm0.08$　$b2\pm0.08$　$l\pm0.08$

例如车刀代号 C T C N R 32 25 M 16 Q,其含义为:夹紧方式为上压式;刀片形状为三角形;主偏角为 90°的偏头外圆车刀;刀片法向后角为 0°;右切车刀;刀尖高度 32mm;刀杆宽度 25mm;车刀长度 150mm;刀片边长 16mm;以刀杆外侧面和后端面为测量基准。

8.3.2　砂轮

砂轮是由一定比例的磨粒和结合剂经压坯、干燥、焙烧和车整而制成的一种特殊的多孔体切削工具。磨粒起切削刃作用,结合剂把分散的磨粒粘结起来,使之具有一定强度,在烧结过程中形成的气孔暴露在砂轮表面时,形成容屑空间。所以磨粒、结合剂和气孔是构成砂轮的三要素,如图 8.16 所示。

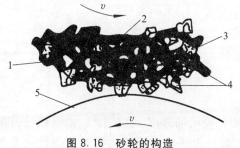

图 8.16　砂轮的构造

1—砂轮;2—结合剂;3—磨粒;4—磨屑;5—工件

1. 砂轮的组成要素

1) 磨料

磨料即砂轮中的硬质点颗粒。分为天然磨料和人造磨料两大类,一般天然磨料含杂质多,质地不均匀。天然金刚石虽好,但价格昂贵,故目前主要使用的是人造磨料。表 8-7 列出了常用磨料及其适用范围。

表 8-7 常用磨料的性能及其适用范围

磨料名称		原代号	新代号	成分	颜色	力学性能	反应性	热稳定性	适用磨削范围
钢玉类	棕钢玉	GZ	A	Al_2O_3 95% TiO_2 2%~3%	褐色	强度高、硬度高	稳定	2100℃ 熔融	碳钢、合金钢
	白钢玉	GB	WA	Al_2O_3>90%	白色				淬火钢、高速钢
碳化硅类	黑碳化硅	TH	C	SiC>95%	黑色		与铁有反应	>1500℃ 汽化	铸铁、黄铜、非金属材料
	绿碳化硅	TL	GC	SiC>99%	黑色				硬质合金
高磨硬料类	立方氮化硼	JLD	DL	B,N	黑色	高硬度	高温时与水碱有反应	<1300℃ 稳定	高强度钢、耐热合金等
	人造金钢石	JR		碳结晶体	乳白色			>700℃ 石墨化	硬质合金、光学玻璃等

注:1.刚玉类除表面中所列两种外,还有单晶体(SA)、微晶刚玉(MA)、铬刚玉(PA)、锆刚玉(ZA)、镨钕刚玉(NA)等。性能均优于白刚玉,价格也较高。SA,MA 和 NA 自锐性较好,适于磨削不锈钢及各种铸铁;PA 适于磨削淬火钢、高速钢及不锈钢;ZA 适于磨削耐热合金;

2.碳化物类中除表中所列外,还有立方碳化物(SC)、碳化硼(BC)等。SC 适于磨削不锈钢、轴承钢等硬而黏的材料;BC 适于磨削硬质合金、陶瓷等硬材料。

2)粒度

粒度是指磨料颗粒的大小,通常以粒度号表示。磨料的粒度可分为两大类:基本颗粒尺寸粗大的磨料称为磨粒;基本颗粒尺寸细小的称为磨粉。磨料粒度用筛选法确定。其粒度号值是磨粒通过的筛网在每英寸长度上筛孔的数目。微粉粒度是用显微镜测量区分的,其粒度号值是基本颗粒的最大尺寸。微粉粒度号范围为 W0.5~W63。表 8-8 列出了常用粒度的使用场合。

表 8-8 不同粒度磨具使用范围

磨具粒度	一般使用范围
14#~24#	磨钢锭、铸件去毛刺、切钢坯等
36#~46#	一般平面磨、外圆磨和无心磨
60#~100#	精磨、刀具刃磨
120#~W20	精磨、珩磨、螺纹磨
W20 以下	精细研磨、镜面磨削

3)结合剂

结合剂起粘结磨粒的作用。结合剂的性能决定了砂轮的强度、耐冲击性、耐腐蚀性及耐热性。此外,结合剂对磨削温度及磨削表面质量也有一定影响。常用的结合剂的性能及用途见表 8-9。

表 8-9　结合剂的种类、代号、性能及用途

名　称	代号	性　能	用　途
陶瓷	V(A)	耐热、耐腐蚀、气孔率大、易保持砂轮廓形,弹性差,不耐冲击	应用最广,可制薄片砂轮以外的各种砂轮
树脂	B(S)	强度及弹性好,耐热及耐腐蚀性差	制作高速及耐冲击砂轮、薄片砂轮
橡胶	R(X)	强度及弹性好,能吸振,耐热性很差,不耐油,气孔率小	制作薄片砂轮、精磨及抛光用砂轮
菱苦土	Mg(L)	自锐性好,结合能力较差	制作粗磨砂轮
金属（常用青铜）	(J)	强度最高,自锐性较差	制作金刚石磨具

4）硬度

砂轮硬度是指在磨削力的作用下磨粒从砂轮表面上脱落的难易程度。磨粒粘结得越牢固越不易脱落,即砂轮硬度愈硬,反之愈软。砂轮硬度与磨料硬度是不同的两个概念。砂轮的硬度对磨削生产率和磨削表面质量都有很大的影响。如果砂轮太硬,磨粒磨钝后仍不能脱落,磨削效率很低,工件表面很粗糙并可能被烧伤。如果砂轮太软,磨粒还没有磨钝就从砂轮上脱落,砂轮损耗大,形状不易保持,影响工件质量。硬度合适的砂轮,磨粒磨钝后因磨削力增大而自行脱落,使新的锋利的磨粒露出,具有自锐性,磨削效率高,工件表面质量好,砂轮的损耗也小。砂轮硬度的分级见表 8-10。

表 8-10　砂轮硬度分级、代号

等级	超软	软			中软		中		中硬			硬		超硬
	超软	软$_1$	软$_2$	软$_3$	中软$_1$	中软$_2$	中$_1$	中$_2$	中硬$_1$	中硬$_2$	中硬$_3$	硬$_1$	硬$_2$	超硬
原代号	CR	R$_1$	R$_2$	R$_3$	ZR$_1$	ZR$_2$	Z$_1$	Z$_2$	ZY$_1$	ZY$_2$	ZY$_3$	Y$_1$	Y$_2$	CY
新代号	E	F	G	H	J	K	L	M	N	P	Q	R	S	T	Y

5）组织号

磨粒在砂轮中占有的体积百分数（即磨粒率）,称为砂轮的组织号。砂轮的组织号表示磨粒、结合剂和孔隙三者的体积比例,也表示砂轮中磨粒排列的紧密程度。表 8-11 列出了砂轮的组织号及相应的砂粒占砂轮体积的百分比。组织号愈大,磨粒排列愈疏松,即砂轮空隙愈大。

表 8-11　砂轮组织号

级　别	紧　密				中　等				疏　松						
组织号	0	1	2	3	4	5	6	7	8	9	10	11	12	13	14
磨粒率（磨粒占砂轮体积×100）	62	60	58	56	54	52	50	48	46	44	42	40	38	36	34

2.砂轮的形状、尺寸及代号

为了适应在不同类型的磨床上各种形状和尺寸的工件的需要,砂轮有许多形状和尺寸。

常用砂轮的形状、尺寸及基本用途见表 8-12。

砂轮基本特性参数一般印在砂轮的端面上,举例如下:

PSA　　400　　X 100 X 127　　　A　　60　　L　　5　　B　　25

形状　外径　厚度　孔径　磨料　粒度　硬度　组织　结合剂　最高工作线速度(m/s)

表 8-12　常用砂轮的形状、代号、尺寸及主要用途

砂轮种类	断面形状	形状代号	主要尺寸			主要用途
			D	d	H	
平行砂轮		P	3～90 100～1100	1～20 20～350	2～63 6～500	磨外圆、内孔、无心磨,周磨平面及刃磨刀口
薄片砂轮		PB	50～400	6～127	0.2～5	切断、磨槽
双面凹砂轮		PSA	200～900	75～305	50～400	磨外圆、无心磨的砂轮和导轮,刃磨车刀后面
双斜边一号砂轮		PSX$_1$	125～500	20～305	3～23	磨齿轮与螺纹
筒形砂轮		N	250～600	$b=$25～100	75～150	端磨平面
碗形砂轮		BW	100～300	20～140	30～150	端磨平面、刃磨刀具后面

（续）

砂轮种类	断面形状	形状代号	主要尺寸			主要用途
			D	d	H	
碟形一号砂轮		D_1	75 100～300	13 20～400	8 10～35	刃磨刀具前面

3．砂轮的选择

选择砂轮应符合工作条件、工件材料、加工要求等各种因素，以保证磨削质量。

（1）磨削钢等韧性材料选择刚玉类磨料；磨削铸铁、硬质合金等脆性材料选择碳化硅类磨料。

（2）粗磨时选择粗粒度，精磨时选择细粒度。

（3）薄片砂轮应选择橡胶或树脂结合剂。

（4）工件材料硬度高应选择软砂轮，工件材料硬度低应选择硬砂轮。

（5）磨削接触面积大应选择软砂轮。因此内圆磨削和端面磨削的砂轮硬度比外圆磨削的砂轮硬度要低。

（6）精磨和成形磨时砂轮硬度应高一些。

（7）砂轮粒度细时，砂轮硬度应低一些。

（8）磨有色金属等软材料，应选软的且疏松的砂轮，以免砂轮堵塞。

（9）成形磨削、精密磨削时应选组织较紧密的砂轮。

（10）工件磨削面积较大时，应选组织疏松的砂轮。

8.3.3　车床夹具

1．车床夹具的两种基本类型

1）安装在滑板或床身上的夹具

对于某些形状不规则或尺寸较大的工件，常常把夹具安装在车床滑板上，刀具则安装在机床主轴中作旋转运动，夹具连同工件作进给运动。例如加工回转成形面的靠模就属于安装在床身上的夹具。

2）安装在车床主轴上的夹具

这类夹具除了各种卡盘、顶尖等通用夹具和机床附件外，往往根据加工需要设计各种心轴和其他专用夹具，加工时夹具随主轴一起旋转，刀具作进给运动。在实际生产中需要设计且用得较多的是安装在车床主轴上的各种专用夹具。例如以下 3 种。

（1）心轴类车床夹具。

心轴类车床夹具适用于以工件内孔定位，加工套类、盘类等回转体零件。主要用于保证工件被加工表面（一般是外圆）与定位基准（一般是内孔）间的同轴度。按照与机床主轴连接方式的不同，心轴类车床夹具又可分为顶尖式心轴和锥柄式心轴两种。前者用于加工长筒形工件,后者仅能加工短的套筒或盘状工件,由于结构简单而被经常采用。心轴的定位表面根据工件定位基准的精度和工序加工要求,可以设计成圆柱面、圆锥面、可胀圆柱面以及花键等特形面。常用的有圆柱心轴和弹性心轴。弹性心轴有波纹套弹性心轴、蝶形弹簧片心轴、液性介质弹性心轴和弹簧心轴等(参阅夹具手册)。

图 8.17 为手动弹簧心轴,工件以精加工过的内孔在弹性套筒 5 和心轴端面上定位。旋紧螺母 4,通过锥体 1 和锥套 3 使弹性套筒 5 产生向外均匀的弹性变形,将工件胀紧,实现对工件的定心夹紧。由于弹性变形量较小,要求工件定位孔的精度高于 IT8,所以定心精度一般可达 0.02~0.05mm。

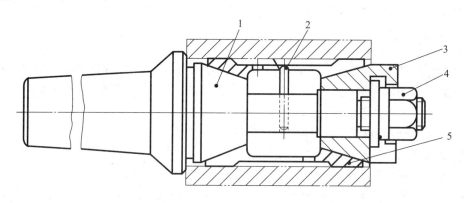

图 8.17　手动弹簧心轴

1—锥体;2—防转销;3—锥套;4—螺母;5—弹性套筒

(2)角铁类车床夹具。

角铁类车床夹具的结构特点是具有类似于角铁的夹具体。常用于加工壳体、支座、接头等类零件上的圆柱面及端面。当被加工工件的主要定位基准是平面,被加工面的轴线对主要定位基准保持一定的位置关系(平行或成一定角度)时,相应的夹具上的平面定位件设置在与车床主轴轴线相平行或成一定角度的位置上。

图 8.18 为加工的托架类零件。该工序的加工表面为外圆柱面 $\phi100$js6,应保证其轴线的距离尺寸为(100±0.10)mm 和(57.5±0.05)mm,并保证其轴线与底面 B 平行。

图 8.19 为加工托架而设计的角铁式车床夹具的结构示例。夹具体一般为圆盘形,而该角铁式车床夹具的夹具体 1 的外形为一方形,但四角倒圆。为了保证工序尺寸(100±0.10)mm 和(57.5±0.05)mm,根据基准重合原则,选择底平面 B 为主要定位基准限制 3 个自由度,在夹具上用 3 个支承钉作为定位元件,3 个支承钉装配后须磨平,以达到工作面等高的要求。以工件侧面 C 在夹具的支承板 3 上定位限制两个自由度。再以 D 面靠住配重块 6 的平面作为止推基准,限制一个自由度(此自由度根据加工要求可以不限制)。用两副螺旋压板 3 夹紧工件。为使整个夹具回转平衡,加配重块 6。夹具与机床主轴的连接是通过过渡盘 7 实现的。角铁式夹具体 1 用螺钉与过渡盘 7 连接,过渡盘 7 与机床主轴前端部连接。过渡盘一般均作为车床的附件随车床一起提供。因此,夹具体与过渡盘连接面的结构和尺寸应根据过渡盘的结构和尺寸来确定。如没有过渡盘则应根据车床主轴端部结构自行设计。夹具体中间的 ϕd 孔为工艺孔,作为组装夹具时尺寸(100±0.10)mm 和(57.5±0.05)mm 的测量工艺孔,也可作为夹具安装时找正夹具中心与机床主轴回转轴线同轴度的找正孔。这个工艺孔是角铁式夹具上很重要的一个结构要素。

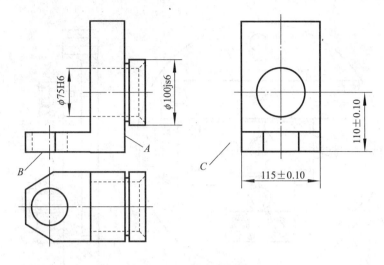

图 8.18　托架类零件

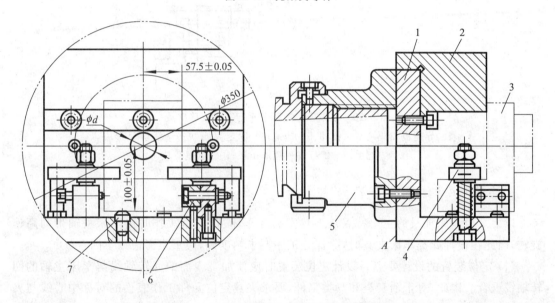

图 8.19　角铁式专用车床夹具结构示例

1—角铁;2—配重块;3—工件;4—压板;5—过渡盘;6—支承板;7—支承钉

(3)花盘类车床夹具。

花盘类车床夹具的基本特征是夹具体为一个大圆盘形零件,装夹工件一般形状较复杂。工件的定位基准多数是圆柱面和与圆柱面垂直的端面,因而夹具对工件多数是端面定位、轴向夹紧。

图 8.20 所示为在车床上镗两平行孔的位移夹具。工件由固定 V 形块 4 和活动 V 形块 5 定心夹紧在燕尾滑块 10 上。左右两个挡销 3、6 分别确定燕尾滑块 10 的两端位置,滑块先和挡销 6 接触,确定了大孔的加工位置。待加工完后,松开楔形压板 9,向左移动燕尾滑块 10,直到调节螺钉 2 和挡销 3 接触为止,再用楔形压板 9 压紧滑块 10,加工小孔。两孔间的距离可利用调节螺钉 2 调节。转动把手 7,活动 V 形块 5 即可进退。对于这类夹具,为使整个夹具回转时保持平衡,还应设置相应的配重装置。

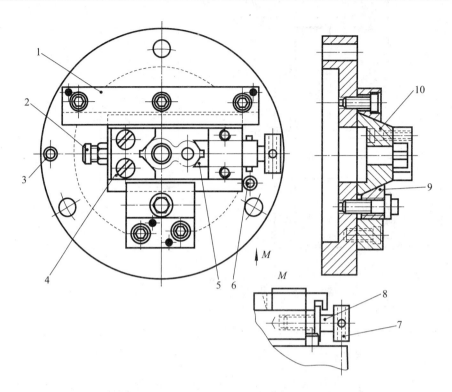

图 8.20　在车床上镗两个平行孔的位移夹具

1—导向板;2—调节螺钉;3、6—挡销;4—固定 V 形块;5—活动 V 形块

7—把手;8—螺杆;9—楔形压板;10—燕尾滑块

2. 车床夹具设计要点

以上 3 类车床夹具的主要特点是夹具安装在车床主轴上,工作时由车床主轴带动高速旋转,因此在设计此类车床夹具时,除保证工序要求精度外,应重点考虑以下因素。

(1) 定位装置的设计要点。设计定位装置时应使加工表面的回转轴线与车床主轴的回转轴线重合。因此,对于轴套类和盘类工件,要求夹具定位元件工作表面的对称中心线与夹具的回转轴线重合;对于壳体、接头和支座等工件,被加工的回转面轴线与工序基准之间有尺寸联系或相互位置精度要求时,应以夹具轴线为基准确定定位元件工作表面的位置。

(2) 夹紧装置的设计要点。设计夹紧装置时一定要注意可靠、安全。因为夹具和工件一起随主轴旋转,除了切削力还有离心力的影响。因此夹紧机构所产生的夹紧力必须足够,自锁要可靠,以防止发生设备及人身事故。对于角铁式夹具,还应注意施力方式,防止引起夹具变形。

(3) 夹具与车床主轴的连接方式。车床夹具与主轴的连接精度对夹具的回转精度有决定性的影响。因此要求夹具的回转轴线与主轴轴线应具有尽可能高的同轴度。根据夹具体径向尺寸的大小,一般有如下两种方法。

① 对于径向尺寸 $D < 140\text{mm}$,或 $D < (2 \sim 3)d$ 的小型夹具,一般用锥柄安装在主轴的锥孔中,并用螺栓拉紧。这样可得到较高的定心精度,如图 8.21(a)所示。

② 对于径向尺寸较大的夹具,一般通过过渡盘与车床主轴前端连接。如图 8.21(b)、(c)、(d)所示,其连接方式与车床主轴前端的结构形式有关。专用夹具与其定位止口按

H7/h6 或 H7/js6 装配在过渡盘的凸缘上,再用螺钉紧固。为防止停车和倒车时因惯性使两者松开,可用压板将过渡盘压在主轴上。为了提高安装精度,在车床上安装夹具时,也可在夹具体外圆上作一个找正圆,按找正圆找正夹具中心与机床主轴轴线的同轴度,此时止口与过渡凸缘的配合间隙应适当加大。

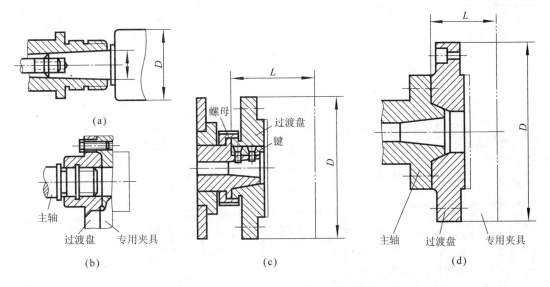

图 8.21　车床夹具与机床主轴的连接

(4) 总体结构设计要求。车床夹具一般在悬臂的状态下工作,为保证加工的稳定性,夹具结构应力求紧凑、轻便,悬伸长度要短,使重心尽可能靠近主轴。夹具的悬伸长度 L 与轮廓尺寸 D 的比值应参照下列数值选取:直径小于 150mm 的夹具,$L/D \leqslant 1.25$;直径在 150～300mm 之间的夹具,$L/D \leqslant 0.9$;直径大于 300mm 的夹具,$L/D \leqslant 0.6$。

(5) 夹具总体结构应平衡。因此一般应对夹具加配重块或减重孔。为了弥补用估算法得出的配重的不准确性,配重块(或夹具体)上应设置径向槽或环形槽,以便调整配重块的位置。

(6) 为了保证安全,夹具体上的各种元件不允许突出夹具体圆形轮廓以外。

8.4　典型轴类零件加工工艺分析

轴类零件的加工工艺因其用途、结构形状、技术要求、产量大小的不同而有差异。而轴的加工工艺分析,是生产中最常遇到的问题。下面以阶梯轴(减速器传动轴)和带轮轴(蜗杆轴)为例进行加工工艺分析。

8.4.1　阶梯轴加工工艺分析

生产如图 8.1 所示减速箱传动轴。生产批量为小批生产。材料为 45 热轧圆钢。零件需调质处理。该轴为没有中心通孔的多阶梯轴。根据该零件工作图,其轴颈 M、N,外圆 P、Q 及轴肩 G、H、I 有较高的尺寸精度和形状位置精度,并有较小的表面粗糙度值。

1. 确定主要表面加工方法和加工方案

传动轴大多是回转表面,主要是采用车削和外圆磨削。由于该轴主要表面 M,N,P,Q

的公差等级较高（1T6），表面粗糙度值较小（$R_a 0.8\mu pm$），最终加工应采用磨削。所以此阶梯轴加工路线设定为"粗车—热处理—半精车—铣槽—精磨"的加工方案。表 8-13 为该轴加工工艺过程。

表 8-13　传动轴加工工艺过程

工序号	工种	工 序 内 容	加 工 简 图	设备
1	下料	$\phi 60 \times 265$		
2	车	三爪卡盘夹持工件，车端面见平，钻中心孔，用尾架顶尖顶住，粗车 3 个台阶，直径、长度均留余量 2mm		车床
		调头，三爪卡盘夹持工件另一端，车端面，总长保持 259mm，钻中心孔，用尾架顶尖顶住，粗车 4 个台阶，直径、长度均留余量 2mm		
3	热处理	调质处理 HRC24～38		
4	钳	修研两端中心孔		车床
5	车	双顶尖装夹。半精车 3 个台阶，螺纹大径车到 $\phi 24$，其余两个台阶直径上留余量 0.5mm，车槽 3 个，倒角 3 个		车床
		调头，双顶尖装夹。半精车余下的 5 个台阶，$\phi 44$ 及 $\phi 52$ 台阶车到图纸规定的尺寸，螺纹大径车到 $\phi 24$，其余两个台阶上留余量 0.5mm，车槽 3 个，倒角 4 个		

（续）

工序号	工种	工 序 内 容	加 工 简 图	设备
6	车	双顶尖装夹。车一端螺纹 M24×1.5-6g，调头，车另一端螺纹 M24×1.5-6g		车床
7	钳	划键槽及一个止动垫圈槽加工线		
8	铣	铣两个键槽及一个止动垫圈槽，键槽深度比图纸规定尺寸多铣 0.25mm，作为磨削的余量		铣床
9	钳	修研两端中心孔		车床
10	磨	磨外圆 Q 和 M，并用砂轮端面靠磨 H 和 I，调头，磨外圆 N 和 P，靠磨台阶 G		外圆磨床
11	检	检验		

2. 划分加工阶段

该轴加工划分为 3 个加工阶段，即粗车（粗车外圆、钻中心孔）、半精车（半精车各处外圆、台肩和修研中心孔等）、粗精磨各处外圆。各加工阶段大致以热处理为界。

3. 选择定位基准

轴类零件的定位基面,最常用的是两中心孔。因为轴类零件各外圆表面、螺纹表面的同轴度及端面对轴线的垂直度是相互位置精度的主要项目,而这些表面的设计基准一般都是轴的中心线,采用两中心孔定位就能符合基准重合原则。而且由于多数工序都采用中心孔作为定位基面,所以能最大限度地加工出多个外圆和端面,这也符合基准统一原则。

但下列情况不能用两中心孔作为定位基面。

(1) 粗加工外圆时,为提高工件刚度,则采用轴外圆表面为定位基面,或以外圆和中心孔同作定位基面,即一夹一顶。

(2) 当轴为通孔零件时,在加工过程中,作为定位基面的中心孔因钻出通孔而消失。为了在通孔加工后还能用中心孔作为定位基面,工艺上常采用 3 种方法。

① 当中心通孔直径较小时,可直接在孔口倒出宽度不大于 2mm 的 60°内锥面来代替中心孔。

② 当轴有圆柱孔时,可采用如图 8.22(a) 所示的锥堵,取 1 : 500 锥度;当轴孔锥度较小时,取锥堵锥度与工件两端定位孔锥度相同。

③ 当轴通孔的锥度较大时,可采用带锥堵的心轴,简称锥堵心轴,如图 8.22(b) 所示。

使用锥堵或锥堵心轴时应注意,一般中途不得更换或拆卸,直到精加工完各处加工面,不再使用中心孔时方能拆卸。

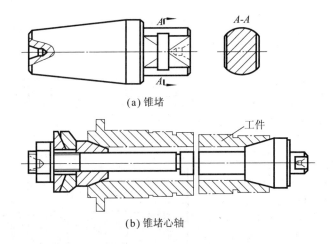

(a) 锥堵

(b) 锥堵心轴

图 8.22　锥堵与锥堵心轴

4. 安排热处理工序

该轴需进行调质处理。调质处理应放在粗加工后、半精加工前进行。如果采用锻件毛坯,必须首先安排退火或正火处理。该轴毛坯为热轧钢,可不必进行正火处理。

5. 安排加工顺序

除了应遵循加工顺序安排的一般原则,如先粗后精、先主后次等,还应注意以下几点。

(1) 外圆表面加工顺序应为,先加工大直径外圆,然后再加工小直径外圆,以免一开始就降低了工件的刚度。

（2）轴上的花键、键槽等表面的加工应在外圆精车或粗磨之后，精磨外圆之前。

轴上矩形花键的加工，通常采用铣削和磨削加工，产量大时常用花键滚刀在花键铣床上加工。以外径定心的花键轴，通常只磨削外径键侧，而内径铣出后不必进行磨削，但当经过淬火而使花键扭曲变形过大时，也要对侧面进行磨削加工。以内径定心的花键，其内径和键侧均需进行磨削加工。

（3）轴上的螺纹一般有较高的精度，如安排在局部淬火之前进行加工，则淬火后产生的变形会影响螺纹的精度。因此螺纹加工宜安排在工件局部淬火之后进行。

8.4.2　带轮轴加工工艺过程分析

如图 8.23 所示一为蜗杆轴零件简图。该轴材料为 40Cr，已经调质处理，蜗杆螺纹部分淬火，生产批量为小批。

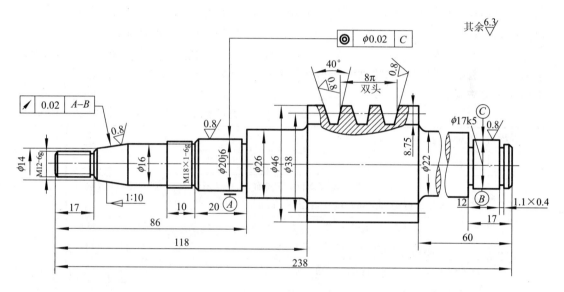

图 8.23　蜗杆轴

1. 结构及技术条件分析

该零件结构上有外圆柱、轴肩、圆锥、紧固螺纹、梯形螺纹、退刀槽、卡簧槽等加工表面。$\phi 20 j6$、$\phi 17 k5$ 两外圆柱表面为支承轴颈，圆锥表面为与离合器配合的表面；M18×1 螺纹安装圆螺母，是用来调整和预紧轴承的；1.1×0.4 为弹性挡圈安装槽。

2. 毛坯的确定

由于材料为 40Cr，外圆柱直径相差不大，小批生产，故采用热轧圆钢料较为方便。

3. 确定加工表面加工方案、拟订工艺路线

由于蜗杆轴为回转表面，故以车削加工为主。按照基本加工方案的选择原则，$\phi 20 j6$ 和 $\phi 17 k5$ 两轴承安装位置表面的加工方案应为：粗车—半精车—磨削；1：10 锥面的加工方案应为：粗车—半精车—磨削；梯形螺纹表面加工方案为：粗车—半精车—磨削。由于上述几

个主要表面的加工方案均为粗车—半精车—磨削,故以此为主,其他各次要表面的加工方案穿插在相应的加工阶段,合理地安排热处理,协调各表面的加工顺序,因此拟订出的工艺路线为:毛坯—基准加工—粗车各外圆—调质处理—修研基准—精车各外圆及螺纹—梯形螺纹淬火—修研基准—磨削各外圆及梯形螺纹—检验。

4. 加工工艺过程的制订

表 8-14 为此蜗杆轴的加工工艺过程,在制订加工工艺过程时,应注意以下几个问题。

(1) 调质处理安排在粗加工之后。

(2) 以主要表面的加工方案为主,对于次要加工表面,如精度要求不高的外圆表面、退刀槽、越程槽、倒角、紧固螺纹等的加工,一般应在半精加工阶段完成。

(3) 根据基准先行的原则,在各阶段加工外圆之前都要对基准面进行加工和修研。因此,在下料后应首先选择加工定位基面中心孔,为粗车外圆加工出基准。磨削外圆前再次修研中心孔,目的是使磨削加工有较高的定位精度,进而提高外圆的磨削精度。

(4) 选择定位基准和确定装夹方式。该轴的工作螺纹及装配面对轴线 A—B 均有圆跳动的要求,因此,应将蜗杆轴的轴线作为定位基准。根据该零件的结构特点及精度要求,选择用两顶尖装夹为宜。

表 8-14　蜗杆轴加工工艺过程

工序号	工种	工 序 内 容	设备
1	下料	$\phi52\times245$	
2	粗车	三爪自定心卡盘装夹工件,车端面,钻中心孔。用尾架顶尖顶住,粗车 3 个台阶,直径、长度均留余量 2mm	车床
		调头,三爪自定心卡盘装夹工件加一端,车端面总长保证 238mm,钻中心孔。用尾架顶尖顶住,粗车另外 3 个台阶,直径、长度均留余量 2mm	
3	热处理	调质处理 HBS220～249	
4	钳	修研两端中心顶尖孔	车床
5	半精车	双顶尖装夹。半精车三个退刀槽,两个倒角,五个外圆柱面和一个锥面,两个螺纹大径分别为 $\phi12^{-0.08}_{-0.15}$ mm,$\phi18^{-0.10}_{-0.20}$ mm,车 $\phi26$mm、$\phi16$mm 到尺寸;支承轴颈及锥面处留 0.5mm 加工余量	车床
		调头,双顶尖装夹。半精车两个圆柱台阶,车 $\phi22$mm 到图纸规定的尺寸,支承轴颈留 0.5mm 加工余量,车两个退刀槽,一个倒角	
6	精车	双顶尖装夹。精车蜗杆螺纹留加工余量 0.1mm,精车两段螺纹 M12-6g 和 M18×1-6g	车床
7	热处理	蜗杆螺纹表面淬火 HRC45～55	
8	钳	修研两端中心孔	车床
9	磨	双顶尖装夹,磨两轴颈及锥面	磨床
10	磨	右顶尖装夹,磨蜗杆螺纹	磨床
11	检	检验	

小　结

　　轴类零件用于支承传动零件、承受载荷、传递转矩以及保证装在轴上零件的回转精度，其技术要求主要是尺寸精度、几何形状精度、位置精度和表面粗糙度。

　　常见轴类零件的加工方法有车削加工、磨削加工和精密加工等形式，其中外圆车削一般可分为粗车、半精车、精车、精细车；外圆磨削可分为中心磨削和无心磨削两种；外圆表面的精密加工方法常用的有研磨、高精度磨削、超精度加工和滚压加工等。

　　外圆表面加工方案的选择先由加工表面的技术要求确定加工方法，然后根据此种加工方法的特点确定加工工序，并要求全面考虑零件的结构、形状、尺寸大小和材料及热处理。

　　车刀的类型按加工表面特征及用途可分为外圆车刀、割槽刀、螺纹车刀、内孔车刀等；从结构上可分为整体式车刀、焊接式车刀、机夹式车刀和可转位车刀 4 种类型。

　　砂轮的组成要素包括磨料、粒度、结合剂、硬度和组织号等，选择砂轮应符合工作条件、工件材料、加工要求等各种因素，以保证磨削质量。

　　车床夹具用于加工零件的内外圆柱面、圆锥面、回转成形面、螺纹以及平端面等。车床夹具分为安装在滑板或床身上的夹具和安装在车床主轴上的夹具两种基本类型。

　　举例分析了阶梯轴和带轮轴的加工工艺分析过程。

思考与练习题

　　8-1　试述轴类零件的主要功用。其结构特点和技术要求有哪些？

　　8-2　试比较外圆磨削时纵磨法、横磨法和综合磨法的特点及应用。

　　8-3　无心磨削和中心磨削有何异同？

　　8-4　研磨、高精度磨削和超精磨削各有什么特点？轴类零件的精密加工有什么共同特征？

　　8-5　试比较焊接车刀、可转位车刀的结构和使用性能方面的特点。

　　8-6　数控车削用的车刀一般分为哪几类？各有什么特点？

　　8-7　在数控车削中，如何确定车刀的几何角度？

　　8-8　什么是砂轮硬度？它与磨粒硬度是否相同？砂轮硬度对磨削过程有何影响？如何选择？

　　8-9　试述车床夹具的设计要点。

　　8-10　试按加工工艺卡要求编制如图 8.24 所示花键轴的工艺规程。材料为 40Cr，大批生产。

　　8-11　编制如图 8.25 所示小滑板丝杠轴的加工工艺规程。

材料:45 钢 热处理:调质 生产类型:中批生产

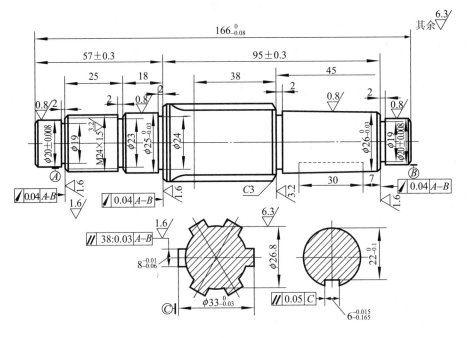

图 8.24 题 8-10 图

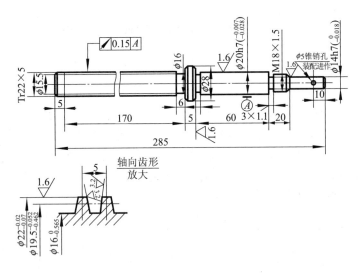

图 8.25 题 8-11 图

第9章 套筒类零件加工工艺及常用工艺装备

教学提示:套筒类零件是机械中常见的一种零件,具有很广的应用范围,要正确了解和掌握套筒类零件的加工方法及加工方案,合理选用套筒类零件的工艺装备及制订套筒类零件的加工工艺规程,才能生产出合格的套筒类零件。

教学要求:了解并掌握套筒类零件的功用及结构特点、技术要求、材料及毛坯;掌握内孔表面的加工方法及工艺特点,并能正确制订内孔表面的加工方案;了解内孔表面的各种精密加工方法,并能按工艺要求正确选择;了解并掌握内孔加工的各种常用刀具类型、结构原理、工作特性及实际应用中的选择;了解钻床夹具的主要类型及典型钻床夹具的结构原理和应用;掌握内孔表面的加工工艺分析方法。

9.1 概 述

9.1.1 套筒类零件的功用与结构特点

套筒类零件是机械中常见的一种零件,它的应用范围很广。如支承旋转轴的各种形式的滑动轴承、夹具上引导刀具的导向套、内燃机汽缸套、液压系统中的液压缸、电液伺服阀上的套阀以及一般用途的套筒,如图 9.1 所示。由于其功用不同,套筒类零件的结构和尺寸有着很大的差别,但其结构上仍有共同点。即零件的主要表面为同轴度要求较高的内外圆表面;零件壁的厚度较薄且易变形;零件长度一般大于直径等。

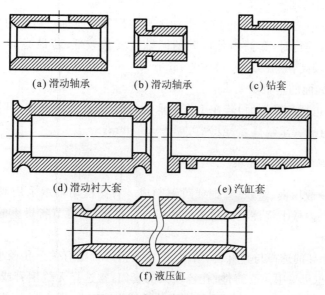

(a) 滑动轴承   (b) 滑动轴承   (c) 钻套

(d) 滑动衬大套   (e) 汽缸套

(f) 液压缸

图 9.1 套筒类零件示例

各类套筒虽然其结构和尺寸有很大的差异但还是有一定的共同特性,具体表现如下。

(1) 外圆直径一般小于其长度,通常长径比小于5。

(2) 内孔与外圆直径相差较小,易变形。

(3) 内外圆回转面之间的同轴度要求较高,公差值小。

(4) 大多数套筒类零件结构相对比较简单。

9.1.2　套筒类零件的主要技术要求、材料和毛坯

1. 套筒类零件的技术要求

套筒类零件的外圆表面多以过盈配合或过渡配合与机架或箱体孔配合起支承作用,内孔主要起导向作用或支承作用,常与传动轴、主轴、活塞、滑阀等相配合,有些套的端面或凸缘端面有定位或承受载荷的作用。套筒类零件的主要表面是孔和外圆,其主要技术要求综述如下。

1) 孔的技术要求

孔是套筒类零件起支承或导向作用的最主要表面,通常与运动的轴、刀具或活塞相配合。孔的直径尺寸公差等级一般为IT7～IT6,汽缸和液压缸由于与其配合的活塞上有密封圈,要求较低,通常取IT9。孔的形状精度,应控制在孔径公差以内,一些精密套筒控制在孔径公差的1/2～1/3,甚至更严。对于长的套筒,除了圆度要求以外,还应注意孔的圆柱度。为了保证零件的功用和提高其耐磨性,孔的表面粗糙度值为 $R_a1.6～0.16\mu m$,要求高的精密套筒可达 $R_a0.04\mu m$。

2) 外圆表面的技术要求

外圆是套筒类零件的支承面,常以过盈配合或过渡配合与箱体或机架上的孔相连接。外径尺寸公差等级通常取 IT7～IT6,其形状精度控制在外径公差以内,表面粗糙度值为 $R_a3.2～0.63\mu m$。

3) 孔与外圆的同轴度要求

内圆和外圆表面之间的同轴度应根据加工与装配要求而定。当孔的最终加工是将套筒装入箱体或机架后进行时,套筒内外圆间的同轴度要求较低;若最终加工是在装配前完成的,则同轴度要求较高,一般为 $\phi0.01～0.06mm$。

4) 孔轴线与端面的垂直度要求

套筒的端面(包括凸缘端面)若在工作中承受载荷,或在装配和加工时作为定位基准,则端面与孔轴线垂直度要求较高,一般为 0.01～0.05mm。

2. 套筒类零件的材料与毛坯

套筒类零件一般用钢、铸铁、青铜或黄铜制成。有些滑动轴承采用双金属结构,以离心铸造法在钢或铸铁内壁上浇注巴氏合金等轴承合金材料,既可节省贵重的有色金属,又能提高轴承的寿命。

套筒类零件毛坯的选择与其材料、结构、尺寸及生产批量有关。孔径小的套筒,一般选择热轧或冷拉棒料,也可采用实心铸件;孔径较大的套筒,常选择无缝钢管或带孔的铸件、锻件;大量生产时,可采用冷挤压和粉末冶金等先进的毛坯制造工艺,既提高生产率,又节约材料。

9.2　内孔表面加工方法和加工方案

内孔表面加工方法较多,常用的有钻孔、扩孔、铰孔、镗孔、车孔、磨孔、拉孔和孔的精密加工等方法。各种加工方法及精度见表 9-1。其中钻孔、扩孔和镗孔作为孔的粗加工与半精加工(镗孔也可作精加工),而铰孔、磨孔、拉孔和孔的精密加工是孔的精加工方法。本节主要介绍常用孔的加工方法。

表 9-1　孔的加工方法和加工精度

加工方法	加工范围及应用	加工精度(IT)	表面粗糙度值 R_a(μm)
钻孔	φ15mm 以上	11～13	20～80
	φ15mm 以下	10～12	5～80
扩孔	粗扩	12～13	5～20
	一次扩孔(铸孔或冲孔)	11～13	10～40
	精扩	9～11	1.25～10
铰孔	半精铰	8～9	1.25～10
	精铰	6～7	0.32～5
	手铰	5	0.08～1.25
拉孔	粗拉	9～10	0.25～10
	一次拉孔(铸孔或冲孔)	10～11	0.32～5
	精拉	7～9	0.08～1.25
推孔	半精推	6～8	0.32～1.25
	精推	6	0.08～0.32
镗孔	粗镗	12～13	5～20
	半精镗	10～11	2.5～10
	精镗(浮动镗)	7～9	0.63～5
	金刚镗	5～7	0.16～1.25
磨孔	粗磨	9～11	1.25～10
	半精磨	9～10	0.32～1.25
	精磨	7～8	0.08～0.63
	精密磨	6～7	0.04～0.32
珩磨	粗珩	5～7	0.16～1.25
	精珩	5	0.04～0.32
研磨	粗研	5～6	0.16～0.63
	精研	5	0.04～0.32
	精密研	5	0.008～0.08
挤压	滚珠、滚柱扩孔器、挤压头	6～8	0.01～1.25

9.2.1　钻孔

用钻头在工件实体部位加工孔称为钻孔。钻孔属粗加工,可作为攻丝、扩孔、铰孔和镗孔的预备加工,可达到的尺寸公差等级为 IT13～IT11,表面粗糙度值一般为 $R_a 50～12.5\mu m$。钻孔常用的工具是钻头,其按结构特点和用途可分为扁钻、麻花钻、深孔钻和中心钻等。生产中使用最多的是麻花钻,由于麻花钻长度较长,钻芯直径小而刚性差,又有横刃的影响,故钻孔有以下工艺特点。

（1）钻头容易偏斜。

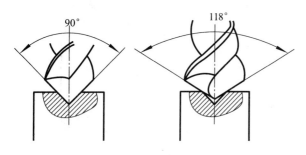

图 9.2　钻孔时预钻锥坑

由于横刃的影响,使钻头定心不准,且钻头的刚性和导向作用较差,切削时钻头容易引偏和弯曲。其中在钻床上钻孔时,容易引起孔的轴线偏移和不直,但孔径无显著变化;在车床上钻孔时,容易引起孔径的变化,但孔的轴线仍然是直的。因此,在钻孔前应先加工端面,并用钻头或中心钻预钻一个锥坑,如图 9.2 所示,以便钻头定心。钻小孔和深孔时,为了避免孔的轴线偏移和不直,应尽可能采用工件回转方式进行钻孔。

（2）孔径容易扩大。

钻削时钻头两切削刃径向力不等将引起孔径扩大;卧式车床钻孔时的切入引偏也是孔径扩大的重要原因;此外钻头的径向跳动等也造成了孔径的扩大。

（3）孔的表面质量较差。

钻削时切屑较宽,在孔内被迫卷为螺旋状,流出时与孔壁发生摩擦而削伤已加工表面。

（4）钻削时轴向力大。

这主要是由钻头的横刃引起的。试验表明,钻孔时 50% 的轴向力和 15% 的扭矩是由横刃产生的。因此,当钻孔直径 $d>30mm$ 时,一般分两次进行钻削。第一次钻出 $(0.5～0.7)d$,第二次钻到所需的孔径。由于横刃第二次不参加切削,故可采用较大的进给量,使孔的表面质量和生产率均得到提高。

9.2.2　扩孔

扩孔是用扩孔钻对工件上已有的孔进行半精加工的方法,其目的是扩大孔径并提高精度和降低表面粗糙度值。扩孔可达到的尺寸公差等级为 IT11～IT10,表面粗糙度值为 $R_a 12.5～6.3\mu m$,属于孔的半精加工方法之一。扩削时切削深度小、易排屑,且扩孔钻刚性好、刀齿较多,并能纠正原孔的轴线歪斜,常作铰削前的预加工,也可作为精度不高的孔的终加工。

扩孔方法如图 9.3 所示,实际中对扩孔余量的选择,可按零件的技术要求查阅相关的手册。分类标准扩孔钻可按直径不同分为直柄、锥柄和套装式 3 种类型,按材料可分为高速钢扩孔钻和硬质合金

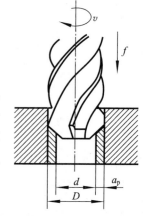

图 9.3　扩孔

扩孔钻等类型。表 9-2 列出了部分扩孔钻的类型、应用范围和特点。

表 9-2　常用扩孔钻的类型、应用范围和特点

名　称		直径范围(mm)	应用范围及特点
高速钢	整体式直柄	3.0～19.7	为节约昂贵的高速钢，直径大于 40mm 的扩孔钻制成镶片式。加工铸铁或有色金属件时直径大于 14mm 的扩孔钻制成硬质合金镶片式，在小批量生产的情况下，经常采用麻花钻经修磨后作扩孔钻用
	整体式锥柄	7.8～50.0	
	套装式	25.0～100.0	
硬质合金	整体式直柄	3.0～19.7	主要用于加工铸铁和有色金属件，直径大于 14mm 的扩孔钻用焊接式刀片结构，直径大于 40mm 的扩孔钻采用镶齿式结构。扩孔钻要考虑刃倾角与排屑方向的关系，尤其是硬质合金扩孔钻
	整体式锥柄	7.8～50.0	
	套装式	25.0～100.0	

9.2.3　铰孔

铰孔是对未淬硬的中、小尺寸孔进行精加工的一种方法，是在半精加工(扩孔或半精镗)的基础上对孔进行精加工的方法，也可用于磨孔和研孔前的预加工。铰孔的尺寸公差等级可达 IT9～IT7，表面粗糙度值可达 $R_a 3.2～1.6\mu m$；精细铰尺寸公差等级可达 IT6，表面粗糙度值可达 $R_a 1.6～0.4\mu m$。铰孔纠正孔的位置误差的能力很差，因此孔的位置误差应在前一道工序内保证，铰孔的方式有机铰和手铰两种类型。在实际应用中，短孔、深孔和断续孔的加工不宜采用铰削加工。

1. 铰削的工艺特点

(1) 铰孔的精度和表面粗糙度主要不取决于机床的精度，而取决于铰刀的精度、铰刀的安装方式、加工余量、切削用量和切削液等条件。例如在相同的条件下，在铰床上铰孔和在车床上铰孔所获得的精度和表面粗糙度基本一致。

(2) 铰刀为定径的精加工刀具，铰孔比精镗孔容易保证尺寸精度和形状精度，生产率也较高，对于小孔和细长孔更是如此；但由于铰削余量小，铰刀常为浮动连接，故不能校正原孔的轴线偏斜，孔与其他表面的位置精度则需由前工序或后工序来保证。

(3) 铰孔的适应性较差。一定直径的铰刀只能加工一种直径和尺寸公差等级的孔，如需提高孔径的公差等级，则需对铰刀进行研磨。铰削的孔径一般小于 $\phi80mm$，常用的在 $\phi40mm$ 以下。对于阶梯孔和盲孔，则铰削的工艺性较差。

2. 铰孔时应注意的问题

(1) 铰削余量要适中。余量过大，会因切削热多而导致铰刀直径增大，孔径扩大；余量过小，会留下底孔的刀痕，使表面粗糙度达不到要求。粗铰余量一般为 0.15～0.35mm，精铰余量一般为 0.05～0.15mm。

(2) 铰削精度较高，铰刀齿数较多，心部直径大，导向性及刚性好。铰削余量小，且综合了切削和挤光作用，能获得较高的加工精度和表面质量。

(3) 铰削时采用较低的切削速度，并且要使用切削液，以免积屑瘤对加工质量产生不良影响。粗铰时取 0.07～0.17m/s，精铰时取 0.025～0.08m/s。

（4）铰刀适应性很差。一把铰刀只能加工一种尺寸、一种精度要求的孔，且直径大于 80mm 的孔不适宜铰削。

（5）为防止铰刀轴线与主轴轴线相互偏斜而引起的孔轴线歪斜、孔径扩大等现象，铰刀与主轴之间应采用浮动连接。当采用浮动连接时，铰削不能校正底孔轴线的偏斜，孔的位置精度应由前道工序来保证。

（6）机用铰刀不可倒转，以免崩刃。

9.2.4　镗孔、车孔

镗孔（车孔）是用镗刀（车刀）对已钻出、铸出或锻出的孔作进一步的加工，可在车床、镗床上进行。镗孔是常用的孔加工方法之一，其加工范围很广，可分为粗镗、半精镗和精镗。在小批量生产中对非标准孔、大直径孔、精确的短孔和盲孔一般都采用镗孔。粗镗的尺寸精度为 IT13～ITl2，表面粗糙度值为 $R_a 12.5～6.3\mu m$；半精镗的尺寸精度为 ITl0～IT9，表面粗糙度值为 $R_a 6.3～3.2\mu m$；精镗的尺寸精度为 IT8～IT7，表面粗糙度值为 $R_a 1.6～0.8\mu m$。

1. 车床车孔

用车削方法扩大工件的孔或加工空心工件的内表面称为车孔。车床车孔多用于加工盘套类和小型支架类零件的孔。在套筒零件上车孔，通常分为车通孔、车台阶孔和车不通孔（盲孔）。车削内表面车刀在主副后面一般均磨成双重后角，防止车刀后面与工件相碰，减少车刀后面与加工表面的摩擦。

（1）车通孔：图 9.4 所示为在车床上车削套筒类零件的通孔。在车通孔时，车刀应选取较大的主偏角，一般取在 45°～90°之间，相应地减小背向力，从而防止切削时产生振动。

（2）车台阶孔：图 9.5 所示为在车床上车削套筒类零件的台阶孔。在车台阶孔时，车刀主偏角一般在 90°～95°的范围内选取。刀尖与伸入孔内的刀杆外侧间的距离应小于大、小两孔之和的 1/2，以保证孔的台阶平面能车平。

（3）车不通孔：不通孔又称盲孔，图 9.6 所示为在车床上车削套筒类零件的不通孔。在车不通孔时，除要保证主偏角必须超过 90°外，刀尖与伸入孔内的刀杆外侧间的距离应小于孔径的 1/2，才能保证孔的台阶面能车平。

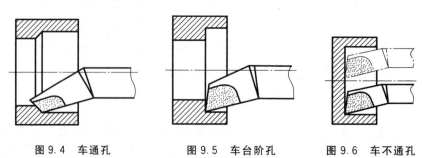

图 9.4　车通孔　　　　　图 9.5　车台阶孔　　　　　图 9.6　车不通孔

2. 镗床镗孔

镗孔可在镗床、车床、铣床上进行加工，因受孔的尺寸的限制（特别是小直径孔），一般镗杆刚性较差，容易产生振动，生产率较低；但由于镗刀结构简单，又可在多种机床上进行镗孔，故单件小批量生产中镗孔是较经济的方法。此外，镗孔能够修正前工序加工所导致的轴心线歪斜和偏移,从而可以提高孔的位置精度。镗床镗孔主要有以下 3 种方式。

(1) 镗床主轴带动刀杆和镗刀旋转,工作台带动工件作纵向进给运动,如图 9.7 所示。这种方式镗削的孔径一般小于 120mm。图 9.7 所示为悬伸式刀杆,不宜伸出过长,以免弯曲变形过大,一般用于镗削深度较小的孔。

(2) 镗床主轴带动刀杆和镗刀旋转,并作纵向进给运动,如图 9.8 所示。这种方式主轴悬伸的长度不断增大,刚性随之减弱,一般只用于镗削长度较短的孔。

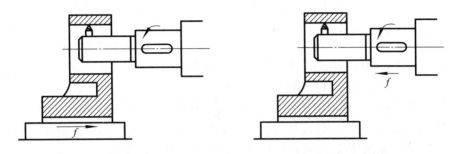

图 9.7　工件纵向进给镗削　　　　　图 9.8　镗轴纵向进给镗削

上述两种镗削方式,孔径的尺寸和公差要由调整刀头伸出的长度来保证,需要进行调整、试镗和测量,孔径合格后方能正式镗削,其操作技术要求较高。

(3) 镗床平旋盘带动镗刀旋转,工作台带动工件作纵向进给运动。如图 9.9(a)所示,利用径向刀架使镗刀处于偏心位置,即可镗削大孔。ϕ200mm 以上的孔多用这种镗削方式,但孔不宜过长。图 9.9(b)所示为镗削内槽,平旋盘带动镗刀旋转,径向刀架带动镗刀作连续的径向进给运动。若将刀尖伸出刀杆端部,亦可镗削孔的端面。

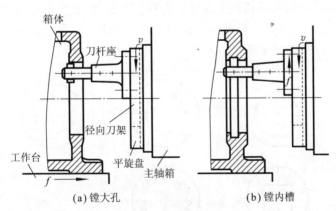

(a) 镗大孔　　　　　　　　　(b) 镗内槽

图 9.9　利用平旋盘镗削大孔和内径

镗床主要用于镗削大、中型支架或箱体的支承孔、内槽和孔的端面;镗床也可用来钻孔、扩孔、铰孔、铣槽和铣平面。

3. 镗孔的工艺特点

(1) 适应性强。镗削孔径尺寸范围很广,且一把镗刀可以加工不同直径的孔;加工精度可高可低;镗削材料可以是塑性材料,也可以是脆性材料。从结构上讲,除直径很小且较深的孔以外,各种直径和各种结构类型的孔几乎都可镗削,见表 9-3。

表 9-3　可镗削的各种类型的孔

孔的结构						
车床	可	可	可	可	可	可
镗床	可	可	可	不可	可	可
铣床	可	可	可	不可	不可	不可

（2）能修正底孔轴线的位置偏差。镗削时通过调整刀具和工件的相对位置,可以校正底孔的轴线位置偏差,保证孔的位置精度。

（3）加工精度较低。镗刀与镗杆的刚度取决于孔的尺寸和位置。小尺寸的镗刀易振动,特别是镗削细长孔时。另外,镗削加工时排屑和使用切削液都不方便,影响加工质量,但采用金刚石镗刀进行精细镗削时,可获得较小的表面粗糙度和较高的尺寸精度。

（4）成本较低。镗刀结构简单、刃磨方便、加工尺寸范围大,在单件小批生产中采用镗削加工较经济;在大批生产中,需使用镗模来完成镗削加工。

（5）生产率低。一般来说,镗刀的切削刃少,生产率不如铰削。

9.2.5　拉孔

1. 拉削原理

拉孔是一种高效率的孔的精加工方法。除拉削圆孔外,还可拉削各种截面形状的通孔及内键槽,并可获得较高的尺寸精度和表面粗糙度,如图 9.10 所示。拉削圆孔可达的尺寸公差等级为 IT9～IT7,表面粗糙度值为 $R_a 1.6～0.4\mu m$。

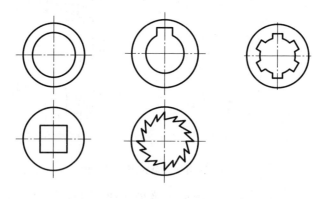

图 9.10　可拉削的各种孔的形状

2. 拉削的工艺特点

（1）拉削时拉刀多齿同时工作,在一次行程中完成粗、精加工,因此生产率高。

（2）拉刀为定尺寸刀具,且有校准齿进行校准和修光;拉床采用液压系统,传动平稳,拉削速度很低,一般为 2～8m/min,切削厚度薄,不会产生积屑瘤,因此拉削可获得较高的加工质量。

（3）拉孔不能修正前一道工序加工所导致的轴心线歪斜和偏移，因此拉孔不能提高孔的位置精度。

（4）拉刀制造复杂、成本昂贵，一把拉刀只适用于一种规格尺寸的孔或键槽，因此拉削主要用于大批大量生产或定型产品的成批生产。

（5）拉削不能加工台阶孔和盲孔。由于拉床的工作特点，某些复杂零件的孔也不宜进行拉削，例如箱体上的孔。

9.2.6　磨孔

磨孔是淬火钢套筒零件的主要精加工方法之一，其磨削原理与外圆的磨削原理相同。可达到的尺寸公差等级为 IT8～IT6，表面粗糙度值为 $R_a 0.8～0.4\mu m$。磨孔能够修正前工序加工所导致的轴心线歪斜和偏移，因此磨孔不但能获得较高的尺寸精度和形状精度，而且还能提高孔的位置精度。

1. 磨削加工的工艺特点

（1）砂轮切削速度低，常用的内圆磨头其转速一般不超过 20000r/min，而砂轮的直径小，其圆周速度很难达到外圆磨削的 35～50m/s。使磨削速度低，表面粗糙度值大。

（2）砂轮与工件的接触面积大，发热量大，冷却条件差，工件易烧伤。

（3）受工件孔径与长度影响，砂轮轴细长、刚性差，容易产生弯曲变形和振动，造成内圆锥形误差。因此需要减小磨削深度，增加光磨行程次数。

（4）切削液不易进入磨削区，排屑困难。对于脆性材料常常采用干磨以达到排屑的目的。

（5）砂轮直径小、磨损快，且冷却液不容易冲走屑末，砂轮容易堵塞，需要经常修整或更换，使辅助时间增加，生产率较低。

此外，磨削深度减少和光磨次数的增加也必然影响生产率。因此，磨孔主要用于不宜或无法进行镗削、铰削和拉削的高精度孔以及淬硬孔的精加工。

2. 孔的磨削方法

（1）中心内圆磨削：用于加工中、小型工件，在内圆磨床上进行，可磨削通孔、阶梯孔、孔端面、锥孔及轴承内滚道等，如图 9.11 所示。中心内圆磨削加工能修正前工序所导致的轴心线歪斜和偏移，因此不但能获得较高的尺寸精度和形状精度，还能提高孔的位置精度要求。

（2）行星式内圆磨削：用于加工重量大、形状不对称的工件的内孔，用行星式磨床或在其他机床上安装行星式磨头进行磨削。工作原理如图 9.12 所示，在加工过程中砂轮既自转又回转，而工件相对固定。

（3）无心内圆磨削：用于加工大型薄壁零件，其工件原理如图 9.13 所示。磨削时，工件由支持轮 3 支承，压紧轮 1 压紧，并由导轮 2 带动旋转，砂轮轴自转而不回转。

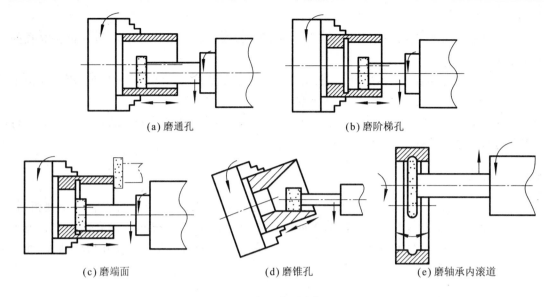

(a) 磨通孔　　　　　　　　　　　　　　(b) 磨阶梯孔

(c) 磨端面　　　　　　(d) 磨锥孔　　　　　　(e) 磨轴承内滚道

图 9.11　中心内圆磨削原理

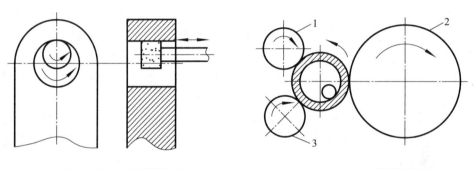

图 9.12　行星式内圆磨削原理　　　　　图 9.13　无心内圆磨削原理

9.2.7　孔的精密加工

1. 研磨

　　研磨孔的原理与研磨外圆相同,是孔常用的一种光整加工方法。其特点是生产效率低且不能修正孔的位置精度,所以孔的位置精度只能由前工序保证,需在精镗、精铰或精磨后进行,但可得到较高的尺寸精度和表面粗糙度。研磨后孔的尺寸公差等级可提高到 IT6~IT5,表面粗糙度值为 $R_a 0.1~0.008\mu m$,孔的圆度和圆柱度亦相应提高。研磨孔所用的研具材料、研磨剂、研磨余量等均与研磨外圆类似。

　　套筒类零件孔的研磨原理如图 9.14 所示。图中的研具为可调式研磨棒,由锥度心棒和研套组成。拧动两端的螺母,即可在一定范围内调整直径的大小。研套上的槽和缺口是为了在调整时使研套能均匀地张开或收缩,并可存储研磨剂。

　　研磨前,套上工件,将研磨棒安装在车床上,涂上研磨剂,调整研磨棒直径使其对工件有适当的压力,即可进行研磨。研磨时,研磨棒旋转,手握工件往复移动。壳体或缸筒类零件的大孔,需要研磨时可在钻床或改装的简易设备上进行。研磨棒同时作旋转运动和轴向移动,但研磨棒与机床主轴需成浮动连接;否则当研磨棒轴线与孔轴线发生偏斜时,将产生孔的形状误差。

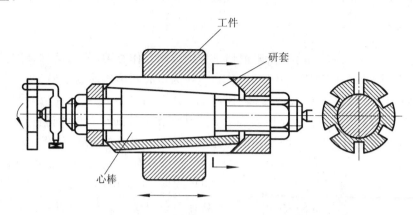

图 9.14　套筒类零件的研磨原理

2. 珩磨

珩磨是用珩磨磨具对孔进行精密加工的一种磨削方法,是用油石条对孔进行的一种高效率的光整加工,需要在磨削或精镗的基础上进行。珩磨的加工精度高,珩磨后尺寸公差等级为 IT6～IT5,表面粗糙度值为 $R_a 0.2～0.05\mu m$,圆度和圆柱度可达到 $0.003～0.005mm$。珩磨的应用范围很广,可加工铸铁件、淬硬和不淬硬的钢件以及青铜等,但不宜加工易堵塞油石的塑性金属。珩磨加工的孔径为 $\phi 5～\phi 500mm$,也可加工 $L/D>10$ 的深孔,因此珩磨工艺广泛应用于汽车、拖拉机、煤矿机械、机床和军工等生产中。

珩磨是低速大面积接触的磨削加工,与磨削原理基本相同。珩磨所用的磨具是由几根粒度很细的油石条组成的珩磨头。珩磨时,珩磨头的油石有 3 种运动:旋转运动、往复直线运动和施加压力的径向运动。如图 9.15(a)所示,其中旋转和往复直线运动是珩磨的主要运动,这两种运动的组合使油石上的磨粒在孔的内表面上的切削轨迹成交叉而不重复的网纹,如图 9.15(b)所示。径向加压运动是油石的进给运动,施加的压力愈大,进给量就愈大。

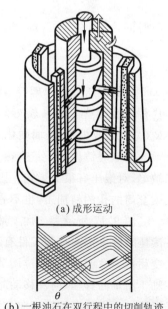

在珩磨时,油石与孔壁的接触面积较大,参加切削的磨粒很多,因而加在每颗磨粒上的切削力很小(磨粒的垂直载荷仅为磨削的 $1/50～1/100$),珩磨的切削速度较低(一般在 $100m/min$ 以下,仅为普通磨削的 $1/30～1/100$),在珩磨过程中又施加大量的冷却液,所以在珩磨过程中发热少,孔的表面不易烧伤,而且加工变形层极薄,从而被加工孔可获得很高的尺寸精度、形状精度和表面质量。同时,虽然珩磨头的转速很低,但往复运动速度较高,切削磨粒多,所以能很快地切除金属,生产效率高。

(a)成形运动

(b)一根油石在双行程中的切削轨迹

图 9.15　珩磨的运动及切削规迹

为使油石能与孔表面均匀地接触,能切去小而均匀的加工余量,珩磨头相对工件有小量的浮动,珩磨头与机床主轴是浮动连接,因此珩磨不能修正孔的位置精度和孔的直线度,孔的位置精度和孔的直线度应在珩磨前的工序中给予保证。

3. 精细镗孔

精细镗与镗孔方法基本相同,由于最初是使用金刚石作镗刀,所以又称金刚镗。常用于有色金属合金和铸铁的套筒零件孔的终加工,或作为珩磨和滚压前的预加工。

精细镗所使用的设备常为精度高、刚性好、具有高转速的金刚镗床,采用硬质合金YT30、YT15、YG3X 或人工合成金刚石和立方氮化硼作为精细镗刀具的材料,从而可获得精度高和表面质量好的孔,其加工的尺寸精度为 IT6~IT5,表面粗糙度值为 $R_a 0.4\sim0.05\mu m$。

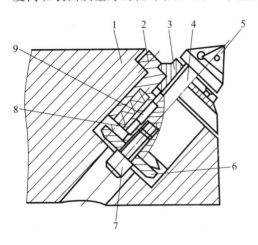

图 9.16　微调镗刀

1—镗杆;2—套筒;3—刻度盘;4—微调刀杆
5—刀片;6—垫圈;7—夹紧螺钉;8—弹簧;9—键

精细镗孔为了达到高精度与较小的表面粗糙度值,减少切削变形对加工质量的影响,选择的切削速度较高(钢为 200m/min;铸铁为 100m/min;铝合金为 300m/min)、加工余量较小(约 0.2~0.3mm)、进给量较小(0.03~0.08 mm/r),以保证其加工质量。

在镗削精密孔时,常常采用微调镗刀头。图 9.16 所示为一种带游标刻度盘的微调镗刀,刀杆 4 上夹有可转位刀片 5,刀杆 4 上有精密的小螺距螺纹,刻度盘 3 的螺母与刀杆 4 组成精密的丝杠螺母副。微调时,半松开夹紧螺钉 7,转动刻度盘 3,因刀杆 4 用键 9 导向,因此刀杆只能作直线移动,从而实现微调,最后将夹紧螺钉锁紧。这种微调镗刀的刻度值可达 0.0025mm,且调整方便可靠,节省时间。

4. 滚压

孔的滚压加工原理与滚压外圆相同。由于滚压加工效率高,近年来多采用滚压工艺来代替珩磨工艺,效果较好。孔径滚压后尺寸精度在 0.01mm 以内,表面粗糙度值为 $R_a 0.16\mu m$ 或更小,表面硬化耐磨,生产效率比珩磨提高了数倍。

滚压对铸件的质量有很大的敏感性,如铸件的硬度不均匀、表面疏松、含气孔和砂眼等缺陷,对滚压有很大影响。因此,对铸件油缸不可采用滚压工艺而应选用珩磨工艺。对于淬硬套筒的孔的精加工,也不宜采用滚压。

图 9.17 所示为一加工液压缸的滚压头,滚压头表面的圆锥形滚柱 3 支承在锥套 5 上,滚压时圆锥形滚柱与工件有 0.5°~1°的斜角,使工件能逐渐恢复弹性,避免工件孔壁的表面变粗糙。孔滚压前,通过调节螺母 11 调整滚压头的径向尺寸,旋转调节螺母可使其相对心轴 1 沿轴向移动,向左移动时,推动过渡套 10、推力轴承 9、衬套 8 及套圈 6 经销子 4,使圆锥形滚柱 3 沿锥套的表面向左移,结果使滚压头的径向尺寸缩小。当调节螺母向右移动时,由压缩弹簧 7 压移衬套,经推力轴承使过渡套始终紧贴在调节螺母的左端面,当衬套右移时,带动套圈,经盖板 2 使圆锥形滚柱也沿轴向右移,使滚压头的径向尺寸增大。滚压头径向尺

寸应根据孔滚压过盈量来确定,通常钢材的滚压过盈量为 0.1～0.12mm,滚压后孔径增大 0.02～0.03mm。

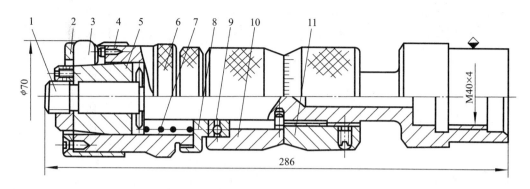

图 9.17　液压缸滚压头

1—心轴;2—盖板;3—圆锥形滚柱;4—销子;5—锥套;6—套圈

7—弹簧;8—衬套;9—推力轴承;10—过渡套;11—调节螺母

　　径向尺寸调整好的滚压头,在滚压加工过程中圆锥形滚柱所受的轴向力经销子、套圈、衬套作用在推力轴承上,最终经过渡套、调节螺母及心轴传至与滚压头右端 M404 螺纹相连的刀杆上。滚压完毕后,滚压头从孔反向退出时,圆锥形滚柱受一向左的轴向力,此力传给盖板 2 经套圈、衬套将压缩弹簧压缩,实现向左移动,使滚压头直径缩小,保证滚压头从孔中退出时不碰坏已滚压好的孔壁。滚压头从孔中退出后,在弹簧力作用下复位,使径向尺寸又恢复到原调数值。

9.2.8　孔加工方案的选择

　　以上介绍了孔的常用加工方法、原理以及可达到的精度和表面粗糙度,但要达到孔表面的设计要求,一般只用一种加工方法是达不到的,而往往要由几种加工方法顺序组合,即选用合理的加工方案。套筒类零件的外圆表面加工方法根据精度要求可选择车削和磨削。内孔表面的加工则比较复杂,要考虑其结构特点、孔径大小、长径比大小、加工精度和表面粗糙度以及生产规模、材料的热处理要求和生产条件等因素。

　　例如"钻—扩—铰"和"钻—扩—拉"两种加工方案能达到的技术要求基本相同,但后一种的加工方案在大批大量生产中采用较为合理。再如"粗镗(扩)—半精镗(精扩)—精镗(铰)"和"粗镗(扩)—半精镗—磨孔"两种加工方案达到的技术要求也基本相同,但如果内孔表面经淬火后则只能用磨孔方案,而材料为有色金属时以采用精镗(铰)方案为宜,如未经淬硬的工件则两种方案均能采用,这时可根据生产现场设备等情况来决定加工方案。又如大批大量生产时可选择"钻—(扩)—拉—珩磨"的方案,如孔径较小时可选择"钻—(扩)—粗铰—精铰—珩磨"的方案,如孔径较大则可选择"粗镗—半精镗—精镗—珩磨"的加工方案。

　　1. 孔加工方案确定的原则

　　为了保证孔的加工要求,在制订孔的加工方案时,应遵循以下基本原则。

　　(1) 孔径较小时(如 30～50mm 以下),大多采用钻扩铰方案。批量大的生产则可采用钻孔后拉孔的加工方案,其精度稳定,生产率高。

（2）孔径较大时，大多采用钻孔后镗孔或直接镗孔的方案。缸筒类零件的孔在精镗后通常还要进行珩磨或滚压加工。

（3）淬硬套筒零件，多采用磨孔方案，可获得较高的精度和较细的表面粗糙度。对于精密套筒，相应增加孔的光整加工，如高精度磨削、珩磨、研磨、抛光等加工方法。

2. 常用孔表面的典型加工方案

根据孔加工方案的基本原则，可归纳出孔加工的 4 条基本典型方案。

1）钻—粗拉—精拉

对于大批量生产中的中孔一般可选用这条加工路线。加工质量稳定，生产率高。特别是带有键槽的内孔，用拉削更为方便。若毛坯上的孔没有被铸出或锻出时，则要有钻孔工序，如果是中孔（$\phi 30 \sim \phi 50 \text{mm}$），又是毛坯上铸出或锻出，这时则需要粗镗后再粗拉孔。对模锻的孔，因精度较好也可以直接粗拉。

2）钻—扩—铰—手铰

这条加工路线主要用于小孔和中孔。孔径超过 $\phi 50 \text{mm}$ 时则用镗孔。手铰是用手工铰孔。加工时铰刀以被加工表面本身定位，主要提高孔的形状精度、尺寸精度和降低表面粗糙度值，是成批生产中加工精密孔的有效方法之一。

3）钻或粗镗—半精镗—精镗—金刚镗

对于毛坯未铸出或锻出孔时，先要钻孔。已有孔时，可直接粗镗孔。对于大孔，可采用浮动镗刀块镗削；有色金属的小孔则可以采用金刚镗。一般此路线常用于箱体的孔系加工。

4）钻或粗镗—粗磨—半精磨—精磨—研磨、珩磨

这条路线主要用于淬硬零件或精度要求高、表面粗糙度值小的内孔表面加工。

9.3　孔加工常用工艺装备

9.3.1　孔加工用刀具

在金属切削中，孔加工占很大比重。孔加工的刀具种类很多，按其用途可分为两类：一类是在实体材料上加工出孔的刀具，如麻花钻、扁钻、深孔钻等；另一类是对工件已有孔进行再加工的刀具，如扩孔钻、铰刀、镗刀等。本节介绍常用的几种孔加工刀具。

1. 麻花钻

麻花钻目前是孔加工中应用最广泛的刀具。它主要用来在实体材料上钻削直径在 $0.1 \sim 80 \text{mm}$、加工精度较低和表面较粗糙的孔，以及加工质量要求较高的孔的预加工。有时也把它代替扩孔钻使用。其加工精度一般在 IT12 左右，表面粗糙度值为 $R_a 12.5 \sim 6.3 \mu \text{m}$。

按刀具材料的不同，麻花钻分为高速钢钻头和硬质合金钻头。高速钢麻花钻的种类很多，按柄部分类有直柄和锥柄之分。直柄一般用于小直径钻头；锥柄一般用于大直径钻头。按长度分类，则有基本型和短、长、加长、超长等各型钻头。

高速钢麻花钻是一种标准刀具。图 9.18 为高速钢麻花钻的结构图。它由工作部分、柄部和颈部组成。柄部用来装夹钻头和传递扭矩。钻头直径 $d_0 < 12 \text{mm}$ 时常制成圆柱柄（直柄）；钻头直径 $d_0 > 12 \text{mm}$ 时常采用圆锥柄。颈部是工作部分和柄部的连接部分，俗称"空

刀"，在磨削柄部时起退砂轮的作用，也是钻头打印标记的位置，小直径钻头不做出颈部。工作部分包括切削部分和导向部分，切削部分有两条主切削刃、两条副切削刃和一条横刃，担负主要的切削工作。导向部分起导向和排屑作用，也是钻头重磨的储备部分。导向部分的两条螺旋槽形成钻头的前刀面，也是排屑、容屑和切削液流入的空间。

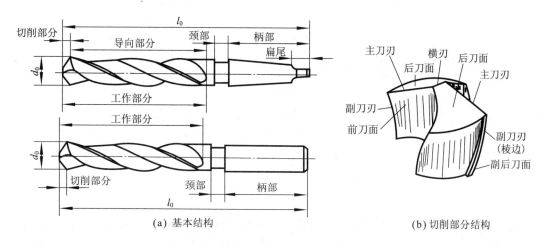

（a）基本结构　　　　　　　　　　　　　　（b）切削部分结构

图 9.18　高速钢麻花钻结构

　　硬质合金麻花钻有整体式、镶片式和无横刃式 3 种，直径较大时还可以采用可转位式结构。随着硬质合金钻头的出现，钻削加工的概念也发生了变化。事实上，通过正确选用合适的硬质合金钻头，可以大幅度提高钻削生产率，降低每孔加工成本。

　　小直径硬质合金钻头都做成整体式结构，适于在先进的加工中心上使用。除用于加工硬材料外，也适用于加工非金属压层材料。这种钻头采用细颗粒硬质合金材料制造，为延长使用寿命，还进行了 TiAlN 涂层处理，专门设计的几何刃型使钻头具有自定心功能，在钻削大多数工件材料时，具备良好的切屑控制和排屑功能。该钻头的自定心功能和严格控制的制造精度可确保孔的钻削质量，钻削后不需要再进行后续精加工。

　　镶片式硬质合金钻头刀片用 YG8，刀体用 9SiCr；淬硬至 HRC58～62。钻芯较粗，导向部分缩短；加宽容屑槽、增大倒锥量、制成双螺旋角，以增强钻体刚度，减少振动，便于排屑，防止刀片崩裂。

　　可更换硬质合金齿冠钻头是近年开发的新一代钻削刀具。它由钢制钻体和可更换的整体硬质合金齿冠组合而成，与焊接式硬质合金钻头相比，其加工精度不相上下，但由于齿冠可更换，因此可降低加工成本，提高钻削生产率。这种钻头可获得精确的孔径尺寸增量并具有自定心功能，因此孔径加工精度很高。

　　2. 锪钻

　　在已加工出的孔上加工圆柱形沉头孔（图 9.19（a））、锥形沉头孔（图 9.19（b））和端面凸台（图 9.19（c））时，所使用的刀具统称为锪钻。锪钻大多采用高速钢制造，如图 9.19（a）所示的锪钻为平底锪钻，其圆周和端面上各有 3～4 个刀齿，在已加工好的孔内插入导柱，其作用为控制被锪孔与原有孔的同轴度误差。导柱一般做成可拆式，以便于锪钻的端面齿的制造与刃磨。锥面锪钻的钻尖角有 60°、90° 和 120° 3 种。对于直径 $\phi15$mm 的孔，常采用硬质合金可转位装配式锪钻，这种锪钻结构简单、制造方便、切削平稳、加工质量好、生产率高、刀具寿命长、生产成本低,是近年开发的新产品。

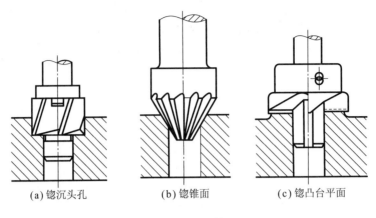

(a) 锪沉头孔　　　　　(b) 锪锥面　　　　　(c) 锪凸台平面

图 9.19　锪钻

3. 铰刀

铰刀由高速钢和硬质合金制造。铰刀一般分为机用铰刀和手用铰刀两种形式。手用铰刀分为整体式和可调式两种。整体式铰刀径向尺寸不能调节,可调式铰刀径向尺寸可调节。机用铰刀分为带柄式和套式,分别用于直径较小和直径较大的场合。带柄式又分为直柄和锥柄两类,直柄用于小直径铰刀,锥柄用于大直径铰刀。按刀具材料可分为高速钢(或合金工具钢)铰刀和硬质合金铰刀。高速钢铰刀切削部分的材料一般为 W18Cr4V 或 W6Mo5Cr4V2。硬质合金铰刀按照刀片在刀体上的固定方式分为焊接式、镶齿式和机夹可转位式。此外,还有一些专门用途的铰刀,如用于铰削深孔的硬质合金枪铰刀和拉铰刀,用于铰削精密孔的硬质合金镗铰刀和金刚石铰刀等。

铰刀的精度等级分为 H7、H8、H9 3 级,其公差由铰刀专用公差确定,分别适用于铰削 H7、H8、H9 公差等级的孔。多数铰刀又分为 A、B 两种类型,A 型为直槽铰刀,B 型为螺旋槽铰刀。螺旋槽铰刀切削平稳,适用于加工断续表面。

如图 9.20 所示,铰刀由工作部分、颈部和柄部组成。工作部分又分为切削部分和校准部分。切削部分由导锥和切削锥组成,导锥对于手用铰刀仅起便于铰刀引入预制孔的作用,

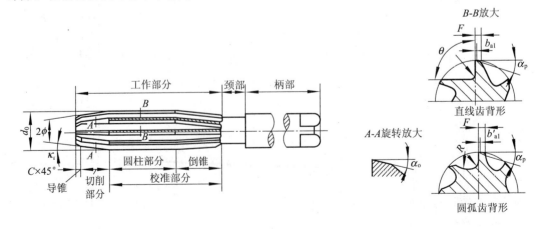

图 9.20　高速钢铰刀结构

而切削锥则起切削作用。对于机用铰刀，导锥亦起切削作用，一般把它作为切削锥的一部分。校准部分包括圆柱部分和倒锥。圆柱部分主要起导向、校准和修光的作用；倒锥主要起减少与孔壁的摩擦和防止孔径扩大的作用。颈部的作用与麻花钻相同。

9.3.2　钻夹具

钻夹具（俗称钻模）是用来在钻床上钻孔、扩孔、铰孔和攻螺纹的机床夹具，其结构形式常见的有固定式、分度式、盖板式和滑柱式等主要类型。通过钻套引导刀具进行加工是钻模的主要特点。钻削时，被加工孔的尺寸和精度主要由刀具本身的尺寸和精度来保证，而孔的位置精度则由钻套在夹具上相对于定位元件的位置精度来确定。

1. 钻模类型的选择

钻模的类型很多，在设计钻模时首先需要根据工件的形状尺寸、重量、加工要求和批量来选择钻模的结构类型，在选型时要注意以下几点。

（1）工件被加工孔径大于 10mm 或加工精度要求高时，钻模应固定在工作台上（特别是钢件），因此其夹具体上应有专供夹压用的凸缘或凸台。

（2）对于中、小型工件，如果包括工件在内所产生的总重量不超过 100N，可选择使用翻转式钻模。

（3）当工件上加工的孔是处于同一回转半径的平行孔系，且夹具的总重量超过 150N 时，应采用具有分度装置的回转钻模或采用固定钻模在摇臂钻床上加工，如能与通用回转台配合使用则更好。对于大批量生产，可在立式钻床上采用多轴传动头加工。大型工件则可采用盖板式钻模在摇臂钻床上加工。

（4）对于孔的垂直度允差大于 0.1mm 和孔距位置允差大于 0.15mm 的中、小型工件，宜优先采用滑柱式钻模，以缩短夹具的设计制造周期。

（5）钻模板和夹具体为焊接式的钻模，因焊接应力不能彻底消除，精度不能长期保持，故一般在工件孔距允差要求不高的场合采用。

例如图 9.21 所示的移动式钻模，用于加工连杆大、小头上的孔。工件以端面及大、小头圆弧面作为定位基面，在定位套 12、13 和固定 V 形块 2 及活动 V 形块 7 上定位。先通过手

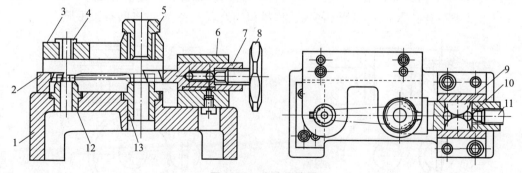

图 9.21　移动式钻模

1—夹具体；2—固定 V 形块；3—钻模板；4、5—钻套
6—支座；7—活动 V 形块；8—手轮；9—半月键
10—钢球；11—螺钉；12、13—定位套

轮 8 推动活动 V 形块 7 压紧工件,然后转动手轮 8 带动螺钉 11 转动,压迫钢球 10,使两片半月键 9 向外胀开而锁紧。V 形块带有斜面,可使工件在夹紧分力作用下与定位套贴紧。通过移动钻模,使钻头分别在两个钻套 4、5 中导入,从而加工工件上的两个孔。

2. 钻套类型的选择

钻套和钻模板是钻夹具上的特殊元件。钻套装配在钻模板或夹具体上,其作用是确定被加工孔的位置和引导刀具加工。

根据钻套的结构和使用特点,钻套主要有 4 种类型。

(1) 固定钻套:常用的固定钻套有无肩固定钻套和带肩固定钻套两种类型,如图 9.22 所示。固定钻套外圆与钻模以 H7/n6 或 H7/r6 配合,直接压入钻模板上的钻套底孔内。其特点是结构简单、钻孔精度高,适用于单一钻孔工序和小批生产。在使用过程中若不需要更换钻套,则用固定钻套较为经济,钻孔的位置精度也较高。

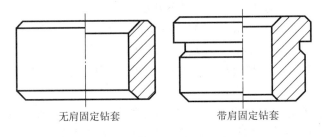

无肩固定钻套　　　　　　带肩固定钻套

图 9.22　固定钻套

(2) 可换钻套:如图 9.23 所示,在生产批量较大且为单一钻孔的工步中,当需要更换磨损的钻套时,则用可换钻套较为方便,可换钻套装在衬套中,衬套是以 H7/n6 或 H7/r6 的配合直接压入钻模板的底孔内的,钻套外圆与衬套内孔之间常采用 F7/m6 或 F7/k6 配合。当钻套磨损后,可卸下螺钉,更换新的钻套。螺钉还能防止加工时钻套转动或退刀时钻套随刀具拔出。

(3) 快换钻套:当被加工孔需依次进行钻、扩、铰多工步加工时,由于刀具直径逐渐增大,应使用外径相同而内径不同的钻套来引导刀具,这时使用快换钻套可减少更换钻套的时间,快换钻套的有关配合与可换钻套的相同。如图 9.24 所示,更换钻套时,将钻套的削边处转至螺钉处,即可取出钻套。钻套的削边方向应考虑刀具的旋向,以免钻套随刀具自行拔出。

以上 3 类钻套已标准化,其结构参数、材料和热处理方法等,可查阅有关手册。

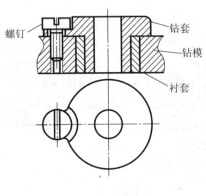

图 9.23　可换钻套

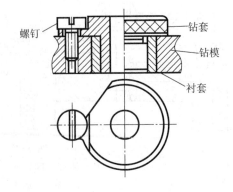

图 9.24　快换钻套

（4）特殊钻套：由于工件形状或被加工孔位置的特殊性，有时需要设计特殊结构的钻套。例如在斜面上钻孔时，钻套应尽量接近加工表面，并使之与加工表面的形状相吻合，排屑空间的高度应小于 0.5mm，从而增加钻头钢度，避免钻头引偏或折断。如果钻套较长，可将钻套孔上部的直径加大（一般取 0.1mm），以减少导向长度。又如在凹坑内钻孔时，常用加长钻套，为减小刀具与钻头的摩擦，可将钻套引导高度以上的孔径放大。另外，小孔距钻套、可定位钻套都属于特殊钻套。特殊钻套是非标准钻套，需要根据加工零件的类型、形状、精度及生产批量等要求自行设计。

3. 钻套基本尺寸、公差及其他相关尺寸的选择

（1）钻套导向孔直径的基本尺寸应为所用刀具的最大极限尺寸，并采用基轴制间隙配合。钻孔或扩孔时其公差取 F7 或 F8，粗铰时取 G7，精铰时取 G6。若钻套引导的是刀具的导柱部分（如加长的扩孔钻、铰刀等腰三角形），则可按基孔制的相应配合选取，如 H7/f7、H7/g6 等。

（2）钻套的导向长度 H 对刀具的导向作用影响很大。H 较大时，刀具在钻套内不易产生偏斜，导向性能好，加工精度高，但会加快刀具与钻套的磨损；H 过小时，则钻孔时导向性不好。通常取导向长度 H 与其孔径 d 之比 $H/d=1\sim2.5$。当加工精度要求较高或加工的孔径较小时，由于所用的钻头刚性较差，则 H/d 值可取大些，如钻孔直径 $d<5$mm 时，应取 $H/d\geqslant2.5$。

（3）排屑间隙 h 是指钻套底部与工件表面之间的空间。如果 h 太小，则切屑排出困难，会损伤加工表面，甚至还可能折断钻头；如果 h 太大，虽然排屑方便，但会使钻头的偏斜增大，刀具的刚度和孔的加工精度都会降低。一般加工铸铁件时，$h=(0.3\sim0.7)d$；加工钢件时，$h=(0.7\sim1.5)d$（d 为所用钻头的直径）。对于位置精度要求很高的孔或在斜面上钻孔时，可将 h 值取得尽量小些，甚至可以取为零。

4. 钻模板类型的选择

钻模板通常是装配在夹具体或支架上，或与夹具体上的其他元件相连接，常见的有以下几种类型。

1）固定式钻模板

如图 9.25 所示，钻模板和夹具体或支架的连接采用两个圆锥销和螺钉装配连接（图 9.25(a)）或者整体的铸造或焊接式（图 9.25(b)）结构。这种钻模板是直接固定在夹具体上的，故钻套相对于夹具体也是固定的，钻孔精度较高，使用较广泛；但是这种结构对某些工件而言，装拆不太方便，在设计和制造过程中应注意以不妨碍工件的装卸为准。

2）铰链式钻模板

当钻模板妨碍工件的装卸或钻孔后的攻螺纹时，采用如图 9.26 所示的铰链式钻模板。这种钻模板是通过铰链与夹具体或固定支架连接在一起的，钻模板可绕铰链轴翻转。铰链销和钻模板的销孔采用基轴制间隙配合（G7/h6），与支座孔的配合为基轴制过盈配合（N7/h6），钻模板和支座两侧面间的配合则为基孔制间隙配合（H7/g6）。当钻孔的位置精度要求较高时，应予配制，控制 0.01～0.02mm 的间隙。同时还要注意使钻模板工作时处于正确位置。钻套导向孔与夹具安装面的垂直度可通过调节垫片或修磨支承件的高度来保证。这种

钻模板常采用蝶形螺母锁紧,装卸工件比较方便,对于钻孔后还需要进行锪平面、攻丝等工步尤为适宜;但该钻模板可达到的位置精度较低,结构也较复杂。

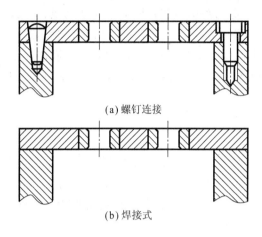

　　　　　　　　(a)螺钉连接

　　　　　　　　(b)焊接式

　　图9.25　固定式钻模板　　　　　　　图9.26　铰链式钻模板

除以上两种常用的钻模板之外,还有可卸式钻模板、悬挂式钻模板等类型。设计钻模板时应注意以下几点。

(1)钻模板上安装钻套的孔之间及孔定位元件的位置应有足够的精度。

(2)钻模板应具有足够的刚度,以保证钻套位置的精确性,但不能过于厚重,必要时可设置加强肋以提高钻模板的刚度。同时注意钻模板一般不承受夹紧反力。

(3)为保证加工的稳定性,应使钻模板在夹具上维持足够的定位压力。

9.4　典型套筒类零件加工工艺分析

9.4.1　套筒类零件的结构特点及工艺分析

套筒类零件的加工工艺因其功用、结构形状、材料和热处理以及尺寸大小的不同而异。就其结构形状来划分,大体可以分为短套筒和长套筒两大类。它们在加工中,装夹方法和加工方法都有很大的差别,本节以长套筒零件中的液压缸为例,介绍加工工艺规程制订的特点。

液压缸的材料一般有铸铁和无缝钢管两种。图9.27所示为用无缝钢管材料制成的液压缸。

为了保证活塞在液压缸内移动顺利,其技术要求包括对该液压缸内孔的圆柱度要求、对内孔轴线的直线度要求、内孔轴线与两端面间的垂直度要求、内孔轴线对两端支承外圆(ϕ82h6)的轴线同轴度要求等,除此之外还特别要求内孔必须光洁无纵向刻痕。若为铸铁材料,则要求其组织紧密,不得有砂眼、针孔及疏松,必要时用泵检测。表9-4为液压缸的加工工艺过程。

液压缸加工工艺过程分析如下。

(1)长套筒零件的加工中为保证内外圆的同轴度,在加工外圆时,一般与空心主轴的安装相似,即以孔的轴线为定位基准,用双顶尖顶孔口棱边或一头夹紧一头用顶尖顶孔口;加工孔时,与深孔加工相同,一般采用夹一头,另一头用中心架托住外圆,作为定位基准的外圆表面应为已加工表面,以保证基准精确。

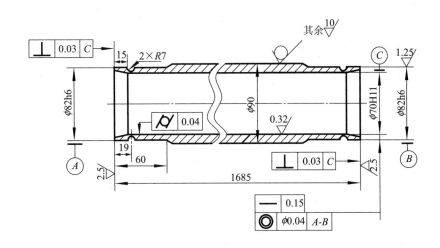

图 9.27　液压缸

表 9-4　液压缸加工工艺过程

序号	工艺名称	工 序 内 容	定位及夹紧
1	配料	无缝钢管切断	
2	车	车 $\phi82$mm 部分外圆到 $\phi88$mm,并车 M88×1.5mm 螺纹(工艺用)	一夹一大头顶
		车端面及倒角	一夹一托($\phi88$mm 处)
		调头车 $\phi82$mm 部分外圆到 $\phi84$mm	一夹一大头顶
		车端面及倒角,预留 1mm 加工余量,取总长 1686mm	一夹一托($\phi88$mm 处)
3	深孔推镗	半精镗孔到 $\phi69$mm	一紧固一托(M88×1.5mm端用螺纹固定在夹具上,另一端用中心架)
		精推镗孔到 $\phi69.85$mm	
		精铰(浮动镗)孔到 $\phi70\pm0.02$mm,表面粗糙度值 $R_a2.5\mu$m	
4	滚压孔	用滚压头滚压孔到 $\phi70^{+0.02}_{0}$mm,表面粗糙度值 $R_a0.32\mu$m	一紧固一托
5	车	车除工艺螺纹,车 $\phi82$h6 到规定尺寸,车 R7 槽	一软爪夹一定位顶
		镗内锥孔及车端面	一软爪夹一托(百分表找正)
		调头,车 $\phi82$h6 到规定尺寸,车 R7 槽	一软爪夹一定位顶
		镗内锥孔及车端面	一软爪夹一定位顶

　　(2)该液压缸零件的加工,因孔的尺寸精度要求不高,但为保证活塞与内孔的相对运动顺利,对孔的形状精度要求较高,表面质量要求较高。因而终加工采用滚压以提高表面质量,精加工采用镗孔和浮动铰孔以保证较高的圆柱度和孔的直线度要求。由于毛坯采用无缝钢管,毛坯精度高、加工余量小,内孔加工时,可直接进行半精镗。

　　(3)该液压缸壁薄,采用径向夹紧易变形,但由于轴向长度大,加工时需要两端支承,因此经常要装夹外圆表面。为使外圆受力均匀,先在一端外圆表面上加工出工艺螺纹,使下面的工序都能有工艺螺纹夹紧外圆,当终加工完孔后,再车去工艺螺纹达到外圆要求的尺寸。

9.4.2　套筒类零件加工中的主要工艺问题

一般套筒类零件在机械加工中的主要工艺问题是保证内外圆的相互位置精度(即保证内外圆表面的同轴度以及轴线与端面的垂直度要求)和防止变形。

1. 保证相互位置精度

要保证内外圆表面间的同轴度以及轴线与端面的垂直度要求,通常可采用下列几种工艺方案。

(1)在一次安装中加工内外圆表面与端面。这种工艺方案由于消除了安装误差对加工精度的影响,因而能保证较高的相互位置精度。该工艺方案工序比较集中,一般用于零件结构允许在一次安装中加工出全部有位置精度要求的表面的场合。

(2)先加工孔,然后以孔为定位基准加工外圆表面。当以孔为基准加工套筒的外圆时,常用刚度较好的小锥度心轴安装工件。小锥度心轴结构简单,易于制造,心轴用两顶尖安装,其安装误差很小。用这种方法加工短套筒类零件,可保证较高的位置精度。如中、小型的套、带轮、齿轮等零件,一般均采用这种方法。

(3)先加工外圆,然后以外圆为基准加工内孔。采用这种方法时,工件装夹迅速可靠,但夹具相对复杂,要获得较高的位置精度必须采用定心精度高的夹具。如弹簧膜片卡盘、经过修磨的三爪自定心卡盘及软卡爪等夹具。较长的套筒一般多采用这种加工方案。

(4)孔的精加工常采用拉孔、滚压孔等工艺方案,这样既可以提高生产效率,又可以解决镗孔和磨孔时因镗杆、砂轮杆刚性差而引起的加工误差问题。

2. 防止变形的方法

薄壁套筒在加工过程中,往往由于夹紧力、切削力和切削热的影响而引起变形,致使加工精度降低。要防止薄壁套筒的变形,可以采取以下措施。

1)减小夹紧力对变形的影响

在实际加工中,要减小夹紧力对变形的影响,工艺上常采用以下措施来达到目的。

(1)夹紧力不宜集中于工件的某一部分,应使其分布在较大的面积上,以使工件单位面积上所受的压力较小,从而减少其变形。例如工件外圆用卡盘夹紧时,可以采用软卡爪,用来增加卡爪的宽度和长度;或用开缝套筒装夹薄壁工件,由于开缝套筒与工件接触面积大,夹紧力可均匀分布在工件外圆上,不易产生变形。当薄壁套筒以孔为定位基准时,宜采用胀开式心轴。

(2)采用轴向夹紧工件的夹具。对于薄壁套筒类零件,由于轴向刚性比径向刚性好,用卡爪径向夹紧时工件变形大,若沿轴向施加夹紧力,变形就会小得多。如图9.28所示,由于工件靠螺母端面沿轴向夹紧,故其夹紧力产生的径向变形极小。

(3)在工件上做出加强刚性的辅助凸边以提高其径向刚度,减小夹紧变形,加工时采用特殊结构的卡爪夹紧,如图9.29所示。当加工结束后,将凸边切去即可。

2)减少切削力对变形的影响

(1)减小径向力,通常可借助增大刀具的主偏角来实现。

（2）内外表面同时加工，使径向切削力相互抵消，如图9.29所示。

（3）粗、精加工分开进行，使粗加工时产生的变形能在精加工中得到纠正。

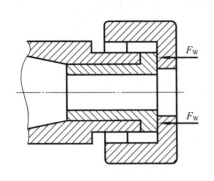

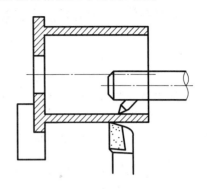

图9.28 轴向夹紧薄壁工件原理　　　　图9.29 辅助凸边夹紧原理

3）减少热变形引起的误差

工件在加工过程中受切削热后要膨胀变形，从而影响工件的加工精度。为了减少热变形对加工精度的影响，应在粗、精加工之间留有充分冷却的时间，并在加工时注入足够的切削液。另外，为减小热处理对工件变形的影响，热处理工序应放在粗、精加工之间进行，以便使热处理引起的变形在精加工中得到纠正。

小　　结

套筒类零件的应用范围很广，但具有共同的结构特性；其技术要求主要是孔的技术要求、外圆表面的技术要求、孔与外圆的同轴度要求和孔轴线与端面的垂直度要求等。

内孔表面加工方法较多，常用的有钻孔、扩孔、铰孔、镗孔、车孔、磨孔、拉孔和孔的精密加工等方法。其中钻孔的工艺特点是钻头容易偏斜、孔径容易扩大、孔的表面质量较差和钻削时轴向力大等；铰孔的工艺特点是孔和精度取决于铰刀的精度、安装方式、加工余量、切削用量和切削液等条件，孔与其他表面的位置精度则需由前工序或后工序来保证；镗孔的工艺特点是适应性强、能修正底孔轴线的位置偏差、加工精度较低和成本较低等；拉孔的工艺特点是生产率高、可获得较高的加工质量、不能提高孔的位置精度、制造成本昂贵、不能加工台阶孔和盲孔；磨孔的工艺特点是切削速度低、工况差、容易产生弯曲变形和振动、排屑困难。

孔的精密加工方法有研磨、珩磨、精细镗孔、滚压等。

内孔表面加工方案的选择要考虑其结构特点、孔径大小、长径比大小、加工精度和表面粗糙度以及生产规模、材料的热处理要求和生产条件等因素，并要求全面考虑零件的结构、形状、尺寸大小及材料的热处理，遵循加工方法的选择原则来确定加工方案。

本章还详细举例介绍了液压缸的加工工艺分析过程。

思考与练习题

9-1　套筒类零件的毛坯常选用哪些材料？毛坯的选择有什么特点？

9-2　孔加工方法有哪些？其中哪些方法属于粗加工？哪些方法属于精加工？

9-3　钻孔、扩孔和铰孔的刀具结构、加工质量和工艺特点有何不同？钻、扩、铰可在哪些机床上进行？

9-4　保证套筒零件位置精度的方法有哪几种？试举例说明各种方法的特点及其适应条件。

9-5　指出钻、扩、铰时钻套导向孔的公差带代号。

9-6　内孔的精密加工方法有哪些？试述应用范围及其工艺特点。

9-7　加工薄壁套筒零件时，工艺上采取哪些措施来防止受力变形？

9-8　设计钻模板应注意哪些问题？

9-9　钻套有几种类型？主要应用在什么场合？

9-10　珩磨头与机床主轴为何作浮动连接？珩磨能否提高孔与其他表面之间的位置精度？

9-11　试编制图 9.30 所示套筒零件的加工工艺过程，生产类型为中批生产，材料为 HT200。

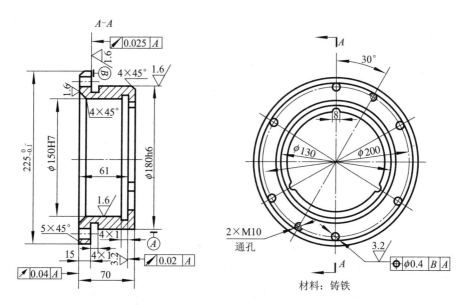

图 9.30　套筒零件

第 10 章　箱体类零件加工工艺及常用工艺装备

教学提示：箱体零件是典型的机械零部件,在平面加工和孔及孔系加工方面具有典型的工艺特征。本章讲述箱体类零件的功用、结构特点、技术要求、材料和毛坯;介绍平面加工和孔及孔系加工的常用方法,同时要求根据典型箱体零件加工工艺分析,熟悉箱体零件加工工艺要求。

教学要求：了解箱体类零件的功用、结构特点、技术要求、材料和毛坯;理解箱体类零件机械加工的一般方法及所能达到的精度等级;具有制定箱体类零件加工工艺和常用工艺装备的选择能力。

10.1　概　　述

10.1.1　箱体类零件的功用及结构特点

箱体类零件是机械或机器部件的基础零件。如分离式减速箱,它将减速器中的轴、套、齿轮等有关零件组装成一个整体,使它们之间保持正确的相互位置,并按照一定的传动关系协调地传递运动或动力。因此,箱体的加工质量将直接影响机器或部件的精度、性能和寿命。

箱体的种类很多,其尺寸大小和结构形式按其用途不同也有很大差异,如轮船、内燃机车的内燃机、发动机缸体尺寸很大,结构相当复杂;汽车、矿山运输机械、轧钢机减速器及各种机床的主轴箱、进给箱等,结构也比较复杂。根据箱体零件的结构形式不同,可将其分为整体式箱体(图 10.2(a)、(b)、(d))和分离式箱体(图 10.1)两大类。

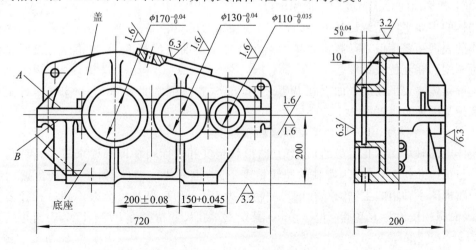

图 10.1　分离式箱体

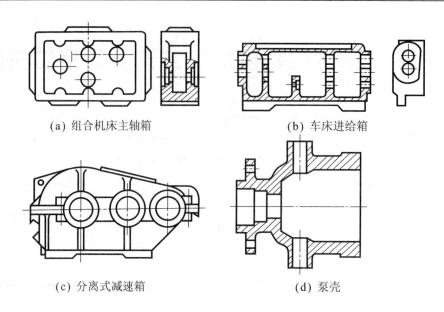

(a) 组合机床主轴箱　　　　　　　　　　　(b) 车床进给箱

(c) 分离式减速箱　　　　　　　　　　　(d) 泵壳

图 10.2　几种箱体的结构简图

箱体的结构形式虽然多种多样,但仍有共同的特点:内部呈腔形、形状复杂、壁薄且壁厚不均匀、加工部位多;有一对或数对加工要求高、加工难度大的轴承支承孔,有一个或数个基准面和一些支承面;既有精度要求较高的孔系和平面,也有许多精度要求较低的紧固孔。因此,一般中型机床制造厂用于箱体类零件的机械加工的劳动量约占整个产品加工量的15%～20%。

10.1.2　箱体类零件的主要技术要求、材料和毛坯

1. 箱体零件的主要技术要求

箱体类零件中以机床主轴箱的精度要求最高。以某车床主轴箱,如图 10.3 所示为例,箱体零件的技术要求主要可归纳为如下几点。

1) 主要平面的形状精度和表面粗糙度

箱体的主要平面是装配基准,并且往往是加工时的定位基准,所以,应有较高的平面度和较小的表面粗糙度值,否则,将直接影响箱体加工时的定位精度,影响箱体与机座总装时的接触刚度和相互位置精度。

一般箱体主要平面的平面度在 $0.1～0.03\text{mm}$,表面粗糙度 $R_a2.5～0.63\mu\text{m}$,各主要平面对装配基准面垂直度为 $0.1/300$。

2) 孔的尺寸精度、几何形状精度和表面粗糙度

箱体上的轴承支承孔本身的尺寸精度、形状精度和表面粗糙度都要求较高,否则,将影响轴承与箱体孔的配合精度,使轴的回转精度下降,也易使传动件(如齿轮)产生振动和噪声。一般机床主轴箱的主轴支承孔的尺寸精度为 IT6,圆度、圆柱度公差不超过孔径公差的一半,表面粗糙度值为 $R_a0.63～0.32\mu\text{m}$。其余支承孔尺寸精度为 IT7～IT6,表面粗糙度值为 $R_a2.5～0.63\mu\text{m}$。

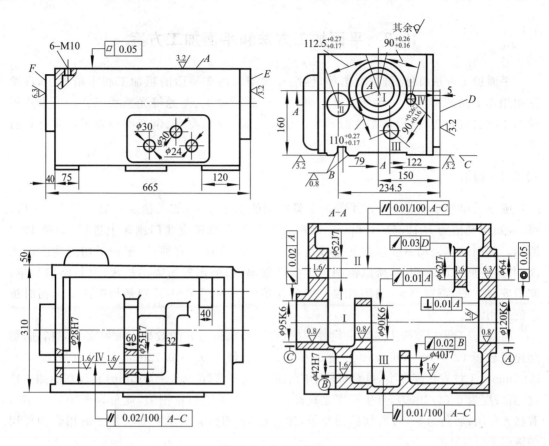

图 10.3　车床主轴箱

3）主要孔和平面相互位置精度

同一轴线的孔应有一定的同轴度要求,各支承孔之间也应有一定的孔距尺寸精度及平行度要求,否则,不仅装配有困难,而且会使轴的运转情况恶化、温度升高、轴承磨损加剧、齿轮啮合精度下降、引起振动和噪声,影响齿轮寿命。支承孔之间的孔距公差为 0.12～0.05mm,平行度公差应小于孔距公差,一般在全长取 0.1～0.04mm。同一轴线上孔的同轴度公差一般为 0.04～0.01mm。支承孔与主要平面的平行度公差为 0.1～0.05mm。主要平面间及主要平面对支承孔之间垂直度公差为 0.1～0.04mm。

2. 箱体的材料及毛坯

箱体材料一般选用 HT200～400 的各种牌号的灰铸铁,而最常用的为 HT200。灰铸铁不仅成本低,而且具有较好的耐磨性、可铸性、可切削性和阻尼特性。在生产单件或某些简易机床的箱体时,为了缩短生产周期和降低成本,可采用钢材焊接结构。此外,精度要求较高的坐标镗床主轴箱则选用耐磨铸铁。负荷大的主轴箱也可采用铸钢件。

毛坯的加工余量与生产批量、毛坯尺寸、结构、精度和铸造方法等因素有关。有关数据可查有关资料及根据具体情况决定。

毛坯铸造时,应防止砂眼和气孔的产生。为了减少毛坯制造时产生的残余应力,应使箱体壁厚尽量均匀,箱体浇铸后应安排时效处理或退火工序。

10.2　平面加工方法和平面加工方案

平面加工方法有刨、铣、拉、磨等,刨削和铣削常用作平面的粗加工和半精加工,而磨削则用作平面的精加工。此外还有刮研、研磨、超精加工、抛光等光整加工方法。采用哪种加工方法较合理,需根据零件的形状、尺寸、材料、技术要求、生产类型及工厂现有设备来决定。

10.2.1　刨削

刨削是单件小批量生产的平面加工最常用的加工方法,加工精度一般可达 IT9～IT7 级,表面粗糙值为 R_a12.5～1.6μm。刨削可以在牛头刨床或龙门刨床上进行,如图 10.4 所示。刨削的主运动是变速往复直线运动。因为在变速时有惯性,限制了切削速度的提高,并且在回程时不切削,所以刨削加工生产效率低;但刨削所需的机床、刀具结构简单,制造安装方便,调整容易,通用性强。因此在单件、小批生产中特别是加工狭长平面时被广泛应用。

当前,普遍采用宽刃刀精刨来代替刮研,这样能取得良好的效果。采用宽刃刀精刨,切削速度较低(2～5m/min)、加工余量小(预刨余量 0.08～0.12mm,终刨余量 0.03～0.05mm)、工件发热变形小、可获得较小的表面粗糙度值(R_a0.8～0.25μm)和较高的加工精度(直线度为 0.02/1000),且生产率也较高。图 10.5 为宽刃精刨刀,前角为 -10°～-15°,有挤光作用;后角为 5°,可增加后面支承,防止振动;刃倾角为 3°～5°。加工时用煤油作切削液。

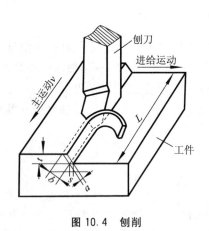

图 10.4　刨削

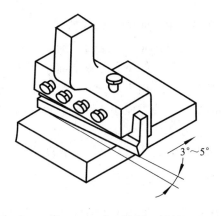

图 10.5　宽刃精刨刀刨削

10.2.2　铣削

铣削是平面加工中应用最普遍的一种方法,利用各种铣床、铣刀和其附件,可以铣削平面、沟槽、弧形面、螺旋槽、齿轮、凸轮和特形面,如图 10.6 所示。一般经粗铣、精铣后,尺寸精度可达 IT9～IT7,表面粗糙度可达 R_a12.5～0.63μm。

铣削的主运动是铣刀的旋转运动,进给运动是工件的直线运动。图 10.7 为圆柱铣刀和面铣刀的切削运动。

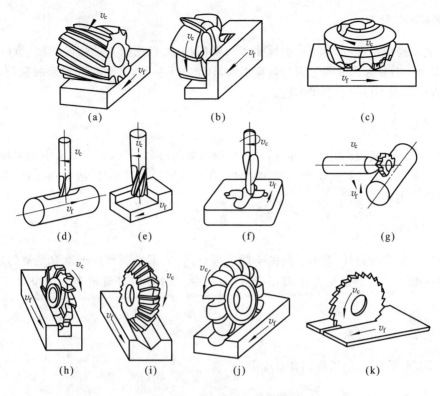

图 10.6 铣削加工方式与方法

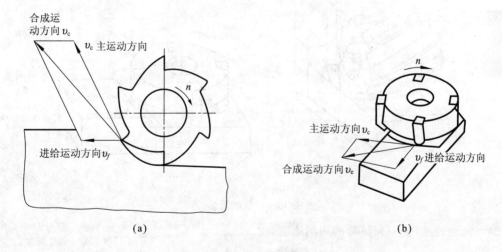

图 10.7 铣削运动

1. 铣削的工艺特征及应用范围

铣刀由多个刀齿组成,各刀齿依次切削,没有空行程,而且铣刀高速回转,因此与刨削相比,铣削生产率高于刨削,在中批以上生产中多用铣削来加工平面。

当加工尺寸较大的平面时,可在龙门铣床上,用几把铣刀同时加工各有关平面。这样,既可保证平面之间的相互位置精度,也可获得较高的生产率。

2. 铣削工艺特点

生产效率高但不稳定，由于铣削属于多刃切削，且可选用较大的切削速度，所以铣削效率较高；但由于各种原因导致了刀齿负荷不均匀，磨损不一致，从而引起机床的振动，造成切削不稳，直接影响工件的表面粗糙度。

3. 断续切削

铣刀刀齿切入或切出时产生冲击，一方面使刀具的寿命下降，另一方面引起周期性的冲击和振动。但由于刀齿间断切削，工作时间短，在空气中冷却时间长，故散热条件好，有利于提高铣刀的耐用度。

4. 半封闭切削

由于铣刀是多齿刀具，刀齿之间的空间有限，若切屑不能顺利排出或有足够的容屑槽，则会影响铣削质量或造成铣刀的破损，所以选择铣刀时要把容屑槽当作一个重要因素来考虑。

10.2.3　铣削用量四要素

如图 10.8 所示，铣削用量四要素如下。

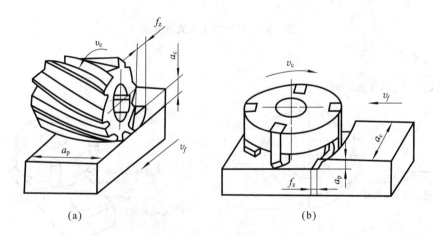

(a)　　　　　　　　　　　　　　　　(b)

图 10.8　铣削用量

(1)铣削速度：铣刀旋转时的切削速度。

$$v_c = \pi d_0 n / 1000$$

式中　v_c——铣削速度，m/min；

　　　d_0——铣刀直径，mm；

　　　n——铣刀转速，r/min。

(2)进给量：指工件相对铣刀移动的距离，分别用 3 种方法表示：f、f_z、v_f。

① 每转进给量 f：指铣刀每转动一周，工件与铣刀的相对位移量，单位为 mm/r。

② 每齿进给量 f_z：指铣刀每转过一个刀齿，工件与铣刀沿进给方向的相对位移量，单位为 mm/z。

③ 进给速度 v_f：指单位时间内工件与铣刀沿进给方向的相对位移量，单位为 mm/min。通常情况下，铣床加工时的进给量均指进给速度 v_f。

三者之间的关系为

$$v_f = f \times n = f_z \times z \times n$$

式中　z——铣刀齿数；

　　　n——铣刀转数，r/min。

（3）铣削深度 a_p：指平行于铣刀轴线方向测量的切削层尺寸。

（4）铣削宽度 a_c：指垂直于铣刀轴线并垂直于进给方向度量的切削层尺寸。

10.2.4　铣削方式及其合理选用

1. 铣削方式的选用

铣削方式是指铣削时铣刀相对于工件的运动关系。

1）周铣法（圆周铣削方式）

周铣法铣削工件时有两种方式，即逆铣与顺铣。铣削时若铣刀旋转切入工件的切削速度方向与工件的进给方向相反则称为逆铣，反之则称为顺铣。

（1）逆铣：如图 10.9（a）所示，切削厚度从零开始逐渐增大，当实际前角出现负值时，刀齿在加工表面上挤压、滑行，不能切除切屑，既增大了后刀面的磨损，又使工件表面产生较严重的冷硬层。当下一个刀齿切入时，又在冷硬层表面上挤压、滑行，更加剧了铣刀的磨损，同时工件加工后的表面粗糙度值也较大。逆铣时，铣刀作用于工件上的纵向分力 F_f，总是与工作台的进给方向相反，使得工作台丝杠与螺母之间没有间隙，始终保持良好的接触，从而使进给运动平稳；但是，垂直分力 F_{fN} 的方向和大小是变化的，并且当切削齿切离工件时，F_{fN} 向上，有挑起工件的趋势，引起工作台的振动，影响工件表面的粗糙度。

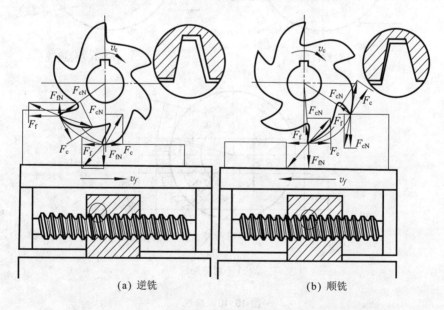

(a) 逆铣　　　　　　　　　　　　(b) 顺铣

图 10.9　逆铣与顺铣

（2）顺铣：如图 10.9（b）所示，刀齿的切削厚度从最大开始，避免了挤压、滑行现象，并且垂直分力 F_{fN} 始终压向工作台，从而使切削平稳，提高了铣刀耐用度和加工表面质量；但纵向分力 F_{f} 与进给运动方向相同，若铣床工作台丝杠与螺母之间有间隙，则会造成工作台窜动，使铣削进给量不均匀，严重时会打刀。因此，若铣床进给机构中没有丝杠和螺母消除间隙机构，则不能采用顺铣。

2）端铣削方式

端铣有对称端铣、不对称逆铣和不对称顺铣 3 种方式。

（1）对称铣削：如图 10.10（a）所示，铣刀轴线始终位于工件的对称面内，它切入、切出时切削厚度相同，有较大的平均切削厚度。一般端铣多用此种铣削方式，尤其适用于铣削淬硬钢。

（2）不对称逆铣：如图 10.10（b）所示，铣刀偏置于工件对称面的一侧，它切入时切削厚度最小，切出时切削厚度最大。这种加工方法，切入冲击较小，切削力变化小，切削过程平稳，适用于铣削普通碳钢和高强度低合金钢，并且加工表面粗糙度值小，刀具耐用度较高。

（3）不对称顺铣：如图 10.10（c）所示，铣刀偏置于工件对称面的一侧，它切出时切削厚度最小，这种铣削方法适用于加工不锈钢等中等强度和高塑性的材料。

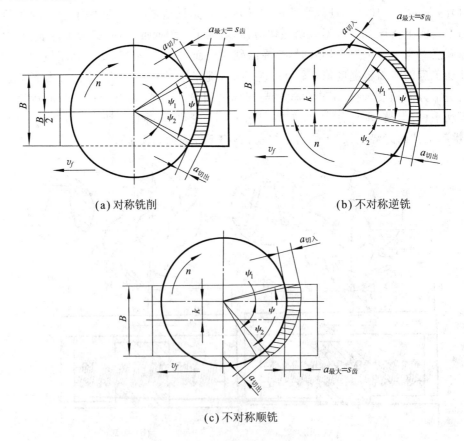

(a) 对称铣削　　　　　　　　　　　　　　(b) 不对称逆铣

(c) 不对称顺铣

图 10.10　端铣

2. 铣削用量的选择

铣削用量的选择原则是：在保证加工质量的前提下，充分发挥机床工作效能和刀具切削性能。在工艺系统刚性允许的条件下，首先应尽可能选择较大的铣削深度 a_p 和铣削宽度 a_c；其次选择较大的每齿进给量 f_z；最后根据所选定的耐用度计算铣削速度 v_c。

1）铣削深度 a_p 和铣削宽度 a_c 的选择

对于端铣刀，选择吃刀量的原则是：当加工余量≤8mm，且工艺系统刚度大，机床功率足够时，留出半精铣余量 0.5～2mm 以后，应尽可能一次去除多余余量；当余量＞8mm 时，可分两次或多次走刀。铣削宽度和端铣刀直径应保持以下关系

$$d_o = (1.1 \sim 1.6) a_c \, (mm)$$

对于圆柱铣刀，铣削深度 a_p 应小于铣刀长度，铣削宽度 a_c 的选择原则与端铣刀铣削深度的选择原则相同。

2）进给量的选择

每齿进给量 f_z 是衡量铣削加工效率水平的重要指标。粗铣时 f_z 主要受切削力的限制，半精铣和精铣时，f_z 主要受表面粗糙度限制。

3）铣削速度 v_c 的确定

可查铣削用量手册，如《机械加工工艺手册》第Ⅰ卷等。

3. 铣刀的选择

铣刀直径通常根据铣削用量来选择，一些常用铣刀的选择方法见表 10-1、表 10-2。

表 10-1　圆柱、端铣刀直径的选择（参考）　　　　　　　　　（mm）

名　称	高速钢圆柱铣刀			硬质合金端铣刀					
铣削深度 a_p	≤5	～8	～10	≤4	～5	～6	～7	～8	～10
铣削宽度 a_c	≤70	～90	～100	≤60	～90	～120	～180	～260	～350
铣刀直径 d_o	≤80	80～100	100～125	≤80	100～125	160～200	200～250	320～400	400～500

表 10-2　盘形、锯片铣刀直径的选择　　　　　　　　　（mm）

切削深度 a_p	≤8	～15	～20	～30	～45	～60	～80
铣刀直径 d_o	63	80	100	125	160	200	250

注：如 a_p、a_c 不能同时与表中数值统一，而 a_p（圆柱铣刀）或 a_c（端铣刀）选择铣刀直径又较大时，主要应根据 a_p（圆柱铣刀）或 a_c（端铣刀）选择铣刀直径。

10.2.5　平面磨削

平面磨削与其他表面磨削一样，具有切削速度高、进给量小、尺寸精度易于控制及能获得较小的表面粗糙度值等特点，加工精度一般可达 IT7～IT5 级，表面粗糙度值可达 $R_a 1.6 \sim 0.2 \mu m$。平面磨削的加工质量比刨和铣都高，而且还可以加工淬硬零件，因而多用于零件的半精加工和精加工。生产批量较大时，箱体的平面常用磨削来精加工。

在磨削工艺系统刚度较大的平面时，可采用强力磨削，不仅能对高硬度材料和淬火

表面进行精加工，而且还能对带硬皮、余量较均匀的毛坯平面进行粗加工。同时平面磨削可在电磁工作平台上同时安装多个零件，进行连续加工。因此，在精加工中对需保持一定尺寸精度和相互位置精度的中小型零件的表面来说，不仅加工质量高，而且能获得较高的生产率。

平面磨削方式有平磨和端磨两种。

1) 平磨

如图10.11(a)所示，砂轮的工作面是圆周表面，磨削时砂轮与工件接触面积小，发热小、散热快、排屑与冷却条件好，因此可获得较高的加工精度和表面质量，通常适用于加工精度要求较高的零件；但由于平磨采用间断的横向进给，因而生产率较低。

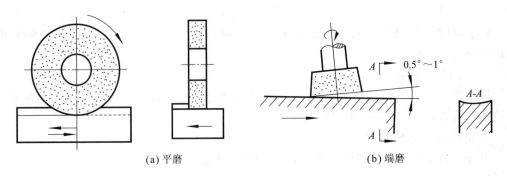

(a) 平磨　　　　　　　　　　　　(b) 端磨

图 10.11　平磨与端磨

2) 端磨

如图10.11(b)所示，砂轮工作面是端面。磨削时磨头轴伸出长度短，刚性好，磨头又主要承受轴向力，弯曲变形小，因此可采用较大的磨削用量。砂轮与工件接触面积大，同时参加磨削的磨粒多，故生产率高，但散热和冷却条件差，且砂轮端面沿径向各点圆周速度不等而产生磨损不均匀，故磨削精度较低。一般适用于大批生产中精度要求不太高的零件表面加工，或直接对毛坯进行粗磨。为减小砂轮与工件接触面积，可将砂轮端面修成内锥面形，或使磨头倾斜一微小的角度，这样可改善散热条件，提高加工效率，磨出的平面中间略成凹形，但由于倾斜角度很小，下凹量极微。

磨削薄片工件时，由于工件刚度较差，工件挠曲变形较为突出。变形的主要原因有以下两个。

(1) 工件在磨削前已有挠曲度（淬火变形）。当工件在电磁工作台上被吸紧时，在磁力作用下被吸平，但磨削完毕松开后，又恢复原形，如图10.12(a)所示。针对这种情况，可以减小电磁工作台的吸力，吸力大小只需使工件在磨削时不打滑即可，以减小工件的变形。还可在工件与电磁工作台之间垫入一块很薄的纸或橡皮（0.5mm以下），工件在电磁工作台上吸紧时变形就能减小，因而可得到平面度较高的平面，如图10.12(b)所示。

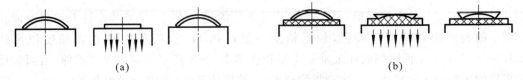

(a)　　　　　　　　　　　　　　(b)

图 10.12　用电磁工作台装夹薄件的情况

（2）工件磨削受热产生挠曲。磨削热使工件局部温度升高，上层热下层冷，工件就会突起，如两端被夹住不能自由伸展，工件势必产生挠曲。针对这种情况，可用开槽砂轮进行磨削。由于工件和砂轮间断接触，改善了散热条件，而且工件受热时间缩短，温度升高缓慢。磨削过程中采用充足的冷却液也能收到较好的效果。

10.2.6　平面的光整加工

对于尺寸精度和表面粗糙度要求很高的零件，一般都要进行光整加工。平面的光整加工方法很多，一般有研磨、刮研、超精加工、抛光。下面介绍研磨和刮研。

1. 研磨

研磨加工是应用较广的一种光整加工。加工后精度可达 IT5 级，表面粗糙度可达 $R_a 0.1 \sim 0.006 \mu m$。既可加工金属材料，也可以加工非金属材料。

研磨加工时，在研具和工件表面间存在分散的细粒度砂粒（磨料和研磨剂）。在两者之间施加一定的压力，并使其产生复杂的相对运动，这样经过砂粒的磨削和研磨剂的化学、物理作用，可在工件表面上去掉极薄的一层，获得很高的精度和较小的表面粗糙度。

研磨的方法按研磨剂的使用条件分为以下 3 类。

1）干研磨

研磨时只需在研具表面涂以少量的润滑附加剂。如图 10.13(a)所示。砂粒在研磨过程中基本固定在研具上，它的磨削作用以滑动磨削为主。这种方法生产率不高，但可达到很高的加工精度和较小的表面粗糙度值（$R_a 0.02 \sim 0.01 \mu m$）。

2）湿研磨

在研磨过程中将研磨剂涂在研具上，用分散的砂粒进行研磨。研磨剂中除砂粒外还有煤油、机油、油酸、硬脂酸等物质。在研磨过程中，部分砂粒存在于研具与工件之间，如图 10.13(b)所示。此时砂粒以滚动磨削为主，生产率高，表面粗糙度 $R_a 0.04 \sim 0.02 \mu m$，一般作粗加工用，但加工表面一般无光泽。

3）软磨粒研磨

在研磨过程中，将用氧化铬作磨料的研磨剂涂在研具的工作表面，由于磨料比研具和工件软，因此研磨过程中磨料悬浮于工件与研具之间，主要利用研磨剂与工件表面的化学作用，产生很软的一层氧化膜，凸点处的薄膜就很容易被磨料磨去。此种方法能得到极细的表面粗糙度（$R_a 0.02 \sim 0.01 \mu m$）。

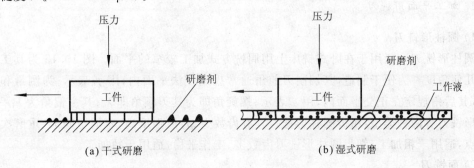

图 10.13　干式研磨与湿式研磨

2. 刮研

刮研平面用于未淬火的工件,它可使两个平面之间达到紧密接触,能获得较高的形状和位置精度,加工精度可达 IT7 级以上,表面粗糙度值 $R_a 0.8 \sim 0.1 \mu m$。刮研后的平面能形成具有润滑油膜的滑动面,因此能减少相对运动表面间的磨损和增强零件接合面间的接触刚度。刮研表面质量是用单位面积上接触点的数目来评定的,粗刮为 $1 \sim 2$ 点 $/cm^2$,半精刮为 $2 \sim 3$ 点 $/cm^2$,精刮为 $3 \sim 4$ 点 $/cm^2$。

刮研劳动强度大,生产率低;但刮研所需设备简单,生产准备时间短,刮研力小,发热小,变形小,加工精度和表面质量高。此法常用于单件小批生产及维修工作中。

10.3　铣削加工工艺装备

10.3.1　铣削刀具

铣刀的种类很多(大部分已经标准化),按齿背形式可将其分为尖齿铣刀和铲齿铣刀两大类。尖齿铣刀齿背经铣削而成,后刀面是简单平面,如图 10.14(a)所示,用钝后重磨后刀面即可。该刀具应用很广泛,加工平面及沟槽的铣刀一般都设计成尖齿的。铲齿铣刀与尖齿铣刀的主要区别是由铲制而成的特殊形状的后刀面,如图 10.14(b)所示,用钝后重磨前刀面。经铲制的后刀面可保证铣刀在其使用的全过程中廓形不变。按铣刀的用途分述如下。

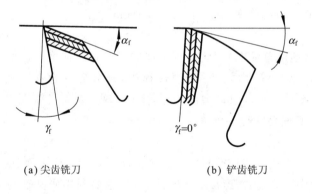

(a) 尖齿铣刀　　　　　　　　(b) 铲齿铣刀

图 10.14　齿背形式

1. 加工平面用铣刀

1)圆柱形铣刀

圆柱形铣刀一般用于在卧式铣床上用周铣方式加工较窄的平面。图 10.15 为其工作部分的几何角度。为便于制造,其切削刃前角通常规定在法平面内,用 γ_n 表示;为测量和刃磨方便,其后角规定在正交平面内,用 α_o 表示;螺旋角即为其刃倾角即 λ_s;其主偏角为 $k_r = 90°$。圆柱形铣刀有两种类型:粗齿圆柱形铣刀具有齿数少、刀齿强度高,容屑空间大、重磨次数多等特点,适用于粗加工;细齿圆柱形铣刀齿数多、工作平稳,适用于精加工。

2)面铣刀

高速钢面铣刀一般用于加工中等宽度的平面。标准铣刀直径范围为 $\phi 80 \sim \phi 250mm$。硬质合金面铣刀的切削效率及加工质量均比高速钢面铣刀高,故目前广泛使用硬质合金面铣刀来加工平面。

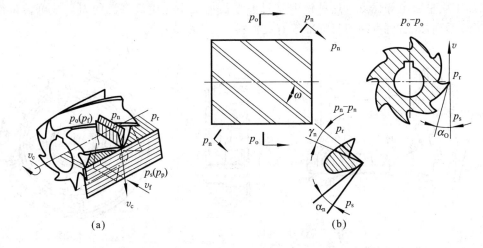

图 10.15　圆柱铣刀

图 10.16 所示为整体焊接式面铣刀。该刀结构紧凑,较易制造;但刀齿磨损后整把刀将报废,故已较少使用。

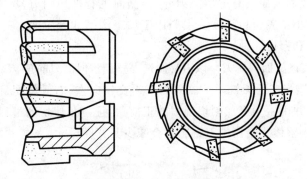

图 10.16　整体焊接式面铣刀

图 10.17 为机夹焊接式面铣刀。该铣刀是将硬质合金刀片焊接在小刀头上,再采用机械夹固的方法将刀装夹在刀体槽中。刀头报废后可换上新刀头,因此延长了刀体的使用寿命。

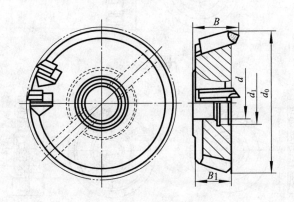

图 10.17　机夹焊接式面铣刀

图 10.18 为可转位面铣刀。该铣刀将刀片直接装夹在刀体槽中。切削刃用钝后，将刀片转位或更换刀片即可继续使用。可转位铣刀与可转位车刀一样具有效率高、寿命长、使用方便、加工质量稳定等优点。这种铣刀是目前平面加工中应用最广泛的刀具。可转位面铣刀已形成系列标准，可查阅刀具标准等有关资料。

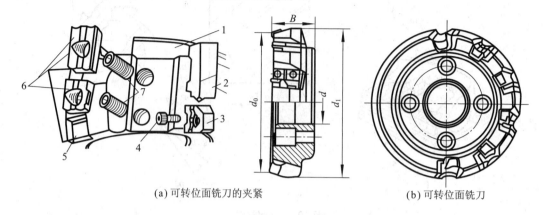

(a) 可转位面铣刀的夹紧　　　　　　　　　(b) 可转位面铣刀

图 10.18　可转位面铣刀

3）三面刃铣刀

三面刃铣刀除圆周表面具有主切削刃外，两侧面也有副切削刃，从而改善了切削条件，提高了切削效率，减小了表面粗糙度。主要用于加工沟槽和台阶面。三面刃铣刀的刀齿结构可分为直齿、错齿和镶齿 3 种。

图 10.19(a) 为直齿三面刃铣刀。该刀易制造、易刃磨，但侧刃前角 $\gamma_o = 0°$，切削条件较差。

图 10.19(b) 为错齿三面刃铣刀。该刀的刀齿交错向左、右倾斜螺旋角 ω。每一刀齿只在一端有副切削刃，并由 ω 角形成副切削刃的正前角，且 ω 角使切削过程平稳，易于排屑，从而改善了切削条件。整体式错齿铣刀重磨后会减少其宽度尺寸。

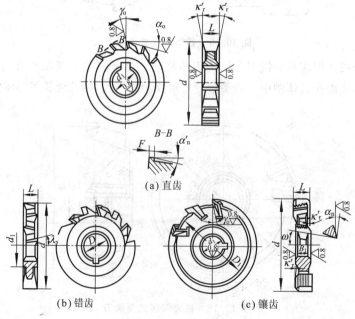

(a) 直齿

(b) 错齿　　　　　　　　　(c) 镶齿

图 10.19　三面刃铣刀

图 10.19(c)为镶齿三面刃铣刀,它可弥补整体式三面刃铣刀刃磨后厚度尺寸变小的不足。该刀齿镶嵌在带齿纹的刀体槽中。刀的齿数为 Z,则同向倾斜的齿数 $Z_1 = Z/2$,并使同向倾斜的相邻齿槽的齿纹错开 P/Z_1(P 为齿纹的齿距)。铣刀重磨后宽度减小时,可将同向倾斜的刀齿取出并顺次移入相邻的同向齿槽内,调整后的铣刀宽度增加了 P/Z_1,再通过刃磨使之恢复原来的宽度。

4）锯片铣刀

如图 10.20 所示是薄片的槽铣刀,用于切削或切断。

5）立铣刀

立铣刀主要用在立式铣床上加工凹槽、台阶面,也可以利用靠模加工成形表面。如图 10.21 所示,立铣刀圆周上的切削刃是主切削刃,端面上的切削刃是副切削刃,故切削时一般不宜沿铣刀轴线方向进给。为了提高副切削刃的强度,应在端刃前面上磨出棱边。

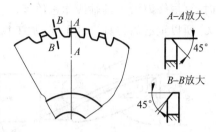

图 10.20 锯片铣刀

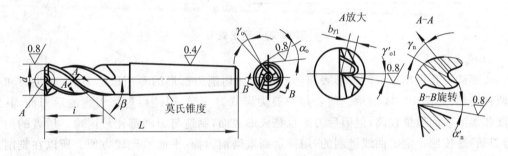

图 10.21 高速钢立铣刀

6）波形刃立铣刀

图 10.22 所示为波形刃立铣刀。它是在普通高速钢立铣刀的螺旋前刀面的基础上,用专用铣夹具将螺旋前刀面再加工成波浪形螺旋面,它与后刀面相交成波浪形切削刃。相邻两波形刃的峰谷沿轴线错开一定距离,使切削宽度显著减小,而切削刃的实际切削厚度约增大 3 倍,切下的切屑窄而厚,降低了切削变形程度,并使切削刃避开表面硬化层而切入工件。波形刃使切削刃各点刃倾角、工作前角以及承担的切削负荷均不相同。而且波形刃使同一端截面内的齿距也不相同。这些因素大大减轻了切削力变化的周期性,使切削过程较平稳。铣削气割钢板等粗糙表面的工件时,波形刃立铣刀尤其能显示出其优良的切削性能。

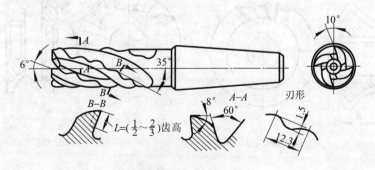

图 10.22 波形刃立铣刀

7) 键槽铣刀

图 10.23 所示为键槽铣刀,用于加工圆头封闭键槽。该铣刀外形似立铣刀,立铣刀有 3 个或 3 个以上的刀齿,而键槽铣刀仅有两个刀齿,端面铣削刃为主切削刃,强度较高;圆周切削刃是副切削刃。按国家标准规定,直柄键槽铣刀直径 $d = 2 \sim 22mm$,锥柄键槽铣刀直径 $d = 14 \sim 50mm$。键槽铣刀的精度等级有 e_B 和 d_B 两种,通常分别加工 $H9$ 和 $N9$ 键槽。加工时,键槽铣刀沿刀具轴线作进给运动,故仅在靠近端面部分发生磨损。重磨时只需刃磨端面刃,所以重磨后刀具直径不变,加工精度较高。

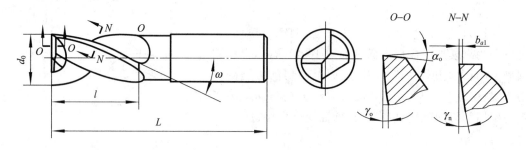

图 10.23 键槽铣刀

8) 成形铣刀

成形铣刀是根据工件的成形表面形状而设计切削刃廓形的专用成形刀具,有尖齿和铲齿两种类型,如图 10.24 所示。前者与一般尖齿铣刀一样,用钝后重磨刀齿的后刀面,其耐用度和加工表面质量较高,但因后刀面也是成形表面,制造与刃磨都比较困难。后者的齿背(后刀面)是按照一定的曲线铲制的,用钝后则重磨前刀面(平面),比较方便。所以在铣削成形表面时,多采用铲齿成形铣刀。

设计和使用成形铣刀的关键在于每次重磨后,要求刀齿的切削刃形状不变和具有适当的后角,且要工艺性好,制造、刃磨要简便。为了满足这些要求,铲齿成形铣刀常制成侧前角 $\gamma_f = 0°$(这时前刀面就在铣刀轴向平面内),且铲齿铣刀的后刀面应是铣刀切削刃在绕其轴线回转的同时,沿其半径方向均匀地趋近铣刀轴线而形成的表面。铲齿成形铣刀的后刀面都采用阿基米德螺旋面,并用 $\gamma_f = 0°$ 的平体成形车刀(其刃形与 $\gamma_f = 0°$ 铣刀的刃形相同,但凹凸相反),在铲齿车床上进行铲齿得到。

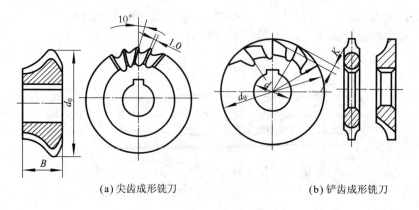

(a) 尖齿成形铣刀　　　　　　(b) 铲齿成形铣刀

图 10.24 成形铣刀

9）模具铣刀

模具铣刀是由立铣刀演变而来的，如图 10.25 所示，在加工模具型腔或凸模成形表面时，按工作部分外形不同可分为圆锥形平头、圆柱形球头、圆锥形球头 3 种。硬质合金模具铣刀用途非常广泛，除可铣削各种模具型腔外，还可用于清理铸、锻、焊工件的毛边，或对某些成形表面进行光整加工等。

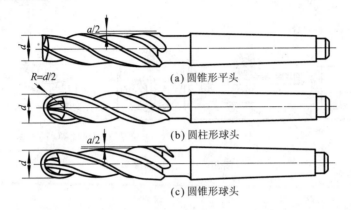

(a) 圆锥形平头

(b) 圆柱形球头

(c) 圆锥形球头

图 10.25　模具铣刀

10.3.2　铣床夹具

1. 铣削加工常用的装夹方法

在铣床上加工平面、键槽、齿轮以及各种成形面工件时，一般采用以下几种装夹方法。

（1）工作台直接装夹：大型工件常直接装夹在工作台上，用螺柱、压板压紧，这种方法需用百分表、划针等工具找正加工面和铣刀的相对位置，如图 10.26(a)所示。

（2）机用平口虎钳装夹：对于形状简单的中、小型工件，一般可装夹在机床用平口虎钳中，如图 10.26(b)所示，使用时需保证虎钳在机床中的正确位置。

（3）分度头装夹：如图 10.26(c)所示，对于需要分度的工件，一般可直接装夹在分度头上。另外，不需分度的工件用分度头装夹加工也很方便。

（4）V 形架装夹：一般常用于轴类零件装夹，除了具有较好的对中性以外，还可承受较大的切削力，如图 10.26(d)所示。

（5）专用夹具装夹：针对某一特定零件而设计的专用夹具定位准确、夹紧方便，效率高，一般适用于成批、大量生产中。

2. 铣床夹具的主要类型

在铣削加工时，往往把夹具安装在铣床工作台上，工件连同夹具一起随工作台作进给运动。根据工件的进给方式，一般可将铣床夹具分为下列两种类型。

1）直线进给式铣床夹具

这类夹具在铣削加工中随铣床工作台作直线进给运动。如图 10.27 所示为双工位直线进给式铣床夹具。夹具 1、2 安装在双工位转台 3 上，当夹具 1 工作时，可以在夹具 2 上装卸工件。夹具 1 上的工件加工完毕，可将工作台 5 退出，然后将工位转台转 180°，这样可以对夹具 2 上的工件进行加工,同时在夹具 1 上装卸工件。

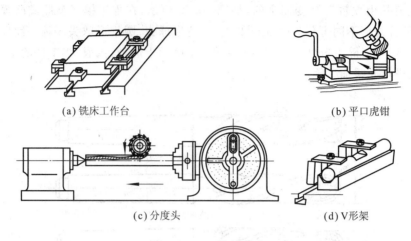

(a) 铣床工作台　　　　　　　　　(b) 平口虎钳

(c) 分度头　　　　　　　　　(d) V 形架

图 10.26　工件的装夹

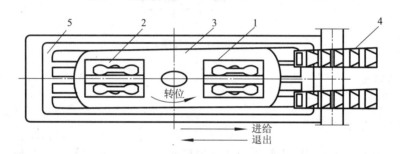

图 10.27　双工位直线进给式铣床夹具

2) 圆周进给式铣床夹具

这类夹具常用于具有回转工作台的铣床上,工件连同夹具一起随工作台作连续、缓慢的回转进给运动,不需停车就可装卸工件。如图 10.28 所示为一圆周进给式铣床夹具。工件 1 依次装夹在沿回转工件台 3 圆周位置安装的夹具上,铣刀 2 不停地铣削,回转工作台 3 作连续的回转运动,将工件依次送入切削。此例是用一个铣刀头加工的。根据加工要求,也可用两个铣刀头同时进行粗、精加工。

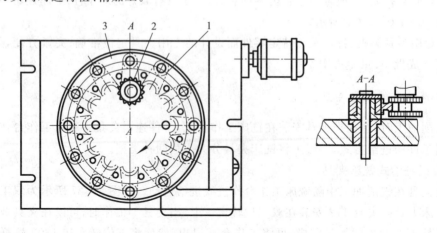

图 10.28　圆周进给式铣床夹具

10.4　箱体孔系加工及常用工艺装备

10.4.1　箱体零件孔系加工

箱体上一系列有相互位置精度要求的孔的组合称为孔系。孔系可分为平行孔系、同轴孔系、交叉孔系,如图 10.29 所示。

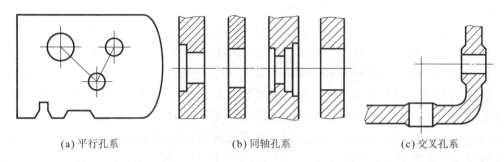

(a) 平行孔系　　　　　　　(b) 同轴孔系　　　　　　　(c) 交叉孔系

图 10.29　孔系的分类

孔系加工不仅孔本身的精度要求较高,而且孔距精度和相互位置精度的要求也高,因此是箱体加工的关键。孔系的加工方法根据箱体批量不同和孔系精度要求的不同而不同,现分别予以讨论。

1. 平行孔系的加工

平行孔系的主要技术要求是各平行孔中心线之间及中心线与基准面之间的距离尺寸精度和相互位置精度。生产中常采用以下几种方法。

1) 找正法

找正法是在通用机床上,借助辅助工具来找正要加工的孔的正确位置的加工方法。这种方法加工效率低,一般只适用于单件小批生产。根据找正方法的不同。找正法又可分为以下几种。

(1) 划线找正法:加工前按照零件图在毛坯上划出各孔的位置轮廓线,然后按划线一一进行加工。划线和找正时间较长,生产率低,而且加工出来的孔距精度也低,一般在 ±0.5mm 左右。为提高划线找正的精度,往往结合试切法进行;即先按划线找正镗出一孔,再按线将主轴调至第二孔中心,试镗出一个比图样要小的孔,若不符合图样要求,则根据测量结果更新调整主轴的位置,再进行试镗、测量、调整,如此反复几次,直至达到要求的孔距尺寸。此法虽比单纯的按线找正所得到的孔距精度高,但孔距精度仍然较低,且操作的难度较大,生产效率低,适用于单件小批生产。

(2) 心轴和块规找正法:镗第一排孔时将心轴插入主轴孔内(或直接利用镗床主轴),然后根据孔和定位基准的距离组合一定尺寸的块规来校正主轴位置,如图 10.30 所示。校正时用塞尺测定块规与心轴之间的间隙,以避免块规与心轴直接接触而损伤块规。镗第二排孔时,分别在机床主轴和加工孔中插入心轴,采用同样的方法来校正主轴线的位置,以保证孔心距的精度。这种找正法的孔心距精度可达 ±0.3mm。

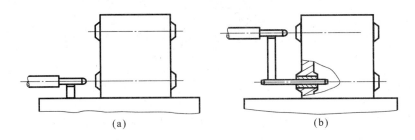

图 10.30　心轴和块规找正法

（3）样板找正法：10～20mm 厚的钢板制造样板，装在垂直于各孔的端面上（或固定于机床工作台上），如图 10.31 所示。样板上的孔距精度较箱体孔系的孔距精度高（一般为 ±0.1～±0.3mm），样板上的孔径较工件孔径大，以便于镗杆通过。样板上孔径尺寸精度要求不高，但要有较高的形状精度和较细的表面粗糙度。当样板准确地装到工件上后，在机床主轴上装一千分表，按样板找正机床主轴。找正后，即换上镗刀加工。此法加工孔系不易出差错，找正方便，孔距精度可达±0.05mm。这种样板成本低，仅为镗模成本的 1/7～1/9，单件小批的大型箱体加工常用此法。

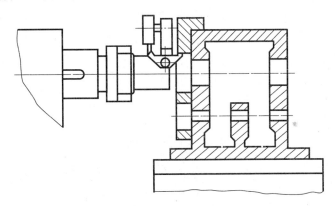

图 10.31　样板找正法

（4）定心套找正法：如图 10.32 所示，先在工件上划线，再按线攻螺钉孔，然后装上形状精度高而光洁的定心套，定心套与螺钉间有较大间隙，然后按图样要求的孔心距公差的1/3～1/5调整全部定心套的位置，并拧紧螺钉。复查后即可上机床，按定心套找正镗床主轴位置，卸下定心套，镗出一孔。每加工一个孔找正一次，直至孔系加工完毕。此法工装简单，可重复使用，特别适宜于单件生产下的大型箱体和缺乏坐标镗床条件下加工钻模板上的孔系。

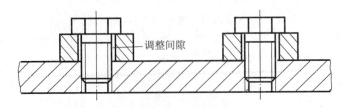

图 10.32　定心套找正法

2）镗模法

镗模法即利用镗模夹具加工孔系。镗孔时，工件装夹在镗模上，镗杆被支承在镗模的导套里,增加了系统刚性。这样,镗刀便通过模板上的孔将工件上相应的孔加工出来,机床精度对孔系加工精度影响很小,孔距精度主要取决于镗模的制造精度,因而可以在精度较低的机床上加工出精度较高的孔系。当用两个或两个以上的支承来引导镗杆时,镗杆与机床主轴必须浮动连接。

镗模法加工孔系时镗杆刚度大大提高,定位夹紧迅速,节省了调整、找正的辅助时间,生产效率高,是中批生产、大批大量生产中广泛采用的加工方法;但由于镗模自身存在制造误差,导套与镗杆之间存在间隙与磨损,所以孔距的精度一般可达 ±0.05mm,同轴度和平行度从一端加工时可达 0.02～0.03mm;当分别从两端加工时可达 0.04～0.05mm。此外,镗模的制造要求高、周期长、成本高,对于大型箱体较少采用镗模法。

用镗模法加工孔系,既可在通用机床上加工,也可在专用机床或组合机床上加工。图 10.33 为组合机床上用镗模加工孔系的示意图。

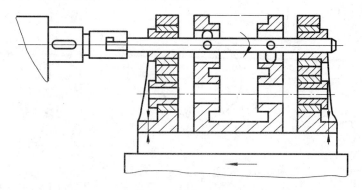

图 10.33　镗模法

3) 坐标法

坐标法镗孔是在普通卧式镗床、坐标镗床或数控镗铣床等设备上,借助于测量装置,调整机床主轴与工件间在水平和垂直方向的相对位置,来保证孔距精度的一种镗孔方法。

在箱体的设计图样上,因孔与孔间有齿轮啮合关系,对孔距尺寸有严格的公差要求,采用坐标法镗孔之前,必须把各孔距尺寸及公差借助三角几何关系及工艺尺寸链规律换算成以主轴孔中心为原点的相互垂直的坐标尺寸及公差。目前许多工厂编制了主轴箱传动轴坐标计算程序,用微机很快即可完成该项工作。

如图 10.34 (a) 所示为二轴孔的坐标尺寸及公差计算的示意图。两孔中心距 $L_{OB}=166.5^{+0.3}_{+0.2}$ mm, $Y_{OB}=54$ mm。加工时,先镗孔 O 后,调整可见度在 X 方向移动 X_{OB}、在 Y 方向移动 Y_{OB},再加工孔 B。由此可见中心距 L_{OB} 是由 X_{OB} 和 Y_{OB} 间接保证的。

下面着重分析 X_{OB} 和 Y_{OB} 的公差分配计算。注意,在计算过程中应把中心距公差化为对称偏差,即 $L_{OB}=166.5^{+0.3}_{+0.2}$ mm $=(166.75±0.05)$ mm。

$$\sin \alpha = \frac{Y_{OB}}{L_{OB}} = \frac{54}{166.75} = 0.3238$$

$$\alpha = 18°53'43''$$

$$X_{OB} = L\cos\alpha = 157.764 \text{(mm)}$$

在确定两坐标尺寸公差时,要利用平面尺寸链的解算方法。现介绍一种简便的计算方法,如图 10.34(b)所示。

$$L_{OB}^2 = X_{OB}^2 + Y_{OB}^2$$

对上式取全微分并以增量代替各个微分时,可得到下列关系

$$2L_{OB}\Delta L_{OB} = 2X_{OB}\Delta X_{OB} + 2Y_{OB}\Delta Y_{OB}$$

采用等公差法并以公差值代替增量,即令 $\Delta X_{OB} = \Delta Y_{OB} = \varepsilon$,则

$$\varepsilon = \frac{L_{OB}\Delta L_{OB}}{X_{OB} + Y_{OB}} \tag{10-1}$$

上式是图 10.34(b)所示尺寸链公差计算的一般式。

将本例数据代入,可得 $\varepsilon = 0.041$(mm)

$$X_{OB} = (154.764 \pm 0.041)(\text{mm}) \quad Y_{OB} = (54 \pm 0.041)(\text{mm})$$

由以上计算可知:在加工孔 O 以后,只要调整机床在 X 方向移动 $X_{OB} = (154.764 \pm 0.041)$mm,在 Y 方向移动 $Y_{OB} = (54 \pm 0.041)$(mm),再加工孔 B,就可以间接保证两孔中心距 $L_{OB} = 166.5^{+0.3}_{+0.2}$mm。

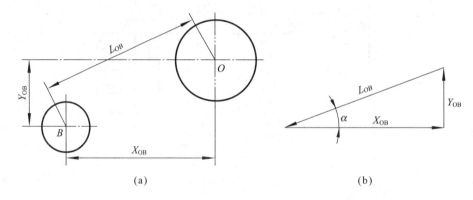

(a)   (b)

图 10.34 二轴孔的坐标尺寸及公差计算

在箱体类零件上还有 3 根轴之间保持一定的相互位置要求的情况。如图 10.35 所示,其中 $L_{OA} = 129.49^{+0.27}_{+0.17}$mm,$L_{AB} = 125^{+0.27}_{+0.17}$mm,$L_{OB} = 166.5^{+0.30}_{+0.20}$mm,$Y_{OB} = 54$mm。加工时,镗完孔 O 以后,调整机床在 X 方向移动 X_{OA},在 Y 方向移动 Y_{OA},再加工孔 A;然后用同样的方法调整机床,再加工孔 B。由此可见孔 A 和孔 B 的中心距是由两次加工间接保证的。

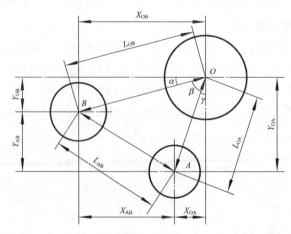

图 10.35 三轴孔的孔心距与坐标尺寸

在加工过程中应先确定两组坐标,即(X_{OA},Y_{OA})和(X_{OB},Y_{OB})及其公差。

由图 10.36 通过数学计算可得

$$X_{OA}=50.918,Y_{OA}=119.298(mm)$$

$$X_{OB}=157.76,Y_{OB}=54(mm)$$

在确定坐标公差时,为计算方便,可分解为几个简单的尺寸链来研究,如图 10.36 所示。首先由图 10.36(a)求出为满足中心距 L_{AB} 公差而确定的 X_{AB}、Y_{AB} 的公差。

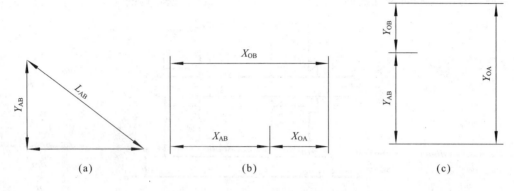

图 10.36　三轴坐标尺寸链的分解

由式(10-1)得

$$\varepsilon=\frac{L_{AB}\Delta L_{AB}}{X_{AB}+Y_{AB}}=\pm 0.036(mm)$$

$$X_{AB}=X_{OB}-X_{OA}=(106.846\pm 0.036)(mm),$$

$$Y_{AB}=Y_{OB}-Y_{OA}=(65.298\pm 0.036)(mm)$$

但 X_{AB}、Y_{AB} 是间接得到保证的,由图 10.36(b)、(c)两尺寸链采用等公差法,即可求出孔 A、B 的坐标尺寸及公差如下

$$X_{OA}=(50.918\pm 0.018)(mm),\quad Y_{OA}=(129.298\pm 0.018)(mm)$$

$$X_{OB}=(54\pm 0.018)(mm),\quad Y_{OB}=(157.76\pm 0.018)(mm)$$

为保证按坐标法加工孔系时的孔距精度,在选择原始孔和考虑镗孔顺序时,要把有孔距精度要求的两孔的加工顺序紧紧地编在一起,以减少坐标尺寸累积误差对孔距精度的影响;同时应尽量避免因主轴箱和工作台的多次往返移动而由间隙造成对定位精度的影响。此外,选择的原始孔应有较高的加工精度和较细的表面粗糙度,以保证加工过程中检验镗床主轴相对于坐标原点位置的准确性。

坐标法镗孔的孔距精度取决于坐标的移动精度,实际上就是坐标测量装置的精度。坐标测量装置的主要形式有以下几种。

(1)普通刻线尺与游标尺加放大镜测量装置,其位置精度为±0.1～±0.3mm。

(2)百分表与块规测量装置。一般与普通刻线尺测量配合使用,在普通镗床用百分表和块规来调整主轴垂直和水平位置,百分表装在镗床头架和横向工作台上。位置精度可达±0.02～±0.04mm。这种装置调整费时,效率低。

(3)经济刻度尺与光学读数头测量装置,这是用得最多的一种测量装置。该装置操作方便,精度较高,经济刻度尺任意两划线间误差不超过 5μm,光学读数头的读数精度为 0.01mm。

(4)光栅数字显示装置和感应同步器测量装置。其读数精度高,为 0.0025～0.01mm。

2. 同轴孔系的加工

成批生产中,一般采用镗模加工孔系,其同轴度由镗模来保证。单件小批生产中,其同轴度用以下几种方法来保证。

1) 利用已加工孔作支承导向

如图 10.37 所示,当箱体前壁上的孔加工好后,在孔内装一导向套,支承和引导镗杆加工后壁上的孔,以保证两孔的同轴度要求。此法适于加工箱壁较近的孔。

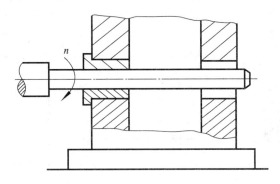

图 10.37　已加工孔作支承

2) 利用镗床后立柱上的导向套支承镗杆

这种镗杆两端支承的方法,刚性好,但调整麻烦,镗杆要长,比较笨重,仅适于大型箱体的加工。

3) 采用调头镗

当箱体箱壁相距较远时,可采用调头镗,如图 10.38 所示。工件在一次装夹下,镗好一端孔后,将镗床工作台回转 180°,调整工作台位置,使已加工孔与镗床主轴同轴,然后再加工孔。

当箱体上有一较长并与所镗孔轴线有平行度要求的平面时,镗孔前应先用装在镗杆上的百分表对此平面进行校正,使其与镗杆轴线平行。如图 10.38(a) 所示,校正后加工孔 A,孔加工后,再将工作台回转 180°,并用装在镗杆上的百分表沿此平面重新校正,如图 10.38(b) 所示,然后再加工 B 孔,就可保证 A、B 孔同轴。若箱体上无长的加工好的工艺基面,也可用平行长铁置于工作台上,使其表面与要加工的孔轴线平行后固定。调整方法同上,也可达到两孔同轴的目的。

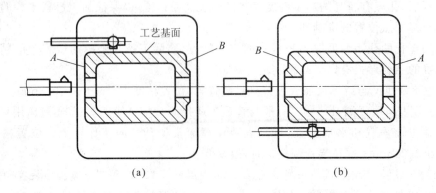

(a)　　　　　　　　　　　(b)

图 10.38　调头镗对工件的校正

3. 交叉孔系的加工

交叉孔系的主要技术要求是控制有关孔的垂直度误差。在普通镗床上主要靠机床工作台上的 90°对准装置。它是挡块装置,结构简单,但对准精度低。

当有些镗床工作台 90°对准装置精度很低时,可通过用心棒与百分表找正来提高其定位精度,即在加工好的孔中插入心棒,工作台转位 90°,摇工作台用百分表进行找正,如图 10.39 所示。

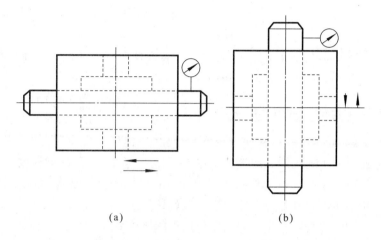

(a)　　　　　　　　　　　　(b)

图 10.39　找正法加工交叉孔系

10.4.2　箱体孔系加工精度分析

1. 镗杆受力变形的影响

镗杆受力变形是影响镗孔加工质量的主要原因之一。尤其当镗杆与主轴的刚性连接采用悬臂镗孔时,镗杆的受力变形最为严重,现以此为例进行分析。

悬臂镗杆在镗孔过程中,受到切削力矩 M、切削力 F_r 及镗杆自重 G 的作用,如图 10.40、图 10.41 所示,切削力矩 M 使镗杆产生弹性扭曲,主要影响工件的表面粗糙度和刀具的寿命;切削力 F_r 和自重 G 使镗杆产生弹性弯曲(挠曲变形),对孔系加工精度的影响严重,下面分析 F_r 和 G 的影响。

1) 由切削力 F_r 所产生的挠曲变形

作用在镗杆上的切削力 F_r,随着镗杆的旋转不断地改变方向,由此而引起的镗杆的挠曲变形也不断地改变方向,如图 10.40 所示,使镗杆的中心偏离了原来的理想中心,当切削力大小不变时刀尖的运动轨迹仍然呈正圆,只不过所镗出孔的直径比刀具调整尺寸减少了 $2f_F$,f_F 的大小与切削力 F_r 和镗杆的伸出长度有关,F_r 愈大或镗杆伸出愈长,则 f_F就愈大;但实际生产中由于实际加工余量的变化和材质的不均匀,切削力 F_r 是变化的,因此刀尖运动

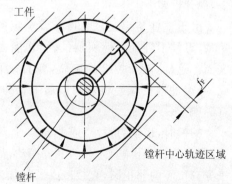

图 10.40　切削力对镗杆挠曲变形的影响

轨迹不可能是正圆。同理,在被加工孔的轴线方向上,由于加工余量和材质的不均匀,或者采用镗杆进给时,镗杆的挠曲变形也是变化的。

2) 由镗杆自重 G 所产生的挠曲变形

镗杆自重 G 在镗孔过程中,其大小和方向不变。因此,由它所产生的镗杆挠曲变形 f_G 的方向也不变。高速镗削时,由于陀螺效应,自重所产生的挠曲变形很小;低速精镗时,自重对镗杆的作用相当于均布载荷作用在悬臂梁上,使镗杆实际回转中心始终低于理想回转中心一个 f_G 值。 G 愈大或镗杆悬伸愈长,则 f_G 愈大,如图 10.41 所示。

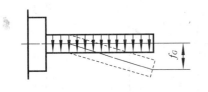

图 10.41 自重对镗杆挠曲变形的影响

3) 镗杆在自重 G 和切削力 F_r 共同作用下的挠曲变形

事实上,镗杆在每一瞬间所产生的挠曲变形,是切削力 F_r 和自重 G 所产生的挠曲变形的合成。可见,在 F_r 和 G 的综合作用下,镗杆的实际回转中心偏离了理想回转中心。由于材质的不均匀、加工余量的变化、切削用量的不一,以及镗杆伸出长度的变化,使镗杆的实际回转中心孔过程中作无规律的变化,从而引起了孔系加工的各种误差:对同一孔的加工,引起圆柱度误差;对同轴孔系引起同轴度误差;对平行孔系引起孔距误差和平行度误差。粗加工时,切切削力大,这种影响比较显著;精加工时,切削力小,这种影响也就比较小。

从以上分析可知:镗杆在自重和切削力作用下的挠曲变形,对孔的几何形状精度和相互位置都有显著的影响。因此,在镗孔时必须十分注意提高镗杆的刚度,一般可采取下列措施:第一,尽可能加粗镗杆直径并减少悬伸长度;第二,采用导向装置,使镗杆的挠曲变形得以受到约束。此外,也可通过减小镗杆自重和减小切削力对挠曲变形的影响来提高孔系加工精度。当镗杆直径较大时($\phi80mm$ 以上),应加工成空心,以减轻其重量;合理选择定位基准,使加工余量均匀;精加工时采用较小的切削用量,并使加工各孔所用的切削用量基本一致,以减小切削力的影响。

2. 镗杆与导向套的精度及配合间隙的影响

采用导向装置或镗模镗孔时,镗杆由导套支承,镗杆的刚度较悬臂镗时大大提高。此时,与导套的几何形状精度及其相互的配合间隙,将成为影响孔系加工精度的主要因素之一,现分析如下。

由于镗杆与导套之间存在着一定的配合间隙,在镗孔过程中,当切削力 F_r 大于自重 G 时,刀具不管处在何切削位置,切削力都可以推动镗杆紧靠在与切削位置相反的导套内表面。这样,随着镗杆的旋转,镗杆表面以一固定部位沿导套的整个内圆表面滑动。因此,导套的圆度误差将引起被加工孔的圆度误差,而镗杆的圆度误差对被加工孔的圆度没有影响。

精镗时,切削力很小,通常 $F_r<G$,切削力 F_r 不能抬起镗杆。随着镗杆的旋转,镗杆轴颈以不同部位沿导套内孔的下方摆动,如图 10.42 所示。显然,刀尖运动轨迹为一个圆心低于导套中心的非正圆,直接造成了被加工孔的圆度误差;此时,镗杆与导套的圆度误差也将反映到被加工孔上而引起圆度误差。当加工余量与材质不均匀或切削用量选取不一样时,会使切削力发生变化,引起镗杆在导套内孔下方的摆幅也不断变化。这种变化对同一孔的

加工,可能引起圆柱度误差,对不同孔的加工,可能引起相互位置的误差和孔距误差。所引起的这些误差的大小与导套和镗杆的配合间隙有关:配合间隙愈大,在切削力作用下,镗杆的摆动范围愈大,所引起的误差也就愈大。

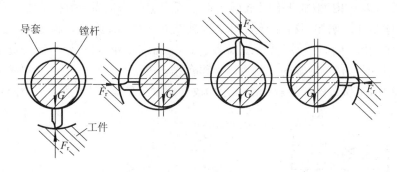

图 10.42　镗杆在导套下方的摆动

综上所述,在有导向装置的镗孔中,为了保证孔系加工质量,除了要保证镗杆与导套本身必须具有较高的几何形状精度外,尤其要注意合理地选择导向方式和保持镗杆与导套合理的配合间隙,在采用前后双导向支承时,应使前后导向的配合间隙一致。此外,由于这种影响还与切削力的大小和变化有关,因此在工艺上应如前所述,注意合理选择定位基准和切削用量;精加工时,应适当增加走刀次数,以保持切削力的稳定和尽量减少切削力的影响。

3. 机床进给运动方式的影响

镗孔时常有两种进给方式:由镗杆直接进给;由工作台在机床导轨上进给。进给方式对孔系加工精度的影响与镗孔方式有关,当镗杆与机床主轴浮动连接采用镗模镗孔时,进给方式对孔系加工精度无明显的影响;而采用镗杆与主轴刚性连接悬臂镗孔时,进给方式对孔系加工精度有较大的影响。

悬臂镗孔时,若以镗杆直接进给,如图 10.43(a)所示,在镗孔过程中随着镗杆的不断伸长,刀尖处的挠曲变形量愈来愈大,使被加工孔愈来愈小,造成圆柱度误差;同理,若用镗杆直接进给加工同轴线上的各孔,则造成同轴度误差。反之,若镗杆伸出长度不变,而以工作台进给,如图 10.43(b)所示,在镗孔过程中,刀尖处的挠度值不变(假定切削力不变)。因此,镗杆的挠曲变形对被加工孔的几何形状精度和孔系的相互位置精度均无影响。

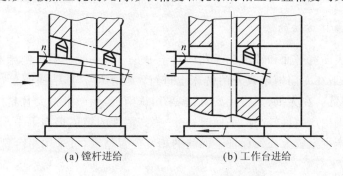

(a)镗杆进给　　　　　　　　　(b)工作台进给

图 10.43　机床进给方式的影响

但是,当用工作台进给时,机床导轨的直线度误差会使被加工孔产生圆柱度误差,使同轴线上的孔产生同轴度误差。机床导轨与主轴轴线的平行度误差,使被加工孔产生圆度误差,如图 10.44 所示。在垂直于镗杆旋转轴线的截面 A-A 内,被加工孔是正圆;而在垂直于进给方向的截面 B-B 内,被加工孔为椭圆。不过所产生的圆度误差在一般情况下是极其微小的,可以忽略不计。例如当机床导轨与主轴轴线在 100mm 长上倾斜 1mm 时,对直径为 100mm 的被加工孔,所产生的圆度误差仅为 0.005mm。此外,工作台与床身导轨的配合间隙对孔系加工精度也有一定影响。因为当工作台作正、反向进给时,通常是以不同部位与导轨接触的。这样,工作台就会随着进给方向的改变而发生偏摆,间隙愈大,工作台愈重,其偏摆量愈大。

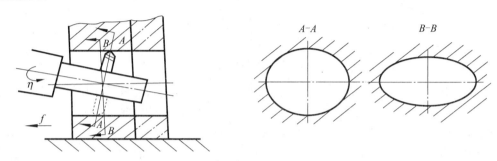

图 10.44　进给方向与主轴轴线不平行

因此,当镗同轴孔系时,会产生同轴度误差;镗相邻孔系时,则会产生孔距误差和平行度误差。

比较以上两种进给方式,在悬臂镗孔中,镗杆的挠曲变形较难控制,而机床的工作台进给,并采用合理的操作方式,比镗杆进给较易保证孔系的加工质量。因此,在一般的悬臂镗孔中,特别是当孔深大于 200mm 时,大都采用工作台进给;但当加工大型箱体时,镗杆的刚度好,而用工作台进给十分沉重,易产生爬行,反而不如镗杆直接进给较快,此时宜用镗杆进给;另外,当孔深小于 200mm 时,镗杆悬伸短,也可直接采用镗杆进给。

10.5　典型箱体零件加工工艺分析

10.5.1　箱体类零件加工工艺分析

1. 主要表面加工方法的选择

箱体的主要表面有平面和轴承支承孔。对于中、小件,一般在牛头刨床或普通铣床上进行。对于大件,一般在龙门刨床或龙门铣床上进行。刨削的刀具结构简单,机床成本低,调整方便,但生产率低。在大批、大量生产时,多采用铣削;当生产批量大且精度又较高时可采用磨削。单件小批生产精度较高的平面时,除一些高精度的箱体仍需手工刮研外,一般采用宽刃精刨。当生产批量较大或为保证平面间的相互位置精度,可采用组合铣削和组合磨削,如图 10.45 所示。

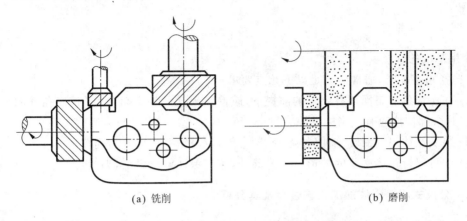

(a) 铣削　　　　　　　　　　　　　　(b) 磨削

图 10.45　箱体平面的组合铣削与组合磨削

加工箱体支承孔时,对于直径小于 $\phi50mm$ 的孔,一般不铸出,可采用"钻－扩(或半精镗)－铰(或精镗)"的方案。对于已铸出的孔,可采用"粗镗－半精镗－精镗(用浮动镗刀片)"的方案。由于主轴轴承孔精度和表面质量要求比其余轴孔高,所以,在精镗后,还要用浮动镗刀片进行精细镗。对于箱体上的高精度孔,最后精加工工序也可采用珩磨、滚压等工艺方法。

2. 拟定工艺过程的原则

1) 先面后孔的加工顺序

箱体主要由平面和孔组成,平面和孔也是它的主要表面。先加工平面,后加工孔,是箱体加工的一般原则。因为主要平面是箱体往机器上的装配基准,先加工主要平面后加工支承孔,使定位基准与设计基准和装配基准相重合,从而消除因基准不重合而引起的误差。另外,先以孔为粗基准加工平面,再以平面为精基准加工孔。这样,可为孔的加工提供稳定可靠的定位基准,并且加工平面时切去了铸件的硬皮和凹凸不平,对后序孔的加工有利,可减少钻头引偏和崩刃现象,对刀调整也比较方便。

2) 粗、精加工分阶段进行

粗、精加工分开的原则:对于刚性差、批量较大、精度要求较高的箱体,一般要粗、精加工分开进行,即在主要平面和各支承孔的粗加工之后再进行主要平面和各支承孔的精加工。这样,可以消除由粗加工所造成的内应力、切削力、切削热、夹紧力对加工精度的影响,并且有利于合理地选用设备等。

粗、精加工分开进行,会使机床、夹具的数量及工件安装次数增加,从而使成本提高,所以对单件、小批生产,精度要求不高的箱体,常常将粗、精加工合并在一道工序进行,但必须采取相应措施,以减少加工过程中的变形。例如粗加工后松开工件,让工件充分冷却,然后用较小的夹紧力、以较小的切削用量,多次走刀进行精加工。

3) 合理地安排热处理工序

为了消除铸造后铸件中的内应力,可在毛坯铸造后安排一次人工时效处理,有时甚至在半精加工之后还要安排一次时效处理,以便消除残留的铸造内应力和切削加工时产生的内应力。对于特别精密的箱体,在机械加工过程中还应安排较长时间的自然时效(如坐标镗床主轴箱箱体)。箱体人工时效的方法,除加热保温外,也可采用振动时效。

3. 定位基准的选择

1）粗基准的选择

在选择粗基准时，通常应满足以下几点要求。

（1）在保证各加工面均有余量的前提下，应使重要孔的加工余量均匀，使孔壁的薄厚尽量均匀，其余部位均应有适当的壁厚。

（2）装入箱体内的回转零件（如齿轮、轴套等）应与箱壁有足够的间隙。

（3）注意保持箱体必要的外形尺寸。此外，还应保证定位稳定，夹紧可靠。

10.5.2 分离式减速箱体加工工艺过程及其分析

一般减速箱，为了制造与装配的方便，常做成可分离的，如图 10.46 所示。

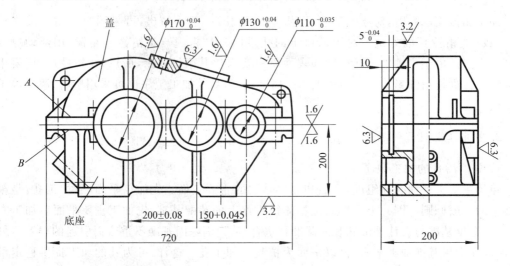

图 10.46　分离式箱体结构简图

1. 分离式箱体的主要技术要求

（1）对合面对底座的平行度误差不超过 0.5/1000。

（2）对合面的表面粗糙度值小于 $R_a1.6\mu m$，两对合面的接合间隙不超过 0.03mm。

（3）轴承支承孔必须在对合面上，误差不超过 ± 0.2mm。

（4）轴承支承孔的尺寸公差为 H7，表面粗糙度值小于 $R_a1.6\mu m$，圆柱度误差不超过孔径公差的一半，孔距精度误差为 $\pm 0.05 \sim 0.08$mm。

2. 分离式箱体的工艺特点

分离式箱体的工艺过程见表 10-3、表 10-4、表 10-5。

由表可见，分离式箱体虽然遵循一般箱体的加工原则，但是由于结构上的可分离性，因而其在工艺路线的拟订和定位基准的选择方面均有一些特点。

表 10-3　箱盖的工艺过程

序　号	工　序　内　容	定位基准
10	铸造	
20	时效	
30	涂底漆	
40	粗刨对合面	凸缘 A 面
50	刨顶面	对合面
60	磨对合面	顶　面
70	钻结合面连接孔	对合面、凸缘轮廓
80	钻顶面螺纹底孔、攻螺纹	对合面两孔
90	检验	

表 10-4　底座的工艺过程

序　号	工　序　内　容	定位基准
10	铸造	
20	时效	
30	涂底漆	
40	粗刨对合面	凸缘 B 面
50	刨底面	对合面
60	钻底面 4 孔、锪沉孔、铰两个工艺孔	对合面、端面、侧面
70	钻侧面测油孔、放油孔、螺纹底孔、锪沉孔，攻螺纹	底面、两孔
80	磨对合面	底　面
90	检验	

表 10-5　箱体合装后的工艺过程

序　号	工　序　内　容	定位基准
10	将箱盖与底座对准合拢夹紧，配钻、铰两定位销孔，打入锥销，根据箱盖配钻底座，结合面的连接孔，锪沉孔	
20	拆开箱盖与底座，修毛刺、重新装配箱体，打入锥销，拧紧螺栓	
30	铣两端面	底面及两孔
40	粗镗轴承支承孔，割孔内槽	底面及两孔
50	精镗轴承支承孔，割孔内槽	底面及两孔
60	去毛刺、清洗、打标记	
70	检验	

3. 分离式箱体的加工路线

分离式箱体工艺路线与整体式箱体工艺路线的主要区别在于：整个加工过程分为两个大的阶段，第一阶段先对箱盖和底座分别进行加工，主要完成对合面及其他平面、紧固孔和定位孔的加工，为箱体的合装做准备；第二阶段在合装好的箱体上加工孔及其端面。在两个阶段之间安排有钳工工序，将箱盖和底座合装成箱体，并用两销定位，使其保持一定的位置关系，以保证轴承孔的加工精度和拆装后的重复精度。

4. 分离式箱体的定位基准

1）粗基准的选择

分离式箱体最先加工的是箱盖和底座的对合面。分离式箱体一般不能以轴承孔的毛坯面作为粗基准，而是以凸缘不加工面作为粗基准，即箱盖以凸缘 A 面，底座以凸缘 B 面作为粗基准。这样可以保证对合面凸缘薄厚均匀，减少箱体合装时对合面的变形。

2）精基准的选择

分离式箱体的对合面与底面（装配基面）有一定的尺寸精度和相互位置精度要求；轴承孔轴线应在对合面上，与底面也有一定的尺寸精度和相互位置精度要求。为了保证以上几项要求，加工底座的对合面时，应以底面为精基准，使对合面加工时的定位基准与设计基准相重合；箱体合装后加工轴承孔时，仍以底面为主要定位基准，并与底面上的两定位孔组成典型的"一面两孔"定位方式。这样，轴承孔的加工，其定位基准既符合"基准统一"原则，也符合"基准重合"原则，有利于保证轴承孔轴线与对合面的重合度及与装配基面的尺寸精度和平行度。

小　结

箱体的种类很多，其尺寸大小和结构形式因其用途不同也有很大差异，如轮船、内燃机车的内燃机、发动机缸体尺寸很大，结构相当复杂，但仍有共同的特点：内部呈腔形，形状复杂、壁薄且壁厚不均匀，加工部位多；有一对或数对加工要求高、加工难度大的轴承支承孔，有一个或数个基准面和一些支承面；既有精度要求较高的孔系和平面，也有许多精度要求较低的紧固孔，所以熟悉掌握箱体类零件的加工工艺对机械制造工艺来说是具有典型意义的。重点应掌握箱体类工件基准的选择、平面与孔、孔系的加工顺序及工艺装备的正确选择。

思考与练习题

10-1　箱体类零件的结构特点和主要技术要求各有哪些？

10-2　分析铣削加工和刨削加工的工艺特点和适用范围。

10-3　顺铣和逆铣两种铣削方式各有什么特点？各应用于什么场合？

10-4　平面磨削和其他磨削相比，各有什么特点？各应用于什么场合？

10-5　镗模导向装置有哪些布置形式？镗杆和机床主轴什么时候用刚性连接？什么时候用浮动连接？

第11章 圆柱齿轮加工工艺及常用工艺装备

教学提示:渐开线圆柱齿轮广泛应用在各种机械设备的传动中,所以齿轮加工在机械制造业中占有重要的位置,齿轮加工方法主要有滚齿、插齿、剃齿、珩齿、磨齿等。圆柱齿轮加工工艺过程常因齿轮的结构形状、精度等级、生产批量及生产条件的不同而采用不同的工艺方案,本章列出两个不同精度齿轮的加工方案。

教学要求:掌握齿轮常用的加工方法,不同场合采用不同的工艺方案,了解齿轮的结构及齿轮刀具的特点。

11.1 概 述

渐开线圆柱齿轮广泛地应用在各种机床、汽车、飞机、船舶及精密仪器等行业中,生产上需用齿轮数量很大,品种也很繁多。随着科学技术的发展,对齿轮的传动精度和圆周速度等方面的要求越来越高,因此,齿轮加工在机械制造业中占有重要的地位。

11.1.1 齿轮的功用与结构特点

齿轮的功用是传递一定速比的运动和动力。齿轮因其在机器中的功用不同而结构各异,但总可以把它们看成是由齿圈和轮体两个部分构成。在机器中,常见的圆柱齿轮有以下几类,如图11.1所示。

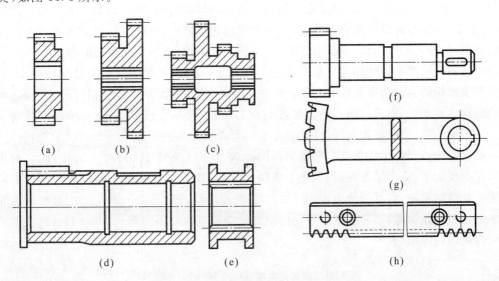

图 11.1 圆柱齿轮的结构形式

齿圈的结构形状和位置是评定齿轮结构工艺性能的重要指标。一个圆柱齿轮可以有一个或几个齿圈,图 11.1(a)为普通的单齿圈齿轮,工艺性最好。图 11.1(b)、(c)为双联或三联齿轮,由于在台肩面附近的小齿圈不便于刀具或砂轮切削,所以,加工方法受到限制,一般只能采用插齿。如果小齿圈精度要求高,需要精滚或磨齿加工,在设计上又不允许加大轴向距离时,可把此多齿圈齿轮做成单齿圈齿轮的组合结构,以改善其工艺性能。图 11.1(a)、(b)、(c)为盘类齿轮;图 11.1(d)为套类齿轮;图 11.1(e)为内齿轮;图 11.1(f)为轴类齿轮;图 11.1(g)为扇形齿轮,为齿圈不完整的圆柱齿轮;图 11.1(h)为齿条,齿圈半径无限大的圆柱齿轮。其中(a)(b)(c)类齿轮应用最广。

11.1.2　齿轮的技术要求

1. 齿轮的技术条件

齿轮本身的制造精度与整个机器的工作性能、承载能力及使用寿命都有很大关系,根据齿轮的使用条件,齿轮传动有以下几方面的要求。

1)运动传递准确

即主动轮转过一个角度时,从动轮应按给定的传动比转过相应的角度。

2)工作平稳

要求齿轮传动平稳,无冲击,振动和噪声小,因此,必须限制齿轮转动时的瞬时传动比,也就是要限制较小范围内的转角误差。

3)接触良好

齿轮载荷主要由齿面承受,两齿轮配合时,接触面积的大小对齿轮的使用寿命影响很大。因此齿轮在传递动力时,不致因接触不均匀而使接触应力过大,引起齿面过早磨损,就要求齿轮工作时齿面接触均匀,并保证有一定的接触面积和要求的接触位置。

4)齿侧间隙适当

一对相互配合的齿轮,其非工作面必须留有一定的间隙,即齿侧间隙,其作用是存储润滑油,减少磨损。同时还可以补偿由于温度、弹性变形以及齿轮制造和装配所引起的间隙减少,防止卡死;但是齿侧间隙也不能过大,对于要求正反转的分度齿轮,侧隙过大就会产生过大的空程,使分度精度降低。应当根据齿轮副的工作条件,来确定合理的侧隙。

齿轮制造精度和齿侧间隙应根据齿轮的用途和制造条件而定。对于分度传递用齿轮,主要要求齿轮的运动精度较高;对于高速动力传动齿轮,对齿轮平稳性精度要求较高;对于重载低速传动齿轮,要求齿面有较高接触精度,以使齿轮不会过早磨损;对于换向传动和读数机构用的齿轮,应严格控制齿侧间隙,必要时可以消除齿侧间隙。

根据齿轮传动的工作条件对精度的不同要求,我国 GB/T 10095.1—2001 规定,对齿轮和齿轮副规定了 12 个精度等级,其中 1 级精度最高,12 级精度最低。按齿轮各项加工误差对传动性能的影响,将其划分为 Ⅰ、Ⅱ、Ⅲ 这 3 个公差组(表 11-1)。第 Ⅰ 组主要控制齿轮在一回转内回转角误差;第 Ⅱ 组主要控制齿轮在一个周节角范围内转角误差;第 Ⅲ 组主要控制齿轮齿向线接触痕迹。

表 11-1　齿轮公差组(GB/T 10095.1—2001)

公差组	公差与极限偏差项目	误差特性	对传动性能的主要影响
Ⅰ	F_i'、F_p、F_{pk}、F_i''、F_r、F_w	以齿轮一转为周期的误差	传动运动的准确性

(续)

公差组	公差与极限偏差项目	误差特性	对传动性能的主要影响
Ⅱ	F_i'、F_i''、F_f、$\pm F_{pt}$、$\pm F_{pb}$、$F_{f\beta}$	在齿轮一周内,多次周期性地重复出现的误差	传动的平稳性、噪声和振动
Ⅲ	F_β、F_b、$\pm F_{px}$	齿向线的误差	载荷分布的均匀性

2. 齿坯的技术条件

齿坯的技术条件包括对定位基面的技术要求、对齿顶外圆的要求和对齿坯支承端面的要求。齿坯的内孔和端面是加工齿轮时的定位基准和测量基准,在装配中它是装配基准,所以它的尺寸精度、形状精度及位置精度要求较高。定位基面的形状误差和尺寸误差将引起安装间隙,造成齿轮几何偏心。表面光洁度不够时,经过加工过程中定位和测量的反复使用容易引起磨损,从而影响定位基面的精度。不同精度等级的齿轮的定位基面要求不同,见表 11-2。

表 11-2　对定位基面的要求

基准类型		齿轮精度等级			
		5	6	7	8
定位孔	精度	H6,K6	H6,K6 或 H7,K7	H7,K7	H8
	R_a	0.8	1.6	1.6(3.2)	3.2
定位轴	精度	h4,k4	h5,k5	h6,k6	h7
	R_a	0.8	1.6	1.6(3.2)	3.2
中心孔和 60°锥体	R_a	0.4	0.8	1.6	3.2

注:①定位基面的形状误差不大于尺寸公差的一半;
　　②当齿轮精度为组合精度时(如 8-7-7),则按运动精度(如 8 级)选取。

齿轮的外圆对齿轮传动没有什么影响,但是如果以齿顶外圆作为切齿的校正基准时,齿顶圆的径向圆跳动将影响加工后的齿圈径向圆跳动,因此必须限制齿轮顶圆的径向跳动。

切齿时,若需要端面支承,则应对端面与定位孔的垂直度、端面的平直度及两端面的平行度有一定的要求。由于齿坯定位支承面圆跳动会引起安装的歪斜,从而导致产生齿向误差。因此,端面圆跳动公差 E_r 一般取齿向公差 δB_x 的一半。此外,考虑到齿向公差与齿圈宽度有关,而端面圆跳动量与支承端面直径 D 有关,因此取为

$$E_r = \frac{D}{2B}\delta B_x$$

11.1.3　齿轮的材料、热处理和毛坯

1. 齿轮材料

一般有锻钢、铸钢、铸铁、塑料等。齿轮材料的选择是根据使用时的工作条件来选用合适的材料,齿轮材料的选择对齿轮的加工性能和使用寿命有直接的影响。机械强度、硬度等综合力学性能较好的材料如 18CrMnTi 用于低速重载场合;齿面硬度高、防疲劳点蚀的材料如 38CrMoAlA、氮化钢用于高速重载场合;韧性好的材料如 18CrMnTi 用于有冲击载荷的

场合；不淬火钢，铸铁，夹布塑料，尼龙非传力齿轮；中碳钢(45)，低、中碳合金钢(20Cr，40Cr，20CrMnTi)用于一般齿轮中。一般机械中常用的齿轮材料见表11-3。

表 11-3　常用的齿轮材料

材　料	热处理	HB	HRC	$[\delta_H]$(MPa)	$[\delta_B]$(MPa)
45	正火	162～217		430～460	125～135
	调质	217～255		460～490	135～145
35SiMn	调质	217～269		540～590	160～175
	表面淬火		45～557	70～890	180
20Cr	渗碳淬火、回火		56～62	1040～1100	190
40Cr	调质	241～286		560～610	170～180
	表面淬火		48～55	810～890	180
20CrMnTi	渗碳淬火、回火		56～62	1040～1100	190
ZG35	正火	143～197		220～290	63～70
ZG45	正火	116～217		240～310	65～73
ZG55		169～225		260～330	68～75

2. 齿轮的热处理

齿轮的热处理包括齿坯的热处理和轮齿的热处理。

1) 齿坯的热处理

钢料齿坯最常用的热处理是正火和调质。正火是将齿坯加热到相变临界点以上 30～50℃，保温后从炉中取出，在空气中冷却。正火一般安排在铸造或锻造之后、切削加工之前。

对于采用棒料的齿坯，正火或调质一般安排在粗车之后，这样可以消除粗车形成的内应力。采用 38CrMoAlA 材料的齿坯调质处理后还要进行稳定化回火，将齿坯加热到 600～620℃，保温 2～4h。其作用是为氮化做好金相组织准备。

2) 轮齿的热处理

齿面热处理齿形加工完毕后，为提高齿面的硬度和耐磨性，常用的热处理方法有高频淬火、渗碳、氮化。高频淬火是将齿轮置于高频交变磁场中，由于感应电流的集肤效应，齿部表面在几秒到几十秒钟内很快提高到淬火温度，立即喷水冷却，形成了硬度比普通淬火稍高的表层，并保持了心部的强度与韧性。另外，由于加热时间较短，也减少了加热表面的氧化和脱碳作用。

渗碳是将齿轮放在渗碳介质中在高温下保温，使碳原子渗入低碳钢的表面层，使表层增碳，因此齿轮表面具有高硬度和高耐磨性，心部仍保持一定的强度和较高的韧性。

氮化是将齿轮置于氨中并加热，使活性氮原子渗入轮齿表面层，形成硬度很高（HRC＞60)的氮化物薄层。由于加热温度低，并且不需要另外淬火，因此变形很小。氮化层还具有抗腐蚀性能，所以氮化齿轮不需要进行镀锌、发蓝等防腐蚀的化学处理。

在齿轮生产中，热处理质量对齿轮加工精度和表面粗糙度有很大影响。往往因热处理质量不稳定，引起齿轮定位基面及齿面变形过大或表面粗糙度太大而大批报废，成为齿轮生产中的关键问题。

3. 齿轮毛坯的制造

齿轮的毛坯形式有棒料、铸件、锻件。棒料用于尺寸较小、结构简单并且对强度要求低的齿轮。锻件一般用于强度要求高、耐磨、耐冲击的齿轮。锻造后要进行正火处理,消除锻造应力,改善晶粒组织和切削性能。铸造用于直径大于 400～600mm 的齿轮,对铸钢件一般也要进行正火处理。为了减少机械加工量,小尺寸、形状复杂的齿轮毛坯通常采用精密铸造或压铸方法来制造。

11.1.4　齿坯加工

齿形加工前的齿轮加工称为齿坯加工,齿坯加工在齿轮的整个加工过程中占有重要的位置。齿轮的内孔、端面或外圆常作为齿形加工的定位、测量和装配的基准,其加工精度对整个齿轮的加工和传动精度有着重要的影响。

1. 齿坯加工精度

齿坯加工中,主要要求保证的是基准孔(或轴颈)的尺寸精度和形状精度、基准端面相对于基准孔(或轴颈)的位置精度。不同精度的孔(或轴颈)的齿坯公差以及表面粗糙度等要求分别见表 11-4、表 11-5 和表 11-6。

表 11-4　齿坯公差

齿轮精度等级①		4	5	6	7	8	9	10
孔	尺寸公差 形状公差	IT4	IT5	IT6	IT7		IT8	
轴	尺寸公差 形状公差	IT4	IT5			IT6		IT7
顶圆直径②		IT7			IT8		IT9	

注:①当 3 个公差组的精度等级不同时,按最高精度等级确定公差值;
　②当顶圆不作为测量齿厚的基准时,尺寸公差按 IT11 给定,但应小于 0.1mm。

表 11-5　齿轮基准面径向和端面圆跳动公差　　　　　　(μm)

分度圆直径(mm)		精度等级				
大于	到	1 和 2	3 和 4	5 和 6	7 和 8	9 和 12
/	125	2.8	7	11	18	28
125	400	3.6	9	14	22	36
400	800	5.0	12	20	32	50
800	1600	7.0	18	28	45	71

表 11-6　齿坯基准面的表面粗糙度参数 R_a　　　　　　(μm)

精度等级	3	4	5	6	7	8	9	10
基准孔	≤0.2	≤0.2	0.4～0.2	≤0.8	1.6～0.8	≤1.6	≤3.2	≤3.2

（续）

精度等级	3	4	5	6	7	8	9	10
基准轴颈	≤0.1	0.2~0.1	≤0.2	≤0.4	≤0.8	≤1.6	≤1.6	≤1.6
基准端面	0.2~0.1	0.4~0.2	0.6~0.4	0.6~0.3	1.6~0.8	3.2~1.6	≤3.2	≤3.2

2. 齿坯加工方案

对于轴类和套类齿轮的齿坯,不论其生产批量大小,都应以中心孔作为齿坯加工、齿形加工和校验的基准。其加工过程和轴套类基本相同。

对于盘齿类零件,如何解决孔、端面、轮齿内外圆表面的几何精度,对保证齿形加工精度具有重大影响。

1) 单件小批生产的齿坯加工

一般齿坯的孔、端面及外圆的粗、精加工都在通用车床上经两次装夹完成,但必须注意将孔和基准端面的精加工在一次装夹内完成,以保证位置精度。

2) 成批生产的齿坯加工

成批生产齿坯时,经常采用"车—拉—车"的工艺方案。

(1) 以齿坯外圆或轮毂定位,粗车外圆、端面和内孔。

(2) 以端面定位拉孔。

(3) 以孔定位精车外圆及端面等。

3) 大批量生产的齿坯加工

大批量生产时,应采用高生产率的机床和高效的专用夹具加工。在加工中等尺寸齿轮的齿坯时,多采用"钻—拉—多刀车"的工艺方案。

(1) 以毛坯外圆及端面定位进行钻孔或扩孔。

(2) 拉孔。

(3) 以孔定位在多刀半自动车床上粗、精车外圆和端面,车槽及倒角等。

11.2　圆柱齿轮齿形加工方法和加工方案

一个齿轮的加工过程是由若干工序组成的,齿轮的加工精度主要取决于齿形的加工。齿形加工方法有很多,按在加工中有无切屑,可分为切屑加工和无切屑加工。无切屑加工包括热轧齿轮、冷轧齿轮、精锻、粉末冶金等新工艺。无切屑加工具有生产率高、材料消耗少、成本低等特点,但因其加工精度低,工艺不稳定,特别是小批量生产时难以采用,有待进一步改进。齿轮的有切屑加工,目前仍是齿面的主要加工方法。按加工原理有切屑加工有两种加工方法,即成形法和展成法。齿形加工方法的选择,主要取决于齿轮所需要的精度、生产批量以及工厂现有设备条件。常见的齿形加工方法见表11-7。

表 11-7　常见的齿形加工方法

齿形加工方法		刀 具	机 床	加工精度及适用范围
成形法	成形铣齿	模数铣刀	铣床	加工精度及生产效率均较低,一般精度为9级以下

（续）

齿形加工方法		刀 具	机 床	加工精度及适用范围
展成法	滚齿	齿轮滚刀	滚齿机	通常加工 6～10 级精度齿轮,最高能达 4 级,生产率较高,通用性大,常用于加工直齿、斜齿的外啮合圆柱齿轮
	插齿	插齿刀	插齿机	通常加工 7～9 级精度齿轮,最高能达 6 级,生产率较高,通用性大,常用于加工直齿、斜齿的外啮合圆柱齿轮
	剃齿	剃齿刀	剃齿机	能加工 5～7 级精度齿轮,生产率高,主要用于滚齿预加工后,淬火前的精加工
	珩齿	珩磨轮	珩齿机或剃齿机	能加工 6～7 级精度齿轮,多用于剃齿和高频淬火后齿形的精加工
	磨齿	砂轮	磨齿机	能加工 3～7 级精度齿轮,生产率较低,加工成本高,多用于齿形淬硬后的精密加工

11.2.1 滚齿

滚齿是最常用的切齿方法,它能加工直齿、斜齿和修正齿形的圆柱齿轮。由于滚齿整个切削过程是连续的,所以生产率较高。

1. 滚齿加工原理

滚齿加工的实质,相当于一对螺旋圆柱齿轮传动,当其中一个齿轮转化为切齿加工刀具（一般叫做滚刀）,并保持强制性的啮合运动关系,使滚刀沿被切齿轮的轴线方向作进给运动时,就能切削出需要的渐开线齿形来（图 11.2(a)）。其中滚刀相当于小齿轮,工件相当于大齿轮。滚刀可以看作是一个齿数很少但很长,能绕滚刀分度圆柱很多圈的螺旋齿轮,很像一个螺旋升角很小的蜗杆。在蜗杆上沿轴线开出容屑槽,形成前刀面和前角;经铲齿和铲磨,形成后刀面与后角;再经热处理就成为滚刀。为了分析滚齿过程及齿形的形成,可近似地把滚齿看作是齿轮齿条的啮合,即把滚刀看作齿条来研究。设齿轮的圆 A 固定不动,而齿条的中线 B（动线）绕圆 A 滚动,此时中线 B 上的齿形在圆 A 上占据一系列顺序位置,齿条牙齿侧面的运动轨迹正好包络出齿轮的渐开线齿形。（图 11.2(b)）

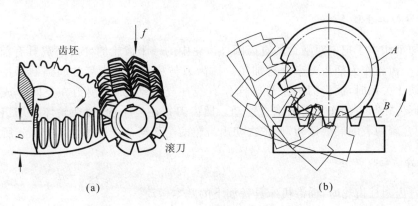

图 11.2 滚齿原理

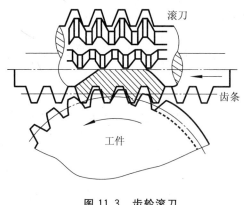

图 11.3　齿轮滚刀

如果我们把齿条制造出刀刃来,有如刨刀一样作上下往复切削运动,当齿条移动一个齿矩 $t=\pi m$ 时,齿坯的分度圆也相应转过一个周节的弧长,就能切出正确的渐开线齿形来;但齿条当作刀来切齿轮时,有着被切齿轮齿数增多和齿条刀长度有限的矛盾。假如将一些齿条的牙齿有规律地分布在圆柱体的渐开线螺旋面上,就得到所讨论的滚刀外形。如图 11.3 所示,即螺旋齿轮的齿数减少到 1～2 个齿,螺旋角增加到近于 90°时,滚刀就相当于渐开线蜗杆。滚齿加工不像齿条刀那样,它是连续切削的,也是展成法中切削齿轮效率最高的一种切齿方法。

2. 滚齿运动

滚齿加工时要进行以下几种运动。

1) 切削运动

切削运动就是滚刀的旋转,转速为 n_1。

2) 分齿运动

分齿运动是保证齿刀转速 n_1 和被切齿轮转速 n_2 之间的啮合关系的,也就是滚刀转一转(相当于齿条轴向移动一个齿距),被切齿轮转 $1/z$ 转。如果是头数为 K 的多头滚刀,就相当于齿条向前移动了 K 个齿距,被切齿轮就相应地转过 K 个齿,即 $\dfrac{n_2}{n_1}=\dfrac{\frac{K}{Z_2}}{1}=\dfrac{K}{Z_2}$。

3) 垂直进给运动

要切出整个齿宽,必须使滚刀沿被切齿轮轴线作垂直进给运动,以形成直线的运动轨迹,从而在工件上切出整个齿宽的齿形。

11.2.2　插齿

插齿应用范围广泛,它能加工内外啮合齿轮、扇形齿轮齿条、斜齿轮等。

1. 插齿加工原理

插齿加工相当于把一对啮合的直齿圆柱齿轮中的一个齿轮的牙齿磨成具有前后角的刀刃,并把这一齿轮作为插齿刀来进行加工。插齿刀与相啮合的齿坯之间强制保持一对齿轮啮合的传动比关系时,插齿刀沿工件轴向作直线往复运动,则切削刃在空间形成一铲形齿轮。这铲形齿轮与工件作无间隙啮合运动。插齿刀每往复一次,便在轮坯上切出齿槽的一小部分,配合着两者的展成运动,便依次切出齿轮的全部渐开线齿廓,如图 11.4 所示。

2. 插齿运动

加工直齿圆柱齿轮时,插齿机床具备如下的基本运动。

1) 切削运动

即插齿刀上下往复直线运动,是切削时耗费动力最大的主要运动,以每分钟插齿刀往复

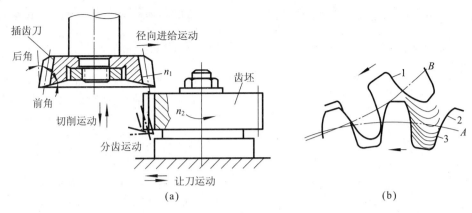

图 11.4　插齿刀切齿原理

行程次数 n 表示,单位为 r/min。

2) 分齿运动

即插齿刀和工件之间强制性地保持着一对齿轮传动的啮合关系的运动,当插齿刀转一个齿时,工件也应严格地转一个齿,故刀具与工件的啮合过程也就是圆周进给过程。其啮合关系为

$$\frac{n_2}{n_1} = \frac{z_2}{z_1}$$

式中　n_1——插齿刀转速;

　　　　n_2——齿坯转速;

　　　　z_2——插齿刀齿数;

　　　　z_1——齿坯齿数。

3) 径向进给运动

为了逐渐切至齿的全深,插齿刀应有径向进给。径向进给量是指插齿刀每往复一次径向移动的毫米数,其单位为 mm/每往复一次。

4) 圆周进给运动

圆周进给运动是插齿刀绕自身轴线的旋转运动,圆周进给量为插齿刀每往复一次在分度圆周上所转过的弧长的毫米数。

5) 让刀运动

插齿刀上下往复运动时,向下是进行切削,向上直线运动不进行切削,是空回行程。为了保证插齿刀空回行程时不和被切齿轮的齿面接触,避免擦伤已加工表面和减少擦齿刀刀齿的磨损,刀具和工件之间应让开一小段距离(一般为 0.5mm 的间隙)。

插齿加工与滚齿加工相比较,插齿的齿形精度比滚齿高、齿面的粗糙度比滚齿细、运动精度比滚齿差、齿向误差比滚齿大。因此就加工精度来说,对于运动精度要求不高的齿轮,可直接用插齿来进行齿形精加工,而对运动精度要求较高的齿轮和剃前齿轮(剃齿不能提高运动精度),则用滚齿较为有利。插齿加工方法主要适用于加工中小模数的直齿轮,也能加工斜齿轮及人字齿轮。特别适合加工内齿轮及齿圈间距很小的双联或三联齿轮。

11.2.3　剃齿

剃齿是在滚齿之后,对未淬硬齿轮的齿形进行精加工的一种常用方法。轮齿加工的主要工艺路线为:滚(插)齿—剃齿。可达到的精度为 6～7 级,表面粗糙度 R_a 值为 0.8～0.2μm。剃齿是自由啮合,对齿轮的运动精度提高较少,所以齿轮的运动精度必须由剃齿前

的滚齿后插齿保证。因为滚齿的运动精度比插齿高,所以剃齿前的加工一般都采用滚齿。

1. 剃齿加工原理

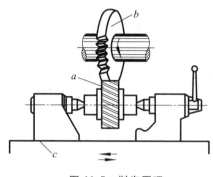

图 11.5　剃齿原理

剃齿加工的根据是一对螺旋角不等的螺旋齿轮啮合的原理。剃齿刀实质是一个高精度的斜齿圆柱齿轮,不同的是在齿侧面开有许多容屑槽,形成剃齿刀的切削刃。剃齿刀与被切齿轮的轴线空间交叉一个角度,由剃齿刀带动被剃齿轮作双面无侧隙对滚。如图 11.5 所示,图中 a 是工件,b 是剃齿刀,c 是工作台。剃齿加工时,被剃齿轮安装在剃齿机工作台的顶尖间,由剃齿刀带动其旋转,同时随工作台作纵向往复运动,在每次往复后工作台作径向进给运动。由于是双面啮合,剃齿刀的两侧面都能进行切削加工,但由于两侧面的切削角度不同,一侧为锐角,切削能力强;另一侧为钝角,切削能力弱,以挤压擦光为主,故对剃齿质量有较大影响。为使齿轮两侧获得同样的剃削条件,则在剃削过程中,剃齿刀作交替正反转运动。在工作的齿面方向因剃齿刀无刃槽,有相对滑动,却不作切削运动。

2. 剃齿运动

剃齿时具有以下 3 个基本运动。

(1) 剃齿刀带动工件的高速正、反转运动为基本运动。

(2) 工件沿轴向往复运动,从而使齿轮全齿宽均能剃出。

(3) 工件每往复一次作径向进给运动,用来切除全部余量。

11.2.4　珩齿

淬火后的齿轮轮齿表面有氧化皮,影响齿面粗糙度,热处理的变形也影响齿轮的精度。由于工件已淬硬,除可用磨削加工外,也可以采用珩齿进行精加工。珩齿是齿轮热处理后的一种光整加工方法,可以提高齿面光洁度、修正部分淬火变形、改善齿轮副的啮合噪声。加工精度可达到 6～7 级,可使表面粗糙度 R_a 值从 1.25～2.5μm 减小到 0.16～1.25μm。珩齿加工生产率高、设备简单、成本低,在成批和大批生产中应用广泛。

1. 珩齿加工原理

珩齿加工原理与剃齿相似,珩磨轮与工件类似于一对螺旋齿轮呈无侧隙啮合,利用啮合处的相对滑动,并在齿面间施加一定的压力来进行珩齿,珩齿过程具有磨、剃、抛光等几种精加工的综合性质。珩磨轮做成齿轮式珩磨轮来直接加工直齿和斜齿圆柱齿轮。

珩齿时的运动和剃齿相同。即珩轮带动工件高速正、反向转动,工件沿轴向往复运动及工件径向进给运动。与剃齿不同的是开车后可一次径向进给到预定位置,故开始时齿面压力较大,随后逐渐减小,直到压力消失时珩齿便结束,如图 11.6 所示。

2. 珩齿的特点

与剃齿相比较,珩齿具有以下工艺特点。

（1）珩轮结构和磨轮相似，珩齿后表面质量较好，珩齿速度甚低（通常为 1～3m/s），加之磨粒粒度较细，珩轮弹性较大，故珩齿过程实际上是一种低速磨削、研磨和抛光的综合过程，齿面不会产生烧伤和裂痕。

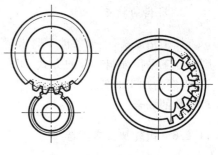

（2）珩齿时，齿面间隙除沿齿向有相对滑动外，沿齿形方向也存在滑动，因而齿面形成复杂的网纹，提高了齿面质量。

图 11.6　珩齿原理

（3）珩轮弹性较大，对珩前齿轮的各项误差修正作用不强。因此，对珩轮本身的精度要求不高，珩轮误差一般不会反映到被珩齿轮上，但对珩前齿轮的精度则要求高。

（4）珩轮主要用于去除热处理后齿面上的氧化皮和毛刺。珩齿余量一般不超过 0.025mm，珩轮转速达到 1000r/min 以上，纵向进给量为 0.05～0.065mm/r。

（5）珩轮生产率甚高，一般一分钟珩一个，通过 3～5 次往复即可完成。另外，珩齿加工成本低，设备要求简单，操作方便。

11.2.5　磨齿

磨齿是目前齿形加工中精度最高的一种方法，是利用强制性的齿轮齿条啮合原理来进行展成加工的，但也有用精密的渐开线齿形靠模板按仿形法加工的。磨齿既可磨削未淬硬齿轮，也可磨削淬硬的齿轮，对齿轮误差及热处理变形有较强的修正能力。多用于硬齿面高精度齿轮及插齿刀、剃齿刀等齿轮刀具的精加工。其缺点是生产率低，加工成本高，故适用于单件小批生产。

1. 磨齿加工原理

磨齿的方法很多，按照磨齿的原理可分为成形法与展成法两类，生产中多用展成法磨齿，常见的磨齿方法如下。

1）双片碟形砂轮磨齿

这种磨齿方法用来加工直齿或斜齿圆柱齿轮。用展成法磨齿如图 11.7 所示。基本原理是用两个砂轮构成的假想齿条与被磨齿轮相啮合。工作时，砂轮 1 作高速旋转，被切齿轮 2 沿假想齿条 3 作往复滚动，砂轮沿被切齿轮齿宽作往复运动。这种磨

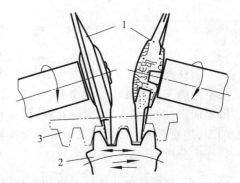

图 11.7　磨齿原理

1—砂轮；2—被切齿轮；3—齿条

齿方法不是连续分齿，而是展成加工完一个齿后，再展成加工另一个齿。由于分齿运动是自动进行的，所以磨齿机的结构复杂，制造精度要求也很高。

2）双锥面砂轮磨齿

3）蜗杆砂轮磨齿

这种磨齿的原理与滚齿相似，蜗杆砂轮相当于滚刀，生产率高，精度可达 5～7 级。

2. 磨齿的特点

加工精度高，一般条件下磨齿精度为 4～6 级，表面粗糙度 R_a 值为 $0.4～0.8\mu m$。因为磨齿加工采用强制啮合的方式，不仅修正误差的能力强，而且可以加工表面硬度很高的齿轮；但磨齿加工的效率低、机床复杂、调整困难，所以加工成本较高，主要应用于齿轮精度要求很高的场合。

11.2.6　齿轮加工方案选择

齿轮加工方案的选择，主要取决于齿轮的精度等级、光洁度、生产批量和热处理方法等。下面提出齿轮加工方案选择时的几条原则，以供参考。

（1）对于 8 级及 8 级以下精度的需调质的齿轮，可用铣齿、滚齿或插齿直接达到加工精度要求。

（2）对于 8 级及 8 级以下精度的需淬火的齿轮，需在淬火前将精度提高一级，其加工方案可采用：滚（插）齿—齿端加工—齿面淬硬—修正内孔。

（3）对于 6～7 级精度的不淬硬齿轮，其齿轮加工方案为：滚齿—剃齿。

（4）对于 6～7 级精度的淬硬齿轮，其齿形加工一般有两种方案。

① 小批生产

粗、精加工—滚（插）齿—齿端加工—热处理（淬火回火或渗碳淬火）—修正内孔—磨齿。

② 成批加工

齿坯粗、精加工—滚（插）齿—齿端加工—剃齿—热处理（表面淬火）—修正内孔—珩齿。

（5）对于 5 级及 5 级精度以上的齿轮都应采用磨齿的方法。

（6）对于大批量生产，用"滚（插）齿—冷挤齿"的加工方案，可稳定地获得 7 级精度的齿轮。

11.3　典型齿轮零件加工工艺分析

圆柱齿轮加工工艺过程常因齿轮的结构形状、精度等级、生产批量及生产条件不同而采用不同的工艺方案。一般加工一个齿轮大致要经过如下几个阶段：毛坯热处理、齿坯加工、齿形加工、齿端加工、齿面热处理、精基准修正及齿形精加工等。概括起来为齿坯加工、齿形加工、热处理和齿形精加工 4 个主要步骤。下面列出两个精度要求不同的齿轮的典型工艺过程供分析比较。

11.3.1　普通精度齿轮加工工艺分析

1. 工艺过程分析

1）零件图样分析

① 齿轮材料为 40Cr。

② 齿轮精度等级为 7-6-6 级。

2）齿轮加工工艺过程卡

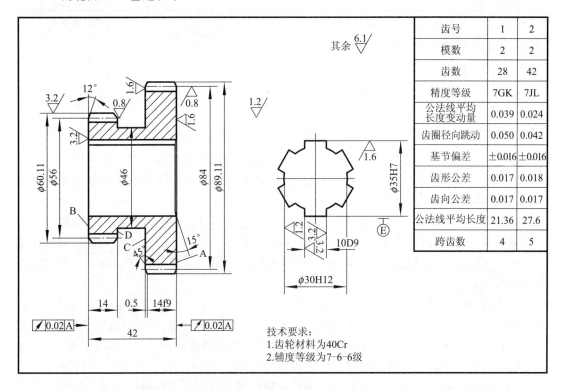

齿号	1	2
模数	2	2
齿数	28	42
精度等级	7GK	7JL
公法线平均长度变动量	0.039	0.024
齿圈径向跳动	0.050	0.042
基节偏差	±0.016	±0.016
齿形公差	0.017	0.018
齿向公差	0.017	0.017
公法线平均长度	21.36	27.6
跨齿数	4	5

技术要求：
1.齿轮材料为40Cr
2.辅度等级为7-6-6级

图 11.8　双联齿轮

表 11-8　双联齿轮加工工艺过程卡

工序号	工序名称	工序内容	定位基准
1	锻造	毛坯锻造	
2	热处理	正火	
3	车	粗车外圆及端面,留余量 1.5～2mm,钻镗花键底孔至尺寸 ϕ30H12	外圆及端面
4	拉	拉花键孔	ϕ30H12 孔及 A 面
5	钳	钳工去毛刺	
6	车	上心轴,精车外圆、端面及槽至要求	花键孔及 A 面
7	检验	检验	
8	滚齿	滚齿($z=42$),留剃余量 0.07～0.10mm	花键孔及 B 面
9	插齿	插齿($z=28$),留剃余量 0.04～0.06mm	花键孔及 A 面
10	倒角	倒角（Ⅰ、Ⅱ齿 12°牙角）	花键孔及端面
11	钳	钳工去毛刺	
12	剃齿	剃齿($z=42$),剃齿后公法线长度至尺寸上限	花键孔及 A 面
13	剃齿	剃齿($z=28$),采用螺旋角度为 5°的剃齿刀,剃齿后公法线长度至尺寸上限	花键孔及 A 面

（续）

工序号	工序名称	工序内容	定位基准
14	热处理	齿部高频淬火：G52	
15	推孔	推孔	
16	珩齿	珩齿	花键孔及 A 面
17	检验	总检入库	

齿坯加工阶段主要为加工齿形基准并完成齿形以外的次要表面加工。

齿形加工是保证齿轮加工精度的关键阶段，其加工方法的选择对齿轮的加工顺序并无影响，主要取决于加工精度要求。

加工的第一阶段为齿坯最初进入机械加工的阶段。这个阶段主要是为下一阶段加工齿形准备精基准，使齿的内孔和端面的精度基本达到规定的技术要求，因为齿轮的传动精度主要决定于齿形精度和齿距分布均匀性，而这与切齿时采用的定位基准（孔和端面）的精度有着直接的关系。

加工的第二阶段为齿形的加工。需要淬硬的齿轮，必须在这个阶段中加工出能满足齿形的最后精加工所要求的齿形精度。这个阶段的加工是保证齿轮加工精度的关键阶段，应予以特别关注。不需要淬火的齿轮，一般来说这个阶段也就是齿轮的最后加工阶段，经过这个阶段就应该加工出完全符合图样要求的齿轮。

加工的第三阶段是热处理阶段。这个阶段应使齿面达到规定的硬度要求。

加工的最后阶段是齿形的精加工阶段。这个阶段的目的，是修正齿轮经过淬火后所引起的齿形变形，进一步提高齿形精度和降低表面粗糙度，使其能够达到最终的精度要求。这个阶段中主要应对定位基准面（孔和端面）进行修整，以修整过的基准面定位进行齿形精加工。这样能够使定位准确可靠，余量分布比较均匀，能达到精加工的目的。

2. 定位基准的选择与加工

定位基准的精度对齿形加工精度有直接的影响。齿轮加工时的定位基准应尽可能与装配基准、测量基准相一致，避免由于基准不重合而产生的误差，要符合"基准重合"原则。而且在整个齿轮加工过程中（如滚、剃、珩等）也尽量采用相同的定位基准。连轴齿轮的齿坯、齿形加工与一般轴类零件加工相似，对于小直径轴类齿轮的齿形加工一般选择两端中心孔或锥体作为定位基准；大直径轴类齿轮多选择齿轮轴颈，并以一个较大的断面作为支承；带孔齿轮则以孔定位和一个端面支承；盘套类齿轮的齿形加工常采用以下两种定位基准。

1）内孔和端面定位

选择既是设计基准又是测量和装配基准的内孔作为定位基准，既符合"基准重合"原则，又能使齿形加工等工序基准统一，只要严格控制内孔精度，在专用心轴上定位时不需要找正。故生产率高，广泛用于成批生产中。

2）外圆和端面定位

以齿坯的外圆和端面作为定位基准，齿坯内孔安装在通用心轴上，用找正外圆来决定孔中心位置，以端面作轴向定位基准，故要求齿坯外圆对内孔的径向跳动要小。因找正效率低，一般用于单件、小批生产。

3. 齿端加工

　　如图 11.9 所示,齿轮的齿端加工有倒圆、倒尖、倒棱和去毛刺等。倒圆、倒尖后的齿轮,沿轴向滑动时容易进入啮合状态。倒棱可去除齿端的锐边,这些锐边经渗碳淬火后很脆,在齿轮传动中易崩裂。

　　为了使变速箱中变速齿轮沿轴向滑移时,能迅速顺利进入另一齿轮的齿槽并与之啮合,需要将齿轮的端部倒圆、倒尖。齿端倒圆的方法如图 11.10 所示。铣刀为棱形锥体形状,在高速旋转同时作上下往复运动。工件作旋转运动,工件转过一齿,铣刀往复一次,在相对运动过程中完成齿端倒圆。

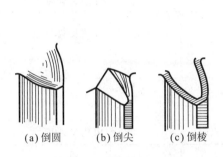

(a) 倒圆　　(b) 倒尖　　(c) 倒棱

图 11.9　齿端加工

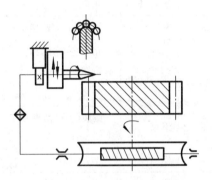

图 11.10　齿端倒圆机工作原理

齿端加工必须安排在齿轮淬火之前,通常多在滚(插)齿之后。

11.3.2　高精度齿轮加工工艺特点

1. 高精度齿轮加工工艺过程

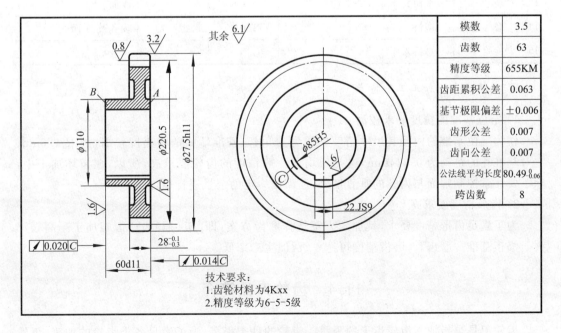

模数	3.5
齿数	63
精度等级	655KM
齿距累积公差	0.063
基节极限偏差	±0.006
齿形公差	0.007
齿向公差	0.007
公法线平均长度	$80.49_{-0.06}^{0}$
跨齿数	8

技术要求:
1.齿轮材料为4Kxx
2.精度等级为6-5-5级

图 11.11　高精度齿轮

1）零件图样分析

① 齿轮材料为 40Cr。

② 齿轮精度等级为 6-5-5 级。

2）齿轮加工工艺过程卡

表 11-9　高精度齿轮加工工艺过程卡

序　号	工序名称	工序内容	机　床	夹　具	定位基准
1	锻造	毛坯锻造			
2	热处理	正火			
3	车	粗车各部分,留余量 1.5～2mm	C616		外圆及端面
4	车	精车各部分内孔至 ϕ84.8H7,总长留加工余量 0.2mm,其余至尺寸			外圆及端面
5	检验	检验			
6	滚齿	滚齿(齿厚留磨加工余量0.10～0.15mm)	Y38	滚齿心轴	内孔及 A 面
7	倒角	倒角	倒角机		内孔及 A 面
8	钳	钳工去毛刺			
9	热处理	齿部高频淬火:G52			
10	插削	插键槽	插床		内孔(找正用)和 A 面
11	磨	磨内孔至 ϕ85H5	平面磨床		分圆和 A 面(找正用)
12	磨	靠磨大端 A 面			内孔
13	磨	平面磨 B 面至总长度尺寸			A 面
14	磨	磨齿	Y7150	磨齿心轴	内孔及 A 面
15	检验	总检入库			

2. 高精度齿轮加工工艺特点

1）定位基准的精度要求较高

作为定位基准的内孔其尺寸精度标注为 ϕ85H5,基准端面的粗糙度较细,为 R_a1.6μm,它对基准孔的跳动为 0.014mm,这几项均比一般精度的齿轮要求高,所以,在齿坯加工中,除了要注意控制端面与内孔的垂直度外,还需留一定的余量进行精加工。

2）齿形精度要求高

为了满足齿形精度要求,其加工方案选择磨齿方案,即"滚(插)齿—齿端加工—高频淬火—修正基准—磨齿"。磨齿精度可达 4 级,但生产率低。

11.4　齿轮刀具简介

齿轮刀具是指加工齿轮齿形的刀具。齿轮的种类很多,为了满足各类齿轮的加工,齿轮刀具的种类也较多。

11.4.1　盘形齿轮铣刀

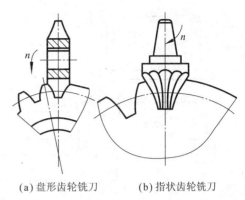

(a) 盘形齿轮铣刀　　　　(b) 指状齿轮铣刀

图 11.12　成形法齿轮铣刀加工齿轮

盘形齿轮铣刀是按成形法加工齿轮的刀具，它适宜加工模数 $m<8$ 的齿轮。铣刀廓形应根据被切齿槽的廓形来确定。为了铣出正确的齿形，每一种模数，每一个压力角，或每一个齿数的齿轮，都应相应地有一把铣刀，这样就使铣刀的数量非常多。为了减少刀具的数量，对于标准模数铣刀，当模数为 0.3～8mm 时，每种模数由 8 把组成一套，当模数为 9～16mm 时，由 15 把组成一套。每把刀号的铣刀用于加工某一齿数范围的齿轮。见表 11-10。因为每种刀号齿轮铣刀的刀齿形状均按加工齿数范围中最少齿数的齿形设计，例如 6 号铣刀的齿形，是按齿数为 35 时设计的，当用 6 号铣刀加工齿数为 36～54 的齿轮时，使被加工齿轮除分度圆齿厚相同外，其齿顶与齿根处的齿厚均变薄。因此在加工该范围内其他齿数齿轮时均会产生齿形误差，但对低精度齿轮是允许的，适用于加工模数小于 8 的齿轮。

表 11-10　每号铣刀加工齿数范围

铣刀号	1	$1\frac{1}{2}$	2	$2\frac{1}{2}$	3	$3\frac{1}{2}$	4	$4\frac{1}{2}$	5	$5\frac{1}{2}$	6	$6\frac{1}{2}$	7	$7\frac{1}{2}$	8
8 把一套	12～13	—	14～16	—	17～20	—	21～25	—	26～34	—	35～54	—	55～134	—	135 以上
15 把一套	12	13	14	15～16	17～18	19～20	21～22	23～25	26～29	30～34	35～41	42～54	55～79	80～134	135 以上

11.4.2　齿轮滚刀

齿轮滚刀是按螺旋齿轮啮合原理，用展成法加工齿轮的刀具，在齿轮制造中应用很广泛，可用来加工外啮合的直齿轮、斜齿轮、标准齿轮和变位齿轮。用一把滚刀可以加工模数相同的任意齿数的齿轮。

齿轮滚刀加工时，相当于一对齿轮相互啮合。其中一个齿轮直径较小，齿数很少，螺旋角很大，牙齿很长，以致绕本身轴转几圈，使这个齿轮变成蜗杆状刀具，在圆周上等分地开有若干垂直于蜗杆螺旋方向的沟槽，经齿形铲背形成刀刃，刀刃就处在蜗杆螺旋槽表面上，这个螺旋面所构成的蜗杆称为滚刀的基本蜗杆。滚刀由若干圈刀齿组成，每个刀齿都有一个顶刃和左右两个侧刃，顶刃和侧刃都具有一定的后角。刀齿的两侧刃分布在螺旋面上。

根据螺旋齿轮的啮合性质，啮合的一对齿轮端面都是渐开线齿形，两齿轮的法向模数和压力角分别相等，所以齿轮滚刀基本蜗杆的端面齿形应是渐开线，这种渐开线蜗杆的法向模数与压力角应分别等于被切齿轮的模数和压力角。

11.4.3　插齿刀

插齿刀是加工直齿及斜齿圆柱齿轮的常用刀具之一。因为插齿刀空刀距离小，所以插齿刀

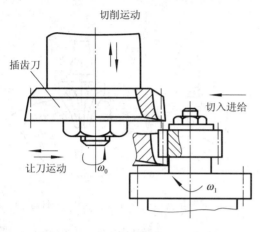

切削运动

插齿刀

切入进给

让刀运动 ω_0

ω_1

图 11.13　插齿刀

可以加工多种齿轮滚刀不能加工的齿轮,例如多联齿轮、无空刀槽人字齿轮、带凸肩齿轮、齿条等。插齿刀也是加工内齿轮的主要刀具。

插齿刀也是一种按展成原理加工齿轮的刀具,从插齿过程来分析,它相当于一对轴线相互平行的圆柱齿轮相啮合,因此插齿刀实质上就是一个磨有前后角并具有切削刃的齿轮。如图 11.14 所示,插削直齿齿轮时,直齿插齿刀作上下往复的切削运动(主运动),同时和被切齿轮作无间隙啮合运动。因此工件的旋转运动一方面与插齿刀形成展成运动,同时也是圆周进给运动;另一方面插齿刀还要沿工件的径向作径向进给运动,当切削到预定深度后,径向进给自动停止,切削运动与展成运动(即圆周进给)继续进行,直至齿轮全部轮齿切完,即自动停止。为避免插齿刀回程与工件产生摩擦,还应有径向让刀运动。插削斜齿轮时,斜齿插齿刀和工件间的相互关系与轴线相平行的斜齿轮的啮合相同,在插齿刀直线作往复运动的同时,需作附加的转动,其他运动与插直齿插齿刀相同。

插齿刀切齿轮是按展成原理、刀刃包络形成齿轮的渐开线齿形。根据齿轮啮合原理,同一插齿刀可以加工模数和压力角相同的任意齿数的齿轮,可以加工非标准齿轮,也可以加工变位齿轮。

小　　结

齿轮的结构,技术要求及齿轮材料和热处理方法。

齿轮加工在机械制造业中占有重要的地位,齿轮加工方法主要有滚齿、插齿、剃齿、珩齿、磨齿等,讲述齿轮加工各种方法的原理及应用场合。

圆柱齿轮加工工艺过程常因齿轮的结构形状、精度等级、生产批量及生产条件不同而采用不同的工艺方案,本章列出了两个精度不同齿轮的加工方案。

齿轮刀具的特点。

思考与练习题

11-1　圆柱齿轮的齿形加工方法主要有哪些?说明各自适用范围。

11-2　简述剃齿的加工原理。

11-3　加工模数 $m=6$mm 的齿轮,齿轮 $z_1=36$,$z_2=34$,试选择模数盘铣刀的刀号。

11-4　试述插齿加工工作原理,插齿加工需要几种基本运动?其特点如何?

11-5　常用齿轮材料有哪些,各适用于哪些场合?

11-6　齿轮滚刀的前角和后角是怎样形成的?

11-7　对于不同精度的圆柱齿轮,其齿形加工方案应如何选择?

11-8　对于圆柱齿轮来说,齿坯加工方案是如何选择的?

11-9　对于不同类型的齿轮,其定位基准如何选择?

第12章　现代加工工艺及装备

教学提示：由于材料科学、高新技术的发展，现代加工工艺及技术装备也不断更新和产生，特别是电火花加工技术、电解加工技术和激光加工技术在机械加工中得到了广泛应用。

教学要求：了解常用特种加工工艺及其基本原理，掌握电火花加工技术的工艺方法及应用范围。

12.1　特种加工概述

进入 20 世纪以来，制造技术，特别是先进制造技术不断发展，特种加工作为先进制造技术中重要的一部分，对制造业的作用日益显著。它解决了传统加工方法难以处理的问题，有着自己独特的特点，已经成为现代工业不可缺少的重要加工方法和手段。

特种加工是 20 世纪 40 年代发展起来的，由于材料科学、高新技术的发展和激烈的市场竞争、发展尖端国防及科学研究的急需，不仅新产品更新换代日益加快，而且产品要求具有很高的强度重量比和性能价格比，并正朝着高速度、高精度、高可靠性、耐腐蚀、耐高温高压、大功率、尺寸大小两极分化的方向发展。为此，各种新材料、新结构、形状复杂的精密机械零件大量涌现，对机械制造业提出了一系列迫切需要解决的新问题。例如，各种难切削材料的加工；各种结构形状复杂、尺寸或微小或特大、精密零件的加工；薄壁、弹性元件等刚度、特殊零件的加工等。对此，采用传统加工方法十分困难，甚至无法加工。于是，人们一方面通过研究高效加工的刀具和刀具材料、自动优化切削参数、提高刀具可靠性和在线刀具监控系统、开发新型切削液、研制新型自动机床等途径，进一步改善切削状态，提高切削加工水平，并解决了一些问题；另一方面，则冲破传统加工方法的束缚，不断地探索、寻求新的加工方法，于是一种本质上区别于传统加工的特种加工便应运而生，并不断获得发展。后来，由于新颖制造技术的进一步发展，人们就从广义上来定义特种加工，即不用常规的机械加工和常规压力加工的方法，利用光、电、化学、生物等原理去除或添加材料以达到零件设计要求的加工方法的总称。

特种加工具有以下几个特点。

（1）不用机械能，与加工对象的机械性能无关。有些加工方法，如激光加工、电火花加工、等离子弧加工、电化学加工等，是利用热能、化学能、电化学能等。这些加工方法与工件的硬度、强度等机械性能无关，故可加工各种硬、软、脆、热敏、耐腐蚀、高熔点、高强度、具有特殊性能的金属和非金属材料。

（2）非接触加工，不一定需要工具，有的虽使用工具，但与工件不接触。因此，工件不承受大的作用力，工具硬度可低于工件硬度，故得以加工刚性极低元件及弹性元件。

（3）微细加工，工件表面质量高。有些特种加工，如超声、电化学、水喷射、磨料流等，加工余量都是微细进行，故不仅可加工尺寸微小的孔或狭缝，还能获得高精度、极低粗糙度的加工表面。

（4）不存在加工中的机械应变或大面积的热应变，可获得较低的表面粗糙度，其热应力、残余应力、冷作硬化等均比较小，尺寸稳定性好。

（5）两种或两种以上的不同类型的能量可相互组合形成新的复合加工,其综合加工效果明显,且便于推广使用。

（6）特种加工对简化加工工艺、变革新产品的设计及零件结构工艺性等产生了积极的影响。

特种加工按用途可以分为尺寸加工和表面加工两大类,每类中又按能量形式、作用原理分成多种不同的工艺方法,常用特种加工方法见表 12-1。

表 12-1　常用特种加工方法的性能与适用范围

加工方法	能量形式	可加工材料	尺寸精度(mm)（平均/最高）	表面粗糙度 R_a(μm)（平均/最高）	主要适用范围
电火花加工（EDM）	电能、热能	任何导电的金属材料,如硬质合金、不锈钢、淬火钢、钛合金	0.03/0.003	10/0.04	从数微米的孔、槽到数米的超大型模具、工件等,如圆孔、方孔、异形孔、微孔、弯孔、深孔及各种模具;还可以刻字、表面强化、涂覆加工
电火花线切割加工（WEDM）	电能、热能		0.02/0.002	5/0.32	切割各种模具及零件,各种样板等;也常用于钼、钨、半导体材料或贵重金属的切割
电解加工（ECM）	电化学能		0.1/0.01	1.25/0.16	从细小零件到上吨重的超大型工件及模具,如仪表微型轴、蜗轮叶片、炮管膛线等
电解磨削（EGM）	电化学机械能		0.02/0.001	1.25/0.04	硬质合金等难加工材料的磨削以及超精光整研磨、珩磨
超声波加工（USM）	声能、机械能	任何脆性材料	0.03/0.005	0.63/0.16	加工、切割脆硬材料,如玻璃、石英、宝石、金刚石、半导体等
激光加工（LBM）	光能、热能		0.01/0.001	10/1.25	精密加工小孔、窄缝及成形加工、蚀刻;还可焊接、热处理
电子束加工（EBM）	电能、热能	任何材料	0.01/0.001	10/1.25	在各种难加工材料上打微孔、切缝、蚀刻、焊接等,常用于中、大规模集成电路微电子器件
离子束加工（IBM）	电能、动能		/0.01	/0.01	对零件表面进行超精密加工、超微量加工、抛光、蚀刻、镀覆等

本章将对几种主要的特种加工方法的原理、特点和应用作简要的介绍。

12.2　电火花加工

12.2.1　加工原理

1. 电火花加工机床

常见的电火花成形加工机床由机床主体、脉冲电源、伺服进给系统、工作液循环过滤系统等几个部分组成。

（1）机床主体：包括床身、工作台、立柱、主轴头及润滑系统。用于夹持工具电极及支承工件，保证它们的相对位置，并实现电极在加工过程中的稳定进给运动。

（2）脉冲电源：把工频的交流电流转换成一定频率的单向脉冲电流。

电火花加工的脉冲电源有多种形式，目前常用晶体管放电回路来做脉冲电源，如图 12.1 所示。晶体管的基极电流可由脉冲发生器的信号控制，使电源回路产生开、关两种状态。脉冲发生器常采用多谐振荡器。由于脉冲的开、关周期与放电间隙的状态无关，可以独立地进行调整，所以这种方式常称为独立脉冲方式。

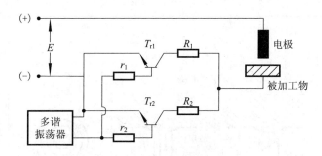

图 12.1　晶体管放电回路脉冲电源

在晶体管放电回路脉冲电源中，由于有开关电路强制断开电流，放电消失以后，电极间隙的绝缘容易恢复，因此，放电间隔可以缩短，脉冲宽度（放电持续时间）可以增大，放电停止时间能够减小，大大提高了加工效率。此外，由于放电电流的峰值、脉冲宽度可由改变多谐振荡器输出的波形来控制，所以能够在很宽的范围内选择加工条件。

（3）伺服进给系统：使主轴作伺服运动。

（4）工作液循环过滤系统：提供清洁的、有一定压力的工作液。

2. 电火花成形加工的原理

图 12.2 是电火花原理示意图，电火花成形加工的基本原理是基于工具和工件（正、负电极）之间脉冲火花放电时的电腐蚀现象来蚀除多余的金属，以达到对零件的尺寸、形状及表面质量预定的加工要求。要达到这一目的，必须创造下列条件。

（1）必须使接在不同极性上的工具和工件之间保持一定的距离以形成放电间隙。一般为 $0.01 \sim 0.1\text{mm}$ 左右。

（2）脉冲波形是单向的。

（3）放电必须在具有一定绝缘性能的液体介质中进行。

（4）有足够的脉冲放电能量，以保证放电部位的金属熔化或汽化。

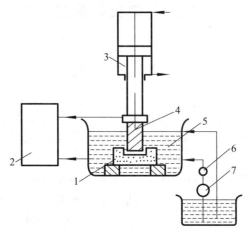

图 12.2　电火花原理示意图

1—加工工件；2—脉冲电源；3—自动进给调节装置；4—工具电极

5—工作液；6—泵；7—过滤器

表 12-2　电火花加工过程

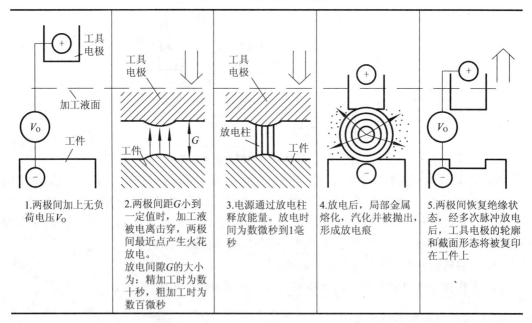

1.两极间加上无负荷电压V_0	2.两极间距G小到一定值时，加工液被电离击穿，两极间最近点产生火花放电。放电间隙G的大小为：精加工时为数十秒，粗加工时为数百微秒	3.电源通过放电柱释放能量。放电时间为数微秒到1毫秒	4.放电后，局部金属熔化，汽化并被抛出，形成放电痕	5.两极间恢复绝缘状态，经多次脉冲放电后，工具电极的轮廓和截面形态将被复印在工件上

　　自动进给调节装置能使工件和工具电极保持给定的放电间隙。脉冲电源输出的电压加在液体介质中的工件和工具电极（以下简称电极）上。当电压升高到间隙中介质的击穿电压时，会使介质在绝缘强度最低处被击穿，产生火花放电。瞬间高温使工件和电极表面都被蚀除掉一小块材料，形成小的凹坑。

　　一次脉冲放电之后，两极间的电压急剧下降到接近于零，间隙中的电介质立即恢复到绝缘状态。此后，两极间的电压再次升高，又在另一处绝缘强度最小的地方重复上述放电过程。多次脉冲放电的结果，使整个被加工表面由无数小的放电凹坑构成极性效应。

在脉冲放电过程中,工件和电极都要受到电腐蚀,但正、负两极的蚀除速度不同,这种两极蚀除速度不同的现象称为极性效应。

产生极性效应的基本原因是由于电子的质量小,其惯性也小,在电场力作用下容易在短时间内获得较大的运动速度,即使采用较短的脉冲进行加工也能大量、迅速地到达阳极,轰击阳极表面。而正离子由于质量大,惯性也大,在相同时间内所获得的速度远小于电子。当采用短脉冲进行加工时,大部分正离子尚未到达负极表面,脉冲便已结束,所以负极的蚀除量小于正极。这时工件接正极,称为"正极性加工"。

当用较长的脉冲加工时,正离子可以有足够的时间加速,获得较大的运动速度,并有足够的时间到达负极表面,加上它的质量大,因而正离子对负极的轰击作用远大于电子对正极的轰击,负极的蚀除量则大于正极。这时工件接负极,称为"负极性加工"。

3. 极性效应在电火花加工过程中的作用

在电火花加工过程中,工件加工得快,电极损耗小是最好的,所以极性效应愈显著愈好。

12.2.2　电火花加工的特点

电火花加工的特点主要表现在适合于机械加工方法难于加工的材料的加工,如淬火钢、硬质合金、耐热合金;可加工特小孔、深孔、窄缝及复杂形状的零件,如各种型孔、立体曲面等;电火花加工只能加工导电工件且加工速度慢;由于存在电极损耗,加工精度受限制。

12.2.3　影响电火花成形的加工因素

1. 影响加工速度的因素

(1) 加工速度以 mm^3/min 表示。

(2) 增加矩形脉冲的峰值电流和脉冲宽度;减小脉间;合理选择工件材料、工作液,改善工作液循环等能提高加工速度。

2. 影响加工精度的因素

工件的加工精度除受机床精度、工件的装夹精度、电极制造及装夹精度影响之外,主要受放电间隙和电极损耗的影响。

1) 电极损耗对加工精度的影响

在电火花加工过程中,电极会受到电腐蚀而损耗。在电极的不同部位,其损耗不同。

2) 放电间隙对加工精度的影响

(1) 由于放电间隙的存在,加工出的工件型孔(或型腔)尺寸和电极尺寸相比,沿加工轮廓要相差一个放电间隙(单边间隙)。

(2) 实际加工过程中放电间隙是变化的,加工精度因此受到一定程度的影响。

3. 影响表面质量的因素

脉冲宽度、峰值电流大,表面粗糙度值大。

12.2.4 电火花加工的应用

1.电火花穿孔加工

电火花穿孔是电蚀加工中应用最广的一种方法,常用来加工冷冲模、拉丝模和喷嘴等各种小孔。

穿孔的尺寸精度主要取决于工具电极的尺寸精度和表面粗糙度。工具电极的横截面形状和加工的型孔横截面形状相一致,其轮廓尺寸比相应的型孔尺寸周边均匀地内缩一个值,即单边放电间隙。影响放电间隙的因素主要是电规准,当采用单个脉冲容量大(指脉冲峰值电流与电压大)的粗规准时,被蚀除的金属微粒大,放电间隙大;反之当采用精规准时,放电间隙小。电火花加工时,为了提高生产率,常用粗规准蚀除大量金属,再用精规准保证加工质量。为此,可将穿孔电极制成阶梯形,其头部尺寸周边缩小 $0.08\sim0.12$ mm,缩小部分长度为型孔长度的 $1.2\sim2$ 倍,先由头部电极进行粗加工,而后改变电规准,接着由后部电极进行精加工。

穿孔电极常用的材料有钢、铸铁、紫铜、黄铜、石墨及钨合金等。钢和铸铁机加工性能好,但电加工稳定性差,紫铜和黄铜的电加工性能好,但电极损耗较大;石墨电极的损耗小,电加工稳定性好,但电极磨削困难;铜钨、银钨合金电加工稳定性好,电极损耗小,但价格贵,多用于硬质合金穿孔及深孔加工等。

用电火花加工较大的孔时,应先开预孔,留适当的加工余量,一般单边余量为 $0.5\sim1$ mm左右。若加工余量太大,则生产效率低;若加工余量太小,则电火花加工时电极定位困难。

2.电火花型腔加工

用电火花加工锻模、压铸模、挤压模等型腔以及叶轮、叶片等曲面,比穿孔困难得多。原因有以下几点。

(1)型腔属盲孔,所需蚀除的金属量多,工作液难以有效地循环,以致电蚀产物排除不净而影响电加工的稳定性。

(2)型腔各处深浅不一和圆角不等,使工具电极各处损耗不一致,影响尺寸仿形加工的精度。

(3)不能用阶梯电极来实现粗、精基准的转换加工,影响生产率的提高。

针对上述原因,电火花加工型腔时,可采取如下措施。

(1)在工具电极上开冲油孔,利用压力油将电蚀物强迫排除。

(2)合理地选择脉冲电源和极性,一般采用电参数调节范围较大的晶体管脉冲电源,用紫铜或石墨作电极,粗加工时(宽脉冲)负极性,精加工时正极性,以减少工具电极的损耗。

(3)采用多基准加工方法,即先用宽脉冲、大电流和低损耗的粗基准加工成形,然后逐极转精整形来实现粗、精基准的转换加工,以提高生产率。

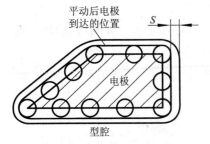

图 12.3 平动头加工原理

如图 12.3 所示为电极平动法加工型腔,利用平动头使电极作圆周平面运动,电极轮廓线上的小圆是平动时电极表面上各点的运动轨迹,δ 为放电间隙。

3.电火花线切割加工

1) 线切割加工的基本原理

电火花线切割加工简称为"线切割",是在电火花穿孔成形加工的基础上发展起来的。它采用连续移动的细金属丝($\phi 0.05 \sim \phi 0.3$mm 的钼丝或黄铜丝)作工具电极,与工件间产生电蚀而进行切割加工的。其加工原理如图 12.4 所示。电极丝 4 穿过工件预先钻好的小孔,经导轮 3 由滚丝筒 2 带动作往复交换移动。工件通过绝缘板 7 安装在工作台上,由数控装置 1 按加工要求发出指令,控制两台步进电动机 11,以驱动工作台在水平 x、y 两个坐标方向上移动合成任意的曲线轨迹,电极丝与高频脉冲电源负极相接,工件与电源正极相接。喷嘴 6 将工作液以一定的压力喷向加工区,当脉冲电压击穿电极丝与工件之间的间隙时,两者之间即产生电火花放电而蚀除金属,便能切割出一定形状的工件。还有一种线切割机床,电极丝单向低速移动,加工精度高,但电极丝只能一次性使用。

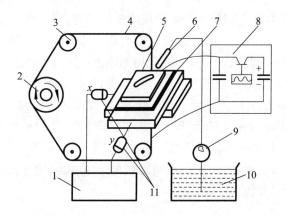

图 12.4　数控线切割加工原理

1—数控装置;2—滚丝筒;3—导轮;4—电极丝;5—工件;6—喷嘴
7—绝缘板;8—高频脉冲发生器;9—泵;10—工作液;11—步进电动机

常用的线切割机床控制方式是数字程序控制,其加工精度在 0.01mm 以内,表面粗糙度为 $R_a 0.6 \sim 0.08 \mu m$。

2) 线切割的加工特点及应用

与电火花穿孔成形加工相比,线切割具有以下特点。

(1) 不需要成形的工具电极,大大降低了设计制造费用,缩短了生产准备时间和加工周期。

(2) 电极丝极细,可加工细微异形孔、窄缝和形状复杂的工件。

(3) 电极丝连续移动,损耗较小,对加工精度影响很小。特别是低速走丝线切割加工时,电极丝为一次性使用,电极丝损耗对加工精度的影响更小。

(4) 线切割缝很窄,且只对工件材料进行轮廓切割,蚀除量小,且余料还可以利用,这对加工贵重金属具有重要意义。

(5) 自动化程度高,工人劳动强度低,且线切割使用的工作液为脱离子水,没有发生火灾的危险,可实现无人运转。

电火花线切割的缺点是不能加工盲孔和阶梯孔类零件的表面。此外,线切割易产生较大的内应力变形而破坏零件的加工精度。

线切割加工广泛应用于各种硬质合金和淬火钢的冲、样板,各种形状复杂的精细小零件、窄缝等,并可多件叠加起来加工,能获得一致的尺寸。因此线切割工艺为新产品试制、精密零件和模具制造开辟了一条新的工艺途径。

12.3　电解加工

电解加工又称电化学加工,是继电火花加工之后发展较快、应用较广的一种新工艺,在国内外已成功地应用于枪、炮、导弹、喷气发动机等国防工业部门。在模具制造中也得到了广泛的应用。

1. 电解加工的基本原理

电解加工是利用金属在电解液中产生阳极溶解的原理,将工件加工成形的。图12.5为电解加工原理示意图。加工时,工件接直流电源的阳极,工具接电源阴极。工具向工件缓慢进给,使两者间保持较小的间隙(0.1～1mm),在间隙间通过高速流动的电解液(NaCl 水溶液)。这时阳极工件的金属逐渐被电解腐蚀,电解产物被电解液冲走。

电解加工成形原理如图12.6所示。由于阳极、阴极间各点距离不等,电流密度也不等,图中以竖线的疏密代表电流密度的大小。在加工开始时,阳、阴极距离较近处电流密度较大,电解液的流速也较高,阳极溶解速度也就较快,如图12.6(a)所示。由于工具相对工件不断进给,工件表面不断被电解,电解产物不断地被电解液冲走,直至工件表面形成与阳极表面基本相似的形状为止,如图12.6(b)所示。

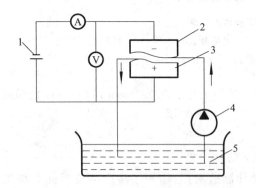

图 12.5　电解加工原理示意图
1—直流电源;2—工具阴极;3—工件阳极
4—电解液泵;5—电解液

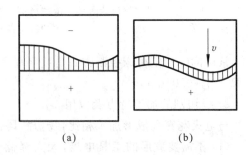

图 12.6　电解液加工成形原理

1) 电解加工的特点

(1) 加工范围广,不受金属材料硬度影响,可以加工硬质合金、淬火钢、不锈钢、耐热合金等高硬度、高强度及韧性好的金属材料,并可加工叶片、锻模等各种复杂型面。

(2) 生产率较高,约为电火花加工的 5～10 倍,在某种情况下,比切削加工的生产率还高,且加工生产率不直接受加工精度和表面粗糙度的限制。

(3) 表面粗糙度值较小($R_a 1.25 \sim 0.2 \mu m$),平均加工精度可达 $\pm 0.1 mm$ 左右。

(4) 加工过程中无热及机械切削力的作用,所以在加工面上不产生应力、变形及加工变质层。

(5) 加工过程中阴极工具在理论上不会损耗,可长期使用。

2) 电解加工的主要缺点

(1) 不易达到较高的加工精度和加工稳定性。一是由于工具阴极制造困难;二是影响电解加工稳定性的参数很多,难以控制。

(2) 电解加工的附属设备较多,占地面积较大,机床需有足够的刚性、防腐蚀性和安全性能,造价较高。

(3) 电解产物应妥善处理,否则易污染环境。

2. 电解加工的应用

电解磨削是利用电解作用与机械磨削作用相结合的一种复合加工方法。其工作原理如图12.7 所示。工件接直流电源正极,高速回转的磨轮接负极,两者保持一定的接触压力,磨轮表面突出的磨料使磨轮导电基体与工件之间有一定的间隙。当电解液从间隙中流过并接通电源

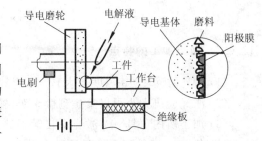

图 12.7 电解磨削原理图

后,工件产生阳极溶解,工件表面上生成一层称为阳极膜的氧化膜,其硬度远比金属本身低,极易被高速回转的磨轮所刮除,使新的金属表面露出,继续进行电解。电解作用与磨削作用交替进行,电解产物被流动的电解液带走,使加工继续进行,直至达到加工要求。

电解加工广泛应用于模具的型腔加工,枪炮的膛线加工,发电动机的叶片加工,花键孔、内齿轮、深孔加工,以及电解抛光、倒棱、去毛刺等。

12.4 激 光 加 工

激光技术是 20 世纪 60 年代初发展起来的一门新兴科学。激光加工可以用于打孔、切割、电子器件的微调、焊接、热处理、以及激光存储、激光制导等各个领域。由于激光加工速度快、变形小,可以加工各种材料,在生产实践中愈来愈显示其优越性,愈来愈受人们的重视。

12.4.1 工作原理

激光加工是利用光能量进行加工的一种方法。由于激光具有准值性好、功率大等特点,所以在聚焦后,可以形成平行度很高的细微光束,有很大的功率密度。该激光光束照射到工件表面时,部分光能量被表面吸收转变为热能。对不透明的物质,因为光的吸收深度非常小(在 $100 \mu m$ 以下),所以热能的转换发生在表面的极浅层,使照射斑点的局部区域温度迅速升高到使被加工材料熔化甚至汽化的温度。同时由于热扩散,斑点周围的金属熔化,随着光能的继续被吸收,被加工区域中金属蒸气迅速膨胀,产生一次"微型爆炸",把熔融物高速喷射出来。

激光加工装置由激光器、聚焦光学系统、电源、光学系统监视器等组成,如图 12.8 所示。

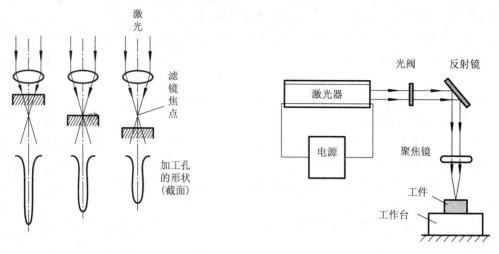

图 12.8　激光加工

12.4.2　激光加工的特点

（1）激光的瞬时功率密度高达 $10^5 \sim 10^{10}\,W/cm^2$，几乎可以加工任何高硬度、耐热的材料。

（2）激光光斑大小可以聚焦到微米级，输出功率可以调节，因此可用于精密微细加工。

（3）加工所用工具——激光束接触工件，没有明显的机械力，没有工具损耗。加工速度快、热影响区小，容易实现加工过程自动化。还能通过透明体进行加工，如对真空管内部进行焊接加工等。

（4）与电子束、离子束相比，工艺装置相对简单，不需抽真空装置。

（5）激光加工是一种热加工，影响因素很多。因此，精微加工时，精度尤其是重复精度和表面粗糙度不易保证。加工精度主要取决于焦点能量分布，打孔的形状与激光能量分布之间基本遵从于"倒影"效应。由于光的反射作用，表面光洁或透明材料必须预先进行色化或打毛处理才能加工。常用激光器的性能特点见表 12-3。

表 12-3　常用激光器的性能特点

种类	工作物质	激光波长（μm）	发散角（rad）	输出方式	输出能量或功率	主要用途
固体激光器	红宝石（Al_2O_3，Cr^{3+}）	0.69	$10^{-2} \sim 10^{-8}$	脉冲	数 J 至 10J	打孔，焊接
	钕玻璃（Nd^{3+}）	1.06	$10^{-2} \sim 10^{-3}$	脉冲	数 J 至几十 J	打孔，焊接
	掺钕钇铝石榴石 YAG（$Y_3Al_5O_{12}$，Nd^{3+}）	1.06	$10^{-2} \sim 10^{-3}$	脉冲	数 J 至几十 J	打孔、切割、焊接、微调
				连续	100 至 1000W	
气体激光器	二氧化碳 CO_2	10.6	$10^{-2} \sim 10^{-3}$	脉冲	几 J	切割、焊接、热处理、微调
				连续	几十至几千瓦	
	氩（Ar^+）	0.5145 0.4880				光盘刻录存储

（6）靠聚焦点去除材料，激光打孔和切割的激光深度受限。目前的切割、打孔厚（深）度

一般不超过 10mm,因而主要用于薄件加工。

12.4.3　激光的应用

1. 激光打孔

激光打孔已广泛应用于金刚石拉丝模、钟表宝石轴承、陶瓷、玻璃等非金属材料和硬质合金、不锈钢等金属材料的小孔加工。对于激光打孔,激光的焦点位置对孔的质量影响很大,如果焦点与加工表面之间距离很大,则激光能量密度显著减小,不能进行加工。如果焦点位置在被加工表面的两侧偏离 1mm 左右时还可以进行加工,此时加工出的孔的断面形状随焦点位置不同而发生显著的变化。由图 12.8 可以看出,加工面在焦点和透镜之间时,加工出的孔是圆锥形;加工面和焦点位置一致时,加工出的孔的直径上下基本相同;当加工表面在焦点以外时,加工出的孔呈腰鼓形。激光打孔不需要工具,不存在工具损耗问题,适合于自动化连续加工。

2. 激光切割

激光切割的原理与激光打孔基本相同。不同的是,工件与激光束要相对移动。激光切割不仅具有切缝窄、速度快、热影响区小、省材料、成本低等优点,而且可以在任何方向上切割,包括内尖角。目前激光已成功地应用于切割钢板、不锈钢、钛、钽、镍等金属材料,以及布匹、木材、纸张、塑料等非金属材料。

3. 激光焊接

激光焊接与激光打孔的原理稍有不同,焊接时不需要那么高的能量密度使工件材料汽化蚀除,而只要将工件的加工区烧熔使其粘合在一起。因此,激光焊接所需要的能量密度较低,通常可用减小激光输出功率来实现。

激光焊接具有下列优点。

(1) 激光照射时间短,焊接过程迅速,不仅有利于提高生产率,而且被焊材料不易氧化,热影响区小,适合于对热敏感性很强的材料进行焊接。

(2) 激光焊接既没有焊渣,也不需去除工件的氧化膜,甚至可以透过玻璃进行焊接,特别适宜微型机械和精密焊接。

(3) 激光焊接不仅可用于同种材料的焊接,而且可用于两种不同材料的焊接,甚至还可以用于金属和非金属之间的焊接。

4. 激光热处理

用大功率激光进行金属表面热处理是近几年发展起来的一项新工艺。激光金属硬化处理的作用原理是:照射到金属表面上的激光能使构成金属表面的原子迅速蒸发,由此产生的微冲击波会导致大量晶格缺陷的形成,从而实现表面的硬化。激光处理法与火焰淬火、感应淬火等成熟工艺相比其优缺点如下。

(1) 加热快,半秒钟内就可以将工件表面加热到临界点以上。热影响区小,工件变形小,处理后不需修磨或只需精磨。

（2）光束传递方便，便于控制，可以对形状复杂的零件或局部进行处理。如盲孔底、深孔内壁、小槽等。

（3）加热点小，散热快，形成自淬火，不需要冷却介质，不仅节省能源，而且工作环境清洁。

（4）激光热处理的弱点是硬化层较浅，一般小于1mm；另外，设备投资和维护费用较高。

激光热处理已经成功应用于发动机凸轮轴、曲轴和纺织锭尖等部位的热处理，能提高其耐磨性。

12.5　特种加工存在的问题及发展趋势

12.5.1　特种加工存在的问题

虽然特种加工已解决了传统切削加工难以加工的许多问题，在提高产品质量、生产效率和经济效益上显示出很大的优越性，但目前它还存在不少有待解决的问题。

（1）不少特种加工的机理（如超声、激光等加工）还不十分清楚，其工艺参数选择、加工过程的稳定性均需进一步提高。

（2）有些特种加工（如电化学加工）加工过程中的废渣、废气若排放不当，会造成环境污染，影响工人健康。

（3）有些特种加工（如快速成形、等离子弧加工等）的加工精度及生产率有待提高。

（4）有些特种加工（如激光加工）所需设备投资大、使用维修费用高，亦有待进一步解决。

12.5.2　特种加工的发展趋势

（1）按照系统工程的观点，加大对特种加工的基本原理、加工机理、工艺规律、加工稳定性等深入研究的力度。同时，充分融合以现代电子技术、计算机技术、信息技术和精密制造技术为基础的高新技术，使加工设备向自动化、柔性化方向发展。

（2）从实际出发，大力开发特种加工领域中的新方法，包括微细加工和复合加工，尤其是质量高、效率高、经济型的复合加工，并与适宜的制造模式相匹配，以充分发挥其优点。

（3）污染问题是影响和限制有些特种加工应用、发展的严重障碍，必须花大力气利用废气、废液、废渣，向"绿色"加工的方向发展。可以预见，随着科学技术和现代工业的发展，特种加工必将不断完善和迅速发展，反过来又必将推动科学技术和现代工业的发展，并发挥愈来愈重要的作用。

小　　结

电火花成形加工是基于工件和工具（正、负电极）之间脉冲火花放电时的电腐蚀现象来蚀除多余的金属，以达到对零件的尺寸、形状及表面质量预定的加工要求。其特点主要表现在适合于机械加工方法难于加工的材料的加工，如淬火钢、硬质合金、耐热合金。

电解加工又称电化学加工，是继电火花加工之后发展较快、应用较广的一种新工艺。电解加工是利用金属在电解液中产生阳极溶解的原理，将工件加工成形的。在模具制造中也得到了广泛的应用。

　　激光加工是利用光能量进行加工的一种方法。可以用于打孔、切割、电子器件的微调、焊接、热处理以及激光存储、激光制导等各个领域。由于激光加工速度快、变形小，可以加工各种材料，在生产实践中愈来愈显示其优越性，愈来愈受人们的重视。

思考与练习题

　　12-1　试说明电火花加工、电解加工的基本原理。

　　12-2　为保证电蚀加工的顺利进行，必须注意哪些问题？

　　12-3　线切割加工的基本原理是什么？它与电火花穿孔、成形加工相比有何特点？

第 13 章 机械装配工艺基础

教学提示：机器的装配是整个机械制造工艺过程中的最后一个环节,它包括装配(部装和总装)、调整、检验和试验等工作。

教学要求：了解机器的装配过程、装配精度及尺寸链、装配方法等内容。

13.1 概 述

机器的装配是整个机器制造工艺过程中的最后一个环节,它包括装配(部装和总装)、调整、检验和试验等工作。装配工作十分重要对机器质量影响很大。若装配不当,即使所有机器零件加工都合乎质量要求,也不一定能够装配出合格的、高质量的机器。反之,当零件制造质量并不十分精良时,只要装配过程中采用了合适的工艺方法,也能使机器达到规定的要求。因此,研究和制订合理的装配工艺规程,采用有效的装配方法,对于保证机器的装配精度、提高生产率和降低成本,都具有十分重要的意义。

13.1.1 装配的概念

1.机械的组成

一台机械产品往往由上千至上万个零件所组成,为了便于组织装配工作,必须将产品分解为若干个可以独立进行装配的装配单元,以便按照单元次序进行装配,并有利于缩短装配周期。装配单元通常可划分为 5 个等级。

1) 零件

零件是组成机械和参加装配的最基本单元。零件直接装入机器的不多,大部分零件都是预先装成套件、组件和部件,再进入总装。

2) 套件

在一个基准零件上,装上一个或若干个零件就构成了一个套件,它是比零件大一级的装配单元。每个套件只有一个基准零件,它的作用是连接相关零件和确定各零件的相对位置。为形成套件而进行的装配工作称为套装。

套件可以是若干个零件永久性的连接(焊接或铆接等)或是连接在一个"基准零件"上少数零件的组合。套件组合后,有的可能还需要加工,如齿轮减速箱箱体与箱盖、柴油机连杆与连杆盖,都是组合后镗孔的,零件之间应对号入座,不能互换。图 13-1(a) 所示属于套件,其中蜗轮为基准零件。

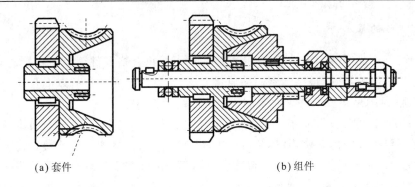

（a）套件　　　　　　　　　　　　（b）组件

图 13.1　套件与组件示例

3）组件

在一个基准零件上，装上一个或若干个套件和零件就构成一个组件。每个组件只有一个基准零件，它连接相关零件和套件，并确定它们的相对位置。为形成组件而进行的装配称为组装。

组件与套件的区别在于组件在以后的装配中可拆，而套件在以后的装配中一般不再拆开，可作为一个零件参加装配。图 13.1(b) 所示即属于组件，其中蜗轮与齿轮为一个先装好的套件，而后以阶梯轴为基准件，与套件和其他零件组合为组件。

4）部件

在一个基准零件上，装上若干个组件、套件和零件就构成部件。同样，一个部件只能有一个基准零件，由它来连接各个组件、套件和零件，决定它们之间的相对位置。为形成部件而进行的装配工作称为部装，如主轴箱、走刀箱等的装配。

5）机器

在一个基准零件上，装上若干个部件、组件、套件和零件就成为机器或称产品。一台机器只能有一个基准零件，其作用与上述相同。为形成机器而进行的装配工作，称为总装。机器是由上述全部装配单元组成的整体。

装配单元系统图表明了各有关装配单元间的从属关系。装配过程是由基准零件开始，沿水平线自左向右进行装配的。一般将零件画在上方，把套件、组件、部件画在下方，其排列的顺序就是装配的顺序。图中的每一方框表示一个零件、套件、组件或部件。每个方框分为 3 个部分，上方为名称，下左方为编号，下右方为数量。有了装配系统图，整个机器的结构和装配工艺就很清楚，因此装配系统图是一个很重要的装配工艺文件，如图 13.2 所示。

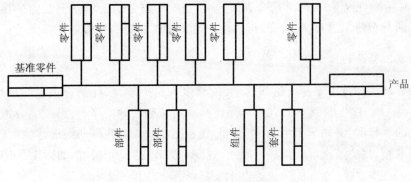

图 13.2　装配单元系统图

2. 装配工作的基本内容

机械装配是产品制造的最后阶段,装配过程中不是将合格零件简单地连接起来,而是要通过一系列工艺措施,才能最终达到产品质量要求。常见的装配工作有以下几项。

(1) 清洗:目的是除去零件表面或部件中的油污及机械杂质。

(2) 连接:连接的方式一般有两种,即可拆连接和不可拆连接。可拆连接在装配后可以很容易拆卸而不致损坏任何零件,且拆卸后仍重新装配在一起,例如螺纹连接、键连接等。不可拆连接,装配后一般不再拆卸,如果拆卸就会损坏其中的某些零件,例如焊接、铆接等。

(3) 调整:包括校正、配作、平衡等。

校正是指产品中相关零、部件间相互位置的找正,并通过各种调整方法,保证达到装配精度要求等。

配作是指两个零件装配后确定其相互位置的加工,如配钻、配铰,或者为改善两个零件表面结合精度的加工,如配刮及配磨等,配作是与校正调整工作结合进行的。

平衡是指为防止使用中出现振动,装配时应对其旋转零、部件进行平衡。包括静平衡和动平衡两种方法。

(4) 检验和试验:机械产品装配完后,应根据有关技术标准和规定,对产品进行较全面的检验和试验工作,合格后才准出厂。

除上述装配工作外,油漆、包装等也属于装配工作。

13.1.2　装配精度

1. 装配精度

装配精度指产品装配后几何参数实际达到的精度。一般包含如下内容。

(1) 尺寸精度:指相关零、部件间的距离精度及配合精度。如某一装配体中有关零件间的间隙、相配合零件间的过盈量、卧式车床前后顶尖对床身导轨的等高度等。

(2) 位置精度:指相关零件的平行度、垂直度、同轴度等,如卧式铣床刀轴与工作台面的平行度、立式钻床主轴对工作台面的垂直度、车床主轴前后轴承的同轴度等。

(3) 相对运动精度:指产品中有相对运动的零、部件间在运动方向及速度上的精度。如滚齿机垂直进给运动和工作台旋转中心的平行度、车床拖板移动相对于主轴轴线的平行度、车床进给箱的传动精度等。

(4) 接触精度:指产品中两个配合表面、接触表面和连接表面间达到规定的接触面积大小和接触点的分布情况。如齿轮啮合、锥体配合以及导轨之间的接触精度等。

2. 影响装配精度的因素

机械及其部件都是由零件所组成的,装配精度与相关零、部件制造误差的累积有关,特别是关键零件的加工精度。例如卧式车床尾座移动对床鞍移动的平行度,就主要取决于床身上两条导轨的平行度。又如车床主轴锥孔轴心线和尾座套筒锥孔轴心线的等高度(A_0),即主要取决于主轴箱、尾座及座板所组成的尺寸 A_1、A_2 及 A_3 的尺寸精度,如图 13.3 所示。

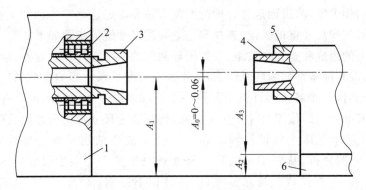

图 13.3　影响车床等高度要求的尺寸链图

1—主轴箱；2—主轴轴承；3—主轴；4—尾座套筒；5—尾座；6—尾座底板

　　零件精度是影响产品装配精度的首要因素。而产品装配中装配方法的选用对装配精度也有很大的影响，尤其是在单件小批生产及装配要求较高时，仅采用提高零件加工精度的方法，往往不经济和不易满足装配要求，而通过装配中的选配、调整和修配等手段（合适的装配方法）来保证装配精度非常重要。另外，零件之间的配合精度及接触精度，力、热、内应力等引起的零件变形，旋转零件的不平衡等对产品装配精度也有一定的影响。

　　总之，机械产品的装配精度依靠相关零件的加工精度和合理的装配方法来共同保证。

13.2　装配尺寸链

13.2.1　基本概念

　　机器是由许多零件装配而成的，这些零件加工误差的累积将影响机器的装配精度。在分析具有累积误差的装配精度时，首先应找出影响这项精度的相关零件，并分析其具体影响因素，然后确定各相关零件具体影响因素的加工精度。可将有关影响因素按照一定的顺序一个个地连接起来，形成封闭链，此封闭链即为装配尺寸链，如图 13.4 所示。其封闭环不是零件或部件上的尺寸，而是不同零件或部件的表面或轴心线间的相对位置尺寸，它不能独立地变化，而是装配过程最后形成的，即为装配精度，例如图 13.4 中的 A_0。其各组成环不是在同一个零件上的尺寸，而是与装配精度有关的各零件上的有关尺寸，例如图 13.4 中的 A_1、A_2 及 A_3。

　　装配尺寸链按照各环的几何特征和所处的空间位置大致可分为如下几种。

　　线性尺寸链：由长度尺寸组成，且各尺寸彼此平行。

　　角度尺寸链：由角度、平行度、垂直度等构成。

　　平面尺寸链：由构成一定角度关系的长度尺寸及相应的角度尺寸（或角度关系）构成，且处于同一平面或彼此平行的平面内。

　　空间尺寸链：由位于空间相交平面的直线尺寸和角度尺寸（或角度关系）构成。

　　常见的是线性尺寸链和角度尺寸链两种。

13.2.2　装配尺寸链的建立

　　在装配尺寸链中，装配精度是封闭环，相关零件的设计尺寸是组成环。如何查找对某装配精度有影响的相关零件,进而选择合理的装配方法和确定这些零件的加工精度,是建立装配尺寸链和求解装配尺寸链的关键。查找和建立装配尺寸链的步骤如下。

装配尺寸链的组成和查找方法是:取封闭环两端的两个零件作为起点,沿着装配精度要求的位置方向,以装配基准面为联系线索,分别查找装配关系中影响装配精度要求的那些有关零件,直至找到同一个基准零件甚至是同一个基准表面为止。这样,所有有关零件上直接连接两个装配基准面间的位置尺寸或位置关系,便是装配尺寸链的全部组成环。

以图 13.3 所示车床主轴锥孔轴线和尾座套筒锥孔轴线对床身导轨的等高度的装配尺寸链组成为例分析,从图中可以很容易地查找出整个等高度尺寸链的各组成环,如图 13.4(a) 所示。在查找装配尺寸链时,应注意以下原则。

1. 装配尺寸链的简化原则

查找装配尺寸链时,在保证装配精度的前提下可略去那些影响较小的因素,使装配尺寸链的组成环适当简化。图 13.4(a) 为车床主轴与尾座中心线等高度装配尺寸链,其组成环包括 e_1、e_2、e_3、A_1、A_2、A_3 6 个。由于 e_1、e_2、e_3 的数值相对于 A_1、A_2、A_3 的误差较小,故装配尺寸链可简化为图 13.4(b) 所示的结果;但在精密装配中,应计入对装配精度有影响的所有因素,不可随意简化。

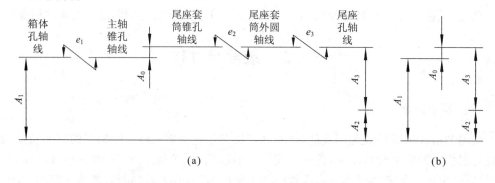

图 13.4   车床主轴锥孔轴线与尾座套筒锥孔轴线等高度装配尺寸链

e_1 —— 主轴轴承外环内滚道与外圆的同轴度;

e_2 —— 尾座套筒锥孔对外圆的同轴度;

e_3 —— 尾座套筒锥孔与尾座孔间隙引起的偏移量;

A_1 —— 主轴箱孔心轴线至主轴箱底面距离;

A_2 —— 尾座底板厚度;

A_3 —— 尾座孔轴线至尾座底面距离。

2. 装配尺寸链的最短路线原则

由尺寸链的基本理论可知,在结构既定的条件下,组成装配尺寸链的每个相关的零、部件只能有一个尺寸作为组成环列入装配尺寸链,这样组成环的数目就应等于相关零、部件的数目,即一件一环,这就是装配尺寸链的最短路线原则。

13.2.3　装配尺寸链的计算

1.计算类型

（1）正计算法：当已知与装配精度有关的各零、部件的基本尺寸及其偏差时，求解装配精度要求的基本尺寸及其偏差的计算过程。正计算用于对已设计的图纸进行校核验算。

（2）反计算法：当已知装配精度要求的基本尺寸及其偏差时，求解与该项装配精度有关的各零、部件的基本尺寸及其偏差的计算过程。反计算主要用于产品设计过程。

反计算法求解问题时，可利用"协调环"来解算。即在组成环中，选择一个比较容易加工或在加工中受到限制较少的组成环作为"协调环"，计算时先按经济精度确定其他环的公差及偏差，然后利用公式算出"协调环"的公差及偏差。具体步骤见互换装配法例题。

（3）中间计算法：已知封闭环及组成环的基本尺寸及偏差，求另一组成环的基本尺寸及偏差。

无论哪一种情况，其解算方法都有两种，即极大极小法和概率法。

2.计算方法

1）极大极小法

用极大极小法解装配尺寸链的计算方法公式与第 9 章中解工艺尺寸链的公式（9-2）～式（9-3）相同，在此从略。

2）概率法

极大极小法的优点是简单可靠，其缺点是从极端情况下出发推导出的计算公式，比较保守，当封闭环的公差较小，而组成环的数目又较多时，则各组成环分得的公差是很小的，使加工困难，制造成本增加。生产实践证明，加工一批零件时，其实际尺寸处于公差中间部分的是多数，而处于极限尺寸的零件是极少数的，而且一批零件在装配中，尤其是对于多环尺寸链的装配，同一部件的各组成环，恰好都处于极限尺寸的情况，更是少见。因此，在成批大量生产中，当装配精度要求高而且组成环的数目又较多时，应用概率法解算装配尺寸链比较合理。

概率法和极大极小法所用的计算公式的区别只在封闭环公差的计算上，其他完全相同。

极大极小法的封闭环公差为

$$T_0 = \sum_{i=1}^{m} T_i \tag{13-1}$$

式中　　T_0 —— 封闭环公差；

　　　　T_i —— 组成环公差；

　　　　m —— 组成环个数。

根据概率论原理，封闭环公差为

$$T_0 = \sqrt{\sum_{i=1}^{m} T_i^2} \tag{13-2}$$

式中　　T_0 —— 封闭环公差；

　　　　T_i —— 组成环公差；

　　　　m —— 组成环个数。

组成环平均尺寸

$$A_{iM} = A_i + B_M A_i \tag{13-3}$$

式中　　A_i——组成环的基本尺寸；

　　　　$B_M A_i$——A_i 环公差带中心对基本尺寸的坐标值，称为 A_i 环的平均偏差。

组成环平均公差为

$$T_M = \frac{T_0}{\sqrt{n-1}} = \frac{\sqrt{n-1}}{n-1} T_0 \tag{13-4}$$

式中　　n——尺寸链数。

封闭环平均偏差为

$$B_M A_0 = \sum_{i=1}^{m} B_M \overrightarrow{A_i} - \sum_{m+1}^{n-1} B_M \overleftarrow{A_i} \tag{13-5}$$

式中　　$B_M \overrightarrow{A_i}$——增环平均偏差；

　　　　$B_M \overleftarrow{A_i}$——减环平均偏差。

封闭环上下偏为差为

$$ESA_0 = B_M A_0 + \frac{T_0}{2} \tag{13-6}$$

$$EIA_0 = B_M A_0 - \frac{T_0}{2} \tag{13-7}$$

13.3　装配方法及其选择

为保证一定的装配精度，应根据产品的结构特点、性能要求、生产纲领和生产条件，采用不同的装配方法。常用的装配方法有互换法、选配法、修配法和调整法。

1. 互换法

检验完全合格的零件，在装配时不经任何调整和修配就可达到装配精度要求的装配方法称为互换法。根据互换程度的不同，又有完全互换法和不完全互换法。

1）完全互换法

完全互换法指装配中的每个待装的合格零件不需要进行挑选、修配和调整，装配后就能达到装配精度要求。这种方法是在满足各环经济精度的前提下，依靠控制零件的制造精度来保证产品装配精度的，其装配尺寸链用极值法计算，即封闭环公差等各组成环公差之和。

采用完全互换法进行装配，装配过程简单、效率高；对工人的技术水平要求低；便于组织流水作业及实现自动化装配；容易实现零、部件的专业协作，组织专业化生产，降低成本；便于备件供应及机械维修工作。因此，只要能满足零件加工的经济精度要求，无论在任何生产类型下都应首先考虑采用完全互换法装配。

由于完全互换法采用极值法计算尺寸链，因此，当组成环数目多时，组成环的公差就较小，零件加工精度要求提高，可能使加工发生困难，甚至不可能达到。所以，完全互换装配法多用于精度要求不太高的短环装配尺寸链。

【例 13-1】　在图 13.5 所示装配关系中，轴是固定的，齿轮在轴上回转，要求保证齿轮与挡圈之间的轴向间隙为 $0.10 \sim 0.35$mm。已知 $A_1 = 30$mm、$A_2 = 5$mm、$A_3 = 43$mm、$A_4 =$

$3_{-0.05}^{0}$ mm(标准件)，$A_5 = 5$mm。现采用完全互换法装配，试确定各组成环的公差和极限偏差。

解：(1) 画装配尺寸链，判断增、减环，校验各环基本尺寸。

根据题意，轴向间隙为 $0.10 \sim 0.35$mm，则封闭环尺寸 $A_0 = 0_{+0.10}^{+0.35}$ mm，公差 $T_0 = 0.25$mm。装配尺寸链如图 13.6 所示，尺寸链总环数为 5，其中 A_3 为增环，A_1、A_2、A_4、A_5 为减环。封闭环的基本尺寸为

$$A_0 = A_3 - (A_1 + A_2 + A_4 + A_5)$$
$$= 43 - (30 + 5 + 3 + 5)$$
$$= 0$$

由计算可知，各组成环基本尺寸的已定数值是正确的。

(2) 确定协调环。

A_5 是一个挡圈，易于加工，而且其尺寸可以用通用量具测量，因此选它作为协调环。

(3) 确定各组成环公差和极限偏差。

按照"等公差法"分配各组成环公差

$$T' = \frac{T_0}{n-1} = \frac{0.25}{5} = 0.05 (\text{mm})$$

参照《公差与配合》国家标准，并考虑各零件加工的难易程度，在各组成环平均极值公差 T' 的基础上，对各组成环的公差进行合理的调整。

轴用挡圈 A_4 是标准件，其尺寸为 $A_4 = 3_{-0.05}^{0}$ mm；其余各组成环的公差按加工难易程度调整如下

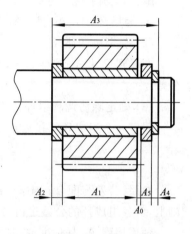

图 13.5　齿轮与轴部件装配

$A_1 = 30_{-0.06}^{0} (\text{mm})$，$A_2 = 5_{-0.02}^{0} (\text{mm})$，$A_3 = 43_{0}^{+0.1} (\text{mm})$

(4) 计算协调环公差和极限偏差。

协调环公差

$T_5 = T_0 - (T_1 + T_2 + T_3 + T_4) = 0.25 - (0.06 + 0.02 + 0.1 + 0.05) = 0.02 (\text{mm})$

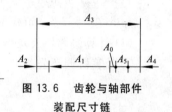

图 13.6　齿轮与轴部件
装配尺寸链

协调环的下偏差

$$EI_0 = ES_3 - (EI_1 + EI_2 + EI_3 + EI_4 + EI_5)$$
$$0.35 = 0.1 - (-0.06 - 0.02 - 0.05 + EI_5)$$

可求得协调环的上偏差

$$ES_5 = T_5 + EI_5 = 0.02 + (-0.12) = -0.10 (\text{mm})$$

因此，协调环的尺寸为 $A_5 = 5_{-0.12}^{-0.10} (\text{mm})$。

各组成环尺寸和极限偏差为：$A_1 = 30_{-0.06}^{0}$ mm，$A_2 = 5_{-0.02}^{0}$ mm，$A_3 = 43_{0}^{+0.1}$ mm，$A_4 = 3_{-0.05}^{0}$ mm，$A_5 = 5_{-0.12}^{-0.10}$ mm。

2) 不完全互换法

装配时用极值法来分析备装零件，其实所有零件同时出现极值的概率是很小的。因此，舍弃这些小概率情况将组成环公差适当加大，装配时少数达不到装配要求的组件、部件或产品留待以后再分别进行处理，这种装配方法称为不完全互换法（又称部分互换法）。

不完全互换法的基本理论就是采用概率法,即按所有零件出现尺寸分布曲线的状态来处理。假如封闭环的尺寸分布是正态分布曲线,其尺寸分散范为围为 $\pm 3\sigma$,则产品合格率有 99.73%,也就是只有 0.27% 的产品达不到装配要求。

采用不完全互换法装配,可扩大组成环公差(比完全互换法扩大 $\sqrt{N}$ 倍),使零件加工容易,成本降低,同时保证装配精度要求,但部分产品要进行返修。因此,不完全互换法多用于大批量生产和装配精度要求不太高而组成环数自较多的装配尺寸链中。

【例 13-2】　仍以图 13.5 所示的装配关系为例,要求保证齿轮与挡圈之间的轴向间隙为 $0.10 \sim 0.35$mm。已知 $A_1 = 30$mm、$A_2 = 5$mm、$A_3 = 43$mm、$A_4 = 3_{-0.05}^{\ 0}$mm(标准件),$A_5 = 5$mm。现采用不完全互换法装配,试确定各组成环公差和极限偏差。

解:(1) 画装配尺寸链,判断增、减环,校验各环基本尺寸。

A_3 为增环,A_1、A_2、A_4、A_5 为减环。

(2) 确定协调环。

考虑到尺寸 A_3 较难加工,希望其公差尽可能得大,故选用 A_3 作为协调环,最后确定其公差。

(3) 确定除协调环以外各组成环的公差和极限偏差。

假定 5 个组成环均接近正态分布(即 $k_i = 1$),则按照"等公差法"分配各组成环公差

$$T' = \frac{T_0}{\sqrt{n-1}} = \frac{0.25}{\sqrt{5}} \approx 1.1 \text{(mm)}$$

参照《公差与配合》国家标准,并考虑各零件加工的难易程度,在各组成环平均公差的基础上,对各组成环的公差进行合理的调整。

轴用挡圈 A_4 是标准件,其尺寸为 $A_4 = 3_{-0.05}^{\ 0}$mm;其余各组成环的公差 T_i 调整如下

$T_1 = 0.14$mm,$T_2 = 0.05$mm,$T_4 = 0.05$mm,$T_5 = 0.05$mm,$A_1 = 30_{-0.14}^{\ 0}$mm,$A_2 = 5_{-0.05}^{\ 0}$mm,$A_4 = 3_{-0.05}^{\ 0}$mm,$A_5 = 5_{-0.05}^{\ 0}$mm

(4) 计算协调环公差和极限偏差。

① 计算协调环公差

$$T_3 = \sqrt{T_0^2 - (T_1^2 + T_2^2 + T_4^2 + T_5^2)}$$

$$= \sqrt{0.25^2 - (0.14^2 + 0.05^2 + 0.05^2 + 0.05^2)}$$

$$\approx 0.18 \text{(mm)}(只舍不进)$$

② 计算各环平均尺寸,并求出协调环的平均尺寸

$A_{1M} = 29.93$mm,$A_{2M} = A_{5M} = 4.975$mm,$A_{4M} = 2.975$mm,$A_{0M} = 0.225$mm

$$A_{0M} = \sum_{I=1}^{m} A_{jM} - \sum_{k=m+1}^{n-1} A_{kM}$$

由式(13-5)

有 $A_{0M} = A_{3M} - (A_{1M} + A_{4M} + A_{5M})$

可得

$$A_{3M} = A_{0M} + (A_{1M} + A_{2M} + A_{4M} + A_{5M})$$

$$= 0.225 + (29.93 + 4.975 + 2.975 + 4.975)$$

$$= 43.08 \text{(mm)}$$

协调环尺寸和极限偏差是

$$A_3 = 43.08 \pm \frac{0.18}{2} = 43^{+0.17}_{-0.01}(\text{mm})$$

③ 最后确定各组成环尺寸和极限偏差为

$A_1 = 30^{0}_{-0.14}(\text{mm})$, $A_2 = 5^{0}_{-0.05}(\text{mm})$, $A_3 = 43^{+0.17}_{-0.01}(\text{mm})$, $A_4 = 3^{0}_{-0.05}(\text{mm})$, $A_5 = 5^{0}_{-0.05}(\text{mm})$

2. 选配法

选配法是将组成环的公差放大到经济精度,然后选择合适的零件进行装配,以保证规定的装配精度要求。选配法又分为直接选配法、分组装配法、复合选配法 3 种。

1) 直接选配法

由装配工人从许多待装零件中,凭经验挑选合适的零件通过试凑装配并保证装配精度。这种方法简单,但劳动量大,并且装配精度在很大程度上取决于工人的技术水平和测量方法,故不宜用于大批量的流水线装配。

2) 分组装配法

将装配的零件按公差预先分组,装配时按组进行互换装配。分组愈多,获得的装配质量愈好。

在大批量生产中,当装配要求较高时,零件的制造十分困难。采用分组装配法可将相关零件公差增大若干倍,使其加工可以按经济精度进行方便的加工,再将加工后的零件按实测分组,保证同组内零件互换并能全部达到装配要求。分组装配法用于配合精度要求很高但相关零件较少的大批量生产。

【例 13-3】　活塞销和活塞销孔的装配关系如图 13.7 所示。活塞销直径 d 与活塞销孔径 D 的基本尺寸为 $\phi28$mm,按装配技术要求,在冷态装配时应有 $0.0025 \sim 0.0075$mm 的过盈量。若活塞销和活塞销孔的加工经济精度(活塞销采用精密无心磨加工,活塞销孔采用金刚镗加工)为 0.01mm。现采用分组选配法进行装配,试确定活塞销孔与活塞销直径分组数目和分组尺寸。

解:(1) 建立装配尺寸链。

装配尺寸链如图 13.8 所示。其中,A_0 为活塞销与活塞销孔配合的过盈量,是尺寸链的封闭环;A_1 为活塞销的直径尺寸,A_2 为活塞销孔的直径尺寸,这两个尺寸是尺寸链的组成环。

(2) 确定分组数。

过盈量的公差为 0.005mm,将其平均分配给组成环,各得到公差 0.0025mm。而活塞孔与活塞销直径的加工经济公差为 0.01mm,即需将公差扩大 4 倍,于是可得到分组数为 4。

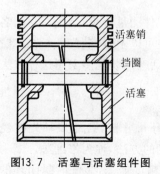

图13.7　活塞与活塞组件图

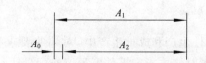

图 13.8　活塞销与活塞销孔装配尺寸链

（3）确定分组尺寸。

若活塞销直径尺寸定为

$$A_1 = \phi 28_{-0.01}^{0} \text{ mm}$$

将其分为 4 组，各组直径尺寸列于表 13-1 第 3 列中。

解图 13.8 所示尺寸链，可求得活塞销孔与之对应的分组尺寸，其值列于表 13-1 第 4 列中。

表 13-1　活塞孔与活塞销直径分组尺寸

组别	标志颜色	活塞销直径	活塞销孔直径
Ⅰ	蓝	$\phi 28_{-0.0025}^{0} \text{ mm}$	$\phi 28_{-0.0075}^{-0.005} \text{ mm}$
Ⅱ	红	$\phi 28_{-0.005}^{-0.0025} \text{ mm}$	$\phi 28_{-0.01}^{-0.0075} \text{ mm}$
Ⅲ	白	$\phi 28_{-0.0075}^{-0.005} \text{ mm}$	$\phi 28_{-0.1025}^{-0.01} \text{ mm}$
Ⅳ	黑	$\phi 28_{-0.01}^{-0.0075} \text{ mm}$	$\phi 28_{-0.015}^{-0.0125} \text{ mm}$

采用分组装配法应注意如下几点。

（1）为保证分组后各组的配合精度和配合性质符合设计要求，配合件的公差应相等，公差增大的方向应相同，增大倍数应等于分组数，如图 13.9 所示。

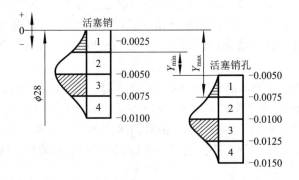

图 13.9　活塞销与活塞销孔分组公差带位置图

（2）为方便配合件的分组、保管、运输及装配工作，分组数不宜过多。

（3）分组后配合件尺寸公差放大，但形位公差、表面粗糙度值不能放大，仍按原设计要求制造。

（4）应使分组后各组内相配零件数相等，以免出现某些尺寸的零件积压浪费。

3）复合选配法

复合选配法是上述两种方法的综合，即先将待装零件测量分组，装配时再对各组内零件由工人凭经验直接选配。这种方法的特点是配合件公差可以不等、装配质量高、装配速度快，且能满足一定的生产节拍要求。发动机装配中，汽缸与活塞的装配多采用这种方法。

3. 修配法

在单件生产和成批生产中，对那些要求很高的多环尺寸链，各组成环先按经济精度加工，在装配时修去指定零件上预留修配量达到装配精度的方法，称为修配法。

由于修配法的尺寸链中各组成环的尺寸均按经济精度加工，装配时封闭环的误差会超过规定的允许范围。为补偿超差部分的误差，必须修配加工尺寸链中某一组成环。被修配的零件尺寸称为修配环或补偿环。一般应选形状比较简单、修配面小、便于修配加工、便于装卸，并对其他尺寸链没有影响的零件尺寸作修配环。修配环在零件加工时应留有一定的修配量。

修配法又有如下 3 种。

1) 单件修配法

这种方法是将零件按经济精度加工后，装配时将预定的修配环用修配加工来改变其尺寸，以保证装配精度。

单件修配法中，主要的问题有修配环的选择、修配量的计算及修配环基本尺寸的计算等。选择修配环时，应选择易修配加工的零件作修配环，修配环要有充分的修配量以满足要求。

如图 13.4 所示，卧式车床前后顶尖对床身导轨的等高要求为 0.06mm(只许尾座高)，此尺寸链中的组成环有 3 个：主轴箱主轴中心到底面高度 $A_1 = 205$mm，尾座底板厚度 $A_2 = 49$mm，尾座顶尖中心到底面距离 $A_3 = 156$mm。A_1 为减环，A_2、A_3 为增环。

若用完全互换法装配，则各组成环平均公差为

$$T_{\mathrm{av}.i} = \frac{T_0}{3} = \frac{0.06}{3} = 0.02(\mathrm{mm})$$

这样小的公差将使加工困难，所以一般采用修配法，各组成环仍按经济精度加工。根据镗孔的经济加工精度，取 $T_1 = 0.1$mm、$T_3 = 0.1$mm，根据半精刨的经济加工精度，取 $T_2 = 0.15$mm。由于在装配中修刮尾座底板的下表面是比较方便的，修配面也不大，所以选尾座底板作为修配件。

组成环的公差一般按"单向入体原则"分布，此例中 A_1、A_3 系中心距尺寸，故采用"对称原则"分布，$A_1 = (205 \pm 0.05)$mm，$A_3 = (156 \pm 0.05)$mm。至于 A_2 的公差带分布，要通过计算确定。

修配环在修配时对封闭环尺寸变化的影响有两种情况，一种是封闭环尺寸变大，另一种是封闭环尺寸变小。因此修配环公差带分布的计算也相应分为两种情况。

图 13.10 所示为封闭环公差带与各组成环(含修配环)公差放大后的累积误差之间的关系。图中 $T_0{}'$、$L_{0\mathrm{max}'}$ 和 $L_{0\mathrm{min}'}$ 分别为各组成环的累积误差和极限尺寸，F_{max} 为最大修配量。

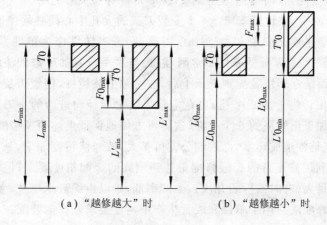

（a）"越修越大"时　　　　　　（b）"越修越小"时

图 13.10　封闭环公差带与组成环累积误差的关系

若修配结果使封闭环尺寸变大,简称"越修越大",从图 13.10(a) 可知

$$L_{0max} = L_{0max'} = \sum L_{imax} - \sum L_{imin}$$

若修配结果使封闭环尺寸变小,简称"越修越小",从图 13.10(b) 可知

$$L_{0min} = L_{0min'} = \sum L_{imin} - \sum L_{imax}$$

上例中,修配尾座底板的下表面,使封闭环尺寸变小,因此应按求封闭环最小极限尺寸的公式计算,即

$$A_{0min} = A_{2min} + A_{3min} - A_{1max}$$
$$0 = A_{2min} + 155.95 - 205.05$$
$$A_{2min} = 49.10(mm)$$

因为 $T_2 = 0.15mm$,所以 $A_2 = 49^{+0.25}_{+0.1}(mm)$。

修配加工是为了补偿组成累积误差与封闭环公差超差部分的误差,所以最大修配量 $F_{max} = \sum T_i - T_0 = (0.1 + 0.15 + 0.1) - 0.06 = 0.29(mm)$,而最小修配量为 0。考虑到车床总装时,尾座底板与床身配合的导轨面还需配刮,则应补充修正,取最小修刮量为 0.05mm,修正后的 A_2 尺寸为 $A_2 = 49^{+0.3}_{+0.15}(mm)$。此时最大修配量为 0.34mm。

2) 合并修配法

合并修配法是将两个或多个零件合并在一起进行加工修配,合并加工所得的尺寸作为一个修配环,合并在一起的零件作为"一个零件"参与装配,相当于减少了组成环的数目,亦相应减小了修配的劳动量。

如上例中,为了保证对尾座底板的修配量,一般先把尾座和底板的配合加工完成后,配刮横向小导轨,然后再将两者装配为一体,以底板的底面为基准,镗尾座的套筒孔,直接控制尾座套筒孔至底板面的尺寸公差,这样组成环 A_2、A_3 合并成一环,仍取公差为 0.1mm,其最大修配量 $= \sum T_i - T_0 = (0.1 + 0.1) - 0.06 = 0.14(mm)$。修配工作量相应减少了。

合并加工修配法由于零件要对号入座,相配零件要打上号码以便对号装配,给组织装配生产带来一定麻烦,因此多用于单件小批生产中。

3) 自身加工修配法

在机床制造中对一些装配精度要求,在总装时利用机床本身的加工能力,将预留在修配环零件上的修配量去除,很简捷地达到要求,这即是自身加工修配法。

例如图 13.11 所示,在转塔车床上 6 个安装刀架的大孔中心线必须保证和机床主轴回转中心线重合,而 6 个平面又必须和主轴中心线垂直。若将转塔作为单独零件加工出这些表面,在装配中要达到上述两项要求是非常困难的。当采用自身加工修配法时,这些表面在装配前不进行加工,而是在转塔装配到机床上后,在主轴上装镗杆,使镗刀旋转,转塔作纵向进给运动,依次精镗出转塔上的 6 个孔;再在主轴上装上能径向进给的小刀架,刀具边旋转边径向进给,依次精加工出转塔的 6 个平面。这样可方便地保证上述两项精度要求。

修配法的特点是各组成环零、部件的公差可扩大,按经济精度加工,从而使制造容易、成本降低。装配时可利用修配件的有限修配量达到较高的装配精度要求;但是,装配中零件不能互换,装配劳动量大(有时需拆装几次),生产率低,难以组织流水生产,装配精度依赖于工人的技术水平。故修配法适用于单件和成批生产中精度要求较高的装配。

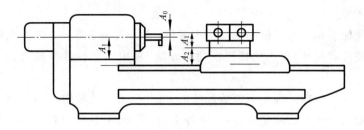

图 13.11　转塔车床转塔自身加工修配

4.调整法

在成批大量生产中,对于装配精度要求较高而组成环数目较多的尺寸链,也可以采用调整法进行装配。调整法与修配法在补偿原则上是相似的,只是它们的具体做法不同。调整装配法也是按经济加工精度确定零件公差的。由于每一个组成环公差扩大,结果使一部分装配件超差。故在装配时用改变产品中调整件的位置或选用合适的调整件来达到装配精度的。

调整装配法与修配法的区别是,调整装配法不是靠去除金属,而是靠改变补偿件的位置或更换补偿件的方法来保证装配精度的。

根据补偿件的调整特征,调整法又有如下几种。

1) 可动调整法

用改变调整件的位置(移动、旋转或两者同时) 来达到装配精度的方法,称为可动调整装配法。调整过程中不需要拆卸零件,比较方便。

采用可动调整装配法可以调整由于磨损、热变形、弹性变形等所引起的误差。所以它适用于高精度和组成环在工作中易于变化的尺寸链。

机械制造中采用可动调整装配法的例子较多。例如图 13.12(a) 中依靠转动螺钉调整轴承外环的位置以得到合适的间隙;图 13.12(b) 中用调整螺钉通过垫板来保证车床溜板和床身导轨之间的间隙;图 13.12(c) 中通过转动调整螺钉,使斜楔块上、下移动来保证螺母和丝杠之间的合理间隙。

可动调整法调整中不用拆卸零件,调整方便,并能获得较高精度,而且可以补偿因磨损和变形等引起的误差。所以,在一些传动机械或易磨损机构中,常用可动调整法;但是,可动调整会削弱机构的刚性,因而在刚性要求较高或机构比较紧凑,无法采用可动调整时,可采用其他调整法。

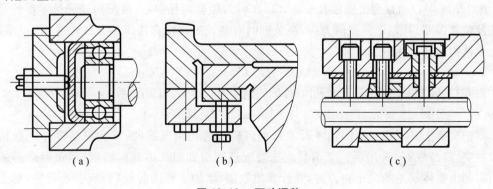

(a)　　　　　　　　　(b)　　　　　　　　　(c)

图 13.12　可动调整

2）固定调整法

固定调整装配法是在尺寸链中选择一个零件（或加入一个零件）作为调整环，根据装配精度来确定调整件的尺寸，以达到装配精度的方法。常用的调整件有轴套、垫片、垫圈和圆环等。

例如图 13.13 所示即为固定调整装配法的实例。当齿轮的轴向窜动量有严格要求时，可在结构上专门加入一个固定调整件，即尺寸等于 A_3 的垫圈。装配时根据间隙的要求，选择不同厚度的垫圈。调整件预先按一定间隙尺寸制作好，比如分成：3.1、3.2、3.3、⋯、4.0mm 等，以供选用。

在固定调整装配法中，调整件的分级及各级尺寸的计算是很重要的问题，可应用极大极小法进行计算。计算方法可参考有关文献。

3）误差抵消调整法

误差抵消调整法是通过调整某些相关零件误差的方向，使其互相抵消。这样各相关零件的公差可以扩大，同时又保证了装配精度。

图 13.14 所示为用这种方法装配的镗模实例。图中要求装配后两镗套孔的中心距为 (100 ± 0.015)mm，如用完全互换装配法制造则要求模板的孔距误差和两镗套内、外圆同轴度误差总和不得大于 ± 0.015mm，设模板孔距按 $(100 \pm 0.009$mm$)$ 且镗套内、外圆的同轴度允差按 0.003mm 制造，则无论怎样装配均能满足装配精度要求，但其加工是相当困难的，因而需要采用误差抵消装配法进行装配。

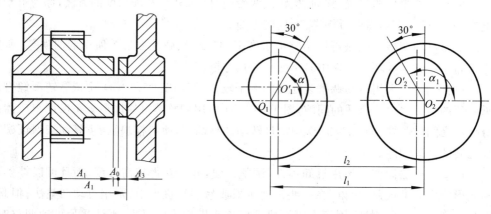

图 13.13   固定调整   图 13.14   镗模板装配尺寸分析

图 13.14 中 O_1、O_2 为镗模板孔中心，$O_1{}'$、$O_2{}'$ 为镗套内孔中心。装配前先测量零件的尺寸误差及位置误差，并记上误差的方向，在装配时有意识地将镗套按误差方向转过 α_1、α_2 角，则装配后两镗套孔的孔距为

$$O_1{}'O_2{}' = O_1O_2 - O_1O_1{}'\cos\alpha_1 + O_2O_2{}'\cos\alpha_2$$

设 $O_1O_2 = 100.15$mm，两镗套孔内、外圆同轴度为 0.015mm，装配时令 $\alpha_1 = 60°$，$\alpha_2 = 120°$，则 $O_1{}'O_2{}' = 100.15 - 0.015\cos60° + 0.015\cos120° = 100$（mm）。

本例实质上是利用镗套同轴度误差来抵消模板的孔距误差的，其优点是零件制造精度可以放宽，经济性好，采用误差抵消装配法装配还能得到很高的装配精度；但每台产品装配时均需测出整体误差的大小和方向，并计算出数值，增加了辅助时间，影响生产效率，对工人技术水平要求较高。因此，除单件小批生产的工艺装备和精密机床采用此种方法外，一般很少采用。

以上 4 种装配法，一般应优先选用互换法；当生产批量较大、组成环较多时，可考虑采用不完全互换法；当装配精度要求较高、相关零件较少时，可采用选配法；只有在用上述方法造成零件难加工或不经济时，特别是在单件小批量生产时才宜采用修配法或调整法。

机械的装配首先应当保证装配精度和提高经济效益，相关零件的制造误差必然要累积到封闭环上，构成了封闭环的误差。因此，装配精度越高，则相关零件的精度要求也越高。这对机械加工来说是很不经济的，有时其至是不可能达到加工要求的。所以，对不同的生产条件，应采取适当的装配方法，在不过高地提高相关零件制造精度的情况下来保证装配精度，是装配工艺的首要任务。

13.4　装配工艺规程的制订

装配工艺规程是规定产品或部件装配工艺规程和操作方法等的工艺文件，是制订装配计划和技术准备、指导装配工作和处理装配工作问题的重要依据。它对保证装配质量、提高装配生产效率、降低成本和减轻工人劳动强度等都有积极的作用。

13.4.1　制订装配工艺规程的原则

1. 保证产品质量

产品质量最终由装配来保证，即使所有零件都合格。但如果装配不当，也可能导致产品不合格。因此，应选用合理和可靠的装配方法，全面、准确地达到设计所要求的技术参数和技术条件，并要求提高精度储备量。

2. 满足装配周期的要求

装配周期是根据产品的生产纲领计算的完成装配工作所给定的时间，即所要求的生产率。

在大批量生产中，多用流水线来进行装配，装配周期的要求由生产节拍来满足。在单件小批量生产中，多用月产来表示装配周期。

为了提高生产率，应按产品结构、车间设备和场地条件，处理好进入装配作业的零件的前后顺序，尽量减小钳工装配工作量、减轻体力劳动、提高装配的机械化和自动化程度，注意自动装配工序的特殊要求等。

3. 降低装配成本

应先考虑减小装配投资，如降低消耗、减小装配生产面积、减少工人数量和降低对工人技术水平的要求、减小装配流水线或自动线等的设备投资等。

4. 保持先进性

在充分利用本企业现有装配条件的基础上尽可能地采用先进装配工艺技术和装配经验。

5. 注意严谨性

装配工艺规程应做到正确、完整、统一、清晰、协调、规范，所使用的术语、符号、代号、计量单位、文件格式与填写方法等要符合国家标准的规定。

6. 考虑安全性和环保性

制订装配工艺规程时要充分考虑安全生产和防止环境污染等问题。

13.4.2　制订装配工艺规程的原始资料

1. 产品图纸和技术性能要求

产品图纸包括总装图、部装图和零件图。从总装配图上可以了解产品和部件的结构、装配关系、配合性质、相对位置精度等装配技术要求,从而制订装配顺序、装配方法;零件图则是作为在装配时对其补充加工或核算装配尺寸链的依据;技术条件则可作为制订产品检验内容方法及设计装配工具的依据;对产品、零件、材料、重量的了解可作为购置相应的起吊工具、运输设备的主要参数。

2. 产品的生产纲领

产品的生产纲领决定了产品的生产类型,而生产类型不同,其装配工艺特征也不同,故在设计装配工艺规程时可作参考。

3. 现有生产条件

现有生产条件包括已有的装配设备、工艺设备、装配工具,装配车间的生产面积,装配工人的技术水平等。所制订的装配工艺规程应切合实际,符合生产条件。

4. 相关标准资料

相关标准资料指各种工艺资料和标准等。

13.4.3　制订装配工艺规程的内容及步骤

1. 产品图纸分析

从产品的总装图、部装图了解产品结构,明确零、部件间的装配关系;分析并审查产品结构的装配工艺性;分析并审核产品的装配精度要求和验收技术条件;研究装配方法;掌握装配中的技术关键并制订相应的装配工艺措施;进行必要的装配尺寸链计算,确保产品装配精度。

2. 确定装配的组织形式

根据产品的生产纲领、结构特点及现有生产条件确定生产组织形式。

3. 划分装配单元

将产品划分成可进行独立装配的单元是制订装配工艺规程中最主要的一个步骤,这对于大批量装配结构复杂的机器尤为重要。将产品划分成装配单元时,应便于装合和拆开;应选择各单元件的基准件,并明确装配顺序和相互关系;尽可能减少进入总装的单独零件,缩短总装配周期。

4.选择装配基准

无论哪一级的装配单元,都需要选定某一零件或比它低一级的装配单元作装配基准件。选择时应遵循以下原则。

(1)尽量选择产品基体或主干零件作为装配基准件,以利于保证产品装配精度。

(2)装配基准件应有较大的体积和重量,有足够的支承面,以满足陆续装入零、部件时的作业要求和稳定性要求。

(3)装配基准件的补充加工量应尽量小,尽量不再有后续加工工序。

(4)选择的装配基准件应有利于装配过程的检测、工序间的传递运输和翻身转位等作业。

5.确定装配顺序

确定装配顺序时应注意如下问题。

(1)预处理工序在前。如零件的去毛刺、清洗、防锈防腐、涂装、干燥等。

(2)先下后上,先内后外,先难后易。首先进行基础零、部件的装配,使产品重心稳定;先装产品内部零、部件,使其不影响后续装配作业;先利用较大空间进行难装零件的装配。

(3)及时安排检验工序。

(4)使采用相同设备、需要特殊环境的装配在不影响装配节奏的情况下,尽量集中。处于基准件同一方位的工序尽量集中。

(5)电线、油(气)管路应与相应工序同时进行,避免零、部件反复拆卸。

(6)易燃、易爆、易碎、有毒物质或零、部件的安装放在最后,以减小安全防护工作量。

6.划分装配工序

装配工序的划分工作包括如下内容。

(1)确定工序集中、分散的程度。

(2)划分装配工序并确定其具体设备。

(3)制订各工序操作规范,如过盈配合所需压力、变温装配的温度、紧固螺栓连接的拧紧扭矩及装配环境要求等。

(4)选择设备。

(5)制订各工序装配质量要求及检测项目。

(6)确定工时定额,并协调各工序内容。

7.填写装配工艺文件

装配工艺文件主要有装配工艺过程卡片、检验卡片和试车卡片等。简单的装配工艺过程有时可用装配(工艺)系统图来代替。

小　　结

机器的装配包括装配(部装和总装)、调整、检验和试验等工作。

装配精度包括尺寸精度、位置精度、相对运动精度、接触精度等。

装配尺寸链是将有关影响装配精度的因素按照一定的顺序一个个地连接起来形成的封闭链。大致可分为:线性尺寸链、角度尺寸链、平面尺寸链、空间尺寸链。

装配方法包括互换法、选配法、修配法、调整法。

思考与练习题

13-1 什么是装配单元?为什么要把机器分成许多独立的装配单元?什么是装配单元的基准件?

13-2 影响装配精度的主要因素是什么?

13-3 简述制订装配工艺规程的内容和步骤。

13-4 完全互换法、不完全互换法、分组互换法、修配装配法、调整装配法各有什么特点?各应用于什么场合?

13-5 画出图 13.15 所示 3 个装配图的装配尺寸链。

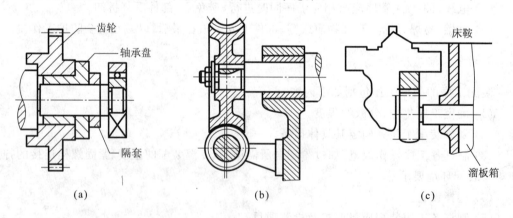

图 13.15　题 13-5 图

13-6 如图 13.16 所示,车床装配时,已知主轴箱中心高尺寸 $A_1 = (200 \pm 0.1)$mm,尾架体中心高尺寸 $A_2 = (150 \pm 0.1)$mm,垫板厚度 $A_3 = 50^{+0.2}_{0}$mm。

(1)用上述 3 种部件装配一批车床时,用极值法计算该车床主轴中心线与尾架中心线间距的分散范围。

(2)如要求尾架中心线比主轴中心线高 $0.02 \sim 0.05$mm,采用修刮垫板的方法,并要求最小修刮量有 0.05mm,垫板修刮前的制造公差仍为 $+0.2$mm,其公称尺寸应为多少?

（3）某一台产品，实测 $A_1 = 200.05$mm，$A_2 = 150.04$mm，要达到上述两中心高间距为 $0.02 \sim 0.05$mm，垫板应刮研到什么尺寸？

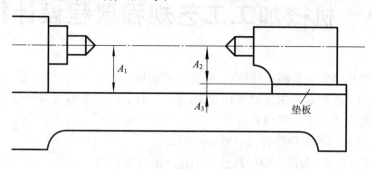

图 13.16   题 13-6 图

附录 A　机械加工工艺规程课程设计指导书

课程设计是提高学生实践工作能力、贴近生产实际的有效方法,学生通过课程设计应能更加熟悉机械加工在技术要求上的多种知识,课程设计是一次不可或缺的综合训练。

课程设计应完成如下主要内容。

(1) 分析、抄画零件工作图样或计算机绘图设计。

(2) 确定毛坯种类、余量、形状,并绘制毛坯—零件综合图。

(3) 编制机械加工工艺规程工艺卡一套。

(4) 机械加工工艺规程编制说明书一份。

1. 计算生产纲领、确定生产类型

生产纲领的大小对生产组织和零件加工工艺过程起着重要的作用,它不仅决定了各工序所需专业化和自动化的程度、决定了所应选用的工艺方法和工艺装备,还与生产成本密切相关。

零件生产纲领可按下式计算:

$$N = Qn(1+a\%)(1+b\%)$$

根据教材中生产纲领与生产类型及产品大小和复杂程度的关系,确定其生产类型。

2. 零件的分析

1) 零件的结构分析

分析零件图和装配图,熟悉零件图,了解零件的用途及工作条件;分析零件图上各项技术条件,确定主要加工表面。

2) 结构工艺性分析

(1) 机械加工对零件结构的要求。

(2) 装配、维修对零件结构的要求。

3) 零件的技术要求分析

(1) 加工表面的尺寸精度和形状精度。

(2) 主要加工表面之间的相互位置精度。

(3) 加工表面的粗糙度及其他方面的表面质量要求。

(4) 热处理及其他要求。

3. 确定毛坯、画毛坯—零件综合图

(1) 根据零件用途确定毛坯类型。

(2) 根据批量(生产纲领)确定毛坯制造方法。

(3) 根据手册查定表面加工余量及余量公差。

(4) 绘毛坯—零件综合图。如图 A.1、图 A.2 所示,步骤如下。

① 先用粗实线画出经简化了次要细节的零件图的主要视图,将已确定的加工余量叠加在各相应被加工表面上,即得到毛坯轮廓,用双点划线表示,比例为 1 : 1。

② 和一般零件图一样,为了表达清楚某些内部结构,可画出必要的剖视、剖面图。对于由实体上加工出来的槽和孔,可不必这样表达。

③ 在图上标出毛坯主要尺寸及公差,标出加工余量的名义尺寸。

④ 标明毛坯技术要求。如毛坯精度、热处理及硬度、圆角尺寸、拔模斜度、表面质量要求(气孔、缩孔、夹砂)等。

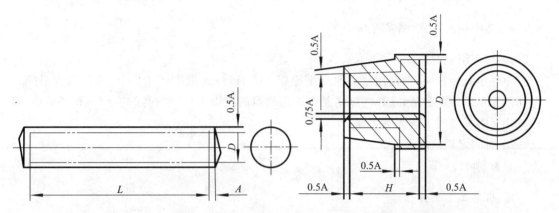

图 A.1　轴类零件自由锻件毛坯—零件综合图　　　　图 A.2　轴套零件的毛坯—零件综合图

4. 工艺规程设计

1) 定位基准的选择

定位基准的选择对保证加工表面的位置精度、确定零件加工顺序具有决定性影响,同时也影响到工序数量、夹具结构等问题。因此,必须根据基准选择原则,认真分析思考。

粗、精基准选择好以后,还应确定各工序加工时工件的夹紧方法、夹紧装置和夹紧力的作用方向。

2) 制定工艺路线

确定加工方法和划分加工阶段。

(1) 选择加工方法应以零件加工表面的技术条件为依据,主要是加工表面的尺寸精度、形状精度、表面粗糙度、应综合考虑各方面工艺因素的影响。一般是根据主要表面的技术条件先确定终加工方法,接着再确定一系列准备工序的加工方法,然后再确定其他次要表面的加工方法。

(2) 在各表面加工方法选定以后,就需进一步考虑这些加工方法在工艺路线中的大致顺序,以定位基准面的加工为主线,妥善安排热处理工序及其他辅助工序。

(3) 排加工路线图表。

5. 选择加工设备及工艺装备

(1) 根据零件加工精度、轮廓尺寸和批量等因素,合理确定机床的种类及规格。

(2) 根据质量、效率和经济性选择夹具的种类和数量。

(3) 根据工件材料和切削用量以及生产率的要求,选择刀具,应注意尽量选择标准刀具。

（4）根据批量及加工精度选择量具。

6. 加工工序设计、工序尺寸计算

（1）用查表法确定各工序余量。

（2）当无基准转换时，工序尺寸及其公差的确定应首先明确工序的加工精度，由高精度向毛坯方向逐级反向推算出粗加工、半精加工、精加工精度等级。

（3）当有基准转换时的工序尺寸及其公差应由解算工艺尺寸链获得。

7. 选择切削用量、确定时间定额

1）切削用量的选择

单件小批生产时，切削用量一般可由操作工人自定；大批生产条件下，工艺规程必须给定切削用量的详细数值，选择的原则是在确保质量的前提下具有较高的生产率和经济性，具体选用可参见各类工艺人员手册。

2）时间定额的确定

见教材 5.12 节内容。

8. 填写工艺文件

1）工艺过程综合卡片

简要写明各道工序，作为生产管理使用。

2）工艺卡片

详细说明整个工艺过程，作为指导工人生产和帮助干部和技术人员掌握整个零件加工过程的一种工艺文件。除写明工序内容外，还应填写工序所采用的切削用量和工装设备名称、代号等。

3）工序卡片

用于指导工人进行生产的更为详细的工艺文件，在大批量生产的关键零件的关键工序才使用。

工序简图画法如下。

（1）简图可按比例缩小，用尽量少的投影视图来表达。简图也可以只画出与加工部位有关的局部视图，除加工面、定位面、夹紧面、主要轮廓面以外，其余线条均可省略，以必需、明了为度。

（2）被加工表面用粗实线（或红线）表示，其余均用细实线。

（3）应标明本工序的工序尺寸、公差及粗糙度要求。

（4）定位、夹紧表面应以规定的符号标明。符号见机械加工工艺手册。

9. 设计说明书的编写

说明书是课程设计的总结性文件。通过编写说明书，进一步培养学生分析、总结和表达的能力，巩固、深化在设计过程中所获得的知识，是本次设计工作的一个重要组成部分。

说明书应概括地介绍设计全过程，对设计中各部分内容应作重点说明、分析论证及必要的计算。要求系统性好、条理清楚、图文并茂、充分表达自己独特的见解，力求避免抄书。文

内公式图表、数据等的出处,应以"[]"注明参考文献的序号。

学生从设计一开始就应随时逐项记录设计内容、计算结果、分析意见和资料来源,以及教师的合理意见、自己的见解与结论等。每一设计阶段结束后,随即可整理、编写有关部分的说明书,待全部设计结束后,只要稍加整理,便可装订成册。

说明书应该包括的内容有以下几点。

1）目录

2）设计任务书

3）总论或前言

4）对零件的工艺分析（零件的作用、结构特点、结构工艺性、关键表面的技术要求分析等）

5）工艺设计

（1）确定生产类型。

（2）毛坯选择与毛坯图的说明。

（3）工艺路线的确定（粗、精基准的选择依据,各表面加工方法的确定,工序集中与工序分散的运用,工序前后顺序的安排,选用的加工设备与工装,列出不同工艺方案,进行分析比较等）。

（4）加工余量、切削用量、工时定额（时间定额）的确定（说明数据来源,计算教师指定的工序的时间定额）。

（5）工序尺寸与公差的确定（进行教师指定的工序尺寸的计算,其余简要说明之）。

6）设计小结

7）参考文献书目

附录 B　设计样例

机械制造技术课程设计任务书

题目:变速箱双联齿轮的机械加工工艺规程

内容:1) 双联齿轮零件图　　　　　　　1张

　　　2) 零件—毛坯综合图　　　　　　1张

　　　3) 机械加工工艺规程卡片　　　　1组

　　　4) 课程设计说明书　　　　　　　1份

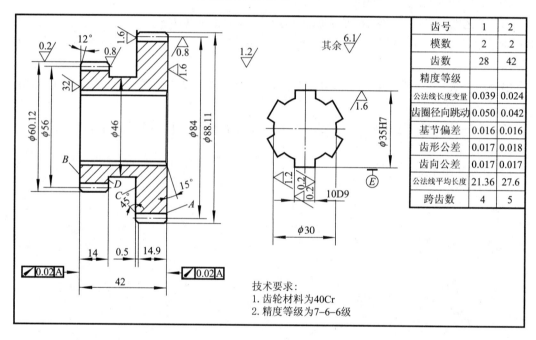

齿号	1	2
模数	2	2
齿数	28	42
精度等级		
公法线长度变量	0.039	0.024
齿圈径向跳动	0.050	0.042
基节偏差	0.016	0.016
齿形公差	0.017	0.018
齿向公差	0.017	0.017
公法线平均长度	21.36	27.6
跨齿数	4	5

技术要求:

1. 齿轮材料为40Cr

2. 精度等级为7—6—6级

原始资料:变速箱双联齿轮零件图一张;生产纲领为 800 件/年,

　　　废品率 1%,备品率 2%,每日一班。

班　　级＿＿＿＿＿＿＿＿＿＿

学　　生＿＿＿＿＿＿＿＿＿＿

指导教师＿＿＿＿＿＿＿＿＿＿

年　　月　　日

目　　录

前　　言

　　机械加工工艺规程是规定零件机械加工工艺过程和操作方法的重要工艺文件。它不仅是企业生产中重要的技术文件,也是机械制造过程中用于指导生产、组织加工和管理工作的基本依据,还是新建和改建工厂或车间的基本资料。

　　本次课程设计是在学习了机械制造技术课程之后,综合 3 年来所学的基础和专业知识,在老师的指导下进行系统、全面的一次综合性生产实践的检验。

　　课程设计说明书概括性地介绍了设计过程,对设计中各部分内容作了重点的说明、分析、论证和必要的计算,系统性整理、表达了在机械加工工艺设计过程中涉及的专业知识和基本要求,有条理地表达了自己对工艺规程作用的独到见解。

　　齿轮的传动在现代机器和仪器中的应用极为广泛,其功用是按规定的速比传递运动和动力。

　　本课题设计的齿轮是 CA6140 型机床变速箱中的常用传动件,虽然在设计中下了很大的工夫,取得了一定的收获,但是由于生产经验和专业知识有限,设计中难免存在缺点和疏漏,恳请各位老师批评指正。

设计计算说明书

1. 计算生产纲领、确定生产类型 图上所示为变速箱双联齿轮零件,该产品年生产纲领为 800 件/年,废品率 1%,备品率为 2%,现制定该齿轮零件的机械加工工艺规程。 $$N=Qn(1+a\%+b\%)=800\times1\times(1+1\%+2\%)=824 \text{ 件/年}$$ 双联齿轮年生产量为 824 件,查表 5-3,可知其类型为中批生产的轻型机械零件。 **2. 零件分析** 齿轮零件图样视图正确、完整,尺寸公差等技术要求齐全,一般 7 级精度齿轮,基准孔要求 $R_a 1.6\mu m$ 即可,该零件表面加工并不困难,孔及 $\phi30H12$ 加工难度不大,齿轮Ⅰ、Ⅱ可通过滚齿、插齿来加工,齿轮槽的加工精度也不大。 双联齿轮为 CA6140 型机床变速箱中常用传动件,要求有一定的硬度,该零件为 45 钢,轮廓尺寸不大,形状亦不复杂,属中批生产,故毛坯可采用模锻成型。 **3. 选择毛坯** 毛坯的形状可与零件的形状尽量接近,即外形可做成台阶形,内部孔锻出,毛坯尺寸可通过计算加工余量来确定。	生产纲领:$N=904$ 件/年 毛坯采用模型锻造

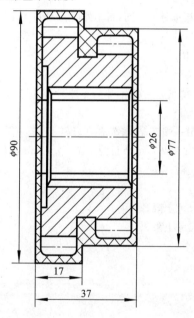

4. 工艺设计

1)定位基准的选择

该零件是带孔的双联齿轮,孔是设计基准。为避免由于基准不重合而产生误差,应选孔为定位基准,即遵循基准重合原则,应选 $\phi30H12$ 及一端面为基准。孔作为基准应先进行加工,选外圆 $\phi84h11$、$\phi72h11$ 及端面为粗基准。

2)零件表面加工方法的选择

该零件加工有外圆、花键孔、端面、齿面、槽,材料为 45 钢,参考教材中有关资料加工方法选择如下：

$\phi72h11$ 外圆面加工，公差等级为 IT11 级，公差为 0.220mm，表面粗糙度 $R_a3.2\mu m$，需进行粗车及半精车(见教材表 9-14)。

$\phi84h11$ 外圆面加工，公差等级为 IT11 级，表面粗糙度为 $R_a3.2\mu m$，需进行粗车及半精车(见教材表 9-14)。

槽：槽深、槽宽未标公差要求，槽加工至孔中心线 28.5mm 即可，表面粗糙度 $R_a6.3\mu m$，采用车床车出。

端面：端面 A、B 底部距轴中心线圆跳动公差为 0.018mm，表面粗糙度为 $R_a1.6\mu m$，公差等级取 IT7，公差 0.025mm，采用粗车、半精车(见教材 9-16)。

孔：$\phi30H12$：表面粗糙度 $R_a3.2\mu m$，故粗镗即可；花键孔 $\phi35H7$：表面粗糙度 $R_a1.6\mu m$，公差等级为 IT7，公差 0.025mm，采用粗镗—半精镗—精镗(见教材表 9-15)。

3)制订加工工艺路线

齿轮的加工工艺路线一般是先进行齿坯的加工，再进行齿面的加工。

齿坯加工包括圆柱表面及端面的加工，按照先加工基准面及先粗后精的原则，齿坯加工可按下述工艺路线进行。

工序 10：以外圆 $\phi84h11$ 及一端面定位，粗车另一端面，粗车外圆 $\phi72h11$ 及台阶面，钻镗花键底至尺寸 $\phi30H12$，车沟槽，倒角。

工序 20：以外圆 $\phi72h11$ 及一端面定位，粗车另一端面，粗车外圆 $\phi84h11$ 粗镗孔 $\phi50$，倒角。

工序 30：拉花键孔，以 $\phi30H12$ 及端面定位。

工序 40：钳工去毛刺。

工序 50：上心轴，以花键孔 A 面定位，半精车另一端面，半精车外圆 $\phi72h11$ 及槽至要求。

工序 60：以花键孔及 B 面定位，半精车另一端面，半精车 $\phi84h11$。

工序 70：以花键孔及端面定位，滚齿 $I(Z=26)$，留余量为 $0.7\sim0.10mm$，插齿 $II(Z=22)$，留余量为 $0.04\sim0.06mm$。

工序 80：倒圆，倒尖，倒棱，钳工去毛刺。

工序 90：剃齿 $(Z=26)$，公法线长度至尺寸上限。

　　　　　剃齿 $(Z=22)$，公法线长度至尺寸上限。

工序 100：齿部高频淬火 G48。

工序 110：推孔。

工序 120：珩齿。

工序 130：总检入库。

4)确定机械加工余量及毛坯尺寸，设计毛坯

(1) 锻件内孔直径的机械加工的单面余量(mm)。

孔　径		孔　深				
		大于 0	63	100	140	200
大于	到	到 63	100	140	200	280
	25	2.0	—	—	—	—

M 外廓包容体
 =1.474kg
S=0.837

（续）

孔　　径		孔　深				
大于	到	大于 0	63	100	140	200
		到 63	100	140	200	280
25	40	2.0	2.6	—	—	—
40	63	2.0	2.6	3.0	—	—
63	100	2.5	3.0	3.0	4.0	—
100	160	2.6	3.0	3.4	4.0	4.6
160	250	3.0	3.0	3.4	4.0	4.6

查表可知,孔单面加工余量为 2.0mm,锻件质量设为 1.2kg,则

$$S = m_{锻件}/m_{外廓包容体}$$

锻件最大直径为 84mm,长为 33mm

$$m_{外廓包容体} = \pi R^2 l d_{密度} = 3.14 \times (8.4/2)^2 \times 3.3 \times 7.85 = 1.434(\text{kg})$$

故 $S = 1.2/1.434 = 0.837$

按表查形状复杂系数 S,属简单级别。

锻件形状复杂系数 S

级　　别	S 数值范围
简单	$S1 > 0.63 - 1$
一级	$S2 > 0.32 - 0.63$
较复杂	$S3 > 0.16 - 0.32$
复杂	$S4 \leq 0.16$

根据锻件加工质量、F1、S1,查《机械加工手册》模型锻造件内外表面加工余量表得:直径方向的加工余量为 1.5~2.0mm,轴向尺寸单面余量 1.5~2.0mm,均可取 2.0mm。

(2)确定毛坯尺寸。

零件尺寸	单面加工余量	锻件尺寸
$\phi 84 h 11$	2mm	$\phi 88$mm
$\phi 72 h 11$	2mm	$\phi 76$mm
$\phi 30 H 12$	2mm	$\phi 34$mm
33	2mm	37mm
13	2mm	17mm

(3)设计毛坯—零件综合图。

毛坯尺寸公差可根据锻件质量、形状复杂系数、分模线形状种类及锻件精度等级从手册中查得,取该锻件质量为 1.2kg,形状复杂系数 S1,属简单级别,45 钢

含碳量为 0.42%～0.50%,其中最高含碳量为 0.5%。

锻件材质系数

级　别	钢最高含碳量	合金钢的合金元素最高含碳量
M_1	<0.65	<3.0
M_2	≥0.65	≥3.0

锻件材质系数为 M_1,采取平直分模法,锻件为普通精度等级,则毛坯公差可以从《机械加工手册》模锻件长度、宽度、高度偏差及错差、残留飞边量中查得。列表如下(毛坯尺寸允许偏差)。

锻件尺寸	偏差	根　据
$\phi88$	+1.2 −0.6	《机械加工手册》模型锻造件
$\phi76$	+1.1 −0.5	同上
孔 $\phi26$	+1.1 −0.5	同上
37	+0.9 −0.3	同上
17	+0.7 −0.2	同上

(4) 确定毛坯的热处理方式。

钢质齿轮毛坯经锻造后应安排正火,以消除残留的锻造应力,并使不均匀的金相组织通过重结晶而得到细化均匀的组织,从而改善其加工性。

5. 工序设计

双联齿轮加工路线一般是先齿坯加工,再齿轮齿面齿型加工,按照先加工基准面以及先粗后精的原则,齿坯加工可以按以下加工路线确定。

双联齿轮加工工艺过程

工　序	工序内容	定位基准
10	毛坯自由锻件	
20	正火	
30	粗车 $\phi76.6\times13$mm 及 B 端面,留余量 1.5～2mm	外圆 $\phi88.6$ 及端面
40	粗车 $\phi88.6\times13$mm 及 C 端面,留余量 1.5～2mm	外圆 $\phi76.6$ 及端面
50	粗车 $\phi50$mm 至尺寸	
60	粗镗花键孔和内孔 $\phi50\times2$mm	
70	半精镗花键底孔 $\phi38$H7 至尺寸,倒角	
80	拉花键孔	$\phi30$ 孔及端面 A

$A=2.6$mm

$a_p=2.0$mm

$f_{允许}=1.248$mm/r

$f=0.75$mm/r

$K_v=0.60$

$v_c=65.68$m/min

工件转速

$n=234$m/min

取 $n=240$r/min

$v_c=67.2$m/min

$F_c=2247.1$N

$P_{P_c}=2.46$kW

（续）

$a_p = 0.6\text{mm}$

工 序	工 序 内 容	定 位 基 准
90	钳工去毛刺	
100	上心轴,精车外圆、端面	花键孔及 A 面
110	检验	
120	滚齿 $z=42$,留余量 $0.07\sim0.10\text{mm}$	花键孔及 B 面
130	插齿 $z=28$,留余量 $0.04\sim0.06\text{mm}$	花键孔及 A 面
140	倒角	花键孔及端面
150	钳工去毛刺	
160	剃齿 $z=42$,公法线长度至尺寸上限	花键孔及 A 面
170	剃齿 $z=28$,公法线长度至尺寸上限	花键孔及 A 面
180	齿部高频淬火:G52	
190	推孔	花键孔及 A 面
200	珩齿	花键孔及 A 面
210	总检入库	

$v_c = 106\text{m/min}$

$v_c = 150\text{m/min}$

1)选择加工设备

(1)工序 10、20 是粗车、粗镗孔;工序 30 为拉花键孔,该零件外廓尺寸不大,精度要求不高,选用常用的 CA6140 型卧式车床即可。

(2)工序 40、50、60、70 为半精车,由于零件轮廓尺寸不大,宜选用 CA6140 型卧式车床。

(3)工序 120、130 滚齿用 Y3150 型滚齿机,插齿用插齿机即可。

2)选用夹具

前两道工序用三爪自定心卡盘,精加工、滚齿、插齿用心轴。

3)选用刀具

(1)在车床上加工,一般应选用硬质合金刀和镗刀,加工钢质零件采用 YT 类硬质合金,粗加工用 YT5,半精加工用 YT15,精加工用 YT30,为提高生产效率及经济性,可选用转位车刀,切槽刀选用高速钢。

此零件加工适用 YT15 硬质焊接式车刀,精加工选择 YT15 硬质合金刀片。

(2)滚齿采用 A 级单头滚刀,能达到 7 级精度,滚刀摸数为 3 的 Ⅱ 型 A 级精度滚刀,插齿用盘型直齿插齿刀,精度等级可达 7 级精度。

4)选用量具

该零件属于中批生产,一般采用通用量具,选择量具的方法有两种:一是按照计量器具的不确定度来选择,二是按照计量器具的测量方法极限误差选择。

(1)按计量器具的不确定度选择该表面的加工时所用量具,按工艺人员手册计量器具的不确定度允许值为 $u = 0.016\text{mm}$。

各外圆加工面的量具可选择分度值为 0.01mm,测量范围为 $0\sim150\text{mm}$ 的游标卡尺。

(2)加工孔用量具 $\phi30\text{H}12$,由于精度要求不高,宜选用极限量规。由手册知,根据孔径可选用三牙锁紧式圆柱塞规。

$\phi50$ 可选用内径百分尺,分度值为 0.01mm,测量范围为 0～150mm 的内径百分尺。

（3）选用加工轴向尺寸所用量具。

分度值为 0.01mm,测量范围为 0～150mm 的游标卡尺。

（4）确定工艺尺寸的一般方法

由加工表面的最后工序往前推算,最后工序的工序尺寸按图样要求标准,当无基准转换时,同一表面多次加工时,工序尺寸只与工序的加工余量有关;当有基准转换时,工序尺寸应用工艺尺寸链解算。

确定圆柱面的工序尺寸,根据本零件各圆柱面总加工余量（毛坯余量）查工序加工余量,总加工余量——各工序加工余量之和为粗加工余量。

$\phi89.2$—粗车 2mm—半精车 0.6mm—$\phi84$

$\phi77.1$—粗车 2mm—半精车 0.55mm—$\phi72$

$\phi27.1$—粗车 1.45mm—$\phi30$

6. 切削用量的选择

工件为 45 钢,$Q_b=0.735$GPa.表面粗糙度为 $R_a3.2\mu m$,加工达到 11 级精度,适用 CA6140 型卧式车床。

（1）确定粗加工刀具类型。

选择 YT15 硬质合金焊接式车刀,刀具耐用度 $T=60$min,刀杆尺寸按表 2-25 选择 16mm×25mm,刀片厚度为 6mm,$r_0=10°$,$r_{01}=-5°$,$k_r=75°$,$k_r'=15°$,$\lambda_S=0°$,$a_0=a_0'=60°$,$r_\varepsilon=1.0$mm。

（2）确定精加工刀具类型。

选择 YT15 硬质合金刀片,刀杆尺寸 16mm×25mm,刀具耐用度 $T=60$min,$r_0=20°$,$r_{01}=-3°$,$k_r=60°$,$k_r'=10°$,$\lambda_S=3°$,$a_0=a_0'=6°$。

（3）确定粗车时的切削用量。

① 背吃刀量 a_p,单边余量 $A=(89.2-84)/2=2.6$mm,故粗车单边余量 $a_p=2.0$mm。

② 进给量 f,查表得 $f=0.6～0.9$mm/r,查表得刀片强度允许进给量 $f=2.6K_{mf}K_{krf}=2.6×1.2×0.4=1.248$mm/r。

根据数据可取 $f=0.75$mm/r。

③ 切削速度 v_c（机床主轴转速 n）。

查表得:$C_v=235$,$X_v=0.15$,$Y_v=0.45$,$m=0.20$

查表得

$$K_{MV}=0.637/0.735=0.866,k_{sv}=0.8,k_{tv}=1.0,k_{krv}=0.86$$

$$K_v=K_{MV}k_{sv}k_{tv}k_{krv}=0.866×0.8×1.0×0.86=0.60$$

由切削速度公式得

$$v_c=\frac{c_v}{T^m a_p^{x_v} f^{y_v}}K_v$$

即 $v_c=65.68$m/min

由式（9-15）得 $=1000v_c/\pi d_w≈1000×65.68÷(3.14×89.2)=234$(r/min)

取 $n=240$r/min

求得机床实际切削速度:

$$v_c=\pi d_w/1000≈3.14×89.2×240/1000=67.2\text{(m/min)}$$

④检验机床功率。

由切削力的计算公式及有关表格,求得主切削力为

$$F_c = 9.81 C_{F_c} \cdot a_F^{x_{F_c}} \cdot f^{y_{Fc}} \cdot v^{n_{Fc}} \cdot K_{r_n F} \cdot K_{r_z F} K_{\lambda_z F}$$

即 $F_c = 2247.1(\text{N})$

计算理论切削功率

$$P_c = F_c V_c / (60 \times 1000) = 2.46(\text{kW})$$

验算机床功率 CA6140 车额定功率

$$P_{Ee} = 7.5\text{kW}(机床效率 n = 0.8)$$

$$P_e \times n = 7.5 \times 0.8 = 6.0\text{kW} > P_c$$

故机床功率足够。

(4)确定精车时的切削用量。

①背吃刀量 $a_p = 2.6 - 2.0 = 0.6(\text{mm})$。

②进给量 f 查表,预先估计 $v_c > 80\text{m/min}$,查 $f = 0.30 \sim 0.35\text{mm/r}$,取 $f = 0.3\text{mm/r}$。

③切削速度(机床主轴转速 n)。

查表 9-20 得:$C_v = 291$,$X_v = 0.115$,$Y_v = 0.2$,$m = 0.2$,K_v 同粗加工($K_v = 0.60$)。由切削速度公式

$$v_c = \frac{c_v}{T^m a_p^{x_v} f^{y_v}} K_v$$

计算得 $v_c = 106(\text{m/min})$。

查机床说明书得 $n = 560\text{r/min}$

$v_c = \pi d_w n / 1000$

$\approx 3.14 \times 85.2 \times 560 / 1000$

$= 150(\text{m/min})$

符合预先估计 $v_c > 80\text{m/min}$ 的设定。

将前后进行工作所得结果填入机械加工工序卡内,即得机械加工工艺规程。

课程设计小结

通过对双联齿轮的工艺设计以及设计说明书的编写,进一步培养了分析、总结和表达的能力,巩固、深化了在设计中所获得的知识,让我们更加贴近于生产实际,更加清晰地看到了理论与实际在设计中的差别。通过设计使我们能够综合、灵活、有条理地应用机械制造方面的知识,熟练掌握机械加工工艺规程的制定,充分表达自己对工艺的理解和发现。

此次课程设计让我们受益匪浅,不仅培养了发现问题、分析问题、解决问题的逻辑思维能力,更重要的是通过熟悉圆柱齿轮加工工艺与常用装备,了解了圆柱齿轮齿形加工方法与加工方案。同时也培养了计算应用的能力,让我们从机械基础到公差配合,从机械制图、计算机绘图到机床设备应用,把机械制造过程中的各种知识综合整理,又有了更高层次的理解和发现。

在设计中,老师的细心指导,让我们了解了自己在学习过程中的缺陷,使我们进一步熟悉及应用机械制造中的理论研究,培养了一丝不苟、严谨认真的工作作风和良好习惯。

总之,课程设计是我们 3 年所学知识的总结和运用,同时也让我们进一步熟悉了计算机的操作,对毕业后上岗有了信心。在此,感谢老师的认真指导!

参考资料

倪森寿.《机械制造工艺与装备》.北京:化学工业出版社,2003.

孟少农.《机械加工工艺手册》.2 版,北京:机械工业出版社,2007.

倪森寿.《机械制造工艺与装备习题集和课程设计指导书》.北京:化学工业出版社,2003.

张建国.《工程材料与成形工艺》.北京:科学出版社,2004.

张勤.《公差配合与测量》.北京:机械工业出版社,2004.

机械加工工艺过程卡片

	产品型号		零件图号		
	产品名称		零件名称		共 页　第 页

材料牌号	毛坯种类	毛坯外形尺寸	每毛坯可制件数	每台件数	备注

工序号	工序名称	工序内容说明	设备	工艺装备	工等	工时 准终	工时 单件

	设计（日期）	审核（日期）	定额（日期）	会签（日期）	批准（日期）

标记	处数	更改文件号	签字	日期	标记	处数	更改文件号	签字	日期

参考文献

[1] 王平嶂. 机械制造工艺与刀具. 北京：清华大学出版社，2005.

[2] 顾崇衔. 机械制造工艺学. 西安：陕西科学出版社，1981.

[3] 周栋隆. 机械制造工艺及夹具. 北京：中国轻工业出版社，1990.

[4] 机械制造编写组. 机械制造基础（下册）. 北京：人民教育出版社，1978.

[5] 陈明. 机械制造工艺学. 北京：机械工业出版社，2005.

[6] 刘越. 机械制造技术. 北京：化学工业出版社，2005.

[7] 李华. 机械制造技术. 北京：高等教育出版社，2000.

[8] 马幼祥. 机械加工基础. 北京：机械工业出版社，2004.

[9] 张普礼. 机械加工设备. 北京：机械工业出版社，2005.

[10] 苏建修. 机械制造基础. 北京：机械工业出版社，2005.

[11] 刘守勇. 机械制造工艺与机床夹具. 北京：机械工业出版社，1994.

[12] 周增文. 机械加工工艺基础. 长沙：中南大学出版社，2003.

[13] 王彩霞. 魏康民. 机械制造基础. 西安：西北大学出版社，2005.

[14] 何七荣. 机械制造方法与设备. 北京：中国人民大学出版社，2000.

[15] 张树森. 机械制造工程学. 沈阳：东北大学出版社，2001.

[16] 赵元吉. 机械制造工艺学. 北京：机械工业出版社，1999.

[17] 李喜桥. 机械制造工程学. 北京：北京航空航天大学出版社，2003.

[18] 王先逵. 机械制造工艺学. 北京：机械工业出版社，1995.

[19] 韩广利. 机械加工工艺基础. 天津：天津大学出版社，2005.

[20] 龚雯，陈则钧. 机械制造技术. 北京：高等教育出版社，2004.

[21] 黄鹤汀，吴善元. 机械制造技术. 北京：机械工业出版社，1997.

[22] 李云. 机械制造实训指导. 北京：机械工业出版社，2003.

[23] 孙学强. 机械制造技术. 北京：机械工业出版社，2003.

[24] 朱焕池. 机械制造技术. 北京：机械工业出版社，1997.

[25] 陆建中，孙家宁. 金属切削原理与刀具. 北京：机械工业出版社，1995.

[26] 王启平. 机械制造工艺学. 哈尔滨：哈尔滨工业大学出版社，1994.

[27] 倪森寿. 机械制造工艺与装备. 北京：化学工业出版社，2003.

北京大学出版社高职高专机电系列教材

序号	书号	书名	编著者	定价	出版日期
1	978-7-5038-4861-2	公差配合与测量技术	南秀蓉	23.00	2007.9
2	978-7-5038-4863-6	汽车专业英语	王欲进	26.00	2007.8
3	978-7-5038-4864-3	汽车底盘电控系统原理与维修	闵思鹏	25.00	2007.8
4	978-7-5038-4865-0	CAD/CAM 数控编程与实训(CAXA 版)	刘玉春	27.00	2007.9
5	978-7-5038-4862-9	工程力学	高 原	28.00	2007.9
6	978-7-5038-4868-1	AutoCAD 机械绘图基础教程与实训	欧阳全会	28.00	2007.8
7	978-7-5038-4869-8	设备状态监测与故障诊断技术	林英志	22.00	2007.9
8	978-7-5038-4866-7	数控技术应用基础	宋建武	22.00	2007.8
9	978-7-5038-4937-4	数控机床	黄应勇	26.00	2007.8
10	978-7-301-10464-2	工程力学	余学进	18.00	2006.01
11	978-7-301-10371-9	液压传动与气动技术	曹建东	28.00	2006.01
12	978-7-5038-4867-4	汽车发动机构造与维修	蔡兴旺	50.00(1CD)	2008.1
13	978-7-301-13258-6	塑模设计与制造	晏志华	38.00	2007.8
14	978-7-301-13260-9	机械制图	徐 萍	32.00	2008.1
15	978-7-301-13263-0	机械制图习题集	吴景淑	40.00	2008.1
16	978-7-301-13264-7	工程材料与成型工艺	杨红玉	35.00	2008.1
17	978-7-301-13262-3	实用数控编程与操作	钱东东	32.00	2008.1
18	978-7-301-13261-6	微机原理及接口技术(数控专业)	程 艳	32.00	2008.1
19	978-7-301-13383-5	机械专业英语图解教程	朱派龙	22.00	2008.2
20	978-7-301-12182-5	电工电子技术	李艳新	29.00	2007.8
21	978-7-301-12181-8	自动控制原理与应用	梁南丁	23.00	2007.8
22	978-7-301-12180-1	单片机开发应用技术	李国兴	21.00	2007.8
23	978-7-301-12173-3	模拟电子技术	张 琳	26.00	2007.8
24	978-7-301-12392-8	电工与电子技术基础	卢菊洪	28.00	2007.9
25	978-7-301-11566-4	电路分析与仿真教程与实训	刘辉珞	20.00	2007.2
26	978-7-301-09529-5	电路电工基础与实训	李春彪	31.00	2007.8
27	978-7-301-12386-7	高频电子线路	李福勤	20.00	2008.1
28	978-7-301-13657-7	汽车机械基础	邰 茜	400.00	2008.8

序号	书号	书名	编著者	定价	出版日期
29	978-7-301-13655-3	工程制图	马立克	32.00(估)	2008.8
30	978-7-301-13654-6	工程制图习题集	马立克	25.00	2008.8
31	978-7-301-13573-0	机械设计基础	朱凤芹	32.00	2008.8
32	978-7-301-13572-3	模拟电子技术及应用	刁修睦	28.00	2008.6
33	978-7-301-12389-8	电机与拖动	梁南丁	32.00(估)	2008.8
34	978-7-301-12383-6	电气控制与 PLC(西门子系列)	李 伟	30.00(估)	2008.8
35	978-7-301-13574-7	机械制造基础	徐从清	32.00	2008.7
36	978-7-301-12384-3	电路分析基础	徐 锋	22.00	2008.5
37	978-7-301-12385-0	微机原理与接口技术	王用伦	30.00(估)	2008.8
38	978-7-301-12390-4	电力电子技术	梁南丁	32.00(估)	2008.8
39	978-7-301-12391-1	数字电子技术	房永刚	28.00(估)	2008.8
40	978-7-301-13575-4	数字电子技术及应用	何首贤	28.00	2008.6
41	978-7-301-13582-2	液压与气压传动	袁 广	24.00	2008.8
42	978-7-301-13662-1	机械制造技术	宁广庆	42.00	2008.8
43	978-7-301-13661-4	汽车电控技术	祁翠琴	35.00(估)	2008.8
44	978-7-301-13660-7	汽车构造	罗灯明	36.00(估)	2008.8
45	978-7-301-13659-1	CAD/CAM 实体造型教程与实训 (ProEngineer 版)	诸小丽	40.00(1CD) (估)	2008.8
46	978-7-301-13658-4	汽车发动机电控系统原理与维修	张吉国	25.00	2008.8
47	978-7-301-13653-9	工程力学	武昭晖	25.00	2008.8
48	978-7-301-13651-5	金属工艺学	柴增田	30.00(估)	2008.8
49	978-7-301-13652-2	金工实训	柴增田	30.00(估)	2008.8
50	978-7-301-13656-0	机械设计基础	时忠明	32.00(估)	2008.9
51	978-7-301-14139-7	汽车空调原理及维修	林 钢	26.00	2008.8

电子书(PDF 版)、电子课件和相关教学资源下载地址：http://www.pup6.com/ebook.htm，欢迎下载。

欢迎免费索取样书，请填写并通过 E-mail 提交教师调查表，下载地址：http://www.pup6.com/down/教师信息调查表 excel 版.xls，欢迎订购。

欢迎投搞，并通过 E-mail 提交个人信息卡，下载地址：http://www.pup6.com/down/zhuyizhexinxika.rar。

联系方式：010-62750667，xufan666@163.com，linzhangbo@126.com，欢迎来电来信。